Aziz's Dictionary

For Chemistry & Pharmacy

English – Arabic

(Inclusive Concise Dictionary of Chemical Terms and Arabic English)

Aziz Ameen Abdul Kareem Khayat

Hani Aziz Ameen Khayat

Editor

Ali Khayat

First Edition

2013

INFINITY PUBLISHING

ISBN 978-0-7414-8232-7 Paperback
ISBN 978-0-7414-8233-4 Hardcover
ISBN 978-0-7414-8234-1 eBook

Printed in the United States of America

Published January 2013

INFINITY PUBLISHING
1094 New DeHaven Street, Suite 100
West Conshohocken, PA 19428-2713
Toll-free (877) BUY BOOK
Local Phone (610) 941-9999
Fax (610) 941-9959
Info@buybooksontheweb.com
www.buybooksontheweb.com

بِسْمِ اللّهِ الرَّحْمَنِ الرَّحِيمِ

وَفَوْقَ كُلِّ ذِي عِلْمٍ عَلِيمٌ

صدق الله العظيم

To any Arabian who needs to study chemist and pharmacy concept in English for his nice career, or to be student in American Universities for chemist and pharmacy in Middle East, he needs best translator friend for him to help him in his Function. He surly will find Aziz's Dictionary best supporter to him side by side in the Arabic meaning to understand any letter in chemical and pharmacy .

Editor

Ali A. Khayat

Preface

Still search for the words and the need for chemical sense is not available as easily as desired by students and researchers in this field of science. Since there is no chemical dictionary in Arabic so provide this dictionary to provide Arabic language is a step in the field of scientific dictionaries. That this positive gesture that we do considered the best national services that citizens can make to his nation and the sons of his people. How were our wish in life to put even a single brick to build the glory of Iraq we could not only provide this dictionary to their sons and students to restore the glory had disappeared.

Authors

A

A	رمز الارغون (عنصر غازي : العدد الذري ١٨ ، الوزن الذري ٣٩.٩٤)
A.R.	الكاشف التحليلي
A°,A° unit	وحدة الانكستروم
A-acid	١-٧ ثاني هيدروكسيد النفثالين ٣-٦ ثاني حامض السلفونيك
Abaca	قنب هندي، قنب مانيلا (اقوى نسيج خضروي يحصل من اوراق شجرة من عائلة الموز)
Abbreviation	اختصار، مختصر
ABC salt	٤-٤ ازوبس -٤ - ثاني فيزايل حامض الكابوكسليك لملح ثاني الصوديوم
Abietic acid	حامض ابيتيك
Ability	قابلية امكانية
Able	يتمكن، يستطيع، يقدر
Abnormal molecular weights	اوزان جزئية شاذه
Abnormal phenomena	ظواهر شاذة
Absolute	مطلق، صرف
Absolute alcohol	كحول نقي ٩٩ %
Absolute temperature	درجة الحرارة المطلقة التي هي حوالي- ٢٧٣.١م° (- ٤٥٩.٦ فهرنهايت)
Absolute velocity of ions	السرعة للايونات
Absolute weight	الوزن المطلق
Absolute zero	درجة حرارة الصفر المطلق (وتساوي حوالي – ٢٧٣.١ م°)
Absorb	يمتص
Absorbent	ماص ، ممتص ، مجفف
Absorber	مصاص
Absorbing power	قوة الامتصاص
Absorbing well	بئر الامتصاص
Absorption	امتصاص
Absorption band	شريط الامتصاص
Absorption coefficient	معامل الامتصاص
Absorption meter	مقياس الامتصاص
Absorption method	طريقة الامتصاص
Absorption spectrum	طيف الامتصاص
Absorptive	ماص ، ممتص
Absorptivity	المصاصية
Abstract	خلاصة ، ملخص ، مجرد
Abstract number	الاعداد المجردة او المبهمة
Abstraction	استخراج استخلاص
Ac., Act.	اكتينيوم (العدد الذري ٨٩ الوزن الذري ٢٢٦) وهو عنصر مشع اكتشف عام ١٨٩٩
Acacia	شجر السنط او اقاصيا
Acacia arabica	الصمغ العربي
Acacia gum	صمغ الاقاصيا
Acacia lebbek	لبيخة صمغية
Acacia mellifera	سنط ، كثرة (بلهجة السودان)
Acacia tree	شجرة السنط
Accelerate	يسرع ، يعجل

Accelerate the reaction	يعجل التفاعل
Accelerator	مسرع التفاعل باقصر وقت
Acceptor atom	ذرة مستقبلة (آخذه)
Acceptor, Accepter	مستقبل التقبل الالكتروني
Accident	حادثة في المعمل او المختبر
Accidental	عرض طارئ
Accumulate	يتراكم ، يتجمع
Accumulation	تراكم ، تجمع
Accumulator	مركم (جهاز تحويل الطاقة الكهربائية الى طاقة كيمياوية وادخارها) ، بطارية تخزين ، جهاز امتصاص الصدمات
Accuracy	دقة ضبط
Accurate balance	ميزان دقيق
ACE	عصارة قشرة الادرنيالين
Acetal	اسيتال
Acetaldehyde	اسيت آلديهايد
Acetamide	اسيت آمايد (أميد حامض الخليك CH_3CONH_3 وهو مادة بلورية بيضاء)
Acetanilide	اسيت آنيليد (يخفض حرارة الجسم) ويخفف الالآم وهو مشتق من الاينلين وحامض الخليك
Acetarsol	اسيتارسول
Acetate	خلات ، ملح الحامض او الحموضة
Acetic acid	حامض الخليك ، حمض الخل
Acetic acid glaciale	حامض الخليك الثلجي (فوق المركز)
Acetic acid, dilute	حامض الخليك المخفف
Acetic anlydride	حامض الخليك الالماني
Acetifier	جهاز لصنع الخل
Acetify	خلل ، جعله خلا
Acetimeter, acetometer	مقياس قوة الخل
Aceto phenetidine	اسيتو فنتدين
Aceto phenone	اسيتو فينون
Aceton chloroform	اسيتون كلوروفورمي
Aceton colladion	لزاق غروي من الاسيتون
Aceton lacquer	محلول الك الاسيتوني
Aceton oil	زيت الاسيتون
Acetone	اسيتون ، خلون (يستعمل لازالة صبغ الاضافر ولاذابة المركبات العضوية) وهو سائل طيار عديم اللون ، الرمز الكيمياويCH_3COCH_3
Acetone alcohol	اسيتون كحولي
Acetonic acid	حامض الاسيتونيك
Acetonitrile	اسيتو نترل
Acetonyl chloride	كلوريد الاسيتونيل
Acetopyrine	اسيتو بايرين يستعمل للروماتيزم والالام الاعصاب
Acetose	حمض ، خلي
Acetous, Acetose	نسبة الى انتاج الخل، خلّي ، حمضي
Acetoxyl group	مجموعة عناصر اسيتوكسيل

Acetract	عصارة مذيبها حامض الخليك
Acetral	مستحضر يحتوي خلات الالمنيوم
Acetum	خل
Acetum aromaticem	الخل العطري
Acetum aromatieum	الخل العطري
Acetum calharidis	خل الكانثريدس (للاستعمال الخارجي ، للمتريخ والفرك)
Acetum cantharidis	خل الذبابة الاسبانية
Acetyl	اسيتيل، الجذر CH_3CO لحامض الخليك
Acetyl cellulose	خلات السيليوز
Acetyl choline	اسيتيل كولين (المختصر Ach)
Acetyl hydride	هايدرايد الآسيتيل
Acetyl iodide	ايودايد الآسيتيل
Acetyl peroxide	بيرواكسايد (فوق اوكسيد) الاسيتيل
Acetyl salicylic acid	اسبيرين (يستعمل لاوجاع الرأس والانفلونزا والحمى، الخ)
Acetylation	عملية الاستلة
Acetylene	غاز الاسيتلين ، وهو شديد الاشتعال
Acetylene hydrocarbons	هيدروكاربونات استيلينية
Acetylene lamp	مصباح الاستيلين
Acetylene welding	لحيم المعادن بالاستيلين
Acetylene welding	لحيم المعادن بالاستيلين
Acetylith	حجر الاستيلين

Acetylization	ادخال الجذر الاستيل في اي مركب عضوي
Acetylization	ادخال جذر الاستيل
Ach	مختصر للاستيل كولين
Achrodextrin	اكرودكسترين
Acid	اي مركب يتحلل في الماء منتجا ايون الهيدروجين الحامضي وله طعم حامض وخواص ضد القواعد
Acid - proof	صامد ضد الحامض
Acid albumen	الزلال الحامضي
Acid amides	الاميدات الحامضية
Acid anhydride	الأنهايدرايد الحامضي
Acid antimonic	الانتيمونيك الحامضي
Acid antimonious	الانتيمينوز الحامضي
Acid arsenic	الزرنيخيك الحامضي
Acid azide	حامض الازايد
Acid- base equilibrium	التعادل الحامضي القاعدي
Acid -base indicators	دلائل الاحماض والقواعد
Acid basicity	قاعدية الحمض
Acid bath	الحمام الحامضي
Acid benzoic	حامض الجاويك او حمض الصمغ الجاوي (البنزويك) ويستعمل لمنع التعفنات في الشيرة (السوائل الحلوة المركزة) والشربت
Acid boric	حامض البوريك ويستعمل كمعقم للعيون بشكل محلول وكمعقم للجلد بشكل مرهم
Acid britteness	التفتت الحامضي

Acid bromic	حامض البروميك
Acid butyric	حامض الزبديك
Acid carbamic	حامض الكارباميك
Acid carbolic	حامض الكاربوليك
Acid carbonic	حامض الكاربونيك
Acid carboy	حامض البالون
Acid catabysis	حامض مساعد في التفاعل
Acid catalyris	حامض مساعد
Acid chloracetic	حامض الكلورخليك
Acid chlorantimonic	حامض الكلور انتيمونيك
Acid chloric	حامض الكلوريك
Acid chloride	الحامض الذي فيه جذر الكلورين
Acid chromic	حامض الكروميك
Acid cinnamic	حامض قرفي ويوجد في قشر نبات الدارسين
Acid cistern	الحامض المتمكن من الانتقال
Acid citric	حامض الليمون ويوجد في النومي حامض ويستعمل لاختزال قاعدية المعدة
Acid cleavage	الحامض المنقسم او الممزق
Acid comenic	حامض الكومنيك
Acid content	كمية الحامض في سائل ما
Acid cyanic	حامض السيانيك
Acid cyanuric	حامض سيان يوريك
Acid determination	تحديد كمية الحامض في المحلول
Acid dye	صبغ الحامض
Acid ester	حامض الملح العضوي

Acid exchange	التبادل الحامضي
Acid fersic	حامض الحديديك
Acid formic	حامض النمليك
Acid fucbsin	دليل الحوامض
Acid fume	بخار الحامض
Acid gallic	حامض العفصيك
Acid graphitic	حامض جرافيتي
Acid green	اخضرار الحامض
Acid halide	هالوجين الحامض
Acid hydrazide	حامض هايدرا زايد
Acid hydrobromic	حامض هايدروبروميك
Acid hydrobysis	التحلل الحامض في الماء
Acid hydrochloric	حامض هايدروكلوريك ويستعمل في تحضير ماء الملك
Acid hydrocyanic	حامض الهايدروسيانيك
Acid hydrofluoric	حامض يدروفلوريك
Acid hydroiodic	حامض يدروايوديك
Acid hypobromous	حامض تحت بروموز
Acid hypochlorous	حامض تحت كلوروز
Acid hypoiodous	حامض تحت ايدوز
Acid hyponitric	حامض تحت نتريك
Acid hyponitrous	حامض تحت نتروز
Acid hypophosforous	حامض تحت فوسفوروز
Acid hypophosphoric	حامض تحت الفوسفوريك
Acid imide	حامض الامايد
Acid iodic	حامض اليوديك
Acid lactic	حامض اللبنيك (ويصنع من تخمر اللاكتوز)
Acid layer	طبقة الحامض

Acid nitric	حامض النتريك او التيزاب HNO_3 سائل عديم اللون يعطي غازات وابخرة قارضة ويستعمل لتنظيف الذهب وكذلك في صناعة المتفجرات
Acid number	عدد كمية الحموضة في السائل
Acid oleic	حامض الزيت
Acid oxalic	حامض الاوكساليك
Acid palmitic	حامض النخليك
Acid pantothenic	حامض بانتوثينيك
Acid phosphoric	حامض الفوسفوريك
Acid phosphoric dilute	حامض الفوسفوريك المخفف
Acid poisoning	التسمم بالحامض
Acid radical	جذر الحامض
Acid resisting	ثبات المادة تجاه الحامض
Acid salt	املاح الهيدروجين
Acid sludge	الحامض الطيني (اي كالطين)
Acid soluble	المادة التي تذوب في الحامض
Acid stearic	حامض دهنيك
Acid strength	قوة الحامض
Acid substitution	التعويض الحامضي
Acid sulphuric	حامض الكبريتيك H_2SO_4 سائل عديم اللون ، دهني القوام ، قارض يعطي حرارة عند اضافته للماء ، ويستعمل في صناعة المتفجرات وذلك بعملية النترتة (nitration)
Acid sulphuric arematic	حامض الكبريتيك العطري
Acid sulphuric dilute	حامض الكبريتيك المخفف
Acid tangstic	حامض التنجستيك
Acid tanic	حامض التانيك مسحوق مصفر يمزج مع الماء والكليسيرين ويستعمل لللثة
Acid tartaric	حامض الطرطريك وهو حامض قوي يسمى "الليمون دوزي"
Acid telluric	حامض التلluريك
Acid tellurous	حامض التللوروز
Acid test	فحص الحامض
Acid thionic	حامض الثيونيك
Acid tower	ارتفاع الحامض (او برج الحامض)
Acid uric	حامض اليوريك (البوليك)
Acid value	قيمة الحمضية
Acid ydroextraet	الحامض المقلاع
Acid yellow	الحامض الاصفر (انيلين)
Acidaemia	حالة كثرة الحامض في جسم الانسان
Acidic	حامضي: صفة تطلق على المحاليل التي رقمها الايدروجيني اقل من ٧ وامثال هذه المحاليل تغير ورق عباد الشمس الازرق الى اللون الاحمر
Acidifiable	قابل للتحميض
Acidification	التحميض ادخال الحامض الى المحلول

Acidified	ادخل الحامض الى المحلول
Acidify	يحمض
Acidimetry	قياس الحمضية (كمية الحامض) في المحلول بمعادلة بمحلول قلوي معروف القوة
Acidity - Acidness	حموضة
Acidizewell	بئر ذو حوامض
Acidogen nitrate	نترات اليوريا
Acidolamin	معقم للمجاري اليولية
Acidosis	حموضة الدم وانسجة الجسم
Acidulate	حمض قليلا
Acidulous	قليل الحموضة ، حويمض
Aconite	عقار سام وهو جذر نبات اكونوتم بايولس (خانق التمر)
Aconitic acid	حامض الاكونيتيك
Acorn sugar	سكر ثمر البلوط
Acridine	اكريدين (مركب بلوري عديم اللون $C_{13}HN$)
Acridinic acid	حامض اكريدنيك
Acriflasrine HCl	مسحوق اصفر يستعمل لمداواة الحروق والجروح وذلك بشكل محلول بنسبة واحد الى الالف
Acrolein	اكرولين
Acrylic acid	حامض الاكروليك
Actification	تخليل
Actinie	مختص بالتاثير الكيمي لاشعة النور
Actinism	التاثير الكيمي لاشعة النور
Actinium	اكتينيوم (وزنه الذري ٢٢٧ وعدده الذري ٨٩ وهو مادة ماخوذة من اليورانيوم ولها خواص اشعاعية ، وقد اكتشف عام ١٨٩٩)
Actinometer	اكتينومتر (مقياس اشعاع الاكتينيوم)
Action	فعل
Activate	ينشط
Activated charcoal	فحم نباتي ، منشط
Activated molecules(moles)	جزيئات منشطة
Activator	مادة موجودة في التفاعل الكيمياوي تؤثر على مادة اخرى تجعلها فعالة
Active deposit	راسب فعال او منشط
Active mass	كتلة فعالة
Activity	نشاط ، فعالية ، سهولة التفاعل للتبدل الكيمياوي
Activity coefficient	معامل النشاط
Actual	حقيقي
Actual acidity	الحموضة الحقيقية
Acyclic	لاحلقي
Acyclic compound	مركب لاحلقي
Acyl group	مجموعة اسيلية
Acylating agents	كواشف تستعمل لادخال مجموعة الاسيل في المركبات العضوية
Acylation	تاسيل ، حمضلة

Adaptor, adapter	موجه تكثيف وهو انبوب يصل بنهاية المكثف، فيشه كهربائية ، وصلة ملائمة لربط وحدتين
Add	اضاف ، زاد
Add – aplant technique	اضاف مهارة على المعمل
Add on cooler	جهاز لاضافة مادة لغرض تبريد المحلول (المضاف اليه)
Addiet	دواء عشبي
Adding	مضيفا ، مزيدا
Addition	تكملة ، جمع
Addition agent	العامل المضاف
Addition compound	مركب اضافي
Addition polymer	المركب الناتج من اتحاد عدد من الجزيئات لتكوين جزيئات اكبر بدون انفصال اي مركب ، البوليمر (المتجمع) الاضافي
Addition polymerization	عملية التجميع (البلمرة) الاضافية
Addition reaction	تفاعل اضافي في المركبات ذات رباطين او ثلاثة وذلك بأفلات الرباط للتعلق بالمجموعة المشتغلة
Additional	اضافي
Additions sign	اشارة زائدة
Additive compound	مركب مضاف (جمعي)
Additive properties	خواص الاضافة (العملية الجمعية)
Additive reactions	تفاعلات جمعية (مضافة)
Additment	اضافة
Adduet	نواتج الاضافة
Adenene	ادينين
Adenose	غدي مختص بغدة
Adenosine	ادينوسين
Adenosine monophosphate	احادي فوسفات الادينوسين
Adenosine phosphoric acid	ادينوسين حامض الفوسفوريك
Adenosine triphosphate	ثالث فوسفات الادينوسين
Adenotomy	استئصال الغدة
Adenylic acid	حامض الادينيلك
Adeps mineralis	مرهم دهن المعادن مستخرج من البترول
Adepslanae , lanolin	مادة دهنية نحصل عليها من صوف الخروف
Adhesion	التصاق ، تماسك
Adhesive	ملصق ، لاصق ، لزج
Adhesiveness	التصاق ، لزوجة
Adiabatic expansion	تمدد ادياباتيكي (معزول)
Adipic acid	الحامض الدهني
Adjacent to	قريب من ، متاخم
Adjective	نعت ، صفة
Adjoin	لاصق ، جاور
Adjoining	متصل ، ملاصق
Adjoining room	الغرفة الاخرى الملاصقة
Adjoint piece	قطعة ملصقة على
Adjust	احكم ، اصلح، نظم، عدل
Adjustable	ممكن تعديله او ضبطه
Adjusting	ضبط ، تعديل
Adjusting balance	ميزان الضبط

Adjusting lever	عتلة الضبط
Adjusting motor	ماكنة الضبط او التعديل
Adjusting nut	صمولة برغي للتعديل
Adjusting scale	الميزان المعدل
Adjusting screw	برغي الضبط
Adjusting spindle	محور الضبط
Adjustment	ضبط، اصلاح، تنظيم، تعديل
Adjuvant	مساعد لفعل الدواء ، مساعد ، معاون
Adjuvant substance	مادة مساعدة لفعل الدواء
Admeasure	حدد او عين الحصة
Administer	خدم ، ناول ، قدم، اعطى (الدواء)
Admiralty brass	سبيكة مخلوطة من ٧٠ % نحاس ٢٩ % زنك١ % قصدير
Admiralty gum metal	البرنس الحكومي ويحتوي ٨٨ % نحاس ١٠ % قصدير ٢ % زنك
Admiralty metal messing	خليط مع معدن راقي
Admire	اعجب ، استحسن
Admission	قبول، تسليم، رضا ، التحاق (بكلية او جامعة)
Admission hopper	قمع ادخال المواد الى الماكينة
Admission pipe	ماسورة ادخال المواد الى الماكينة
Admission pressure	الضغط المقبول ، ضغط الادخال
Admit of	قبل ، سلم ، اعترف
Admitance	قبول ، ادخال
Admix	مزج ، خلط
Admixture	مزيج ، خليط
Adobe	قرميد ، طابوق احمر
Adonic acid	حامض الادونيك
Adonidin	ادونيدين
Adonite	ادونيت ، ادونيتول
Adoral	ادورال
Adorin	ادورين (فورمالديهايد)
Adorn	زين ، زخرف
Adrenal	الغدة فوق الكلية (الكظر)
Adrenaline	ادرينالين ، افراز الغدة الكظرية
Adreno(cortico) tropic	هورمون من هورمونات الجسم
Adrianople red	الاحمر التركي
Adsorb	يمتص
Adsorbate	يمتص
Adsorbent	ممصوص
Adsorption	التصاق جزيئات الغاز بالجامد
Adsorption displacement	ازاحة الالتصاق الجزئي او استبدال الالتصاق
Adsorption indicators	دلائل الامتصاص
Adsorptive	قوة او درجة الالتصاق
Adulate	تملق ، داهن
Adulterate	زيف ، افسد
Adulterated spirit	امتداد شامل
Adulteration	غش ، تزييف
Adulterer	فاسق ، زان ،غشاش
Adulteress	فاسقة، زانية ، فاجرة
Adultery	فسق ، زنى
Adustion	الكي بالنار او بالحديد المحمى
Advance	قرض ، سلف ، دفع مقدما

Advantage	قرض، سلف، دفع مقدما
Advantageous	نافع ، مفيد
AEC, Atomic Energy Commission	هيئة الطاقة الذرية
Aerate	يهوي ، يعرض للهواء
Aerated water	مياه معقمه بتعريضها للهواء
Aerial	هوائي
Aerobes	جراثيم هوائية
Aerobic	ينمو في الهواء
Aerochemistry	كيمياء الغازات
Aerodynamic	علم الغازات وضغطها
Aerogenesis	تكوين الغازات
Aerolite	حجر ميتيوريك
Aerology	علم الهواء
Affinity	ألفة كيميائية
After – sales – services	خدمات ما بعد البيع
After- blow	بعد النفخ
After- burning	بعد الاحتراق
After- chrome	بعد عملية الطلاء بالكروم
After- cooler	جهاز تبريد اضافي
After- effect	التاثير اللاحق
After erystallization	بعد التبلور، التبلور اللاحق
After fermentation	التخمير اللاحق
After fix	بعد التثبيت، التثبيت اللاحق
After generation of gas	التوليد اللاحق للغاز
After- oxidation	بعد التاكسد
After product	الناتج الثاني
After ripening	بعد النضوج
After wort	الوجبة الثانية من البيرة غير المختمرة
Afterglow	نور الغسق
After-taste	بعد الذوق
After-treatment	بعد المعالجة ، المعالجة اللاحقة
Ag	الرمز الكيمياوي للفضة
Agar – agar	طحالب سيلان
Agate	عقيق
Agave	صبر امريكاني
Aged	قديم، طاعن في السن
Ageing	تقادم
Agent	عامل،محرك،فاعل
Agent catalytic	عامل مساعد
Agent oxidized	عامل مؤكسد
Agglomerate	يتكتل
Agglomeration	تكتل تكبب
Agglutinatant	لزج غروي
Agglutinate	غري الصق
Agglutination	تغرية،الصاق
Agglutinative	مغر ، ملصق ، متلاصق
Aggregation	تجمع
Agitate	يحرك، يهيج ، يزعزع
Agitation	تحريك ، تهيج
Agitator	مهيج ، محرك ، مشيد الفتن
Agrilus	اغريلس (خنفساء الشجر)
Agrostology	علـــــم الاعشـــــاب او الحشائش
Aid	مساعدة
Air	هواء وهو غاز يغلف الكرة الارضية
Air – slaking of quick lime	بخار الجير المطفا او المحروق

Air bath	تعرض الجسم العاري الى الهواء والتدليك الصحي باستعمال خاولي اليد (حمام هوائي)
Air blast	لفحة هواء او لطمة هواء، العصف الهوائي
Air blast freezer	الجهاز المجمد للطمة الهواء
Air brick	الطابوق المثقب
Air bubble	فقاعات هوائية
Air cell	خلية هوائية
Air circulation	الدورة الهوائية
Air classification	تصنيف انواع الهواء
Air cleaner	مرشح الهواء ، المنظف الهوائي
Air composition	تركيب الهواء
Air compressor	ضاغط الهواء
Air conditioner	جهاز تكييف الهواء
Air conditioning	تكييف الهواء (ضبط درجة حرارته ورطوبته)
Air conduction	توصيل الهواء
Air consumption	اسنهلاك الهواء
Air cooled	مبرد بالهواء
Air cooler	المبردة الهوائية
Air cooling	عملية التبريد بالهواء
Air current	التيار الهوائي
Air cushion	وسادة او مخدة هوائية
Air damping	ادخال الرطوبة الى الهواء
Air densimeter	ميزان الثقل النوعي الهوائي
Air depolarized cell	الخلية الهوائية المنزوعة الاستقطاب
Air dome	الغطاء الذي يشبه القبة يوضع فوق منفذ البخار
Air drain	مصرف هوائي
Air dried	يجفف بالهواء
Air drying	تجفيف بامرار الهواء الجاف
Air ejector	قاذف هوائي
Air elutriation	المعدات الهوائية لسحق المواد وتحويلها الى مسحوق
Air engine	ماكنة ضغط الهواء
Air entraining agent	عامل الجر الهوائي خلال المسامات
Air excape	الهواء الشارد الى الخارج
Air exhaust	الهواء المفرغ
Air filter	المرشح الهوائي
Air foam	الفاتولة او اضطرابات الهواء، الرغوة الهوائية
Air foil theory	نظرية السيف الهوائي او نظرية الجدول المستقيم او نظرية الرقيقة الهوائية
Air friction	احتكاك الهواء
Air fuel ratio	نسبة الهواء الى الوقود
Air furnace	الموقد الهوائي
Air gun	بندقية هوائية
Air harden	تصلب بالهواء
Air hardening	عملية التصلب بالهواء
Air hardening lime	الجير المتصلب بالهواء
Air hardening steel	الفولاذ المتصلب بالهواء
Air heater	الفرن الهوائي وهو كهربائيا
Air hole	قمع او ثقب لمرور الدخان
Air industry	صناعة استخدامات الهواء

Air injection	الحقن الهوائي
Air inlet	مدخل هوائي
Air insulation	العزل الهوائي
Air jacket	غلاف هوائي
Air kiln	فرن هوائي
Air knife	سكينة هوائية
Air lack	الانسداد الهوائي ، الافتقار للهواء
Air layer	طبقة الهواء
Air less injection	الحقن الخالي من الهواء
Air lift	المصعد الهوائي
Air lime	الجيرالمتحجر بالهواء
Air liquid	هواء سائل
Air liquifiaction	اسالة الهواء
Air moisture	رطوبة الهواء
Air nozzle	خرطوم الهواء
Air operated	يعمل بالهواء
Air oven	فرن هوائي
Air pipe	ماسورة هوائية
Air plane dusting	الغبار المرشوش من الطائرة
Air pockets	جيوب هوائية
Air preheater	المسخن المسبق للهواء
Air pressure	ضغط الهواء
Air pump	مضخة هوائية
Air receiver	جهاز استلام الهواء
Air refining	تنقية الهواء
Air regulator	منظم الهواء
Air seal	مانع تسرب الهواء
Air separation	العزل الهوائي
Air separator	عازل هوائي
Air slip process	عملية تسييب الهواء
Air space	فجوات هوائية
Air strainer	المرشح الهوائي
Air suction ventilator	جهاز تهوية بشفط الهواء
Air tight	محكم ضد الهواء
Air to surface missile	قذيفة جو – أرض
Air to under water missile	قذيفة جو – تحت البحر
Air uptake	شفاطة الهواء
Air valve	صمام هوائي
Air vessels	اوعية تستوعب الهواء
Air void	فراغ بدون هواء
Air volume	حجم الهواء
Air volume displacement	حجم الهواء الذي يحل محل الهواء او الغاز المزاح
Air-borne disease	المرض الذي يحمل بواسطة الهواء
Aircraft	طائرة
Aircraft bomb	القنابل التي تلقى من الطائرة
Air-proof	محكم لايؤثر عليه الهواء
Airy	هوائي
Aitkens dust counter	عداد غبار اتكنز
Ajacine	اجاسين
Al	الرمز الكيمياوي لمعدن الالمينيوم
Al abastine	نفثالين
Alabandite	الابندت خام عنصر المنغنيز
Alabaster	مرمر او رخام معرق
Alabaster glass	زجاج من المرمر المعرق
Alanine	الفا امينو حامض البروبيونك
Alant starch	انيولين ، نشأ الآلانت
Alantin	انيولين

Alanyl glucine	كلايكول الانيل
Alarm	انذار بالخطر
Alarm fuse	فتيل انذار للمفرقعات
Albinism	بياض في الجلد والشعر والعين
Albino	ذو بياض مشرب بخمرة ، ابيض البشرة وكل الشعر
Albion metal	الرصاص مع القصدير
Albite	صوان متبلور من املاح الصوديوم
Albocarbon	نفثالين
Albomin oid	شبه زلالي
Albucid	سلفا ستمايد
Albumen	بيــاض البــيض ، الآح ، عقار
Albumen nitrogen	ازوت (نتروجين) الزلال
Albumen tannate	تنات الزلال
Albumen turbidity	التعكير الزلالي
Albumin	بروتين ، مادة زلالية في الدم
Albumin process	عمليات البروتين ، عمليات الزلال
Albuminate	بروتينات الباريوم
Albuminized paper	الــورق الممــزوج معــه بروتين
Albuminoid substance	مادة شبه زلاليــة عديمــة الــذوبان وكبيــرة المقاومــة للتفاعــل الكيمياوية
Albuminuria	البول الزلالي
Albumose	مشتقات البروتين
Alcatrone	كهرب ذرة كهربائية
Alchemic	مختص بالكيمياء القديمة
Alchemic signs	الرموز الكيمياوية
Alchemical	المختص بالكيمياء القديمة
Alchemist	المختص بالكيمياء القديمة
Alchemize	التحويل بالكيمياء القديمة
Alchemy	كيمياء العصور الوسطى لمحاولة تحويل المعادن الى ذهب ولاكتشاف العلاج الشامل للامراض ولاطالة العمر بلاحدود
$AlCl_3$	كلوريد الالمنيوم
Alcohol	الكحول سائل عديم اللون . له رائحة خاصة ينتج من تخمر السكر والنشا . وهو روح الخمر . وقد يطلق على الفصيلة الكيمياوية التي تتمثل خواصها في هذا الكحول بالذات والجمع "كحولات"
Alcohol absolute	كحول مطلق
Alcohol amyl	كحول اميل
Alcohol burner	مصباح كحولي
Alcohol dampened	مرطب بالكحول
Alcohol denatured	الكحول المثيلي
Alcohol derivative	مشتقات الكحول
Alcohol ethyl	كحول اثيل
Alcohol ethylene	اثيلين كلايكول
Alcohol factor	عامل كحولي
Alcohol fuel	وقود كحولية
Alcohol methyl	كحول مثيل
Alcohol primary	كحول اولي
Alcohol thermometer	مقياس حرارة كحولي

Alcoholate	معادن مرتبطة بالكحول
Alcoholic	كحولي
Alcoholic fermentation	تخمر كحولي
Alcoholimetry	قياس – تقدير الكحول
Alcoholism	تسمم بالكحول
Alcoholization	معالجة المواد بالكحول/ التنقية الشاملة
Alcoholmeter	مقياس لمعرفة نسبة الكحول المئوية في السوائل
Alcoholysis	تحلل كحولي
Aldehyde	آلديهايد وهو المركب الناتج عن اكسدة اولية للكحول ويحتوي على الهيدروجين والكربون والاوكسجين رمزه CH_3COOH ، وهو سائل عديم اللون وطيار جدا
Aldehyde acid	حامض الآلديهايد
Aldehyde ammonia	امونيا الآلديهايد
Aldehyde condensation	تكثيف الآلديهايد
Aldehyde resin	علج الآلديهايد ، راتنج الآلديهايد
Aldehyde seent	رائحة الالديهايد
Alder	شجرة الحور الرومي ويستخدم لحاؤها في الدباغة وصناعة الصباغ
Alder buckthorn	عجرم نبات يستعمل في الدباغة
Alder leaf beetle	خنفساء اوراق شجرة الحورة
Aldo hexose	آلدو هيكزوز
Aldo ketene	آلدو كيتين
Aldol	آلدول
Aldol condensation	تكاثف الآلدول
Aldolase	آلدوليز
Aldose	آلدوس
Aldoxime	الدوكزيم
Aldrey	المنيوم مع ٠.٥ % مغنيسيوم
Alembic	عنبيق ، جهاز للتقطير (سابقا) / اي جهاز يستخدم للتكثيف والتنقية

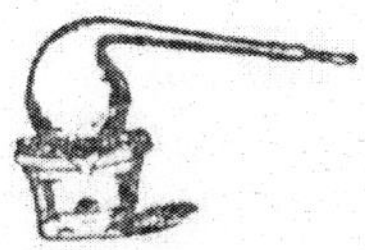

Aleppo gall	عفص حلب
Alexin	مادة دفاعية تهلك البكتيريا
Alfa	حلفا (نبات)
Alfa alfa	اسم اندلسي (للبرسيم)
Alga	طحلب ، اشنه
Algae	الطحالب
Algaroth	مسحوق من مركبات الانتيموني
Algic acid	حامض من زبد البحر
Alginment pin	دبوس التنظيم
Algol dye	صبغ يستخرج من الطحالب
Algology	علم الطحالب
Alicyclic compound	مركبات تنظم فيها ذرات الكاربون بشكل حلقة تختلف عن حلقة البنزين
Align	خطط ، اصطف ، صف
Alignment	خط التنظيم والتشكيل

Alignment table	قائمة التخطيط والتنظيم
Aliment	غذاء ، قوت
Alimental	غذائي ، مختص بالاغذية
Alimentary	مختص بالهضم والغذاء
Alimentary canal	القناة الهضمية
Alimentation	تغذية ، غذاء ، قوة
Alimentiveness	غريزة اشتهاء الطعام
Aliphatic	مجموعة من المركبات العضوية الشحمية التي تمتاز باحتوائها على سلسلة مستقيمة من ذرات الكاربون
Aliphatic aldehyde	آلديهايد شحمي
Aliphatic compound	مركبات عضوية شحمية لاتمتلك حلقة البنزين في جزيئتها
Aliphatic series	سلسلة الشحوم (السلسلة الاليفاتية)
Aliquant	وتر، عدد وتري ، قاسم غير تام (كالعدد ٥ بالنسبة الى ١٦ ، فهو يقسمه ولكن مع باقٍ)
Alive	حي ، عائش ، على قيد الحياة
Alizarin	اليزارين(وهو صبغ احمر يحضر من قطران الفحم وكان يستخرج قديما من نبات الفوة ، كما يستخدم في الصياغة ورمزه الكيمياوي هو ($C_{14}H_6O_2(OH)_2$)
Alizarin assistant	الدهن التركي الاحمر
Alizarin blue	الانثراسين الازرق

Alizarin brown	الانثراسين البني اللون
Alizarin orange	الانثراسين البرتقالي
Alizarin violet	الانثراسين البنفسجي
Alizarin yellow	الانثراسين الاصفر
Alizarine dye	صبغ الانثراسين
Alkahest	مذيب عام خيالي لكيمياء العصور الوسطى
Alkalasis	زيادة قلوية الدم والانسجة
Alkali	قلوي . قالي
Alkali fast	ثابت القلوية
Alkali grass	حشيشة ايكلي
Alkali halide	هالوجين القواعد
Alkali marine	قلوي بحري
Alkali metal	فلزقلوي
Alkali proof	لايتاثر بالقواعد (القلويات)
Alkali rock	الصخر المحتوي على قلويات
Alkali salt solution	محلول املاح القلويات
Alkali silicate	سيليكات القلي
Alkali soluble	يذوب في محلول القاعدة
Alkali sulphide	سلفايد القاعدة (كبريتيد القلويات)
Alkali therapy	التداوي بالقلويات
Alkali waste	فضلات قلوية
Alkalid	شبه قلوي (شبقلي)
Alkaliele etrobysis	القواعد التي تحلل كهربائيا
Alkalies	وهي مواد كاويةتذوب في الماء فترتفع نسبة ايونات الايدروكسين فيه فوق ايونات الايدروجين (كالصودا الكاوية (OH))
Alkalify	يجعل المحلول قلويا

Alkalimetry	قياس القلوية هو تقدير كمية القلوي في سـائل بمعادلتـه بمحلـول حامضي معروف القوة
Alkaline	قلي وهي المادة التي تعطي ايون الهيدروكسي في الماء OH
Alkaline earth metals	فلزات الاقلاء الارضية
Alkalinisation	التقلية جعل الشيء قلويا
Alkalinity	صفة القلوية
Alkalize	جعله قلويا
Alkaloids	مجموعـة مـن المـواد العضوية قلويـة مـن اصـل نبـاتي تحتـوي علـى الاقـل ذرة نتروجين في حلقة تركيب الجزيئـة مثلأنهـا تحتـوي كربـــون وايـــدروجين واوكسجين مثل Quinine ,morphine ,cocaine
Alkane	عضو من سلسلة البارافين للهيدروكاربونات المشبعة
Alkene	عضو من سلسلة الاولفين للهيـدروكاربونات غيـر المشبعة
Alkinal	كحول استيليني
Alkinal synthesis	استيلين كحولي مركب صناعيا
Alkine, alkyne	عضـو مـن سلسـلة الاسـتيلين للهيـدرو كاربونات غير المشبعة
Alkoxy group	مجموعة الكوكسيل
Alky - unit	وحدة قياس القاعدية

Alkyl	جذر للمركب القاعدي
Alkyl groups	جـذر الهيـدرو كاربونـات وحيد التكافؤ خاصة هؤلاء المشـتقات مـن سلسـلة البارافين ولهم صيغة رموز عامة مثلا Methyl CH_3- ethyl C_2H_5
Alkyl halide	هالوجين القواعد
Alkyl phenolic resin	علج الفينول القاعدي (راتنج الفينول القاعدي)
Alkyl poly sulphide	متعدد سلفايد قاعدية (متعدد كبريتيد قاعدية)
Alkyl sulph hydrate	مجموعة الالكايل والهيدروجين والكبريت
Alkyl sulphate	كبريتات قاعدية (سلفات قاعدية)
Alkyl sulphonic acid	حامض سلفونيك القاعدي
Alkylamine	امين القلي
Alkylation	ادخال جذر الكايل الى جزيئة عضوية
Alkylic ether	ايثر لمجموعة الالكايل
All	كل ، جميع ، قاطبة ، كل شيء
Allan cell	حجيرة الهيدروجين
Allantoic acid	حامض الانتويك
Allay	سكن ، هدأ، لطف
Allemontite	مركب من الانتيموني والزرنيخ
Allergy	الراجيه(لاقابلية)، حساسية، عندما تدخل الجسم بعض الميكروبات او الاشياء الغريبة فتحدث تفاعلا اما للوقاية او بالعكس

Alleviate	خفف ،لطف ،هون
Alleviation	تخفيف ، تلطيف
Alliance	حلف، اتحاد ، محالفة
Allied	معاهد ، حليف، متحد، نسيب
Alligation	المزج او التعديل كالذهب والنحاس
Allocate	وزع ، قسم ، وضع
Allomaleic acid	حامض الفيومارك
Allopathy	علاج الداء بدواء مضاد
Allophanic acid	حامض اليوريوكاربونيك
Allotropes	صور مخالفة
Allotropic	مختلف الشكل
Allotropic change	تغير مختلف الشكل
Allotropie forms	صور واشكال مختلفة لنفس العنصرومختلف التركيب بالصفات الفيزياوية والكيمياوية
Allotropism	حالة التشكل – التآصل –
Allotropy	صور واشكال مختلفة لعنصر ما (مثلا الفسفور يأتي بشكل احمر وابيض)
Allow	اباح ، اجاز ، سمح
Allowance	اجازة ،اذن ، سماح
Alloxan	اللوكسان
Alloy	سبيكة خلط معدن ثمين بادنى منه
Alloy - balance	ميزان المزج المعدني
Alloy steel	سبيكة فولاذ
Alloying	عمل سبيكة للمعادن
Alloying constituent	مكونات السبيكة
Alloying mrtal	سبك المعادن
Allspice	فلفل جامياكا
Allyl alcohol	برييبنول
Allyl aldehyde	الايل الديهايد
Allyl amine	الايل آمين
Allyl bromine	الايل برومايد
Allyl derivative	مشتقات الايل
Allyl group	مجموعة الايل
Allyl iso thiocyanate	الايل آيزوثايوسيانيت
Allyl phenol	الايل فينول
Allyl thio urea	ثايوريا الايل
Allyle iodide	ايودايد الايل
Allylene	مثيل استيلين
Allylie	دهن الخردل
Almandine , Almandite	الحديد العقيقي (احمر داكن)
Almond	ثمرة اللوز
Almond furnace	بوتقة صغيرة لتصفية المعادن الثمينة
Almond oil	دهن اللوز
Almond powder	مسحوق ثمرة اللوز
Almondike	امكد الين
Aloe	صبر
Aloetic	يعود الى الصبر
Aloetinic acid	حامض الصبر
Aloin	المادةالفعالة في الصبر
Alpaca	الالباكة نوع من الاناعيم – صوف او قماش الالباكه
Alpha	اول الحروف اليونانية وتدل على اول مجموعة او بادئة تؤشر وضعية المجموعة المعوضة لذرة ما في نفس المركب
Alpha particle radition	نواة هيليومية تصدر من ذاتها من العناصر المشعة

Alpha rays	اشعة آلفا تصدر من الراديوم بطيئة النفوذ
Alpha resin turpentine	علج الكلوروفيل
Alphionic acid	حامض الفيونيك
Alpine	نسبة الى جبال الالب
Alpine sun	الاشعة فوق البنفسجية كالتي تكثر في جبال الآلب
Alquot	شفع ،عدد شفعي ، قاسم تام كالخمسة بالنسبة الى ١٥
Alter	يغير ، يبدل
Alterable	قابل للتغيير او التبديل
Alterative	مغير ، محول ، مبدل
Alternate	متبادل دوري متعاقب
Alternately	بالتعاقب بالتوالي
Alternating	متعاقب ، متوال ، متذبذب
Alternating axis of symmetry	متبادل محور التماثل
Alternating current	تيار متردد
Alternation	تغير ، تبادل
Aludel	اناء كيميوي عرموطي الشكل مفتوح في طرف واحد ومركب على مثيل له ليكون مكثف لدى التسامي
Alum	شـب كبريتـات البوتاسـيم والالمنيوم
Alum bath	ماء الشب للاستحمام
Alum cake	قطع الشب
Alum earth	الارض المحتوية على الشب
Alum glue	صمغ الشب ويكون دبق لصيد الذباب
Alum leather	الجلد الابيض المشبب
Alum meal	كبريتات البوتاسيوم والالمنيوم
Alum mine	حفرة لاستخراج الشب
Alum mordant	شب مثبت للاصباغ
Alum ore	معدن الشب الخام
Alum shale	حجر الشب الرخو ، سجيل
Alum stone	حجر الشب الصلب
Alum works	مصهر الشب
Alumed	ملابس مشببة
Alumen	شب
Alumetize	يغطى بالشب بالنثر عليه
Alumetizing	يغطى بالشب بالتغطيس
Alumina	صلصال ثالث اوكسيد الالمنيوم
Alumina cream	هيدروكسيد الالمنيوم
Alumina hydrate	هيدررات الالمنيوم الابيض
Alumina paint	اصباغ الالمنيوم
Aluminate	يشحن بالشب
Aluming	غطس في محلول الشب
Aluminite	حجر الشب
Aluminite process	عمليات الاكسدة الكهربائية
Aluminium – ammonium sulphate	شب النشادر
Aluminium , Al	عنصر الالمنيوم العدد الذري ١٣ الوزن الذري ٢٦
Aluminium acetate	خلات الالمنيوم
Aluminium alloy	سبيكة الالمنيوم

Aluminium anode - cell	مكثف كهربائي يحتوي الالمنيوم
Aluminium brass	نحاس اصفر يحتوي على الالمنيوم
Aluminium bromide	برومايد الالمينيوم
Aluminium bromide unhydrous	المنيوم برومايد بدون ذرة ماء
Aluminium bronze	سبيكة نحاس تحتوي ٤ % - ١٣ % من الالمنيوم
Aluminium carbide	كربيد الالمنيوم
Aluminium chloride	كلوريد الالمنيوم
Aluminium compound	مركبات الالمنيوم
Aluminium elad	مكسو بالالمنيوم
Aluminium explosive	مفرقع الالمنيوم ويسمى امونال
Aluminium foil	ورقة الالمنيوم
Aluminium hydrate	الالومينا البيضاء
Aluminium hydroxide	مسحوق ابيض يستعمل في صناعة الزجاج والفخار وكمضاد للحموضة طبيا
Aluminium oxide	اكسيد الالمنيوم
Aluminium painted fabric	النسيج المغطى بالالمنيوم
Aluminium phenolate	فينوكسايد الالمنيوم
Aluminium plating	مصفح بالالمنيوم
Aluminium potassium sulphate	شب البوتاس
Aluminium powder	مسحوق الالمنيوم
Aluminium preparations	مستحضرات الالمنيوم
Aluminium rolling mill	طاحونة اسطوانية لسحق الالمنيوم
Aluminium sheet	صفيحة من الالمنيوم
Aluminium stearate	ستيرات الالمنيوم
Aluminium sulphate	مادة بلورية بيضاء تستعمل لتنقية الماء وفي صناعة الورق
Aluminium sulphide	سلفايد الالمينيوم (كبريتيد الالمينيوم)
Aluminium welding	اللحيم بالالمنيوم
Alumino thermic process	عمليات اللحيم بالالمنيوم باستعمال الحرارة
Aluminous	فيه شب او فيه المنيوم
Alveolar	ذو عيون او تحاريب
Amalgam	سبيكة من معدن و زئبق ، أملغم
Amalgamating mill	طاحونة الملغمة
Amalgamating pan	اناء الملغمة
Amalgamating process	عمليات الملغمة
Amalgamating table	منضدة الملغمة
Amalgamation	ملغمة المزيج بالزئبق
Amatol	مفرقع يحتوي نترات الامونيا وثالث نتروتلوين
Amber	كهرمان مادة صمغيية صفراء تؤخذ من شجر الصنوبر من مناجم بروسا الشرقية
Amber acid	حامض الكهرب
Amber varnish	طلاء الكهرب

American gelatin dynamites	الديناميت الجلاتيني الامريكي ويحتوي على نيتروكلسير ونترات الصوديوم وكبريت ونيترو سليلوز
American worm seed oil	دهن الجينوبرديوم ويستعمل لمعالجة الديدان
Amethyst	الجمشت
Amic acid	حامض الاميد
Amides	مجموعة من المركبات العضوية التي تنتج من احلال هيدروجين واحد موجود في الامونيا محل جذر الحامض العضوي مثلا اسأمايد
Amidine	اميدين
Amido – acetic acid	حامض اميدو خليك
Amido acid	حامض اميدو
Amido gen	مجموعة الاميدو
Amido group	مجموعة الاميدو
Amidol	٢-٤ ثاني امينو فينول كلورايد
Amine	مركبات تنتج من احلال ذرة هيدروجين الامونيا محل الجذر العضوي
Amino acetic acid	حامض امينو خليك
Amino acid	حامض عضوي يحتوي كلا من المجموعة امينو القاعدية NH_2 ومجموعة كاربو كسيليك الحامضية$COOH$ وهي امفوتيريك وتعطي في المحلول ايون ثنائي الاستقطاب
Amino group	المجموعة الامينية
Amino resin	علج الفورمالديهاد البولي
Amitosis	انقسام الخلية المباشر
Ammonal	مزيج من نترات الامونيوم وعنصر الالمنيوم ويستعمل في المفرقعات
Ammonia	غاز قارص يذوب في الماء فيعطي محلول قلوي اي يحتوي ايون الهيدروكسيل
Ammonia alum	شب الامونيا
Ammonia bifluoride	ثاني فلوريد الامونيا
Ammonia dynamites	ديناميت الامونيا ويحتوي على نسبة عالية من النتروكليسيرين
Ammonia producing	منتجا غاز الامونيا
Ammonia salt	ملح الامونيا
Ammonia soda	صودا الامونيا
Ammonia soda process	طريقة صولفي لتحضير كاربونات الصوديم
Ammonia solution	المحلول المائي للامونيا
Ammonia synthesis	الامونيا المحضرة بطريقة هابر
Ammonia vapauss	ابخرة الامونيا
Ammoniated	ممزوج بالنشادر
Ammonical	نشا دري
Ammonium	امونيوم
Ammonium	امونيوم نشادر
Ammonium acetate	خلات الامونيا
Ammonium carbamate	كربامات النشادر
Ammonium carbonate	كربونات النشادر

Ammonium compounds	مركبات نشادرية
Ammonium hydroxide	ايدروكسيد النشادر
Ammonium molybdate	مولبدات الامونيوم
Ammonium nitrate	ملح ابيض يذوب في الماء يتفسخ في الحرارة فينتج نتروزاوكسايد وماء وهو مفرقع قوي
Ammonium radical	جذر الامونيا
Ammonium salt	ملح النشادر
Ammonium sulphate	كبريتات الامونيوم
Ammonium thiocyanate	ثايوسيانيت الامونيوم ، ويستعمل في صناعة النسيج
Amorphism	خاصية عدم التشكل او عدم التبلور
Amorphous	غير متبلور
Amorphous sulphur	الكبريت الابيض غير المتبلور
Amount	كمية
Amphorous	غير متبلور تكون جزيئات المـادة مرتبـة فـي وضـع خاص
Amphoteric	ذوتفـاعلين قلـوي مـرة وحامضي مرة اخرى مثلا هيدروكسـيد الامـونيم مـع الحامض يكون ملحا ومع القاعـدة القويـة يكـون الومينا
Amphoteric oxide	اكسيد حامضي قلوي
Ampoule	امبول ، مجل ، إنبوله
Amygdalin	كلوكوسايد موجود في اللوز

Amyl	خامس كاربون في سلسلة الاليفانيك
Amyl aceous	نشوى
Amyl acetate	خلات اميل
Amyl alcohol	الكحول الاميلي
Amyl nitrite	اميل نترايت يستعمل لالتهاب الانف
Amylase	خميرة اميليز
Amylene	اميلين
Amylodextrin	اميلو دكسترين
Amyloid	نشوى
Amylolytic	محلل نشوى
Amylum	نشاء
Anaesthelics	مخدرات
Anaesthesia	تخدير
Analyser	محلل
Analysis	تحليل وهو الكشف عن كنة المادة سواء انحل الى عناصره ام لم ينحل
Analytical method	طريقة تحليله
Angstrom unit	وحدة الانكستروم
Anhydride	بدون ماء
Anilide	مركب عضوي مشتق من الانيلين
Aniline	انيلين وهو من القواعد العضوية وهو المادة الأم لكثير من الاصباغ والعقاقير وتستعمل مشتقاته لصناعة المفرقعات
Aniline black	الانيلين الاسود
Aniline blue	الانيلين الازرق
Aniline chloride	كلوريد الانيلين
Aniline dyes	اصباغ الانيلين

Aniline green	الانيلين الاخضر
Aniline ink	حبر المطابع السريع الجفاف
Aniline oil	دهن الانيلين
Aniline piosoning	التسمم بالانيلين
Aniline point	اقل درجة حرارة التي فيها يمزج حجم مساو من الانيلين وسائل الفحص
Aniline purple	الانيلين البنفسجي
Aniline red	الانيلين الاحمر
Aniline resin	علج الانيلين
Aniline violet	الانيلين البنفسجي
Aniline yellow	الانيلين الاصفر
Anilotic acid	حامض الانيلين
Animal black	العظم الاسود
Animal charcool	فحم العظام ويحتوي ١٠ % فحم والباقي مواد اخرى مثل فوسفات الكالسيوم ويستعمل كعامل لقصر الالوان
Animal diastase	خميرة تتكون من عصارات البنكرياس وتفرز على المادة المهضومة
Animal electricity	الكهربائية الحيوية
Animal fat	شحم حيواني
Animal glue	المادة الغروية في الحيوان
Animal grease	دهونات حيوانية
Animal magnetism	المغناطيسية الحيوانية
Animal oil	دهن عظام الحيوان
Animal starch	كلايكوجين

Anime	اسم تجاري لصمغ اوراتينج يستعمل للاصباغ
Anion	ايون يحمل شحنة كهرباء سالبة ينجذب ويتجه نحو القطب الموجب
Anion exchange	تبادل ايوني
Anise	حبة الانسون
Anise oil	دهن الانسون
Anisic acid	حامض الانسون
Anisole	ايثر الفينايل المثيلي سائل عطري
Anisole chloride	كلوريد الانيزول
Anisole formate	فورمات الانيزول
Anlydrite	انهدريت
Anlydrous	لا مائي صفة للمادة الخالية من الماء في تركيبها
Anna bergite	زهرة من النيكل
Annatto	المثيل الاصفر
Anneal	لين المعادن درجة الاحمرار في الحديد
Annealing	يتأجج يتوهج
Annealing bath	الحمام المتوهج
Annealing farance	الفرن المتقد
Annealing loss	الخسارة من جراء الحرارة الحمراء
Annealing plant	معدات تليين المعادن
Annealing residue	فضلات عملية تليين المعادن
Annex	ملحق ، ذيل ، مذيل
Annidalin	ثايمول ايودين
Annular	مستدير على شكل حلقة

Anode	صفحة موجبة في جهاز كهربائي ما تحدث عليها الاكسدة وتخسر الالكترونات
Anode brightness	اللمعان الكهربائي
Anode current	تيار القطب الموجب
Anode discharge	افرغ الشحنة الموجبة
Anode potential	فولتية القطب الموجب
Anode rays	الاشعة الكهربائية للصفحة الموجبة
Anode sludge	الصحيفة الموجبة الطينية (نحاس)
Anode spongy	الصحيفة الموجبة الاسفنجية (رصاص)
Anodic	موجب
Anodize	الاكسدة
Anodizing	الاكسدة المنتجة غطاء للسطح المعدني
Anodyne	دواء مهدء لازالة الالام الجسم ويحتوي مورفين ، اوبيوم ، اكودين ، هايوسين ، اويوتاسيوم، بروماید
Anol	باراهيدروكسي بروبانيل بنزين وهو هورمون جنسي صناعي يحفز قنوات الثدي لافراز الحليب
Anomalous	غير قياسي
Anomaly	شذوذ مخالفة للقاعدة
Anona	اعشاب طبية في المناطق الاستوائية من امريكا
Anonacein	قلويات عشبية تستعمل في افريقيا كمهيج للشهوة الجنسية

Anopheles	بعوض يضيف طفيلي الملاريا
Anoxia	نقص الاوكسجين في الدم
Ant	نملة ، النمل
Antacid	مزيل الحموضة ضد الحواض
Antagonistic	يعمل بالضد
Antagonistie structure	المركب العضوي الذي ينسب الى مادة فعالة بيالوجيا مثل الانزيمات التي تعمل كمانع في نموها وتطوراتها
Anthemol	انثول
Anthion	بير كبريتات البوتاسيوم
Anthocyanin	اي واحد من صنف الاصباغ لمختلف الازهار والنباتات والتي تكون حمراء في الحامض وزرقاء في القاعدةوبنفسجي في التفاعل المتعادل
Anthracena	تراي سايكليك هيدروكاربون

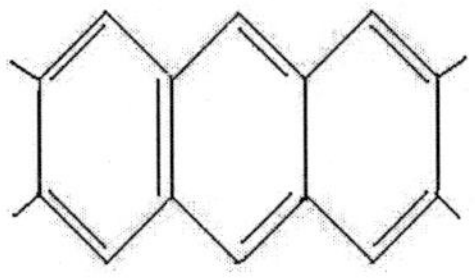

Anthracene blue	انثراسين ازرق
Anthracene brown	انثراسين بني
Anthracene green oil	دهن الانثراسين الاخضر
Anthracene oil	دهن الانثراسين
Anthraflavine	انثرا فلافين
Anthragallol	انثرا حامض الكاليك
Anthraldehyde	انثرا الديهايد

Anthranilic acid	اورثو امينيو حامض البنزويك
Anthranol	انترول كاما هيدروكسي انثراسين
Anthrasol	انثرازول يستحضر من القطران ويستعمل كمرهم للامراض الجلدية بنسبة ٥ – ١٥ %
Anti- acid coat	مانع ضد الحموضة
Anti- chlorine	مضاد للكلور
Anti- coagulant	مركب كيمياوي معقد غالبا يكون كاربوهيدرات له خواص تعويق تخثر الدم مثل الهيبارين
Anti- corrosive	واقي ضد التآكل
Anti- crease	مضاد للانثناء
Anti- enrzyme	مادة تقلص فعالية الخميرة
Anti- febrine	مسكن للحمى والالم
Anti- fouling	معقم ، مطهر
Anti- freeze	مركب ضد التجميد
Anti- friction	مقاومة الاحتكاك
Anti- gas	واقي ضد الغاز
Anti- gen	المادة التي عندما تدخل الى الدم او الانسجة تؤثر الى تكوين انتى بودي .
Anti- hemorrhagic vitamin	فيتامين ضد النزيف وهو فيتامين ك
Anti- histamine	مركب يمنع افراز الهستامين الزائد
Anti- pepsin	عصارة ضد انزيم الببسين والتي تختزل مفعوله
Anti- pole	القطب المضاد
Anti- rotation	ضد الدوران
Anti- soluble	صعب الذوبان في الماء
Antibiotic	مضاد حيوي وهي مادة كيمياوية تنتج من العضويات للدقيقة جدا التي لها القابلية في المحاليل المخففة لتمنع نمو عضويات دقيقة اخرى او تتلفها او تبددها
Antibodies	اجسام مضادة للميكروبات الترياقية
Anticatalyst	المادة التي تشمل مفعول العامل المساعد
Anticathode	انبوب الفراغ المعاكس للكاثود
Anticipate	توقع انتظر
Anticipation	توقع انتظار شعور سابق
Antidote	دواء المعادلة فعالية السموم في الجسم
Antifermontation	مانع التخمر
Antifertility agent	مركب ستيريود ، هرمون جنسي ينتج في الجسم ايام الحمل ليضغط على التبيض الذي يمنع المراة اوتوماتيكيا الحمل
Antimonate	املاح الانتيموني
Antimonial	منسوب الى الانتيموني
Antimonial lead	رصاص انتيموني
Antimonic	انتيموني بنت اوكسايد
Antimoniuretted hydrogen	ايدروجين انتيموني
Antimony	حجر الكحل الأثمد
Antimony black	سلفايد الانتيموز
Antimony bloom	اوكسيد الانتيموني الابيض

Antimony chloride	كلوريد الانتيموني
Antimony fluoride	فلوريد الانتيموني
Antimony flux	الانتيموني المنصهر
Antimony glance	بريق الانتيموني
Antimony halide	هالوجينات الانتيموني
Antimony ore	الانتيموني الخام
Antimony penta sulphide	خامس سلفايد الانتيموني
Antimony pentoxide	خامس اوكسيد الانتيموني
Antimony salt	املاح الانتيمون
Antimony sodium tartrate	ترترات الصوديوم الانتيموني
Antimony sulfuret	الانتيموني البرتقالي
Antimony sulphide	الانتيموني الثقيل ، سلفايد الانتيموني ، كبريتايد الانتيمون
Antimony trichlorid	زبد الانتيموني
Antimony trioxide	ثالث اوكسيد الانتيموني
Antimony white	انتيموني الابيض
Antiphlogistic theory	النضرية اللافلوجستينية وهي التي وصفها لافوازيه لتفسير ظاهرة الاحتراق والتأكسد وهي تتناقض مع نظرية الفلوجستين التي كانت شائعة في ذلك العصر
Antiprothrombin	ضد التخثر
Antipyretic	مادة تخفض درجة حرارة الجسم
Antipyrine	وهو من مشتقات القطران ١ – فينايل ٢ –٣ ثاني مثيل بايرا زولون
Antirheumatie	ضد الروماتيزم
Antiseptic	مطهر
Antispasmodic	عامل يزيل التشنج العضلي
Antithrombin	مادة في بلازما الدم تمنع الثرومين من فعاليته لتخثر الدم
Antitoxin	ضد التوكسين في مصل الدم
Apatite	فوسفات الكالسيوم
Aperient	ملين مسهل خفيف
Aphid	من ، ارقه وهي حشرة
Aphrodisiac	دواء مقو للباه ، ناعوط اي مهيج للشهوة الجنسية سواء عند الذكر او الانثى
Apothe cary's scales	ميزان عقاقير
Apothecary	صيدلي ،اجزاجي
Apparatus	جهاز ، عدة
Apparatus plug	جهاز السد ، وضع الصمام
Apparent	ظاهر ، واضح ، منظور
Appear	ظهر ، بان ، اتضح
Appear on the surface	يظهر على سطح السائل
Append	الحق ، ذيّل ، اضاف
Appending label	ملحق او ذيل للورقة الملصقة على القناني والتي تشرح محتوياتها
Appendix	ملحق، ذيل
Appertaining	ينسب الى
Appeteney	ميل طبيعي ، شوق ، شهوة
Apple	تفاحة
Apple acid	حامض الماليك
Apple aphid	حشرة من التفاح

Apple green	التفاح الاخضر
Apple kernel oil	دهن حب التفاح
Apple oil	دهن التفاح
Apple sawfly	الحشرة المنشارية للتفاح
Apple scab	قشرة حشرة للتفاح
Appliance	جهاز
Applicable	مناسب موافق
Applicant	طالب ، مقدم الطلب
Application	طلب ، التماس ، عرضحال، تطبيق
Application of diffusion	استخدام خاصية الانتشار
Applicator	مادة لعمل المساج الموضعي
Apply	يطلب، يلتمس ، ينطبق على
Appoint	نصب، عين ، رتب له
Approach	اقتراب ، دنو، اقترب ، دنا
Approachable	سهل الاقتراب اليه
Approaches	محاولات بقصد نيل الرضا
Approval	استحسان، مصادقة
Approximate	تقريبي
Approximately	تقريبا ، بوجه التقريب، بالتقريب
Apricot	مشمش
Apricot seed oil	دهن حبة المشمش
Aptitude	لياقة ،أهلية ، استعداد
Aqua	ماء
Aqua ammonia	ماء الامونيا
Aqua aromatic	الماء المعطر
Aqua astricta	ثلج
Aqua camphorae	ماء الكافور
Aqua chloroform	ماء الكلوروفورم

Aqua communis	ماء عادي
Aqua destillatae	الماء المقطر
Aqua fortis	ماء الفضة او النار ، حامض النتريك
Aqua marina	ماء البحر
Aqua medicatae	الماء الطبي
Aqua menthae piperite	ماء النعناع الفلفلي
Aqua pura	ماء نقي
Aqua Regia	الماء الملكي (وهو قارض يتكون من ٣ حامض الكلوردريك وواحد حامض النتريك)
Aqua system	دورة مياه
Aqua vitae	مشروبات روحية قوية ، ماء الحياة
Aquasol	محلول مائي
Aquatic plants	نباتات مائية
Aqueous	مائي
Aquinite	ثالث كلور نتروميثين
Arabic	عربي (ويقصد به الصمغ)
Arabin process	عمليات صمغ الكرومات
Arabinose	سكر الصمغ (ويحصل من اشجار وخضروات الصمغ العربي)
Arachic oil	زيت الفول السوداني
Aragonite	اراجونايت
Aralin	ارالين
Aralkyl amine	آمين الاليفاتك آمين عطري
Arbor	شجرة
Arbor vitae	شجرة الحياة
Arbutus uva ursi	نبات القطلب
Arc	قوس ، منحنى

Arc ignition	الاشتعال او الاتقاد المقوس
Arc lamp carbon	المصباح الكاربوني المقوس
Arc light	مصباح القوس الكهربائي
Arc rectifier	المقدّم القوسي
Arc speectrum	المنشور المنحني، طيف المقوس
Arc tangent	المماس المنحني او المقوس
Arc welding	اللحيم بالقوس الكهربائي
Archil	طحالب او شنات يستخرج منها صباغ قرمزي
Archil derivative	مشتقات الطحالب الصخرية
Archimedes	ارخميدس
Area	مساحة سطح
Areca catechu	الاريكا (نوع من اشجار النخيل في اسيا)
Areca nut	نواة شجر الاريكا
Areca red	الاريكا الحمراء
Argent	ابيض فضي
Argental mercury	الملغم لغطاء المعادن بالزئبق
Argentam	معدن الفضة العدد الذري ٤٧ الوزن الذري ١٠٧.٨٨
Argenti ferous	محتوي على الفضة
Argenti nitras	نترات الفضة ، حجر جهنم ويستعمل لتداوي جفن العين
Argentic	فضي منسوب الى الفضة
Argentine	لون الفضة ، يطلى بالفضة او ما يشبهها ، يحتوي على الفضة
Argentum cyanide	سايانارد الفضة
Argentum foliatum	ورق الفضة
Argentum furifactum	زئبق نقي حر
Argentum inmuseulis	قشور الفضة
Argentum iodidum	آيودور الفضة
Argentum musisum	فضة فوسفاتية
Argol	طرطر راسب الخمرة
Argon	ارغون عنصر العدد الذري١٨ يوجد في الهواء ويستعمل في الانابيب المضيئة الكهربائية تحت ضغط ٣ مم زئبق. وهو من الغازات الخاملة
Aring	تهوية
Arise	قام نهض استيقظ
Aristolin	ارستولين
Aristotle	ارسطو طاليس
Arm	ذراع ،سلاح ،قوة من الجيش
Armament	عدة الحرب سلاح
Armament factory	مصنع للسلاح
Arnica	ازهار مركبة لنوع من النبات يستعمل كمحفز للقلب طبيا
Arnica flower oil	دهن وردة الارنيكا
Aroma	عطر الرائحة الطيبة
Aromatic	مركبات كاربونية ذات سلاسل مغلقة

Aromatic alcohol	كحول عطري
Aromatic compounds	مركبات عطرية
Aromatics	مركبات عطرية
Aromatization	تعطير ، تطيب
Aromatous substance	مادة عطرية
Arrangment	ترتيب ، تدبير
Arrival	واصل ، قادم ، إدراك
Arrive	وصل ، تقدم
Arrow head	السنان راس السهم
Arrow poisoned	السهم المسموم الذي نغز بثمرة النوكس فوميكا الموضوعه بطشت
Arsanilic acid	بارا – امينو – فينايل حامض الارسنيك
Arsen- obenzene	البنزين المزرنخ
Arsenaacetic acid	حامض الخليك المزرنخ
Arsenate	املاح الزرنيخ
Arsenic	زرنيخي ، سم الفار
Arsenic acid	حامض الزرنيخيك
Arsenic acid	حامض الزرنيخيرك
Arsenic bloom	اوكسيد الزرنيخ
Arsenic butter u-chloride	كلوريد الزرنيخ
Arsenic compounds	مركبات الزرنيخ
Arsenic free	خالي من مركبات الزرنيخ
Arsenic glass	المراة المتكونة من جراء ترسب الزرنيخ
Arsenic halide	هالوجين الزرنيخ
Arsenic hydride	هايداريد الزرنيخ
Arsenic iron	حديد زرنيخي
Arsenic nickel	نيكل زرنيخي
Arsenic pentoxide	خامس اوكسيد الزرنيخ
Arsenic poisoning	التسمم بالزرنيخ
Arsenic pyrite	بيريت زرنيخي
Arsenic tri chloride	ثلاثي كلوريد الزرنيخ
Arsenic tri sulphide	ثالث سلفايد الزرنيخ الاصفر
Arsenic triiodide	ثلاثي ايوديد الزرنيخ
Arsenic trioxide	ثلاثي اوكسيد الزرنيخ
Arsenical poisoning	التسمم بالزرنيخ
Arsenicum	زرنيخ ، سم الفار
Arsenide	ارسينايد، زرينخيدر
Arsenio carbonate of lead	كاربونات الزرنيخ الرصاصي
Arsenious	يحتوي على الزرنيخ
Arsenious acid	حامض الزرنيخوز
Arsenite	زرنيخيت ، آرسينايت
Arseniuratted hydrogen	هيدروجين مزرنخ
Arseniuratted of cobalt	الكوبلت الزرنيخي
Arseno sulphide of lead	كبريتيد الزرنيخ الرصاصي
Arsinic acid	حامض الزرنيخيك
Arsphenamine	سلفارسان
Art	فن ، مهارة ، حيلة
Arterenol	ارتيرينول
Arthanitin	سايكلامين
Artickoke green	نوع من الاصباغ
Article	مادة ، صنف ، نوع
Articulated	معقد ، ذو مفاصل
Articulation	عقدة مفصل
Articulation point	مثل عقدة الخشب

Artificial radio activity	الطرق الاصطناعية التي بواسطتها نتمكن من التوغل الى نوى ذرات العناصر غير المشعة وحملها على الاشعاع
Artificial silk	حرير صناعي
Arusole	انيزول
As	الرمز الكيمياوي لمعدن الزرنيخ
as	مثل ، شبه ، عندما ، بينما
Asafetida	جويفه ، حلتيت
Asaprol	ابراستول
Asar abacca camphor	ازارون الكافور
Asarone	ازارون
Asarum	جذر كنبات يزرع في كندا
Asbestos	حرير صخري
Asbestos base	قاعدة من الحرير الصخري
Asbestos breaker card	ركام الحرير الصخري
Asbestos carpet	بساط من الحرير الصخري
Asbestos cement	سمنت من الحرير الصخري
Asbestos cement sheeting	صحائف سمنتية من الحرير الصخري
Asbestos cloth	ملابس من الحرير الصخري

Asbestos compound	مركبات الحرير الصخري
Asbestos concrete	كونكريت الحرير الصخري
Asbestos cord	حبل من الحرير الصخري
Asbestos coreered	مغطى بالحرير الصخري
Asbestos eurtain	ستائر الحرير الصخري
Asbestos fibre	نسيج الحرير الصخري
Asbestos joint	مربط الحرير الصخري
Asbestos layes	طبقة الحرير الصخري
Asbestos linen	كتان من الحرير الصخري
Asbestos paper	ورق الحرير الصخري
Asbestos plantinised	حرير صخري مبلتن
Asbestos ply	طبقة الحرير الصخري
Asbestos powder	مسحوق الحرير الصخري
Asbestos sheet	صينية من الحرير الصخري
Asbestos sponge	اسفنج الحرير الصخري
Asbestos strings	خيوط الحرير الصخري
Asbestos wool	منسوج الحرير الصخري
Asbestos yarn	قطن او غزل الحرير الصخري
Asbolane	الكوبلت الاسود
Ascaridole	دهن الجينوبوديوم ويستعمل كسائل ضد الديدان طبيا كما انه مفرقع
Ascending pipe	مصاص الرفع
Ascending pipe line	خط مصاص الرفع
Ascensional velocity of flow	سرعة جريان تسلق السائل
Ascent	تسلق ، صعود
Ascertain	يفحص، يتأكد
Ascorbic acid	فيتامين سي

Ascorbic acid, Concemin فيتامين سي (حامض الاسكوربيك)
Asexual غير جنسي او لاتزاوجي ، خنثي
Ash constituent محتويات الرماد
Ash drawer ساحبة الرماد
Ash fire رماد النار
Ash furnace رماد الفرن
Ash tree رماد الخشب
Ashery مصنع البوتاس
Ashes رماد، تراب
Asparagin هيليولين
Asparagus الهليون (نباتات من عائلة ليليسيا) او الجنجل
Aspartic acid حامض اسبرتيك
Aspartic acid امينو حامض السكسونيك
Aspergiline اسبيريكلين
Aspergillus مجمع الطحالب
Asphalt قير اسود صلب ، زفت
Asphalt block حجر الزفت
Asphalt boiler مرجل تسخين الزفت
Asphalt cement سمنت الزفت
Asphalt concrete كونكريت الزفت
Asphalt layer طبقة الزفت المعدني
Asphalt man عامل الزفت
Asphalt mastic سمنت الزفت
Asphalt oven فرن القطران
Asphalt powder مسحوق القيري
Asphalt product نواتج الزفت
Asphalt varnish التلميع الزفتي
Asphalted قيره او زفته
Asphalter عامل القير
Asphaltic منسوب الى القير
Asphaltum اسفلت – قار
Asphaltum oil دهن فضلات الزفت

Asphaltum paper الورق المزفت
Asphyxia اختناق – احتباس التنفس وامتناع دخول الاوكسجين الى الرئتين
Aspido zamine اسبيدو سامين
Aspiduim جذر نبات ميل فيرن ، فيليكس ماس
Aspirating hole الفم ، طريق التنفس
Aspiration التنفس
Aspirin حامض استيل سيلسليك حب الاسبرين يستعمل ضد الصداع والحمى والروماتيزم
Assay تمحيص او حك المعادن لفحصها
Assay يعاير :تقدير نقاوة مادة موجودة في خليط او تقدير كمية ونسبة كل مادة او فلز على حدى
Assay balance ميزان الفحص
Assay crucible جفنة الاختبارات
Assay laboratory فحص المادة مختبريا
Assay master خبير بفحص المعادن
Assayer فاحص الذهب والفضة
Assaying stone حجر المحك ، محك
Assemble التأم احتشد اجتمع
Assimilation تمثيل او تحويل المواد المهضومة في الجسمة الى مواد مشابه للانسجة
Assistant مساعد وكيل معاون
Assistant chemist مساعد المختبر الكيمياوي
Assistant engine مساعد الماكنة
Associate with شارك مع ، عاش
Association تكتل جزيئات السوائل

Assort	صنف رتب كل شي على حدة
Assorting room	غرفة التصنيف
Assorting sieve	منخل العزل
Assume	ادعى تظاهر
Astacin	استاسين
Asteroidea	السمكة النجمية
Asthma	داء الربو ، ضيق النفس
Asthma-cigarettes	سيكاير تستعمل لمعالجة مرض الربو (ضيق النفس)
Astringent	دواء قابض
Asunder	انفصل
Asymmetrical	عديم التناسق
Asymmetry	عدم نضام اوعدم التناسق وهو ترتيب جزئي تكون فيه الذرة مرتبطة الى اربع ذرات مختلفة كما في ذرة الكاربون الاعتيادي
At	استاتين (عنصر عدده الذري ٨٥)
Atacamide	املاح النحاس
Athracin	دهن الانثراسين الاخضر
Atmolysis	تفريق الغازات بامرارها في مادة ذات مسام
Atmosphere	جو ، هواء ، جوي ، محيط
Atmospheric	منسوب الى الهواء الجوي
Atom	ذرة وهو اصغر جزاء من العنصر الذي يدخل في الاتحاد الكيمياوي

Atom fission	انشطار الذرة
Atom heat	حرارة الذرة
Atom lattice	شبكة الذرة
Atom pile	المفاعل الذري
Atom splitting	انقسام نواة الذرة
Atomic	ذري
Atomic bomb	القنبلة الذرية
Atomic core	قلب الذرة
Atomic crystal	بلورة ذرية
Atomic destruction	تهدم ذري
Atomic diameter	القطر الذري
Atomic disintegration	التفكك او التحلل الذري
Atomic energy	الطاقة الذرية
Atomic enermass	كتلة ذرية
Atomic nucleus	النواة الذرية
Atomic number	هوعدد البروتون في نواة الذره او عددالالكترونات المحيط بنواة الذرة
Atomic pile	المفاعل الذري
Atomic radius	نصف قطر ذري
Atomic refraction	الانكسار الذري
Atomic structure	التركيب الذري
Atomic theory	النظرية الذرية التي وضعها دالتون وتفترض بان العناصر تتكون من جسيمات متناهية في الصغر ولا تقبل التجزئة وتسمى ذرات
Atomic volume	الحجم الذري هو خارج قسمة العدد الذري على كثافة الوزن الذري المطلق

Atomic weight	الوزن الذري او عدد البروتون الموجود في نواة الذرة +عدد النيترون الموجود في نواة الذرة نفسها
Atomize	حول الى ذرات
Atomizer	رشاش مذراة
Atoxyl	اتوكسيل
Atoxylic acid	حامض اتوكسيليك
Atractylic acid	اتراكتيلين
Atranoric acid	اترانورين
Atranorin	حامض اترانوريك
Atrophy	ضمور توقف النمو
Atropine	اتروبين يوسع بؤبؤ العين ويوجد في ورق البلادونا
Attach	الحق ، وصل
Attachment	ارتباط تعلق
Attain	نال ادرك حصل
Attar of roses	دهن الورد
Attendance	حضور ، مواظبة
Attract	جذب ، اجتذاب
Attraction	جذب اجتذاب
Attraction force	قوة الجذب
Au	وحدة الانكستروم
Au , aurum	ذهب عنصر اصفر عدده الذري ٧٩ ووزنه الذري ١٩٧.٢
Auburn	قرمزي مائل للسواد
Augite	احد معادن المغنيسيوم والالمنيوم
Auram	معدن الذهب
Auramine	صبغ اصفر
Aurate	املاح الذهب

Aureomycin	مضاد الى حيوية البكتيريا والفيروس
Auri ferous	حديد يحتوي ذهبا
Auric	ذهبي
Auric chloride	كلوريد الذهبيك
Auric compound	مركب الذهبيك
Auric oxide	اكسيد الذهبيك
Aurous	ذهبوز
Auto - ionization	تأين ذاتي
Auto - lysis	تحلل ذاتي
Auto feed	اطعمة اتوماتيكية ، التغذية الاوتوماتيكية ، التلقيم الاوتوماتيكي
Auto recorder	مسجل ذاتي ، مسجل اوتوماتيكي
Autocatalysis	تحفيز مساد ذاتي
Autoclave	جهاز التعقيم من البكتيريا بدرجة حرارة خاصة
Autogamy	تلقيح النبات لنفسه
Autoin toxication	تسمم ذاتي
Automatical	اوتوماتيكي
Automatize	آليا ، جعله يتحرك من نفسه
Autovraccine	اللقاح الذاتي
Autoxidation	تأكسد ذاتي
Auxiliary	اضافي، مساعد
Auxochrome	نوع من الاصباغ
Avagadros hypothesis	نظرية افكادروالقائلة بأن: الحجوم المتساوية من الغازات تحتوي على عدد واحد من الجزيئات تحت ضغط ودرجة حرارة واحدة
Available	متاح

Available chlorine	كلور نافع
Average	معدل، متوسط
Average velocity	معدل السرعة
Avertin	ثالث بروم ايثايل الكحول
Avery test	فحص آيزي
Avgas	البنزين الطائر
Avogadro's law for solutions	قانون افوكادرو للمحاليل
Avogadro's number	عدد افوكادرو
Axial of rotation	دوران محوري
Axis	محور
Axis of symmetry	محور التماثل ، محور التناسق
Axite	ديناميت يحتوي على

	نتروكليسيرين
Azalaic acid	١-٧ هيبتن حامض الكاربوكسليك
Azaleine	الانيلين الاحمر
Azo acid	نترو ثاني فينل آمين ، حامض الآزو
Azote	نتروجين ، الآزوت
Azotic acid	حامض الازوتيك
Azotized	يحتوي على النتروجين
Azotobacter	بكتيريا التآزت
Azurine	الانيلين الازرق
Azymic	لايخمر

B

B	الرمز الكيمياوي لعنصر البورون (عدده الذري ٥)
B- Bromo propionic acid	برومو حامض البروبيونيك
B. stoof	برومو اسيتون
B.O.D	حاجة الاوكسجين كيميو عضويا
B.S.P	الممص البريطاني القياسي
B.th.u.	الوحدة الحرارية البريطانية
B_{205}	جرمانين
B_2OH	بنزين حامض الكاربوكسليك
Ba	الرمز الكيمياوي لعنصر الباريوم (عدده الذري ٥٦ ووزنه الذري ١٣٧.٣)
Babbitt metal	المعدن الابيض وهو سبيكة شديدة الصلابة
Baby food	مسحوق لغذاء الاطفال
Bachelor's buttons	ثمرة النوكس فوميكا
Back	خلف ، ظهر
Back flow	تدفق معاكس، تدفق عكسي
Back focal length	الطول البؤري الخلفي للعدسة
Back lens	العدسة الخلفية
Back light	الضياء الخلفي
Back pressure	الضغط العكسي
Back pressure value	قيمة الضغط العكسي
Back reaction	التفاعل العكسي عندما تتحد المواد الناتجة من التفاعل لتعود الى مركباتها الاصلية الكيمياويه
Back water	الماء الراجع
Backterio ststic	منع نمو البكتيريا بالمعقم
Bacon rager	كيمياوي اكتشف بارود البنادق
Bacteria	ميكروب وهو مخلوق عضوي ذو خلية واحدة
Bacterial	المسبب من جراء البكتيريا
Bactericidal	قاتل بكتيري
Bactericide	قاتل بكتيري
Bacteriologist	العالم في علم الجراثيم
Bacteriology	علم الجراثيم
Bacteriolysis	تفسخ محلول البكتيريا
Bacteriophage	عوامل تؤثر على البكتريا فتفسخها باصطحاب مفرقع
Bacterium	جرثومة ميكروب
Bacterium aceti	بكتيريا الخل
Bacteroid	ما يشابه البكتيريا
Bad	رديء ، سيء
Badische acid	٢- نفثايل امين ٨- سلفو الحامض
Badische process	طريقة بادش
Bag	كيس
Baga cillo	النسيج الناعم
Bagging	جنفاص
Bagging appartus	الة لصنع الجنفاص
Baghdad boil	الاخت البغدادية، بثرة جلدية سببها بكتيريا تسمى لاشمانيا
Bahama white wood	الدارسين الوحشي
Bait jar	اناء الطعام
Bait spray	مرثة العلف او العليق
Bake	شوي ، حمّص ، خبز ، حرق
Bakelite	باغة (راتنج صناعي)

Bakelite bond	رباط الباغة
Bakelize	عمل رباط الباغة
Baker's sugar	سكر الخباز (الديكستروز)
Baker's yeast	خميرة الخباز
Baking	عمل الكيك والخبز
Baking oven	فرن الخباز
Baking oven valve	مفتاح (او صمام) فرن الخبز
Baking oven vapours	ابخرة فرن الكيك
Baking powder	مسحوق عمل الكيك
Baking soda	الصودا المستعملة في عمل الكيك
Baking varnish	المواد التي تُظهر الوان الكيك
Balance	ميزان ، قسطاس
Balance action	فعل متوازن
Balance beam	ذراع الميزان
Balance blade	الحافة الحادة في الميزان
Balance error	اخطاء الميزان
Balance reaction	تفاعل عكسي
Balance sheet	ورقة الميزان
Balance weight	عيارات الميزان
Balanced	وزن عادل، متعادل ، عادل
Balancing	يوزن يعادل
Balano phorin	ب- اميرين بالمتال
Bale	بالة ، رزمة
Baling	الحزم في بالات
Baling press	مكبس حزم البالات
Baling wire	سلك لربط البالة
Ball soda	كاربونات الصودا الخام
Ball tri turate	الكرة الساحنه
Ballistae	منجنيق ، آلة حربية قديمة لرمي قذائف المتفجرات

Ballon	منطاد ، بالون
Ballon flask	قارورة كروية
Balm	بلسم
Balneo therapy	التداوي بالحمامات الطبية
Balneology	علم الاستحمام والينابيع الطبية
Balneum arenae	حمام رملي
Balneum vaporis	حمام بخار
Balsam copaiba	بلسم فلفل داره حمره ، بلسم الكوباي
Balsam mecca	بلسم مكة
Balsam peru	بلسم بيرو ويستعمل لتداوي الجروح
Balsam sulfur	كبريت ممزوج بدهن بذر الكتان
Balsam tolu	بلسم من شجرة التولو وهو مضاد للسعال ومهدئ للصدر في التهاب القصبات
Balsamic	منسوب الى البلسم
Balsamiferous	بلسمي ، شاف ، مرطب
Bamboo	خيزران غاب هندي
Banana oil	خلات ازو اميل ،دهن الموز
Banana wood	خشب شجرة الموز
Band	رباط ،حزام ، شريط
Band chain	سلسلة رباطات (للمفاصل)
Band conveyor	الضماد المستعمل سابقا
Band elevator	لفاف العضلة الرافعة
Band spectrum	طيف الحزمة الضوئية
Bandage	لفاف
Bandage material	مواد التضميد
Bane wort	ورقة البلادونا
Bangue	قنب هندي
Bankatin	صحيفة قصديرية ضيقة

Bannal	نبات كالعدس تصنع المكانس من سيقانه
Bar	قضيب ، المحاماة، منع،عارضة ، حانة
Bar connection	قضيب التوصيل
Bar copper	قضيب سبيكة النحاس
Bar gold	ذهب في سبيكة
Bar graph	رسم بياني مصور
Bar grate	قضيب محكوك
Bar iron	الذي تجهز منه القضبان الحديدية
Bar screen	منخل
Bar silver	سبيكة فضة
Bar stock	الذي يجهز منه الستيل الحديدي
Barbadoes tar	اسفلت نواتج القطران
Barbaloin	باربالوين
Barbary gum	صمغ مغربي
Barberry bark	لحاء شجرة البيربري
Barberry wood	خشب البيربري
Barbierite	صوان متبلور، فلسبار
Barbital	باربيتال (عقار منوم)
Barbitone	باربيتون (مهدئ)
Barely	الشعير
Barely malt	ملت الشعير
Barely sugar	سكر الشعير
Barely water	ماء الشعير
Barely wine	بيره شراب الشعير
Barff process	طريقة بارف
Barfoid's test	تفاعل بيرفويد
Baria hydride	هيدروكسيد الباريوم
Barilla	صودا غير نقية
Barite	باريتا هيدروكسي الباريوم
Barium	باريوم معدن وزنه الذري ١٣٧.٣ ووزنه الذري ٥٦
Barium – platino – cyanide	سيانيد الباريوم البلاتيني
Barium acetate	خلات الباريوم
Barium carbonate	كاربونات الباريوم
Barium chromate	كرومات الباريوم
Barium diuranate	دايورانيت باريوم اوكسايد
Barium ethyl sulphate	كبريتات الباريوم الاثيلي
Barium hydrate	هيدرات الباريوم
Barium hydroxide	الباريتا المحرقة
Barium hyposulphate	ثاني كبريتات الباريوم
Barium manganate	المانغنيز الخضراء
Barium nitrate fire works	النار الخضراءعن نترات الباريوم
Barium oxide	اوكسيد الباريوم ، باريتا
Barium peroxide	فوق اوكسيد الباريوم ، بيرواكسيد الباريوم
Barium silica fluoride	فلوريد سيليكات الباريوم
Barium sulfosrinate	كبريتات الباريوم الاثيلي
Barium sulphate	البيريتا الصناعية ، كبريتات الباريوم
Barium sulphide	الباريوم الثقيل ،لبريتيد الباريوم
Barium thiocyanate	سيانات الباريوم الكبريتية
Barium tungstste	تونكستيت الباريوم
Barium yellow	باريوم كروميت، الباريوم الاصفر
Bark	قشر سيقان الشجرة ، قلف، اللحاء
Bark peeling machine	ماكنة تقشير اللحاء
Barking machine	ماكنة تقشير الاشجار
Barm	خميرة الجعة (البيرة)، رغوة الجعة وامثالها

Barm cultivating apparatus جهاز معالجة الخميرة
Barograph جهاز تسجيل البارومتر ، رسام الضغط الجوي
Barolite كربونات البيريتا
Barometer مقياس الضغط الجوي
Barometric منسوب الى البارومتر
Barometrograph التسجيل الباروميتري
Baros camphor ثاني هيدروكسي الكامفين
Baroselenite الكتل المعدنية الارضية
Barosma camphor كافور البوكو
Barosmin علج شجرة البوكو
Barrel برميل
Barrel boiler مسخن برميلي
Barrel shaped برميلي الشكل
Barrel syrup برميل خاص للشيرة
Barrenness عقم ، عقر ، قلة ثمره
Barrier حاجز ، مانع ، حصن
Bartin سبيكة قصدير
Baryta اوكسيد الباريوم باريتا طبيعية
Baryta calcined اوكسيد الباريوم الممزوج بالكالسيوم
Baryta green الباريتا الخضراء او المانغنيز الاخضر
Baryta paper ورق الباريتا
Baryta water ماء الباريتا
Baryta white باريوم سلفايد
Baryta yellow باريوم كروميت
Baryte باريتا هيدروكسيد الباريوم
Barytes الباريتا المحتوية على الكبريت
Baryto calcite باريتا تحتوي على كاربونات الكالسيوم
Basal اساسي اصلي
Base قاعدة تتفاعل مع الماء تعطي ايون الهيدروكسيل
Base metal المعدن الاساسي ، معدن الام
Base plate الصحيفة الاساسية
Base tin العلبة القصديرية الاصلية
Basic منسوب الى الاصل
Basic oxides اكاسيد قاعدية
Basichromatin كروماتين قاعدي
Basicity of acids قاعدية الاحماض
Basilene نوع من الاصباغ
Basin حوض ، خزان
Bastard diamond الماس كاذب او غير حقيقي
Bastard saffron زعفران كاذب او غير حقيقي
Batch distillatien التقطير بالدفعات الكمية
Batch furnace الفرن بالدفعات الكمية
Batch number رقم الفئة او الوجبة
Batch type نوع الوجبة او الفئة
Bath حمام
Bath cabinet صندوق حمام البخار
Bath chair كرسي المعالجة بالحمام
Bath current مجرى الماء في الحمام
Bath gown برنص الحمام
Bath of acid حمام حامضي
Bath of air حمام هوائي في العراء
Bath of alum حمام ماء الشب
Bath of foot حمام القدم
Bath of salt حمام الاملاح
Bath of sun حمام شمسي
Bath soap صابون الحمام
Bath solution حمام من المحلول
Bath vapours بخار الحمام
Bathing استحمام

Bathing box	غرفة الاستحمام
Bathing cabin	خلوة الحمام ، كابينة الاستحمام
Bathing cap	طاقية العوم
Bathing dress	لباس العوم
Bathing machine	حجرة متنقلة عند الشواطئ لتبديل الملابس
Bathing preparation	المستحضرات لاجل الحمام
Bathtube	البانيو
Battery	بطارية كهربائية
Battery acid	حامض البطارية
Battery binder	رباط الكهربائية
Battery case	صندوق البطارية
Battery charger	شاحنة البطارية
Battery manaese	بطارية تحتوي اوكسيد المنغنيز الاسود
Battery plate	صحيفة البطارية
Battery rack	حامل البطارية
Battery regulating switch	السويج او المفتاح المنظم للبطارية
Battery tester	فاحص البطارية
Baudouin reaction	تفاعل بودوين
Baurbonal	اثيل فانيلين
Bauxite	معدن يستخلص منه الالمنيوم في الصناعة
Bay salt	ملح البحر
Bay- willow	اعشاب الصفصاف
Bayberry bark	لحاء البيبري
Bayer 205	سورامين صوديوم جيرمانين
Bayers acid	حامض كروسيك
Bayers process	طريقة باير
Bayers strain theory	نظرية التوتر او قوة الشد
Be	عنصرالبريليوم كلوسينيوم
Beaker	وعاء التجارب الكيمياويه
Beaker glass	وعاء زجاجي للتجارب
Beaker's test	اختبار بيكر
Beam	حزمة ضوئية او موجية
Beam of balace	عائق الميزان
Beam spread	انتشار الحزمة الضوئية
Bean	فاصوليا
Bear	يحمل ، دب ، مضارب في البورصة
Bear	بيرة نقيع الشعير المتخمر
Bear – berry bark	لحاء شجرة البيريري
Bear- berry	نبات عنب الرب
Beat	ضرب ، دق ، جولة الحارس
Beaten	مضروب ، مطروق
Beater	ضارب ، مطرقة
Beater bar	ساعد المطرقة
Beating	طب ، طب على الفخذ
Beating of gold	طرق الذهب
Beauty culture	مواد التجميل
Bebzenoid	اي مركب عضوي البنزين الحلقي مثل الفينول ونترو بنزين
Bee	نحلة
Beech	زان ، خشب الزان
Beech - mast	جوزة الزان
Beech - nut	نواة الجوزة
Beech- nut oil	دهن نواة الزان
Beech tar	قطران خشب الزان
Beef	بقر الذبح
Beef cattle	قطيع البقر
Beek are lamp	الضياء العالي الشدة
Beekmann's thermometer	ثرمومتر بكمان

Beer	بيرة ، نقيع الشعير المخمر
Beer barrel	برميل بيرة
Beer bottle	قنينة بيرة
Beer cooler	مبرد البيرة
Beer engine	ضاغطة البيرة
Beer filter bag	كيس ترشيح البيرة
Beer fountain	حنفية البيرة
Beer pressure regulator	منظم ضغط البيرة
Beer refining	تنقية البيرة
Bees wax	شمع العسل
Beet	شوندر نبات البنجر
Beet – leaf catcher	ماسكة ورق البنجر
Beet bin	محل خزن الشوندر
Beet chips	قطع خفيفة من الشوندر
Beet dump	اتربة الشوندر
Beet flume	عوم البنجر على وجه الماء
Beet juice	عصارة البنجر
Beet leaf chopper	ساطور او مهشم ورقة الشوندر
Beet leaves	اوراق البنجر
Beet puller	ساحب الشوندر
Beet pulp	لب الشوندر
Beet root	جذر الشوندر
Beet root fungi	فطريات جذر البنجر
Beet root pulp	لب جذر البنجر
Beet root spirit	كحول جذر البنجر
Beet root sugar	سكر جذر البنجر
Beet root topping machine	الة لكشط جذور البنجر
Beet root washery	غسالة الشوندر
Beet rust	صوف البنجر
Beet sampler	منسق نماذج البنجر
Beet seed	حب الشوندر
Beet slices	شرائح (قطع خفيفة) من البنجر
Beet spirit	كحول الشوندر
Beet sugar	سكر البنجر
Beet sugar factory	معمل صنع سكر البنجر
Beet sugar industry	صناعة سكر البنجر
Beet syrup	شيرة البنجر
Beet tail	تبعات الشوندر
Beet top	قمة الشوندر
Beet variety	اصناف الشوندر
Beetle	متموج مبرز
Began	بدأ ، شرع في
Behapan	فيتامين ب ١٢
Behave	سلك ، تصرف
Behaviour	سلوك ، تصرف
Bell - jar	وعاء ناقوسي
Bell - metal	فلز النواقيس
Bell shaped valve	صمام شكل الجرس
Bell tranformer	محولة جرس اليد
Bell wire	سلك الجرس
Belladonna	نبات الكرز المدهش ، البيلادونا
Belladonna extraet	عصارة البلادونا (تستعمل كمهدئ لالام المعدة)
Belladonna leaf	ورقة البلادونا وفيها الاتروبيل الذي محلوله يوسع بؤبؤ العين
Belladonnine	قلوي فعال موجود في نبات البلادونا
Bellows blow pipe	اتبوب (ماسورة المنفاخ)
Belly- ache	وجع البطن
Bend	طية ، حنية
Bend leather	الجلد المطوى
Bending	ثني ، انحناء

Bending axle	المحور المنحني
Bending load	الحمل المتنقل
Bending strain	التوتر المنحني
Bending strength	قوة الانحناء
Bending stress	الشد المنحني
Bene diets solution	محلول بنكيكت لفحص السكر في الادرار
Benefit	فائدة
Bengal gelatin	اكار اكار
Bengal light	نار او ضوء أزرق يستخدم في المسارح للاشارة وغيرها
Benjamin, benzoin resin	راتنج البنزوين
Benne oil, semsame oil	دهن السمسم
Bent	مائل ، منحني
Benzacyl	بنزاسيل
Benzal acetone	البنزال اسيتون
Benzal acetophenone	بنزال اسيتو فينون
Benzal chloride	كلوريد البنزال
Benzaldehyde	الديهايد البنزال رمزه الكيمياوي C_5H_5CH
Benzamine blue	بنزامين الازرق
Benzaminic acid	حامض بنزامينيك
Benzamino acetic acid	حامض بنز امينو الخليك
Benzanilide	بانزانليد
Benzazine	بنزا زين
Benzazol	بنزا زول
Benzene	بنزين وهو سائل طيار رمزه الكيمياويC_4H_6
Benzene carloxylic acid	حامض الجاويك (البنزويك)
Benzene chloride	كلوريد البنزين
Benzene derivative	مشتقات البنزين
Benzene formula	الصيغة الكيمياوية للبنزين
Benzene nucleus	نواة البنزين
Benzene petroleum	بترول بنزيني مخلوط من مركبات عضوية تستخلص من التقطير الائتلافي للبترول الخام ويستعمل كمذيب او وقود او لتنظيف المنسوجات
Benzene residue	بقايا فضلات البنزين
Benzene ring	حلقة البنزين وهي اساس البنزين 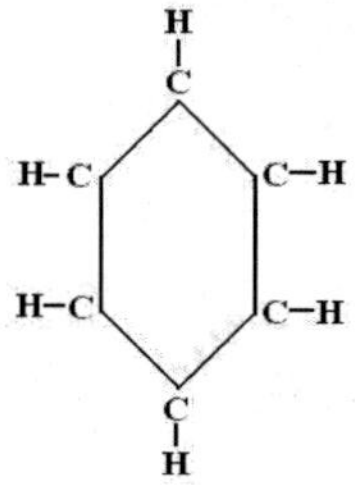
Benzene sulphonate	سلفونات البنزين
Benzene sulphonic acid	حامض سلفونيك البنزين
Benzene thiol	ثايو فينول
Benzenone	كينون جينون
Benzidine	قاعدة بنزيدين بارا ثاني امينو ثاني فينايل
Benzidine conversion	المتنقل
Benzil	ثاني بنزويل ثاني فينايل كلايوكسال
Benzine	روح البترول ويستخدم كوقود للسيارات وكمنظف وللرسم وللصباغات
Benzine chloride	كلوريد البنزين
Benzino form	رابع كلوريد الكاربون يؤخذ لتداوي الديدان في الامعاء
Benzo caine	اثيل امينو بنزويت

Benzo koll	كلايسين انيليد
Benzo naphthal	ب– نافثول بنزويت
Benzoaric acid	حامض الاجك
Benzoate	البنزوات ، ملح او استر حامض البنزويك
Benzoic acid, Cracilic acid	حامض الصمغ الجاوي ، حامض البنزويك
Benzoin	لبان او بخور من شجرة في سويطرق وحاوا ويستخدم في صناعة حامض البنزويك كمنعش
Benzoin ether	اثير البنزوين
Benzoin resin, benjamin	صمغ بنيامين
Benzol	سائل طيار هيدروكاربوني حلقي يستحصل من تدفق قطرات الفحم ويحتوي على البنزين
Benzol	بنزول(سائل هيدروكاربوني طيار) يستحصل لدى ترقية قطران الفحم ويحتوي البنزين الخام ومواد اخرى ويستخدم في الصباغات
Benzol – methyl cocaine	بنزويل ميثل كوكايين
Benzol chloride	كلورايد البنزول
Benzone	كاربو بنزول
Benzonitrile	فينايل سيانيد
Benzonone	اسيتو زون
Benzoxate	اسيتو زون
Benzoyl peroxide	فوق الاوكسايد (بيروكسايد) البنزويل
Benzoyl pheryl carbinal	بنزوين
Benzoyl radical	جذر البنزويل
Benzozone	اسيتو زون
Benzyl acetate	خلات البنزيل
Benzyl benzene	ثاني فينيل ميثين
Benzyl benzoate	بنزويت البيزايل
Benzyl benzoic acid	بنزايل حامض الجاويك
Benzyl carbamide	كاربامبد البنزايل
Benzyl chloride	اول كلوريد تولول
Benzyl cinnamate	بنزايل دارسين
Benzyl dichloride	ثاني كلوريد بنزايل
Benzyl ether	ايثرالبنزايل
Benzyl phenylamine	انيلين البنزايل
Benzyl urea	يوريا البنزايل
Beramite	فوسفات الحديد المائي
Berbamine	بربامين
Berberine	زانثو بكريت ، يامياسين
Berberis	عنب الجبال
Berberis bark	لحاء شجرة عنب الجبال
Bergamot	خلات لينالي
Berillia	اوكسيد البريليوم
Berry	ثمرة العليق
Berry wax	شمع الجوز
Beryl	زمرد مصري ، حجر كريم كالزبرجد
Beryllium	عنصر البيريليوم النادر (العدد الذري ٤ ووزنه الذري ٩.٠٢)
Beryllium bronze	برونز البريليوم
Beryllium chloride	كلوريد البريليوم
Beryllonite	بيري لونايت
Berzellius theory	نظرية برزيليوس
Beta	الحرف الثاني من اللغة الاتينية
Beta acid	٢–٦ نافثايل امين حامض سلفونيك

Beta decay	الانحلال البيتا
Beta particles	جسيمات البيتا
Beta ray	شعاع بيتا
Betain	بيتان ، ثالث ميثيل كلايكوكول ، وهو قاعدة بلورية حلوة غير سامة متواجدة في عنصر الشوندر
Betain hydrochloride	اسيدول
Betula oil	دهن البتولا
Betulin	بتيولين
Beverage	مشروب ، شراب
Bhang	قنب هندي ، حشيشة
Bi	الرمز الكيمياوي للبزمث (معدن وزنه الذري ٢٠٨ وعدده الذري ٨٣)
Bi metal	ثاني المعدن
Bi oxalate of potassa	ثاني اوكزالات البوتاسيوم
Bi valence	ثنائي التكافؤ
Bianiline	ثاني امين ثاني فينل بنزيدين
Biarseniate of cobalt	سمالتين الكوبالت الرمادي
Bias	انحراف ، رجحان
Biatomic	حاو على ذرتين
Bibasic	يحتوي قاعدتين
Bibenzoic acid	حامض ثاني فينيك
Bicarbonate	ثاني كاربونات ، بيكاربونات
Bichlor	ذرتين من الكلور
Bichromate	ثاني كرومات ، لبكرومات
Bichromate battery	بطارية الكروميت
Biconcavee	مقعر الوجهين
Biconveex	محدب الوجهين
Biethylene	ثاني ايثيلين
Bikh root	جذر الاكونايت
Bilateral	ذو جانبين (اتفاقية مثلا) ثنائية
Bile salt	ملح الصفراء
Bilicyanin	ازرق المرارة
Bilirubin	احمر المرارة
Billon	سبيكة العملة من الذهب وفضة ونحاس
Bimolecular reaction	تفاعل ثنائي الجزيئات
Binding agent	العامل المساعد على ربط العناصر الكيمياويه
Binding connector	شد العناصر وربطها
Binding energy per particle	طاقة ربط الجزيئات مع بعضها
Binding power	قوة الربط
Binding wire	سلك الربط
Bio aeratien	تهوية عضوية
Bio catalyst	مساعد عضوي
Bio chemical	كيميائي حيوي
Bio chemistry	الكيمياء الحيوية
Bio cres, bit evan	فيتامين ب ١٢
Bio genetic law	ناموس تولد الاحياء
Biological	منسوب الى الاحياء
Biology	علم الاحياء
Bios	فيتامين هـ
Biotin	بيوتين
Bioxide	ثاني اوكسيد
Bipolar	ذو قطبين، ثنائي القطبين
Birch	شجرة البتولا ، القان
Birch tar	قطران اخشاب شجرة البتولا

Birch tar oil	دهن قطران البتولا
Bismite	ثالث اوكسيد البزموث
Bismutate	بزمو تايت
Bismuth , Bi	معدن البزموث
Bismuth betanaphthol	بيتا نافثول البزموث
Bismuth bichromate	ثاني كروميت البزموث
Bismuth blende	سليكات البزموث
Bismuth carbolate	فينو كسايد، كاربولات البزموث
Bismuth chloride	بزموث اوكسي كلورايد مسحوق كاللؤلؤ
Bismuth hydride	بزموثين
Bismuth nitrate	ثالث نترات البزموث ويسمى حامض ملح الشورة
Bismuth ochre	ثالث اوكسيد البزموث
Bismuth oxy chloride	تحت كلوريد البزموث
Bismuth phenylate	فينول – بزموث
Bismuth solder	لحام البزموث
Bismuth sub nitrate	سب نترات البزموث
Bismuth sub salicylate	سب سليسيليت البزموث
Bismuth subgallate	ديرماتول
Bismuth tribremo phenol	زيروفورم
Bismuth trichloride	ثالث كلوريد البزموث
Bismuth trioxide	ثالث اوكسيد البزموث
Bismuth trisulphide	ثالث سلفايد البزموث
Bismuthic	حامض البزموث
Bismuthine	بزموث هايدرايد
Bismuthinite	بزموثين
Bismuthite	كاربونات البزموث
Bismuthous compound	مركب من ثلاث بزموثات مربوطة

Bismuthyl nitrate	النترات القاعدية للبزموث
Bissy nut	ثمرة الكولا
Bistartarate	حامض النبيرز المضعف
Bisulphate	ثاني كبريتات
Bisulphide	ثاني كبريتوز
Bisulphite	ثاني كبريتيت
Bit evan	فيتامين ب ١٢
Biting	محرق
Bitminate	مغطى بالاسفلت
Bitter	مـر
Bitter almond	اللوز المر
Bittern	القلي المر، ملح القلي الام
Bitterness	مرارة
Bitumen	اسفلت، قير ، زفت معدني
Bitumen emulsifier	مستحلب الاسفلت
Bitumen layer	طبقة القير
Bituminous	مزفت ، زفتي
Bivalent	ثنائي المكافئ
Black antimony	ثالث سلفايد الانتيموني سام ومفرقع عالي باتصاله بالمواد المؤكسدة
Black ash	الرماد الاسود ، دمش اسود، قرن لسان العصفور البيلساني
Black bone	فحم حيوان
Black lead	رصاص الكترابه، الرصاص الاسود
Black powder	البارود الاسود ويتكون من ٧٥% نترات البوتاسيوم وهي الشوره ١٥% فحم منشط و ١٠% كبريت اصفر
Bladan (base)	سادس اثيل رابع فوسفيت

Bladder- pod	وعاء البذرة بشكل قرن
Bladder wrack	نوع من الطحالب
Blanching liquid	سائل قصر الالوان
Blanching pan	طاسة لقصر الالوان
Blanck cartridge fire	لهيب الفشكة (الخرطوشة بدون رصاص)
Blank cartridge	خرطوشة بدون رصاص
Blanquette	كربونات الصوديوم الخام
Blast furnace	اتون الصهر ، فرن الصهر
Blast furnace gas	غاز فرن الصهر
Blast furnace lid	غطاء الفرن اللافح، فرن الصهر
Blast furnace man	عامل فرن الصهر
Blast furnace plant	ادوات فرن الصهر
Blast furnace slag	اوساخ الكورة ، خبث فرن الصهر
Blast hole	فتحة الفرن
Blast roasting plant	ادوات التحميص
Blasting	مفرقع ، متفجر
Blasting cap	غطاء الديناميت ، غطاء التفجير
Blasting charge	شحنة الديناميت، شحنة التفجير
Blasting explosive	مفرقعات النسف والالغام
Blasting gelatin	ديناميت هلامي
Blasting oil	دهن مفرقع
Blasting powder	مسحوق المفرقعات
Blasting work	عمل المفرقعات
Blatter alcohol	كحول الورقة
Blau gas	غاز السائل ، الغاز الازرق
Blau kreuz	غاز الصليب الازرق

Blauds pill	حبوب مقوية تحتوي على مادة الحديد
Blazing flame	لهبة متأْججة
Bleaching	قصر الوان الاقمشة وازالة الالوان
Bleaching agent	عامل مساعد في القصر
Bleaching boiler	قزان قصر الالوان
Bleaching engine	ماكنة حزف الالوان
Bleaching liquor	سائل قصر الالوان
Bleaching powder	المسحوق القاصر كالسيوم اوكسي كلورايد عند اضافة حامض خفيف يظهر الكلودين الذي يقصر الالبسة
Bleaching vessels	اوعية قصر الالبسة
Bleaching works	يعمل قصر الالبسة
Blister	حراقة منفطة
Blister - plaster	لزقة خردل
Blister copper	نحاس منفوط
Blister gas	غاز كاوي
Blister steel	فولاذ منفوط
Blistering fly	ذبابة الكانثريد ويستعمل بشكل مرهم كمحفز للاعضاء الجنسية
Block tin	كمية قصدير
Blood	دم
Blood albumina	زلال الدم
Blood poisoning	تسمم الدم
Blood stone	الحديد الاحمر الخام
Blood sugar level	مستوى السكر في الدم
Bloom iron	الحديد المنقى
Bloomery steel	الفولاذ الطبيعي
Blow lamp	مصباح اللحيم بالقصدير
Blow pipe	انبوب النفخ

Blow pipe analysis	التحلل بواسطة المنفاخ
Blow pipe flame	لهيب المنفاخ
Blue vitriol	الزاج الازرق
Bn- stoof	برومو مثيل اثيل كيتون
Board of Weights and Measures	مجلس تعيين الاوزان والمقاييس
Bog iron ore	اراضي هشة رطبة تحتوي على خامات الحديد
Bog manganese	اراضي رطبة منغنيزية
Bohr theory of atoms	نظرية الذرات لبوهر
Boiler explosion	انفجار القزان ، انفجار المرجل
Boiler room	حجرة التسخين
Boiling burner	محرقة الغليان
Boiling chips	شظايل الغليان
Boiling fermentation	غليان التخمير
Boiling flask	قنينة الغليان
Boiling period	فترة الغليان
Boiling point	درجة الغليان وهي الدرجة الحرارية التي تكون فيها ضغط بخار المادة مساوي الى ذلك الضغط الجوي المحيط به
Boiling point apparatus	اجهزة نقطة الغليان
Boiling point curve	الخط البياني لدرجة الغليان
Boiling point determination	تعيين درجة الغليان
Boiling tempreture	درجة حرارة الغليان
Boiling test	اختبار الغليان
Boiling vessels	اوعية الغليان
Boldo	بولدو
Boldo glucin	بولدو كلوسين
Boldoin	بولدين
Bolter	منخل الطحين
Bolulism	تسمم الغذاء في المعلبات
Bomb calorimeter	مقياس طاقة القنبلة
Bomb oven	فرن القنبلة
Bomb tube	انبوب القنبلة
Bombard	اطلق المدافع او القنابل ، مدفع كبير
bombardment	اطلاق القنابل بالمدفع
Bon	مختصر لبيتا حامض النافثويك
Bond	رباط وهو الذي يمسك العناصر معا في مركب ما
Bond chemical	رباط كيمياوي قوة جذابة بين العناصر كافية للاتصال
Bond covalent	وصلة تساهمية
Bond ionic	وصلة ايونية
Bond refraction	معامل الانكسار الرباط
Bone ash	رماد العظام
Bone black	فحم حيواني
Bone china	صيني عظمي
Bone oil	دهن العظام
Bone phosphate	فوسفات الكالسيوم
Bonoform	رابع كلوريد الاستيلين
Booster battery	بطارية معزّزة
Boracic	بوركس
Boracite	ماغنيز يابوريت
Borane	بورون هايدرايد
Borate	بورات احد املاح حامض البوريك
Borax	البوراكس ، ثاني بورات الصوديوم

Borax glass	بوريت الصوديوم المنصهر، البوراكس المنصهر
Borazon	نترايد البورون نتروجين وبورون
Bordeaux mixture	خليط بردو
Boric acid	حامض البوريك
Borickite	فوسفات الحديد
Boride	بورد الالمنيوم، البورايد
Boring of cork	ثقب الفلين
Bormyl alcohol	بورو الكحول
Bormyl chloride	كلورو كامفين
Bormyl isovalerate	بورو فال
Bormyl potassium tartrate	بورو بوتاسيوم تارتريت
Bormyl solicylate	بورو سليسليت
Borneo camphor	كافور بورنيو
Borneol	ثاني هيدروكسيد الكامفين
Boro butane	رابع بورين
Boro ethane	ثاني بورون سادس هايدرايد
Boro fluoride	بورون فلوريد
Boro glycyrin	كليسرايد حامض البوريك
Borofluoric acid	بورو حامض الفلوريك
Borofluoride	بورو فلورايد
Borohexane	سادس بورين
Boron	عنصر الوزن الذري ١٠.٩ العدد الذري ٥ وهو اساس البوركس وحامض البوريك
Boron carbide	كربيد البورون
Boron hydride	بورو – ايثين
Boron nitride	بورو نتريد
Boron silicate of lime	سيليكات البورون الجيري
Boron steel	فولاذ بوروني
Boron tri chloride	ثالث كلوريد البورون
Boron tri fluoride	ثالث فلوريد البورون
Boron tri halide	ثالث هالوجين البورون
Boron tri oxide	ثالث اوكسيد البورون
Borous acid	حمض البوروز
Borsalyl	صوديوم بورو سليسيليت
Boryl	جذر
Boryl phosphate	بوريل فوسفيت
Bosch process	طريقة بوش
Bottle	قنينة قارورة
Bottle cap	غطاء القنينة
Bottle glass	قنينة زجاجية
Bottled beer	عبأ البيرة في البطل، البيرة المعباة في بطل
Bottling	ملأ الزجاجات
Bottom fermentation beer	البيرة المتخمرة في القعر
Bottom yeast	خميرة التخمير السفلي
Bottoms	ترسبات
Bougival white	نترات البزموث القاعدي
Boulangerite	سلفايد الرصاص والانتيموني
Bov	الدهن القحواني للزاج
Boyle's law	كل كتلة معينة من الغاز تتناسب عكسيا مع الضغط في حالة ثبوت الحرارة
Br	برومين
Branched chain compounds	مركبات سلسله متفرعة الى سلسلتين او اكثر
Brandy	كونياك نقي ، مشروب كحولي
Brandy distillery	الة تقطير البراندي
Brandy mint	دهن نعناع المضاف للبراندي

Brasillian cacao	الكاكاو البرازيلية
Brass	شبه نحاس اصفر ، البراص
Brass foil	رقيقة من البراص
Brass foundery	مصهر البراص
Brass pipe	ممص البراص
Brass plate	صفيحة من البراص
Brass sheet	صفيحة من البراص
Brass wire	سلك نحاسي
Brass wire drawing mill	معمل سحب اسلاك البراص
Brass worker	عامل بالبراص
Brassic acid	حامض ايروسيك
Braun tube	انبوب اشعة الكاثود
Brazier	مصهر النحاس
Braziery	مصهر النحاس الاحمر
Breathing mask	قناع للتنفس
Breeder reactor	مفاعل مولد
Breeding appaatus	حاضنة
Bremen blue	كاربونات النحاس الزرقاء
Bremen green	هيدريت اوكسيد النحاس الاخضر
Brew	بيرا ، الجعه
Brew house	معمل الجعة
Brewage	صنع البيرة
Brewer	صانع البيرة
Brewery	مصنع البيرة
Brewing	تخمر البيرة
Brewing house	بيت التخمير
Brewing industry	صناعة التخمير
Brewing machine	ماكنة التخمير
Brewing method	طريقة التخمير
Brewing molt	تخمير الشعير
Brewing technique	تقنية التخمير

Brick ore	اوكسيد النحاس الاحمر
Bridged system	تنظيم قنطري اي مركب عضوي حلقي فيه ذرتين تكون عامه حلقتين وتكون قنطره

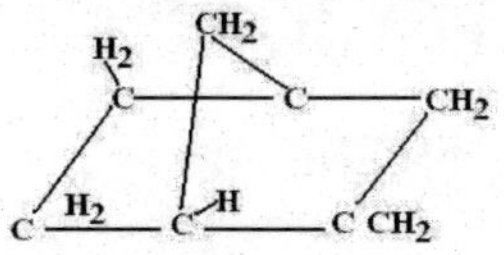

Bridge	جسر ، قنطرة
Bridge connector	الجسر الموصل
Bridge ring structure	التركيب الحلقي الكيمياوي المربوط بجسر
Bridige method	طريقة بردتج
Brilliantine	دهان لتلميع الشعر
Brimstone	كبريت
Brimstone coloured	كبريت اصفر
Brine	ماء الملح
Brine bath	حمام ماء الملح
Brine copper	املاح النحاس
Brine pond	بركة ماء ملحية
Brine pump	مكبس المياه الملحية
Brine salt	ماء الينابيع
Brinell hardness	صلادة برينيل للمعادن
Brinell hardness testing apparatus	جهاز فحص صلادة برينيل للمعادن
Brinell test of hardness	فحص برينيل للمعادن
Brittannia metal	معدن بريطاني
Brittle	قصيف ، سهل الانكسار
Brom- chlor lenol blue	ثاني بروم ثاني كلور سلفون فثالين
Brom- cresol green	برومو كريزول الاخضر
Brom- cresol purple	برومو كريزول الارجواني

Bromadol	كاربرومال
Bromal	ثالث برومو استالديهايد
Bromallyene	الاي برومايد
Bromamide	ثالث برومو انيلين هيدربرومايد
Bromate	املاح حامض البروميك
Bromethol	ثالث بروم ايثانول
Bromide	اي مركب ثنائي من البرومين الذي فيه يحمل البرومين شحنة سالبة خاصة ملح او استر
Bromine	عنصر وزنه الذري ٧٩.٩٢ والعدد الذري ٣٥ وهو بشكل سائل قحوائي محمر
Brominism	حالة تسمم تنتج من الاستعمال الكثير للبرومين وتتميز بفقدان القوة الجنسية
Bromo acetone	مارتونايت
Bromo anilide	بارا برومو استانليد
Bromo antipyrine	بروم انتي بايرين
Bromo auric acid	ثالث بروميد حامض الذهب
Bromo benzene	بنزين المتصل بذرة بروم
Bromo butane	بيوتان برومايد
3-Bromo chelestene	٣-برومو كوليستون
Bromo chloro benzene	بروم كلور بنزين
Bromo coccin	برومو كوسين
Bromo cosine	الايوزين الاصفر
Bromo cyclohexane	سايكلوا هكزين برومايد
Bromo diethyl acetyl urea	كار برومال
Bromo fluoresceic acid	ايوزين
Bromo form	ثالث برومو ميثين
2-Bromo hexanaic acid	برومو-ن- حامض هيكسانك
Bromo hydrin	برومو هيدرين
Bromo mesitylene	برومو مستيلين
Bromo methane	مثيان برومايد
Bromo methyl ethyl ketone	برومو مثيل ايثل كيتون
Bromo phenol	برومو فينول
Bromo picrin	برومو بكرين
3-Bromo propene	٣- برومو بروبين
3-Bromo proplene	٣- برومو بروبلين
Bromo pyrine	برومو بايرين
Bromo thymol blue	ثاني بروم ثايمول سلفون نفثالين
Bromo toluene	برومو تولوين
Bromol	٢,٤,٦ ثالث برومو فينول
Bromon aphthalene	برومو نفثالين
α-Bromo-n-capric acid	الفا- برومو-ن- حامض هيكويونيك
Bromonium ion	ايون البروميوم
Bromy rite	برومايد فضي
Bronol	٢,٤,٦ ثالث برومو فينول
Bronze	حديد قحوائي وهو معدن البنادق، البرونز (مزيج من النحاس والقصدير والرصاص)
Bronze blue	حديديك سيانيد الحديديك
Bronze cyanide bath	حمام سيانيد البرونز
Bronze paint	حبر لون البرونز
Bronze powder	تراب (مسحوق) البرونز
Bronze varnish	اصباغ البرونز
Brookite	ثاني اوكسيد التيتانيوم
Browing	بصير برونزي

Brucine	البروسين
Bruised	مرضوض
Bruisewort	سابو ناريه
Brunswick green	كاربونات النحاس
Brwery refrigerating plant	ادوات التبريد لمصنع البيرة
Bryonyl	بريو نيه البيضاء
BT	تترا زوليوم الازرق
Bu	جذر بيوتيل
Bubble	فقاعة ، حبابة
Buchner funnel	قمع بوخنر
Buchu	تستعمل ورقة البوكو كمرر طبيا
Buchu camphor	كافور البوكو
Buchu resin	صمغ البوكو ، راتنج البوكو
Buckthorn bark	لحاء شجرة فرانكولا
Budding fungus	طحالب الخميرة
Buffer	١- اي مادة من سائل ماالتي تميل لتقليل الاختلاف من تفاعل تركيز ايون الهيدروجين تنتج باضافة حامض او قاعدة ٢-اي مادة تقلل او تمنع التفاعل الذي ينتجه العامل الكيمياوي المتداوى به اذا عولج به لوحده
Buffer action	فعالية (بوفر) لتقليل اختلاف ايون الهيدروجين في المحلول
Buffer capacity	السعة التنظيمية ، سعة (بوفر)
Buffer solution	محلول (بوفر) المحلول الذي يضاف اليه كمية من حامض قوي وقاعدة بدون ان يسبب اي تبدل كبير من قيمة PH للمحلول
Buffer substrate solution	محلول منظم
Bulb condenser	مكثف(او انبيق) بصلي الشكل
Bullion	سبيكة ذهب وفضة
Bumping	انتفاض
Bunsen - burner	مصباح بنسن
Bunsen flame	لهب بنسن
Bunsen photometer	مقياس شدة الضوء لبنسن
Bunsenite	اول اوكسيد النيكل
Burette	سحاحة انبوب مدرج يقطر من احد راسيه
Burette head	راس السحاحة
Burette holder	ماسك البيوريت (السحاحة)
Burette stand	حامل البيوريت (السحاحة)
Bursive	كولين
Bursting	انفجار
Bursting effect	التأثير الانفجاري
Bursting pressure	ضغط الانفجار
Bursting strengh	قوة الانفجار
Butalyde	بوتير الديهايد
Butan thiol	بيوتل مير كبتان
Butane	ميثل ايثل ميثين
1,2,3,4 –Butane tetrol	ارثريتول
Butanedioic acid	حامض السكسونيك
2,3 Butanedione	الفا ثاني كيتو بيوتين
Butanis wide	سكسينمايد

Butanoic acid	زبر حامض بيوتريك
1-Butanol	ن- بيوتل الكحول
Bute thamine	مونو كابين
Butene	ايثل اثيلين
Butene nitrile3-	الاي سيانيد
Butine	ايثل استيلين
Butter	زبد
Butter acid	حامض ببوتيريك
Butter cup yellow	الخارصين الاصفر
Butter of tin	زبد القصدير
Butter yellow	ثاني ميثل امينو بنزين
Buty racetic acid	بوتل حامض الخليك
Buty rone	ثاني بروبل كيتون
Butyl acetate	خلات البيوتيل
Butyl aldehyde	الديهايد البيوتيل
Butyl amine	بيوتل امين

n, Butyl alcohol	ن، بيوتل الكحول
n- Butyl carbonyl chloride	اميل كلورايد
Butylene	بوتين
Butyne	اثيل استيلين
Butyrain	٥- هيدروكسي ٤- اوكتانون
Butyric acid	حامض بيوتريك ويوجد بشكل كليسيرايد في دهن حليب الحيوان
Butyryl oxide	بوتيرل اوكسايد
Buxine	بوكسين
By- products	نواتج جانبية
Bz	نواء البنزين
Bzh	دهن اللوز المر

C

c	التركيز بالنسبة الى الحجم
C	الرمز الكيمياوي لعنصر الكاربون
C.A.P.	كلورو اسيتفينون ، غاز المدمع
C.p	كاسيوبيوم لوتيتيوم
C.P.	نقي كيمياويا
Ca	الرمز الكيمياوي لعنصر الكالسيوم
Ca codyl chloride	ثاني مثيل كلوريد الزرنيخ
Ca codyl oxide	الكارسينا
Ca codylic acid	ثاني مثيل حامض الارسنيك
Cabon tetraiodide	رابع يوديد الكاربون
Cacao	كاكاو
Cacao beans	حبوب الكاكاو
Cacao butter	زبدة الكاكاو
Cacao nut oil	دهن ثيوبروما
Cacao powder	مسحوق الكاكاو
Cacao shell	قشرة الكاكاو
Ca-codyl group	مجموعة عضوية تحتوي على الزرنيخ
Cadalene	كادالين
Cadaver	رفات جثة الميت
Cadaverine	خامس ميثلين ثاني امين
Cade	زيت القار
Cade hardening	تصليد
Cade oil	زيت القار من جونبر اوكسي سدرز
Cade spisit	روح الجونيبري
Cadmium	عنصر الكادميوم (الوزن الذري ١١٢.٤٠ العدد الذري ٤٨ وهو معدن فضي مصاص جيد للنيوترون)
Cadmium chloride	كلوريد الكادميوم
Cadmium dimethyl	ثاني مثيل الكادميوم
Cadmium electrode	قطب الكادميوم في البطارية
Cadmium orange	سلينايد
Cadmium plating	الطلاء بالكادميوم
Cadmium red	سلفايد الكادميوم الاحمر
Cadmium red line	الخط الاحمر للكادميوم
Cadmium sulphide	سلفايد الكادميوم (كبريتات الكادميوم)
Cadmium test	اختبار الكادميوم
Cadmium yellow	الكادميوم الاصفر
Cadoveric alralaid	من القلويات
Caecum	تايفلون
Caesium	عنصر السيزيوم (الوزن الذري ١٣٢.٨)
Caesium hydrate	هيدروكسايد السيسيوم
Caffe tannic acid	حامض كافي تانيك (حامض كافي البرنيك)
Caffearine	تراي كونلين
Caffeic acid	حامض كلوروجنيك (حامض الكافيك)
Caffeine	كافين (وهو كمهدء للالام وللصداع وللروماتيزم) ويتواجد في البن (القهوة)
Cainca bitter	كانيكا المرة
Cajeputene	ثاني بنتين
Cajeputol	يوكابوتول

Cajuput oil	دهن اليوكابوت وهو متطاير ويستعمل ضد الديدان
Calabarine	كالابارين
Calamine	مسحوق الكالاين وهو وردي ومع اوكسيد الزنك يكون محلول الكالمينا
Calcareous , calciferous, calcarions	جيري، كلسي
Calciferol	كالسيفرول
Calcification	تكلس ، التحويل الى كلس
Calcinal	لاكتات الكالسيوم
Calcination	تكلس ، تكليس
Calcination assay	فحص التكلس
Calcine	فكك بالحرارة ، كلس
Calciner	فرن التحميص
Calcite	كربونات الكالسيوم المتبلور
Calcium	فلز الكالسيوم (الوزن الذري ٤٠.٠٨ العدد الذري ٢٠) وهو اساس تركيب العظام والاسنان
Calcium oxychloride	المسحوق القاصر ، اولسيكلورايد الكالسيوم
Calcium acetate	خلات الكالسيوم
Calcium alginate	مثخن الجبن
Calcium aluminate	الومينات الكالسيوم
Calcium aspirin	مركب اسبرين وكالسيوم
Calcium bicarbonate	بيكاربونات الكالسيوم
Calcium biphosphate	ثاني فوسفيت الكالسيوم
Calcium bisulphide	ثاني سلفايد الكالسيوم
Calcium bromide	برومايد الكالسيوم
Calcium carbide	كربيد الكالسيوم
Calcium carbolate , calcium carbonate	كاربونات الكالسيوم، طباشير
Calcium chloride	كلوريد الكالسيوم
Calcium chromate	كرومات الكالسيوم
Calcium cyanamide	سيانمايد الكالسيوم
Calcium ethyl sulphate	اثيل سلفيت الكالسيوم
Calcium fertilizers	سماد دمان
Calcium fluoride	فلوريد الكالسيوم
Calcium gluconate	كالسيوم كلوكونيت
Calcium hydrate	هيدروكسيد الكالسيوم
Calcium hydride	هايدرايد الكالسيوم
Calcium hypochlorite	هايبوكلورايت الكالسيوم
Calcium lactate	كالسينول، لاكتات الكالسيوم
Calcium methionate	مثيونيت الكالسيوم
Calcium methyl sulphate	مثيل سلفيت الكالسيوم
Calcium monosulphide	اول سلفايد الكالسيوم
Calcium nitrate	نترات الكالسيوم
Calcium oxide	اوكسيد الكالسيوم
Calcium permanganate	برمنكنات الكالسيوم
Calcium phenate	فينو ليت
Calcium phosphate	فوسفات الكلس
Calcium polysulphide	الكبريت المرسب ، متعدد سلفايد الكالسيوم
Calcium saccharate	سكريت كالسيوم
Calcium silicate	سليكات الكالسيوم
Calcium soap	صابون الجير الحي
Calcium stearate	ستيرات الكالسيوم
Calcium sulphat	جبس باريس
Calcium sulphide	كبريتيد الكالسيوم

Calcium sulphorinate	اثيل كبريتات
Calcium thio cyanate	ثايو سيانيت
Calcium tungstate	تنجستات الكالسيوم
Calcivoraus	نباتات تتغذى على الكالسيوم
Calcon	صوديوم هيكزا ميتا فوسفيت
Calculation factor	عامل حسابي
Calcutla hemp	الاعشاب القحوائية
Calibrate	بعاير
Calibrating instrument	الة معايره
Calibration	عملية المعايرة
Calico	منسوجات قطنية
Californium	عنصرالكاليفورينوم (عدده الذري ٩٨)وهو اكثر النظائر ثباتا
Calisaya bark	لحاء السنكونه
Callus	مادة التئام العظام
Callus formation	تكون مادة الكالس
Calmine	الكالمين (سيليكات الخارصين او كاربونات الخارصين)
Calomel	كالوميل زئبق حلو ، اول كلوروز الزئبق
Caloric	سعرة حرارية
Calorifacient	منشئ مولد الحرارة
Calorific value	القيمة الحرارية
Calorifier	قزان الماء الحار
Calorimeter	مقياس السعرة الحرارية
Calorimeter bombs	مقياس مباشر لحرارة الديناميت والمفرقعات
Calorimetry	مقايسة الحرارة
Calspare	الكالسبار معدن متبلوريحتوي كاربونات الكالسيوم
Calumba root	جذر نبات جاتوريزا بالماتا
Calx	اكسيد الجير ، الرواسب المتبقية لدى احتراق المعادن وغيرها .
Caly canthin	كالي كانثين
Cam wood	خشب بار
Camite	برومو بنزيل سيانيد
Camomile	بابونج يستعمل نفيعة للمعدة
Camomile oil	زيت البابونج
Camphane	هيدروكاربون تربين المشع
2-Camphanol	بورنيول
2-Camphanone	كافور
Camphene	هيدروكاربون تربيل غير المشع
Camphine	كامفين
Camphol	بورينول
Camphonanic acid	حامض كامفونانيك
Camphor	كافور
Camphor di chloride	ثاني كلوريد الكافور
Camphor liniment	مروخ الكافور
Camphor oil	دهن الكافور
Camphor wood	خشب الكافور
Camphoric acid	حامض كافوريك
Camphoronic acid	حامض كافرونيك
Camphynol	بورينول
Campion	لايكنز كوروناريا
Camptonite	كامبتونايت
Canada balsam	بلسم كندا، تربتتين

Canada snake root	العرك الحار الوحشي
Canadine	رابع هيدرو بيرليرين
Canadol	ايثرا لبترول
Cane spirit	كحول القصب
Cane sugar	سكر القصب
Cane sugar mill	طاحونة سكر القصب
Canella	دارسين وحشي
Canellin	كانيلين
Cannabinol	حشيشة
Cannabis	الحشيشة الهندية
Canned	(مأكولات) محفوظة في معلبات
Cantharidic acid	حامض الكانثريدين
Cantharidin	خلاصة حشرة الكانثريدس وتستعمل طبيا كمهيج للقوة الجنسية
Canthasides	حشرة طائرة اسبانية
Caoutchouc	كاوتشوك مطاط
Caoutchouc tree	شجرة صمغ المطاط الهندي
Cap alain	صبر جنوب افريقيا
Cape diamond	الماس الاصفر
Cape ruby	الياقوت الاحمر
Capillarity	خاصية الجاذبية الشعرية
Capillary attraction	الجاذبية الشعرية
Capillary attraction	الجاذبية الشعرية
Capillator	جهاز لقياس الجاذبية الشعرية
Capillay tube	الانبوب الشعري
Caprokol	٤- هكزايل الكحول
Capsieum	فلفل داره حمره
Capsule	محافظ جيلاتين
Caput mortum	اوكسيد الحديد الاحمر
Carapa oil	دهن كارابا
Carat	قيراط عيار الذهب
Caraway	حبة حلوة
Caraway oil	زيت الكراوية
Carbamate	كارباميت
Carbamic acid	امينو حامض الفورميك
Carbamide, carbonyl diamide	يوريا
Carbamidine	كونرين
Carbamyl chloride	كلورو فورماميد
Carbanilide	١-٣ ثاني فينل يوريا
Carbanion	كاربانيون
Carbarsone	كابارسون
Carbazole	ثاني بنزين بايرول
Carbazotic acid	حامض البكريك
Carbethoxyl group	مجموعة كاثيل
Carbide	كربيد يتكون من اتحاد الكربون مع فلز مثل كبريد الكالسيوم CaC_2
Carbide carbon	كربيد الكاربون
Carbide lamp	مصباح الكربيد
Carbide powder	مسحوق الكربيد
Carbide tip	اتربة الكربيد
Carbinol	ميثانول الكحول المثيلي
Carbo benzide	كاربو بنزول
Carbo benzole	كاربو بنزايد
Carbo cyclic	مركبات الكاربون الحلقية
Carbo dimide	سيا نمايد
Carbo hemoglobin	هيموكلوبين واول اوكسيد الكاربون
Carbo methene	كيتون

Carbohydrates	الكاربوهيدرات (مركب من الكاربون والهيدروجين والاوكسجين والذي يحتوي مجموعة سكاروز)

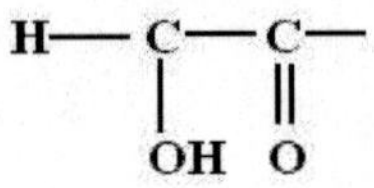

Carbol fuchsin	سائل يصبغ به الشريحة (السلايد) للهستولوجي (فحص الانسجة)
Carbolate	فينو ليرين
Carbolic acid	اسفنيك (مادة معقمة)، حامض الكاربوليك
Carbolic acid	حامض كاربوليك
Carbomycin	مضاد حيوي نحصل عليه من الستربتومايسين
Carbon	فحم (عنصر وزنه الذري ١٢ والعدد الذري ٦ وهو رباعي التكافؤ ويوجد نقيا في الماس)
Carbon allotropy	تحديد صور الكاربون
Carbon amorphous	كاربون غير متبلور
Carbon and zinc cell	بطارية الخارصين والفحم
Carbon atomic weight	الوزن الذري للكاربون
Carbon bisulphide	ثاني سلفايد الكاربون
Carbon content	محتويات الكاربون
Carbon cycle	دورة الكاربون في الطبيعة
Carbon dioxide	يوجد في الهواء وفي الدم الفاسد
Carbon disulphide	ثاني سلفايد الكاربون
Carbon electrode	القطب الكاربوني في البطارية
Carbon hexachloride	سادس كلوريد الكاربون
Carbon hydride	هيدريت الكاربون
Carbon monoxide hemoglobin	هيموكلوبين اول اوكسيد الكاربون
Carbon nitrogen cycle	دورة النتروجين والكاربون في الطبيعة
Carbon oxy chloride	كاربونيل كلورايد
Carbon paper	ورق الكاربون
Carbon powder	مسحوق الفحم
Carbon rod	قضيب كاربوني
Carbon silicide	كربيد السيليكون
Carbon suboxide	مالونيك ان هايدرايد
Carbon tetra chloride	رابع كلوريد الكاربون
Carbonaceous	يحتوي كاربون
Carbonad	الماس الاسود البرازيلي
Carbonated	يدخل فيه الكاربون، مكربن
Carbonates	الكاربونات (اي ملح لحامض الكاربونيك مثل كاربونات الكالسيوم وكاربونات الصوديوم)
Carbonation	الكربنه
Carbonic	فحم كاربوني
Carboniferous	يحتوي فحما
Carbonisation tar	تار بدرجة حرارة واطئه
Carbonise	فحم صيره فحما
Carbonising flame	لهيب التفحم
Carbonising workshops	ورشة التفحم
Carbonite	الكاربونايت (مفرقع سالم اوجده شمت وبيكل وهو مزيج من نترو كليسرين وشوره وطحين)

Carbonium ion	ايون عضوي مشحون ايجابيا مثلا ايون الكاربون يحتوي واحد اقل مما في الجذر الحر ويحمل موجبا في التفاعلات الكيمياويه بوجود ذرة الايون السالب

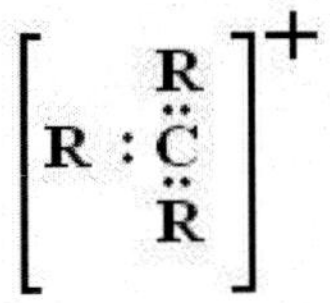

Carbonization	التحويل الى فحم
Carbonless	بدون كاربون
Carbonyl	كاربونيل
Carbonyl chloride	غاز الفوصجين سام
Carbonyl compound	مركبات الكاربونيل
Carbonyl diamide, carbamide	يوريا
Carbonyl iron	كاربونيل الحديد
Carbonyl oxygen	كاربونيل الاوكسجين
Carbonyl platinous chloride	كاربونيل كلوريد البلاتينيوم
Carborundum	كاربورندم (يتكون من الكاربون والسيليكون)
Carborundum wheel	عجلة مصنوعة من عنصري الكاربون والسيلكون
Carbostyril	٢- هيدروكسي كيتولين
Carboxy glutaric acid B-	حامض ثالث كاربااليليك
Carboxy group	مجموعة كربوكسيليه
Carboy	قارورة كبيرة من الزجاج الاخضر (عادة) المحتواة ضمن صندوق او حاوية خيزرانية احفظ المواد المسببة للتآكل.

Carbromal	برومو ثاني اثيل استيل يوريا
Carburate	مزج بالكاربون
Carburation	المزج بالكاربون
Carburetor engine	مكائن المزج بالكاربون
Carbyl amine	كاربيل امين
Cardamom	ثمرة الهيل وهي طاردة ارياح
Cardamom oil	زيت الهيل
Cardiamine	الان شن
Carius oven	فرن القنبلة
Carius tube	انبوب القنبلة
Carlsbad salt	ملح كارلسباد
Carminative	مزيج طارد الارياح من المعدة
Carmine	المادة الحمراء في دودة القرمز
Carmine lac	صبغ الك
Carminic acid	حامض القرمزي
Carnaula wax	شمع البراذيل
Carnotite	بوتاسيوم يوران اوفان ديت
Carob pods	عقر الخرنوب
Carob tree	شجر الخرنوب
Carolic acid	حامض الكاروليك
Carony bark	لحاء الانكستورا
Carotene	كاروتين
Carpaine	كاربين
Carragheen	طحالب ارش موس
Carthamin	حامض كارثاميك ، الكارثامين
Cartilage	غضروف
Cartridge brass	براص يتكون (٧٠% نحاس و ٣٠% زنك)
Cartridge paper, Manilo paper	ورق مانيلا

Carvene	كارفين
Caryophyllene	كاريوفيلين
Caryophyllic acid	حامض كاريو فيليك
Caryophyllin	كاريو فيلين
Caryophyllus	قرنفل
Casca bark	لحاء الكاسكا
Cascara amara	كسكاره المره
Cascara sagrada	كسكاره سكراده
Cascarilla	لحاء الخشب الحلو
Cascarillin	كاسكاريلين
Cascarin	كاسكاره المره
Casein soduim	كاسين صوديوم
Caseinagen	ام الجبن
Cashoo	كاتكو الاسود
Cask fermentation	التخمير بالبراميل
Cassel's green	المنغنيز الاخضر
Cassel's yellow	اوكسي كلور الرصاص
Cassi terite	حجر القصدير
Cassia fistula	كاشيا فستولا ، خيار الشعير
Cassia oil	زيت الكاشيا
Cassia pod	غلاف ثمرة الكاشيا
Cassia pulp	لب ثمرة الكاشيا
Cassiopeium	عنصر الوتيسيوم (وزنه الذري ١٧٥ وعدده الذري ٧١ ورمزه Lu)
Cast	سبيكة ، قالب
Cast asphalt	سبيكة اسفلت
Cast brass	سبيكة براص
Cast iron	سبيكة حديد وكاربون وسيليكون
Cast metal	سبيكة معادن
Cast resin	قالب من الصمغ(الراتنج)
Cast shape	شكل القالب
Cast steel	سبيكة فولاذ
Castanea sativa	ثمرة الكاستان
Casting alloy	عمل سبيكة المعادن
Casting compound	مركب من عدة معادن في سبيكة
Casting house	محل صبابة المعادن
Casting practice	عمل تجارب الصب، ممارسة الصب
Casting resin	صب الصمغ(الراتنج) في قوالب
Casting skin	تقشير الجلد
Castor oil	زيت الخروع
Castor oil capsule	جوزة حب الخروع
Castor oil plant	شجرة دهن الخروع
Catalysis	ناموس التوسط في الطبيعة
Catalysis negative	حفاز سالب
Catalyst	عامل مساعد لزيادة سرعة التفاعل
Catalyst poison	الوسيط السام
Catalytic agent	عامل مساعد
Catalytic combustion	احتراق حفزي
Catalytic reaction	تفاعل مساعد
Catalyzer	الوسيط المادة التي تسرع التفاعل
Cataplasma poultice	لبيخة لازالة الورم وتحتوي على مادة الكاوولين
Catechol	بايروكاتكين
Catechu	كارهندي مادة قابضة وللدبغ
Catechuic acid	حامض الكاوي
Catechutannic acid	حامض الكاو تانيك

Cateechu black	الكاو الاسود
Cateechu red	الكاو الاحمر
Cathadography	تصوير اشعة اكس
Cathartic	مسهل
Cathions	عنصر موجب الكهربيه
Cathode	القطب السالبة في البطارية (الصفيحة السالبة في جهاز كهربائي)
Cathode copper	الكاثود النحاسي (صفيحة النحاس السالبة)
Cathode current	التيار الكهربائي الكاثودي (السالب)
Cathode deposite	المواد المترسبة على القطب السالب(الكاثودي)
Cathode ray	اشعة القطب السالب
Cathodic reduction	اختزال كاثودي
Cation	ايون يحمل شحنة موجبة
Cationic	منسوب الى الكات آيون
Caustic	كاو محرق
Caustic lunar	نترات الفضة حجر جهنم
Caustic pencil	قلم حجر جهنم
Caustic potash	البوتاسا الكاويه
Caustic soda	صودا كاويه
Cavity	تجويف
Cavity radiation	اشعاع الجسم الاسود (اشعاع التجويف)
Cayenne pepper	فلفل دراز او احمر
Cd	عنصر الكادميوم (ثنائي املاحه سامه)
Ce	سيريوم (عنصر معدني)
Cebione	فيتامين سي يستعمل ضد مرض السقربوط وموجود في البطاطه والفواكه والخضروات
Cecidium	عفص
Cedar	سدر ، شجرة الله او الجن
Cedar of lebanon	ارز لبنان
Cedar resin	صمغ السدر (راتنج السدر)
Cedar wood	خشب السدر
Cedrene	سدرين
Cedro oil	دهن الليمون
Ceepryn chloride	سيتايل بريدنيوم
Celestine	كبريتات السترونشين
Cell	الوحدة الاساسية في التركيب البايولوجي ، الخلية
Cell connector	موصل الخلية
Cell constant	قابلية مقاومة الخلية
Cell cover	غطاء الخلية
Cell division	انقسام الحجيرة، انقسام الخلية
Cell holder	يدة البطارية
Cell isolator	عازل البطارية
Cell plate	صفيحة البطارية
Cell switch	سويج البطارية
Cell uloid	باغة ، مزيج من قطن البارود والكافور وغيرهما
Cell wall	جدار الحجيرة، جدار الخلية
Celliamine	سليامين
Cellius scale	الميزان المئوي
Cellon	رابع كلور ايثان
Cellophane	ورق سيلو فان
Cellu meth	مثيل سليلوز
Cellular	ذو ثقوب وتجاويف

Cellulose	السيليلوز (المواد المكونة للحويملات او الخلايات النباتية)

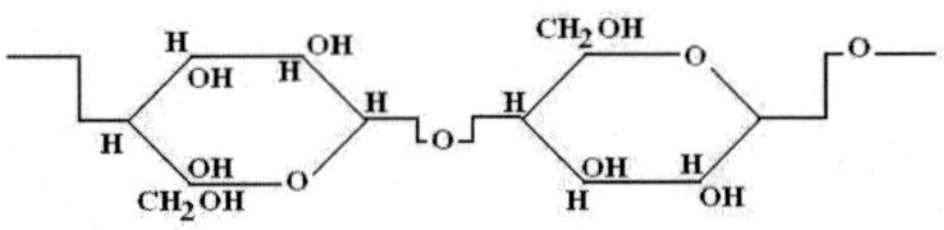

Cellulose acetate	خلات السليلوز
Cellulose acetobutyrate	سليلوز خلات البيوتريت
Cellulose bacteria	باكتريا السليلوز
Cellulose chemistry	كيمياء السليلوز
Cellulose ester	استر السليلوز
Cellulose hydrate	هايدريت السليلوز
Cellulose methyl ether	المثيل الاثيري للسليلوز
Cellulose nitrate	بارود عديم الدخان ، نترات السليلوز
Cellulose paper	ورق من لب الشجر
Cellulose tetra acetate wire	سلك من ثالث خلات السليلوز
Cellulose trinitrat	ثالث نترات السليلوز (مفرقع قوي)
Cellulosic acid	حامض السليلوزيك
Cement	اسمنت شبنتو
Cement brick	طابوق سمنتي
Cement clay	طين سمنتي
Cement concrete	الكونكريت او الخرسانة ، سمنت صلب يابس ممزوج بالحصو و الرمل
Cement copper	نحاس السمنت
Cement dust	غبار السمنت
Cement flour	مسحوق السمنت
Cement industry	صناعة السمنت
Cement like	شبيه السمنت
Cement mortor	مونة السمنت
Cement powder	مسحوق اسمنتي
Cement steel	فولاذ السمنت
Cement works	معامل السمنت
Cementing furnace	فرن صناعة السمنت
Centaury	حشيشة القنطاريون (من الاعشاب)
Centigrade	ميزان مقياس الحرارة الذي فيه نقطة الانجماد هي الصفر ونقطة الغليان هي ١٠٠ درجة مئوية
Centigrade	درجة قياس الحرارة المئوي
Central	مركزي
Centralite	ثاني اثيل ثاني فينل يوريا
Centre of symmetry	مركز التماثل
Centrifugal	مائل منحرف عن المركز ، طارد مركزي
Centrifugal cleaner	الة التنظيف الطارد المركزي
Centrifugal force	قوة نابزة ، قوة الطارد المركزي
Centrifuge	النابزة، الشافطة
Cephaeline	سلفاين من سفالس ابي كوبانه
Ceramic	سيراميك ، فخاري
Ceramics	الخزف
Cereal chemistry	كيمياء الحبوب
Cerium	عنصر السيريوم (وزنه الذري ١٤٠.٢٥ ،العدد الذري ٥٨)
Cerium bromate	برومات السيريوم
Cerium bromide	برومايد السيريوم
Cerium dioxide	ثاني اوكسيد السيريوم
Cerium fluoride	فلوريد السيريوم

Cerium nitrate نترات السيريوم
Cerium oxalate اوكزلات السيريوم
Cerium sulphate سلفات السيريوم
Cermet فخار معدني
Certified milk حليب مضمون
Ceruse كاربونات الرصاص المعدني
Ceryl alcohol كحول سيروتيني
Cesium عنصر عدده الذري ٥٥
Cetin, cetylic acid حامض البالمتيك
Cetol خلات الكحول
Cetyl alcohol بالمتيك الكحول
Cetyl iodide ١- ايودو هكزا ديكين
Cetylic acid, cetin حامض البالمتيك
Cevadilla شعير الحاد
Cevitaminic acid فيتامين C
Ceylon cinnamon دارسين سيلان
Cf الرمز الكيمياوي لعنصر الفورنيوم
$Ch_3.Ch_2.Ch_3$ ثاني مثيل بروبان
Chain سلسلة مفتوحة تربط عددمن الذرات بعضها ببعض لتكوين حلقة كما في مركبات البنزين وتسمى closed chain او ترتبط عدة ذرات لتكوين سلسلة مفتوحة open chain

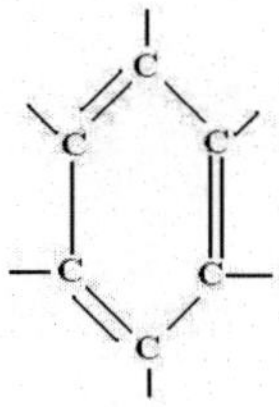

Chain compounds مركبات سلسلية
Chain reaction تفاعل سلسلي هو انفلاق نواة الذرة بضربها بنيوترون من مصدر خارج وينتج عنه: ١ -انسحاق النواة فتكون عدة عناصر اخرى ٢ - تشقق النواة فترمي معدل ٢,٥ نيترون الذي بدوره ينطلق الى نواة اخرى ٣ - ينطلق طاقة كبيرة موازنة الى كتلة الخلل في النواة

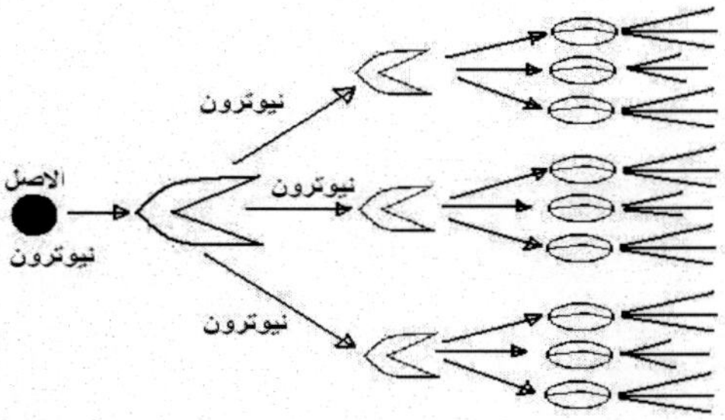

Chalar اثيل كلورايد
Chalcopyrite نحاس برايت
Chalean thite هايدريت كبريتات النحاس
Chalk طباشير
Chalk lime الجير المطفأ
Chalk soil تربة الطباشير
Chaly beate حمام معدني
Chalybite معدن من معادن الحديد
Chamber process طريقة الغرف الرصاصية، لتحضير حامض الكبريتيك
Chameleon mineral مانكانيت البوتاس
Chamomile flowers ازهار البابونج
Char احرق، صيره فحما
Charactar صفة ، سجية ، خلق
Characterestic صفة مميزة

Charas	صمغ الكنابس
Charbon roux	فحم الخشب
Charcoal	فحم الخشب ، يستعمل لصناعة البارود الاسود من خشب الصفصاف و البندق
Charcoal dust	غبارالفحم
Charcoal making	عمل فحم الخشب
Charcoal pencil	قلم فحمي للرسم
Charge	شحنة
Charle's law	قانون شارل للغازات التي تتناسب حجومها طرديا مع درجة الحرارة المطلقة بثبات الضغط
Charring of wood	تفحيم الخشب
Charring place	فرن احراق فحم الخشب
Chaul moogra acid	حامض جالموكره
Chaul moogra oil	دهن جالموكره
Chavicol methyl ether	استرا كول
Checking system	منظومة للضبط والتدقيق
Cheir amine	جير امين
Chela frin	ابني فرن
Chemia	اسم قديم للكيمياء
Chemical	(مادة) كيميائية
Chemical Reagents	مواد كيمياويه ، تستعمل في التحليل والكشوف والتفاعلات
Chemical action	تفاعل كيمياوي
Chemical affinity	الفو او صلة كيمياويه
Chemical change	التبدل الكيمياوي الذي يحدث على خواص المادة الى درجة ان تتكون مادة جديدة
Chemical change	تغيير كيمياوي
Chemical conduct	خاصية كيمياوي
Chemical energy	طاقة كيمياوية
Chemical equation	معادلة كيمياوية
Chemical equilibrium	توازن كيمياوي وهو الحالة التي عندها تبلغ سرعة التفاعلين المتعاكسين معدلا واحدا
Chemical equilibrium	اتزان كيمياوي
Chemical factor	عامل كيمياوي
Chemical nomenclature	تسميه كيمياوية
Chemical properties	الصفات الكيمياوية
Chemical reaction	تفاعل كيمياوي
Chemical warfare	الحرب الكيمياوية
Chemico −physical	كمي− فيزياوي
Chemico technical	كمي −تكنيكي
Chemism	فقط الجذب الكيمي
Chemist	كيميائي ، صيدلي
Chemistry	الكيمياء
Chemistry laboratory	مختبر الكيمياء
Chemo tropism	انتحاء كيمياوي
Chemosmosis	التناضح الكيمياوي
Chemosynthesis	تركيب كيمياوي
Chemotaxis	انجذاب كيمياوي
Chemotherapy	معالجة الامراض بالمواد الكيمياويه
Chemurgy	كيمياء الزراعة
Cheno podium	ورم سير امريكاني
Cherry	كرز - كريز
Cherry gum	صمغ الكرز او الكريز
Chert	حجر صواني غير نقي

Chestnut	كستانه
Chestnut coal	فحم الكستانه
Chestnut wood	خشب الكستانه
Chili nitre	نترات شيلي
Chili saltpeter	ملح بارود شيلي
Chill room	غرفة التبريد، حجرة التبريد
Chilli	نوع من الفلفل الاحمر الحار
Chilling cast aluminium	تبريد سبيكة الالمنيوم
Chimo phila	شجر البتولا المر
Chimo philin	جمافيلين
China bark	لحاء شجرة البروفيان
China blue	الخزف الازرق
China clay	طين صيني، كاوالين
China green	مالخايت الاخضر، الخزف الاخضر
China ink	حبر صيني يستعمل للرسم
China oil	بلسم بيرو
China silk	حرير صيني
China silver	الفضة الصينية
China wood	خشب بيروفيان
Chinal dive	الفا مثيل جينولين
Chineonal	ثاني اثيل باربيتوريت . كينين
Chinese	الصينيين وهم اول من صنعوا البارود الاسود
Chiniofon	باتري ١٠٥ مسحوق كينو كسيل
Chinizarin	١-٤ ثاني هيدروكسي انثرا كينون
Chinoide structure	مركبات تحتوي الصفة الكيمياوية مثلا بنزو جينون

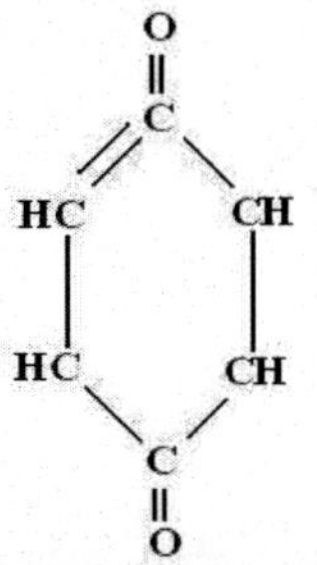

Chinol	هيدروكينون
Chinoleeine	كينولين
Chinovose	مثيل بنتوز
Chip sulphide	صوديوم سلفايد
Chitlim bark	كاسكارا ، سكرادا
Chloanthite	النيكل الابيض
Chlora cetophenone	غاز المدمع
Chloracetic	كلور خليك
Chloral	ثالث كلور استالديهايد
Chloral amide	كلورال فورمايد
Chloral ammonia	كلورال امونياك
Chloral formamide	كلورال امايد
Chloral hydrate	كلورال المبلور ، هيدرات الكلورال
Chloral hydrocyanide	هايدروسيانيد الكلورال
Chloral imide	ايمايد الكلورال
Chloral phenol	فينول الكلورال
Chloral poisoning	تسممات الكلورال وتنتج من اخذ كميات كبيرة منها ولمدة طويلة
Chlorallylene	الايل كلورايد
Chloramphenicol	مضاد حيوي يستعمل في التهابات الجهاز الهضمي كلورومايسين
Chloranil	رابع كلوريد الكينون
Chloranilic acid	حامض الكلورونااليك

Chlorate — املاح الكلور مع الاوكسجين مثل كلوريت البوتاسيوم

Chlorauric acid — حامض ثالث كلوريد الذهب

Chlorazene — تولامين

Chlorester — كلور استر

Chlorethanol — ايثلين كلور هيدرين

Chlorethyl — ايثل كلورايد

Chloretone — كلورو بيوتانول

Chloric acid — حامض الكلوريك

Chloride — الكلوريدات (املاح حامض الهيدروليك)

Chlorinated — يعطي الكلورين الى المحلول

chlorination — تعقيم الماء بالكلور

Chlorination plant — الالات ومعدات لعملية الكلورة

Chlorine — كلور غاز سام عدده الذري ١٧ ووزنه الذري ٣٥.٤٥٧

Chlorine ammonia — كلورين امونيا

Chlorine apparatus — جهاز تحضير الكلور

Chlorine bleching — قصر الالوان بالكلور

Chlorine dioxide — ثاني اوكسيد الكلور

Chlorine explosive — مفرقع مركبات ، الكلورين وهي كلورات البوتاسيم

Chlorine hydrogen reaction — تفاعل الكلور مع الهيدروجين

Chlorine monoxide — اول اوكسيد الكلور

Chlorine nitride — نترايد الكلور

Chlorine peroxide — بيراوكسايد الكلور

Chlorine water — ماء الكلور

Chloriso propyl alcohol — بوربلين كلورو هيدرين

Chloro acetamide — كلورو خلات الاميد

Chloro acetone — اسيتونيل كلورايد

Chloro aniline — كلور الانيلين

Chloro benzene — بنزين كلورايد

Chloro benzol — ثاني كلوريد البنزايل

Chloro bromo benzene — كلورو برومو بنزين

Chloro butadiene — كلورو بيرين

Chloro butane — بيوتل كلورايد

Chloro butanol — اسيتون كلوروفورم

Chloro camphene — برونيل كلورايد

Chloro camphor — اول كلوريت الكافور

Chloro carbonic acid — كاربونيل كلورايد غاز الفوصجين

Chloro chromate — كرومات الكلور

Chloro chromic un hydride — كلورو كروميك ان هايدرايد

Chloro cyno hydrin — كلورو ساينو هيدرين

Chloro difluoro methane — كلورو ثاني فلورو ميثين

Chloro ethane — فانيل كلورايد

Chloro formyl — فوضجين

Chloro hydrin — كلورو هايدرين

Chloro hydroquinone — ايدورول

Chloro malic acid — كلورو حامض الماليك

Chloro palatinate of ammonium — كلورو بلاتين الامونيوم

Chloro panol — بروبلين كلور هايدرين

Chloro pentane — كلورو بنتين

Chloro phenole — كلورو فينول

Chloro picrin — نترو ثالث كلور الميثين

Chloro propionic acid — كلور حامض البروبونيك

Chloro sulphonic acid — سلفيوريك كلورهيدرين

Chloro sulphuric acid	سلفونيل كلورايد
Chloro toluene	كلور تولول
Chloroform	ثالث كلورو ميثين، الكلوروفورم
Chloroformic acid ester	ملح كلورو حامض الفورميك
Chlorogenic acid	حامض الكلوروجينيك
Chlorogenin	كلورو جينين
Chloromethyl oxirane	ابي كلور هايدرين
Chlorometry	تحديد كمية الكلورين
Chloromycetin	مضاد حيوي يؤثر على كلا البكتريات ذات الاثر على صبغة كرام السالبة والموجبة، ولذا استعمل في الجراحة
Chloronitause acid	ماء الملك
Chlorophyll	الصبغة الخضراء في النبات

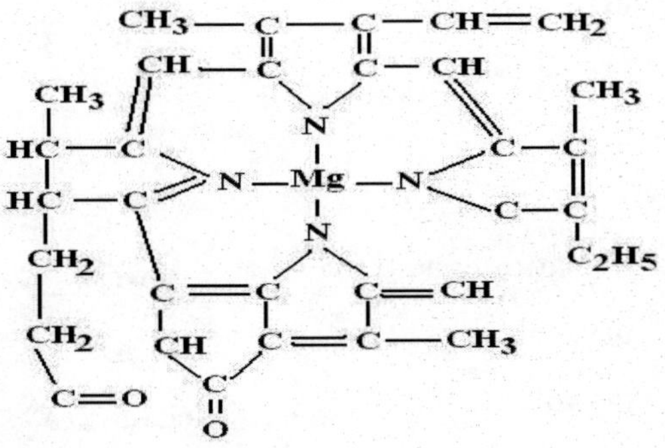

Chlorophyllin	المادة الفعالة في الكلوروفيل
Chloroprene	كلورو بيوتادين
Chloroquine	كلوروكين
Chlorquanide hydrochloride	بالودرين هيدرو كلورايد
Chloruret	كلور يوريت
Chloruretted water	ماء الكلورين
Chloryl aneasthetic	اثيل كلورايد
Cholaic acid	تورو حامض الجوليك
Cholanic acid	اورسو حامض جولانيك
Cholanthrene	جولانثرين
Choleic acid	ديزوكس حامض الجوليك
Cholestanol	ثاني هيدرو كوليستيرول
Cholestanone	جولستانون
Cholesterine	جولسترين
Cholesterol	مادة شبه شحميه في جسم الانسان
Cholesteryl bromide	كولستريل برومايد الكولستريل
Cholesteryl chloride	كلورايد الكولستريل
Cholic acid	حامض الكوليك
Choline	جولين
Choly glycine	حامض كلايكو جوليك
Chondrus	ارش . كاراكين
Chromagen	كروموجين
Chromate	كرومات، املاح الكروم
Chromatic	لوني ،ملون، مختص بالالوان
Chromatics	علم الالوان وتركيبها
Chromatin	كروماتين نواة الخلية الملونة
Chromatographic analysis	التحليل بواسطة الالوان
Chromatophore	خلية ملونة
Chrome	عنصر الكروم (الوزن الذري ٥٢)
Chrome alum	شب الكروم
Chrome alum ammonium	شب الكروم الاموني
Chrome bath	حمام الكروم
Chrome gelatin	بيكاربونات الكروم

Chrome green ايمرانده الخضره
Chrome iron ore كرومات خام الحديد
Chrome nickel steel فولاذ النيكل – كروم
Chrome ochre اوكسيد الكروم
Chrome red كرومات الرصاص الحمراء
Chrome steel فولاذ الكروم
Chrome tungsten steel فولاذ التنجستين – الكروم
Chrome yellow كرومات الرصاص الصفراء
Chromic acid حامض الكروميك
Chromicize المعالجة بمركبات الكروم
Chromidiosis الصب الخارجي لمادة النواة والكروماتين من النواة الى سايتوبلازم الحجيرة
Chromite كرومات الحديد
Chromium الكروم (العدد الذري ٢٤ ، يوجد مع الحديد)
Chromium azidol dye صبغة الازودول الكروميه
Chromium carbide كاربيد الكروم
Chromium molybdenum كروم موليبدنيوم
Chromium oxide اوكسيد الكروميوم
Chromium oxy chloride اوكسي كلورايد الكروم
Chromium peroxide بيروكسيد الكروم
Chromium plate صفيحة الكروم
Chromium plating الطلاء بالكروم
Chromium selenite سيلينايت الكروم
Chromium sesqui - oxide اوكسيد الكروم
Chromium trioxide ثالث اوكسيد الكروم
Chromo-lithography الطبع بالالوان على الحجر
Chromoisomerism كرومو ايسوميريزم
Chromomere حبيبات صبغية
Chromosome جسيمات قضيبية الشكل تظهر في نواة الخلية وهي العامل في نقل الصفات الوراثية
Chromo-therapy معالجة الامراض بالاضوية الملونة
Chromotropic acid حامض الكرومو تروبيك
Chromotropy كرومو تروبي
Chromous كلورايد الكروم
Chromyl كروميل
Chromyl chloride كروميل كلورايد
Chrysamminic acid رابع نتروجيريسازين
Chrysan themine جيري سان ثمين
Chrysan themunic acid حامض جريسان ثمنيك
Chrysaniline صبغة الجلد الاصفر
Chrysanisic acid مثيل حامض البكريك
Chrysarobin كوا باودر النقي ، اراروبه
Chrysarzin ثاني هيدروكسي انثرا كينون
Chrysatropic acid حامض جلسمنيك
Chrysene بنزوفين انثرين
Chrysin ٥-٧ ثاني هيدروكسي فلافون
Chrysocolla النحاس الاخضر
Chrysogen نافثاسين
Chrysophanic acid حامض الجريسو فانول
Chrysotherapy المعالجة بالذهب
Chrysotile اسبستوس من كندا
Chymosin انزيم رنين
Ciamin حامض الاسكوربين
Cibazol سلفا ثيازول

Cider شراب التفاح
Cincho toxine ستكوثوكسين
Cinchomic acid حامض الستكونيك
Cinchominonitrile ستكونين نترل
Cinchona نبات طبي بيروفيان
Cinchonaminc ستكونامين
Cinchonicine ستكونسين
Cinchonine ستكونين
Cinchophen ٢- فينل حامض السنكونيك
Cinchotine هيدروستكونين
Cinchotoxine ستكونسين
Cinchovratine ستكونرين
Cinder رمادحجرة خامدة
Cinder heat حرارة الجمرة
Cinders رماد فحم رجوع
Cinnabar زنجفر . وهو كبريتوز الزئبق
Cinnamate سنا مايليت
Cinnameic aldehyde فينل اكرولين
Cinnamic acid حامض السناميك
Cinnamon دارسين وقشره يستعمل لتطيب مذاق الطعام والادوية وزيادة الشهوة لاعطائه روائح طيبة
Cinnamon brown الدارسين البني
Cinnamon oil زيت الدارسين
Cinnamon wood خشب الدارسين
Cinnamyl acetate خلات الدارسين
Cinnamyl alcohol كحول الدارسين
Cinnoline سينولين
Cipher كتابة الجفر، حروف متشابكة

Cis علامة تؤشر جغرافية الايزوميرس والتي يوجد فيها رباط مضاعف بين ذرتين من ذرات الكاربون وهذا يمنع الدوران ويظهر بشكلين

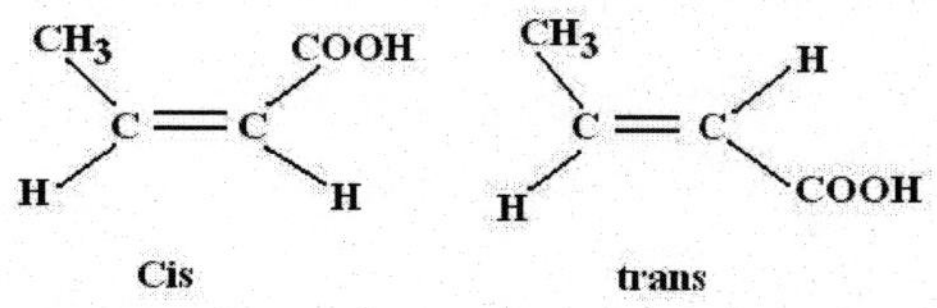

Citral , lemonal ليموني
Citrate ملح الليمون ليمونات
Citrene هسبيريدين ليمونين
Citric سترك ، ليمونك
Citric acid حامض الليمون ، حامض الستريك
Citridic acid حامض الاكونيتيك
Citrin فيتامين p
Citrine colour لون الليمون
Citron نارنج
Citron yellow خارصين اصفر
Citronella oil زيت حشيش الليمون
Citrozinic acid حامض السترازنيك
Citrus فصيلة الحمضيات
Cl الرمز الكيمياوي للكلور (غاز سام)
Claretin 12 فيتامين ب ١٢
Clarification تنقية ، ترويق
Clarification pan اناء التنقية ، اناء الترويق
Clarifier المنقي ، جهاز الترويق
Clarify مرشح، يروق
Clarifying plant ادوات التصفية
Clarifying vat التصفية

Clark's method of softening water	طريقة كلارك لازالة عسر الماء
Clasifing agent	عامل التنقيه والترشيح
Classification	التصنيف الدوري، التصنيف (عموما)
Classification according to atomic weight	التصنيف او التقسيم حسب الوزن الذري
Classification according to valency	التصنيف او التقسيم حسب التكافؤ
Classification screen	حاجز التقسيم او التصنيف
Classification to elements	تصنيف او تقسيم العناصر
Claud's appartus	جهاز كلود
Clay	طين خزفي ، فخار ، صلصال
Clay industry	صناعة الفخار
Clay iron ore	طين الحديد الخام
Clay mortar	مونة خزفية
Claying house	فرن خزفي للتجفيف
Cleaning	تنظيف
Cleaning apparatus	جهاز التنظيف
Cleaning brush	فرشة التنظيف
Cleaning machine	غسالة
Cleaning mixture	مخلوط منظف
Cleaning of bottles	تنظيف الزجاجات
Cleaning plant	ادوات التنظيف
Cleaning powder	مسحوق التنظيف
Cleaning rag	مطاط التنظيف
Cleanse	نظف ، طهر ، نقى
Cleansing	تنقية، تنظيف
Cleansing agent	عامل التنقية
Cleansing liquor	سائل التنقية
Clearable	قابل للانفلاق
Clearing	تفريغ اخلاء تطهير
Clearing agent	عامل التطهير
Clearing basin	حوض التطهير
Clearing drum	اسطوانة التطهير
Clearing liquor	سائل مطهر
Cleavable	قابل للانفلاق
Cleavage	تشقق تفلق
Cleavage cystal	بلورات متشققة
Cleavage face	الوجه المتشقق
Cleavage product	نواتج التشقق
Cleavage property	خواص التشقق
Cleave	انشق فلق فلع
Cleaving	التشقق الانفلاق
Clod	طين جامد ، قطعة طينية
Closed chain compound	مركبات عضوية تتحد ذراتها مكونة حلقة مسدودة
Clove	قرنفل ، كاريوفيلوس
Clovene	كلوفين
Cloves oil	زيت القرنفل
Club- horn moss	طحالب لايكوبوديوم
Club mold	اسبريكلس
Cm	الرمز الكيمياوي لعنصر السيريوم
CmC	صوديوم كاربوكسي مثيل سليلوز
Co	الرمز الكيمياوي لعنصر الكوبالت (يعطي اللون الازرق للزجاج)
Coal	فحم حجري فحم عادي
Coal distillation	تقطير الفحم
Coal and iron indusrty	صناعة الحديد والفحم
Coal bed	طبقة الفحم الارضية
Coal dust	غبار الفحم

Coal dust explosion	انفجار مسحوق الفحم
Coal formation	تكوين الفحم
Coal furnace	فرن الفحم
Coal gas	غاز الفحم
Coal layer	طبقة الفحم
Coal mine	منجم الفحم
Coal oil	زيت الفحم
Coal pit	حفرة فحم
Coal preparation	مستحضرات الفحم
Coal pulverizing mill	طاحونة سحن الفحم
Coal seam	طبقة فحم حجري
Coal supply	ذخيرة فحم، تجهيز الفحم
Coal tar	قطران
Coal tar acid	حامض القطران
Coal tar asphaltum	الجير القطراني الصناعي
Coal tar burner	محرقة قطرانية
Coal tar creosote	كريزوت القطران
Coal tar distillation	عملية التقطير الاتلافي
Coal tar naphtha	بنزين بنزول، نفثا القطران
Coal tar oil	زيت القطران المعدني
Coal truck	عربة لنقل الفحم
Coal washery	مغسلة الفحم
Coaly	فحمي ، كالفحم
Coating machine	ماكنة تغطية (مثلا الحبوب بالسكر وغيرها)
Cobalt	معدن وزنه الذري ٥٨.٧ والعدد الذري ٢٧ يوجد متحد مع الكبريت والزرنيخ
Cobalt acetate tetra hydrate	رابع هيدريت خلات الكوبلت
Cobalt amine	كوبلت امين
Cobalt arsenate	زرنيخات الكوبلت
Cobalt black	الكوبلت الاسود
Cobalt bloom	الكوبلت الاحمر البلوري
Cobalt blue	الكوبلت الازرق
Cobalt chloride	كلوريد الكوبلت
Cobalt glass	الزجاج الازرق
Cobalt green	الكوبلت الاخضر
Cobalt nitrate	نترات الكوبلت
Cobalt oxide	اوكسيد الكوبلت
Cobalt plate	صحيفة الكوبلت
Cobalt pyrites	حجر الكوبلت الخام ، بايرايت الكوبلت
Cobalt silicate	سيليكات الكوبلت
Cobalt sulphate	كبريتات الكوبلت
Cobalt sulphide	سلفايد الكوبلت
Cobalt tetra hydrate	رابع هيدريت الكوبلت
Cobalt vitriol	كبريتات الكوبلت
Cobalt yellow	الكوبلت الاصفر
Cobalti cyanic acid	كوبالت حامض السيانيك
Cobalti ferous	محتو على الكوبالت
Cobaltic	منسوب الى الكوبلت
Cobaltite	سلفايد الزرنيخوز الكوبلتي
Cobbler's wax	الزفت الاسود العام
Coca	ورق لنبات مغذي ومقوي يسمى الكوكا
Coca nut butter	زبدة جوزة الكوكو
Cocaine	كوكايين، مادة مخدرة تستخلص من نبات الكوكا
Cocaine muriate	كوكائين هيدروكلورايد
Cocamine	تروكزيلين
Coccerin	كوسيرين
Cocceryl alcohol	كوسيريل الكحول
Coccinin	كوسيين
Coccolite	بايروكزين

Cocculus	كوكولس اندكس
Cochenillic acid	حامض القرمزي
Cochineal	قرمز ، قرمزي
Cochineal red	كارمين القرمز الاحمر
Cochineal insect	دودة القرمز
Coco	شجرة الكوكو
Coco nut	جوزة الكوكو
Coco nut oil	زيت جوزة الكوكو
Coco nut oil soap	الصابون المستخرج من زيت جوزة الكوكو
Coco nut tree	شجرة جوزة الكوكو
Coco stearic acid	حامض كوسينيك
Cocoa	كاكاو شوكولاته
Cocoa bulter	دهن ثايو بروما
Cocoa ether	كوسينيك ايثر
Coconut	جوزة الهند
Cod fish	سمك القد
Cod liver oil	زيت كبد الحوت
Codeine	كودين قلوي نباتي مبلور وهو مخدر
Coefficient	معامل
Coefficient of velocity	معدل او معامل السرعة
Co-enzyme	مادة تضاف الى الانزيم لتساعدها في عملها
Coffee	بن ، قهوة
Coffee bean	حبوب القهوة (البن)
Coffee roaster	محمصة البن
Cohesion	تماسك
Coiine	كونين ٢- بروبل بيريدين
Coinage metals	فلزات صناعة النقود
Coined silver	عملة فضية
Co-ionic bond	الرباط المشترك الايوني
Coke	فحم الكوك
Coke dust	غبار الفحم
Coke formation	تكوين فحم الكوك
Coke furnace	فرن الفحم
Coke oven	انبيق الفحم
Coke oven battery	بطارية عنبيق الفحم
Coke oven by-products	فضلات فرن الفحم، النواتج العرضية لفرن فحم الكوك
Coke oven plant	الات فرن الفحم
Coke tar	قطران الفحم
Cola	كولا ، كولافيرا ، كولا نيترا
Cola nut	جوزة الكولا
Colalin	حامض الجوليك ، عصارة مرارة الثور
Colamine	٢- امينو ايثانول
Colation	تصفية ،بيركوليشن
Colchieine	كولجين
Colchieum	لحلاح (اسم نبات)
Colchieum corn	حبات اللحلاح
Colchinol	كول جينول
Colcothar	الزاج الاحمر - اوكسيد الحديد الاحمر
Collecting funnel	قمع التجميع
Collecting lens	عدسة التجميع
Collecting plan	اناء التجميع
Collecting vessel	اواني لتجميع السوائل
Collection of gases	تجميع الغازات
Collier	فحام ، او الة لنقل الفحم كالمركب
Colliery	منجم الفحم الحجري
Collingite	كاربونيل كلورايد فوسجين
Collodion cotton	بايروكزلين
Collodion silk	نترو سيليلوز

Collogen	اوسين
Colloid	غروي، لزاقي
Colloid mill	مطحنة المادة الغروية
Colloid rectifier	منقى المادة الغروية
Colloidal	غروية لزاقة
Colloidal solution	المحلول الغروي
Colloidal sulphur	الكبريت الغروي
Colloidal sulphur	الكبريت الغروي
Colloxy lin	ايثر كلو
Colly rium	قطرة لمداواة العين
Colocynth	حنضل علقم
Colocynthin	كولو سنثين
Cologne	كولونيا ماء التقطير
Cologne yellow	الكولونيا الصفراء
Colonial spirit	مثيل الكحول
Colophonic acid	حامض الكلفونيك
Colophony	قلفونية لبان العلج الاصفر كولوفونيوم
Coloquintida	علقم
Colour aberration	انحراف اللون
Colour agglutinant	اللون الغروي
Colour break up	انكسار اللون
Colour change	تبدل اللون
Colour chemistry	كيمياء الالوان
Colour code	دليل الالوان
Colour dispersion	تبدد اللون
Colour fastness to light	ثبات اللون تجاه الضوء
Colour filter	مرشح الالوان
Colour location	حصر اللون في مكان ما
Colour mixture	مزيج من الالوان
Colour of ions	لون الايونات
Colour picture	صورة ملونة
Colour printing	الطبع بالالوان
Colour reaction	التفاعل الملون
Colour salt	الملح الملون
Colour scale of tempreture	الميزان الملون لدرجة الحرارة
Colour sensitive	الحساسية للون
Colour, color	لون
Colourful	غني بالالوان
Colouri metric method	طريقة قياس اللون
Colourimetery	قياس الالوان
Colouring agent	عامل التلوين
Colouring composition	تركيب الوان الاصباغ
Colouring earth	الاصباغ المعدنية
Colouring liquor	سائل الصبغ
Colouring matter	مادة ملونة
Colouring pigment	الاصباغ الملونة
Colourless	سادة ، بلا لون، عديم اللون
Columbite	تانتاليت الحديد والمنغنيز
Columbium	نيبيوم عنصر وزنه الذري ٩٢.٩١ وعدده الذري ٤١
Columbium hydride	نيبيوم هايدرايد
Combination	اتحاد- تركيب
Combination capacity	قدرة الاتحاد
Combination principle	قاعدة الاتحاد، مبدأ الاتحاد
Combination proportion	نسبة المزج
Combining force	قوة الاتحاد
Combining volume	احجام متحدة
Combining weight	الوزن المكافئ في المزج
Combustible	قابلية للاحتراق
Combustion	احتراق
Combustion chamber	غرفة الاحتراق
Combustion energy	طاقة الاحتراق

Combustion furnace	فرن الاحتراق
Combustion gases	غازات الاحتراق
Combustion heat	حرارة الاحتراق
Combustion instability	تغير الاحتراق
Combustion method	طريقة الاحتراق
Combustion process	عمليات الاحتراق
Combustion residue	فضلة الاحتراق
Combustion tube	انبوب الاحتراق
Combustion tube furnace	فرن انبوب الاحتراق
Comenic acid	ان هيدروسي حامض الميكونيك
Co-mixture	مزيج مركب
Common ion action	فعل الايون المشترك
Common salt	ملح الطعام
Comparator	جهاز للمقارنة
Compensation	تعويض
Complete dissociation	تفكك او حلل تام
Complete ionisation	تأين كامل
Complex ion	ايون معقد
Complex salts	املاح مركبة
Complicated	معقد
Component	مكون
Composition	تركيب
Compound	مركب
Compound binary	مركب مزدوج
Compound definite	مركب معين
Compound endathermic	مركب ماص للحرارة
Compound exathermic	مركب طارد للحرارة
Compound organometalic	مركب عضوي معدني
Compound stable	مركب ثابت

Compressed ion	الايون المضغوط
Compressibility	القابلية للانضغاط
Compressibility coefficient	معامل الانضغاطية
Compressible volume	حجم قابل للانضغاط
Compressor	مكبس
Concemin, ascorbic acid, covitaminic acid	فيتامين سي
Concentrate	يركز
Concentrated	مركز
Concentration	تركيز
Concentration equilibrium	اتزان على اساس التركيز
Concentration of a solution	تركيز المحلول
Conclusion	خاتمة ، استنتاج
Condensate	متكاثف
Condensation	تكاثف
Condensation product	ناتج التكاثف
Condensation resin	علج التكاثف، راتنج التكاثف
Condensation water	ماء التكاثف
Condensed milk	لبن مكثف (حليب مكثف)
Condensed state	حالة التكاثف
Condenser	مكثف
Condenser tube	الانبوب المكثف ويستعمل في التقطير لتحويل البخار الى ماء
Condensing and distilling kettle	جهاز التقطير والتكثيف
Condensing apparatus	جهاز التكثيف وتبريد الغاز
Condiment	توابل (فلفل، خردل ،بهارات)
Condrine	كوندرين

Condriosome	كوندريوزوم
Conduct	يوصل ، سيرة ، سلوك، تصرف، معاملة
Conduct ion	ايون الموصل
Conductimetry	مقياس التوصيل
Conducting power	قوة التوصيل
Conducting ray	اشعة التوصيل
Conductivity	توصيلية
Conductivity	قابلية التوصل
Conductivity water	ماء التوصيل
Conductor	موصل
Condy's fliud	سائل كندي محلول برمنكنات البوتاس
Configuration	شكل تركيب كيمياوي
Congeal	ينعقد
Congealation	عقد
Congealing point	نقطة الانعقاد
Congealing point	نقطة الانعقاد
Conglutinate	لصق ، غرى
Conglutination	التصاق ، تغرية
Conical flask	قارورة مخروطيه
Conidium	كونيديوم
Conifer	الكونفير (نبات يحمل ثمارا مخروطية)
Conifer oil	زيت الكونيفر
Conium maculatum	شوكران هيم لوك
Conjugate base	القاعدة المرافقة
Conjugated double bonds	وصلات ثنائية متقارنه
Conjugation	التقارن
Connection	صلة علاقة توصيل
Connector	موصل
Conqui amine	كون جن امين
Conquinine	كوندين ، جني ندين
Consecutive	متعاقب متتابع
Consecutively	بالتوالي – بالتعاقب
Conservation	حفظ – بقاء
Conservation of energy	بقاء الطاقة، الحفاظ على الطاقة
Consolidant	مجمد
Consolidate	يتجمد
Consolidation	تجمد
Consolidative	مجمد
Constant	ثابت، راسخ، لايتغير
Constituents	محتويات، مكونات
Constitution	تركيب، دستور
Constitutional	تركيبي، دستوري
Constitutional formula	معادلة تركيبية او صيغة تكوينية
Contact	لمس ، اتصال
Contact acid	الحامض الملامس
Contact action	تأثير باللمس
Contact bow	القوس الملامس
Contact cathode	قطب الكاثود الملامس
Contact drier	الة التجفيف الملامسة
Contact drop	النقطة المقاومة الملامسة
Contact electricity	الكهربائية الملامسة
Contact gas	الغاز الملامس
Contact insecticide	قاتل الحشرات الملامس
Contact metal	المعدن الملامس
Contact metamarphism	التطور الملامس ، التحول الملامس
Contact mine	المنجم المتصل
Contact piece	القطعة المتصلة
Contact point	نقطة الاتصال
Contact point pressure	ضغط نقطة الاتصال
Contact position	حالة الملامسة
Contact process	طريقق التلامس، تحضير حامض الكبريتك صناعيا

Contact reactor	موقد فرن التلامس
Contact resin	الصمغ الملامس، الراتنج الملامس
Contact surface	الوجه الملامس
Contactor	المتصل ، المتلامس، الملامس
Contain	يتضمن ، يحتوي
Container	اناء ، وعاء ، ماعون
Containing	محتويا على
Contarnine	ميثوكسي هيدرا ستنين
Contarnine chloride	كلوريد الكونترانين
Contarnine phthalate	فثاليت الكونترانين
Continue	دوام، مواصلة ، استمر على
Continue process	العمليات المستمرة
Continuous	مستمر، متواصل
Continuous flow heater	مسخن مستمر التدفق
Contractibility	خاصية التقلص اوالانقباض
Contractible	قابلية التقلص او الانقباض
Contraction	انقباض ، تقلص
Contraindicate	دل على العكس اوالضد
Control apparatus	جهاز الضبط
Control button	عقدة الضبط ، زر الضبط
Control elements	معادن التنظيم
Control number	رقم المراقبة او السيطرة
Control system	جهاز التنظيم، منظومة سيطرة
Control test	اختبار الضبط
Control valve	صمام الضبط
Controller	مراقب، مراجع ، مفتش ، جهاز سيطره
Controlment	ضبط، مراقبة، قيادة
Conversion factor	معامل التحويل
Convert	غير ، بدل
Converter	محول
Converting furnace	الفرن المحول
Converting powder	المسحوق المحوّل
Cook	طبخ ، طهي
Cooker	طباخ (جهاز الطبخ)
Cooking apparatus	جهاز الطبخ
Coolant	مبرد
Coolers	مبردات
Cooling agent	عامل التبريد
Cooling air	هواء مبرد
Cooling apparatus	جهازالتبريد
Cooling bath	حمام مبرد
Cooling cell	حجرة التبريد، وحدة التبريد
Cooling curve	منحنى التبريد
Cooling duct	قناة التبريد
Cooling effect	تأثير التبريد
Cooling furnace	فرن التبريد
Cooling jacket	غلاف التبريد
Cooling liquid	سائل التبريد
Cooling pipe	ممص التبريد، ماسورة التبريد
Cooling plant	ادوات تبريد
Cooling pump	مكبس التبريد، مضخة التبريد
Cooling room	غرفة التبريد، حجر التبريد
Cooling section	قسم التبريد، مقطع التبريد
Cooling spiral	حلزون التبريد
Cooling surface	سطح التبريد
Cooling tank	خزان التبريد

Cooling water	ماء التبريد
Cooperate	عاون عمل مع
Cooperation	تعاون معاونة
Cooperative	تعاوني
Coordinate	مماثل في الدرجة والمقام، احداثية ، ينسق
Coordinate bond	رباط تواصلي تنسيقي
Coordinate link	وصلة تناسقية
Coordination	تأزر تناسق
Copaiba balsam	بلسم الكوبيبا بلسم الجزويت
Copaiba mass	كتلة الكوبيبا
Copaiba tree	شجرة الكوبيبا
Copairic acid	حامض الكوبيبيك
Copal	الكوبال (السندروس البلوري)
Copal chin	كوبالجين
Copal resin	علج الكوبال، راتنج الكوبال (السندروس البلوري)
Copal tree	شجرة الكوبال (السندروس)
Copal varnish	تلميع بالكوبال (بالسندروس البلوري)
Copolymerization	لمرة اسهامية
Copper	النحاس الاحمر معدن رمزه cu عدده الذري ٢٩ ووزنه الذري ٦٣.٥٤ كان يصنع منه الاسحلة قديما واليوم تصنع منه ادوات الطبخ والعنبيق
Copper acetate	خلات النحاس
Copper aceto arsenite	خلات النحاس الزرنيخي
Copper alloy	سبيكة نحاسية
Copper ammonium ion	ايون النحاس النشادري
Copper arsenite	زرنيخات النحاس
Copper asbestos jointing	الحرير الصخري المربوط بالنحاس
Copper ashes	رماد النحاس
Copper beech	شجرة الزان الاحمر بلون النحاس
Copper cake	قطع نحاسية
Copper carbonate	كاربونات النحاس
Copper chloride	كلوريد النحاس
Copper chromate	كرومات النحاس
Copper colour	لون النحاس
Copper coloured	نحاسي اللون
Copper conductor	موصل نحاسي
Copper consumption	احتراق النحاس ، استهلاك النحاس
Copper cyanide	سيانيد النحاس
Copper cylinder	اسطوانة نحاسية
Copper extraction	استخراج النحاس
Copper faced	مطلي بالنحاس
Copper green	النحاس الاخضر
Copper hemioxide	اوكسيد النحاسوز
Copper hydrogen arsenite	هيدروجين النحاس الزرنيخي
Copper hydroxide	هيدروكسيد النحاس
Copper kettle	كتلي من النحاس
Copper lasur	لون البريمن الازرق
Copper like	مشابه للنحاس
Copper metal	معدن النحاس
Copper mine	منجم النحاس
Copper nickel	نيكل نحاسي
Copper number	العدد النحاسي
Copper on	كبفيرون
Copper ore	النحاس الخام
Copper oxide	اوكسيد النحاس

Copper oxide rectifier	مصفي اوكسيد النحاس
Copper phosphide	فوسفايد النحاس
Copper phthalocyanine	فثالو سيانين النحاس
Copper plate	صفيحة نحاسية
Copper plate printing	الطباعة بالصفائح النحاسية
Copper plating	عمل الصفائح النحاسية ، التصفيح النحاسي
Copper plating layer	الطلاء بالنحاس
Copper plating rectifier	مصفى الصفيحة النحاسية
Copper poisoning	التسمم بالنحاس
Copper powder	مسحوق النحاس
Copper precipitate	راسب نحاسي
Copper pyrites	النحاس الخام الاصفر
Copper refining furnace	فرن تصفية النحاس
Copper rolling mill	ماكنة درفلة النحاس ، ماكنة تطوي النحاس بطيات
Copper sheet	لوحة نحاسية
Copper smith	صفار
Copper sodium cellulose	سليلوز الصوديوم النحاسي
Copper sponge	اسفنجة النحاس
Copper sub carbonate	كاربونات النحاسيك
Copper sulphate	الزاج الازرق ، كبريتات النحاس وتستعمل قطرات للعين
Copper sulphide	كبريتيد النحاس
Copper turning	خراطة النحاس
Copper uranite	يورانيت النحاس
Copper voltameter	فولتيميتر نحاسي
Copper wire	سلك نحاسي
Copper works	اشغال النحاس
Copperas	الزاج الاخضر ، سلفات الحديد الاخضر
Copperhead	حية امريكية سامة
Coppering	تنحيس ، ادخال النحاس
Coppery	نحاسي
Corallin	كورالين
Coramine	كورامين
Cordite	ديناميت بارود عديم الدخان
Cordite	ديناميت بارود عديم الدخان وهو مفرقع قوي يستعمل لحفر المناجم والانفاق
Core	قلب، لب
Core atomic	قلب الذرة
Core carbon	كاربون النواة
Core diameter	قطر النواة
Core line	خط النواة
Core radius	نصف قطر النواة
Coriander	كزبره جلجلان
Coriander oil	زيت الكزبره
Coriandol	كحول الكزبره
Corium	كمون
Cork	فلين
Cork borer	ثاقب فلين
Cork press	ضاغط فلين
Cork stopper	سدادة فلينية
Corn	حنطة ، قمح، ذرة
Corn oil	زيت الحنطة
Corn starch	نشأ الحنطة
Corn sugar	سكر الحنطة
Corn wall diamond	نوع من الماس
Cornelian	عقيق احمر

Cornelian cherry	حب الثوم
Cornin	كورنين
Cornutine	كورنوتين
Corpalnine	رابع هايدرو جاترو ريزين
Correct	مظبوط، صحيح، مستقيم
Correction of atomic weights	تصحيح الاوزان الذرية
Corrosion	تآكل
Corrosive sublimate	سليماني كلوريد الزئبقيك وهو سم قاتل
Cortisone	كورتيزون (هرمون يفرزه لحاء الغدة الكظرية)
Cortone	كورتون
Corundum	ياقوت لحك الاحجار الثمينة
Coruscation	بريق ، لمعان
Corydine	كوريدين
Corynine	يوهمبين وهو من اصل نباتي وهو مهيج للجنس
Corytuberine	كوري توبرين
Cos	كوزين
Coslettise	فوسفاتيرين
Cosmaline	وازلين
Cosmic rays	الاشعة الكونية
Cosmotic	دهان لتحسين الوجه والبشرة
Cotton	قطن ، نبات القطن
Cotton red	بنزو بوربرين
Cotton seed	حبة القطن
Cotton seed oil	زيت بذر القطن
Cotton wool	قطن مندوف
Cottony	مصنوع من القطن ، قطني ، مثل القطن
Cotunnite	كلوريد الرصاص
Coumarin	كومارك ان هايدرايد
Coumarinic anhydride	كومارين لامائي
Counter - poison	ترياق ضد السم
Counter - weight	اوزان معادلة
Counter balance	موازنة معادلة
Counter balance weight	عيار ميزان المعادلة
Counter force	قوة مضادة
Counter scales	ميزان معادل
Counter stain	صبغة مضادة
Couple	زوجان اثنان
Coupling	تزاوج
Coupling factor	عامل التزاوج
Coupling valve	صمام الاتصال
Course of reaction	اتجاه التفاعل ، مسار التفاعل
Covalence	التكافؤ المزدوج
Covalency	اشتراك ، تساهم
Covalent bond	الرباط المشترك
Covalent compounds	مركبات اشتراكية
Covellite	النحاس النيلي
Cover glass	غطاء زجاجي
Cover slide	غطاء زجاجي للشريحة الميكروسكوبية
Covering liquor	السائل المغطى
Cowper stone	فرن كوبر هوائي
Cozymase	مساعدة للانزايم
Cr	الرمز الكيمياوي للكروم
Cracilic acid, Benzoiv acid	حامض البنزويك
Cracking	تكسير
Cream of lime	قشرة الجير
Cream of tartar	تحت طرطرات البوتاس
Creamy	دسم مثل الزبدة

Creasote oil	زيت خلاصة القطران
Creasotic acid	حامض الكريوزوتيك
Creatine	مثيل كوانرو حامض الخليك
Creatine phosphate	فوسفات الكرباتين
Creatinine	مثيل كلايكو سيامدين
Creosote	كريزوت خلاصة القطران يستعمل لتهدئة الالام الاسنان
Cresidine	امينو هيدروكسي تولوين
Cresol	اسفنيك معقم قوي يستعمل لتعقيم المستشفيات والمحلات العامة
Cresol liquor	سائل الاسفنيك
Cresol purple	م. كريزول سلفونو بثالين
Cresol resin	صمغ الكريزول
Cresotinic acid	هيدروكسي حامض التلويك
Cresylol	كريزول
Crimson	قرمز قرمزي اللون
Critical	حرج عصيب
Critical pressure	الضغط الحرج
Critical temperature	درجة الحرارة الحرجة
Critical valume	حجم حرج
Croceate	زعفراني
Crocus	زعفران
Crocus martis	زعفران الحديد اكسيد الحديد الاحمر المشوب
Cross linkage	رباطين متعاكسة في الكيمياء
Croton oil	زيت حب الملوك وهو مسهل شديد
Croton tree	شجرة الكروتون
Crotony lene	ثاني مثيل استيلين
Crotonyl alcohol	كحول الكروتونيل
Crucible	بوتقه
Crucible tongs	ماسك بوتقه
Crude	خام، فج ،غير نقي
Crusher	مفتت، مكسر
Crushing	تفتيت، تكسير
Crystal carbonate	اول هايدريت كاربونات الصوديوم
Crystal complex	بلور معقد
Crystal face	وجه بلوري
Crystal glass	زجاج بلوري
Crystal gum	دكسترين
Crystal ice	الثلج الشفاف
Crystal lattice	شبكة بلورية
Crystal like	مثل البلور شفاف
Crystal structure	تركيب بلوري
Crystal sugar	سكر بلوري
Crystal violet	ثالث فينل ميثين روزنالين
Crystalalline	بلوري شفاف
Crystalized	متبلور
Crystallive state	الحالة المتبلورة
Crystallization	تبلور
Crystallography	رسم تكوين البلورات
Crystalloid	بلوراني ، شبه بلوري
Crystals	بلورات
Cs	الرمز الكيمياوي لمعدن السيزيوم
Cu	الرمز الكيمياوي لمعدن النحاس
Cubeb	كبابة ، فلفل جاوا (نوع من التوابل)
Cubebic acid	حامض الكوبيبيك

Cubebin	كوبه بين
Cucurbit	انبيق في الكيمياء ، نوع من اليقطين ، قرعي الشكل
Culm	تراب فحم الحجر
Cumulation	تراكم
Cumulative action	فعل تراكمي
Cumulative effect	تاثير تراكمي
Cupel	بوتقة صغيرة لحفظ المعادن
Cupellation	تصفية الذهب والفضة بطريقة البوتقة، التسخين على تنور مع نفخ الهواء
Cupric	نحاسيك
Cupric ammonice	نحاسيك نشادري
Cupricin	سيانيد النحاسوز
Cupriferous	يحتوي نحاس
Cuprite	اوكسيد النحاسوز
Cupro - nickel	نيكل نحاسي
Cupro - uranite	يورانيت نحاسي
Cuprous	نحاسوز (يحتوي نحاس احادي التكافؤ)
Cuprum	نحاس
Curd	مجبن
Curding	تجبن
Curium	كوريو (عنصر عدده الذري ٩٦ والوزن الذري ٢٤٦)
Cuscamine	كسكامين
Cuscutin	كسكوتين
$CuSo_4$	كبريتات النحاس
Cutal	المينيوم بورو تانيت
Cutch	كاتيكو الاسود
Cutting metal	المعدن القاطع
Cyanagen	مادة زرقاء ملونة

Cyanean	لونه ازرق سماوي
Cyanide	مركب السينانوجين ومعدنه
Cyanide bath	حمام املاح السيانيد
Cyanine	كينولين الازرق
Cyano acetic acid	اول نايترل مالونيك
Cyano benzene	بنزو نايترل
Cyano cobal amin, cytamin cytobion	فيتامين ب ١٢
Cyano methane	سيانو ميثين
Cyano quanidine	سيانو كواندين
Cyanogen	سيانوجين
Cyanogen bromide	بروما يدالسيانوجين
Cyanogen chloride	كلورايد السيانوجين
Cyanogen iodide	ايودايد السيانوجين
Cyanuric acid	سيانو حامض البوليك
Cyclane	البارفين الحلقي
Cycle nitrogen	دورة الازوت ، دورة النتروجين
Cyclic compound	مركبات حلقية
Cyclic reaction	تفاعلات دورية حلقية تنتهي بالعامل المساعد الى حالتة الاصلية
Cyclobutan	سايكلو بيوتان
Cyclohexan	سايكلو هكزان

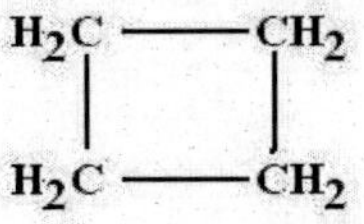

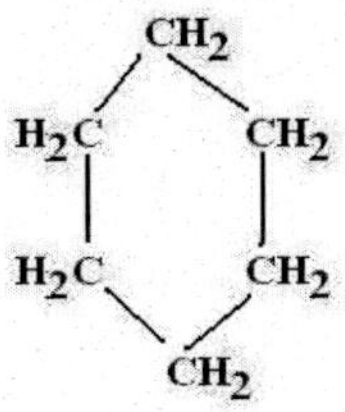

Cyclopentan سايكلو بنتان

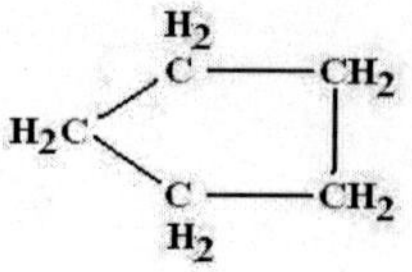

Cyclopropan سايكلو بروبان

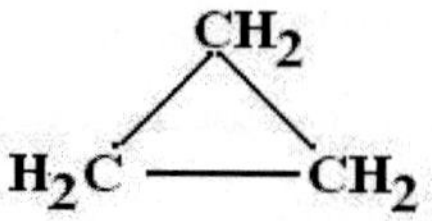

Cymarin سي مارين

Cynogen غاز سام

Cytamin, cytobion, cyano cobal amin فيتامين ب ١٢

D

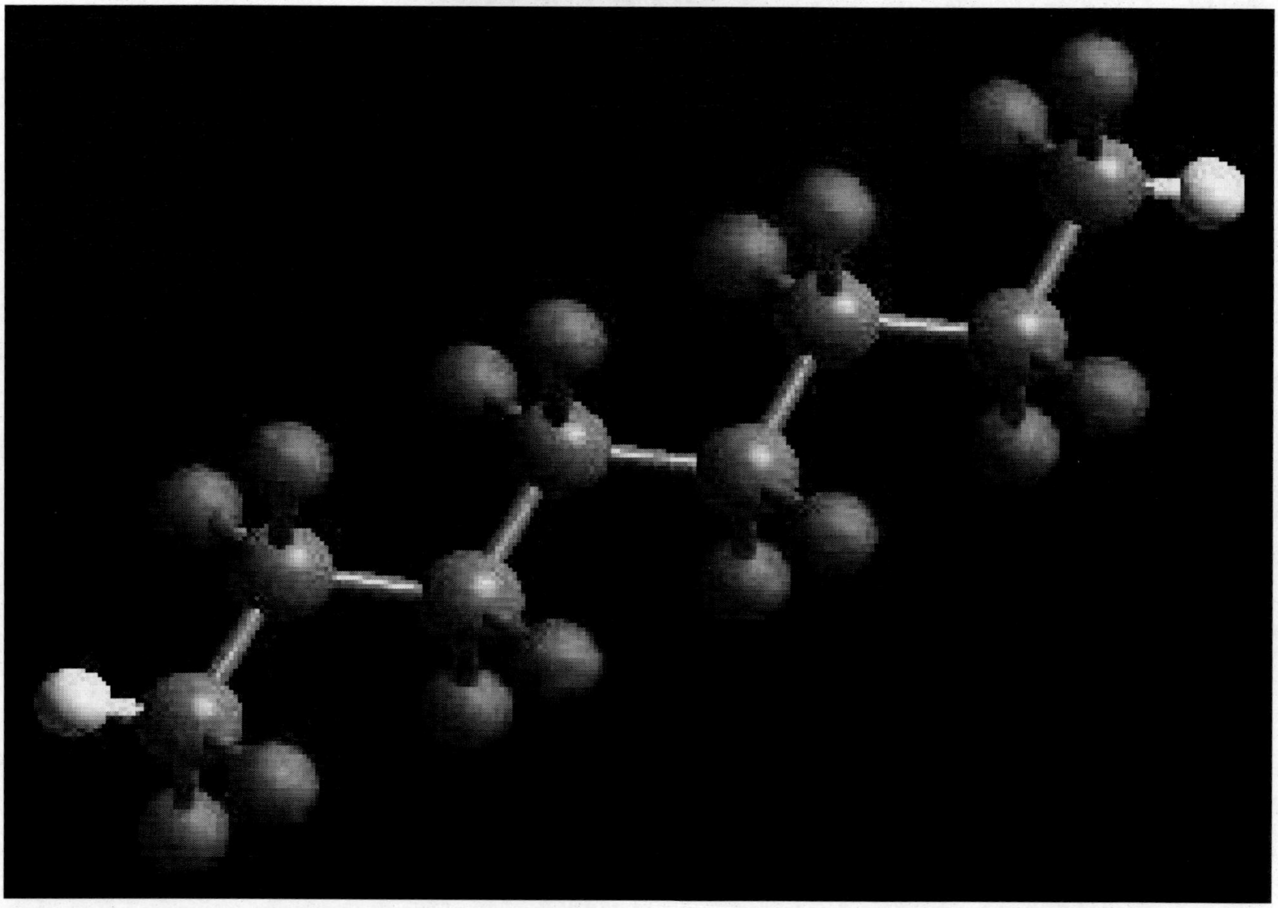

D الرمز الكيمياوي لديوتيريوم هيدروجين ثقيل
D stoof فوسجين
D.o.v زيت الزاج المقطر
Dakin's reaction تفاعل ديكن
Dakin's solution محلول ديكن (يستعمل خاصة في الجراحة ومعالجة الجروح)
Dalton's theory نظرية دالتن
Dalton's law قانون دالتن للضغوط الجزيئية
Damaged materials مواد مستهلكة فاسدة تالفة
Damiana اوراق شجرة تورينا الوحشية ويستعمل لمعالجة الوهن الجنسي
Dammer مجموعة من الاصماغ مشتقة من الاشجار تذوب في الهيدروكاربونات والمذيبات الكلورية
Damp رطوبة
Damp proof مانع الرطوبة
Dandelion تاركساو اوفينال
Danger خطر ، خطورة
Dangerous فيه خطورة ، خطر
Dark مظلم عاتم مكفهر
Darwinism الداروينية (بالنسبة الى نظرية دارون وهو عالم صاحب نظرية التطور)
Datura داتوره، بنج
Daturine هايو سيامين
Davitamen c, Cevitaminic acid, Concemin فيتامين سي
Dawson gas الغاز المختلط
DDT ثاني كلور ثاني فينل ثالث كلور الايثين (مبيد القمل والحشرات)
De- emulsification ازالة المستحلب
Deacon's process طريقة ديكون
Deactivation نزع الفعالية من النشاط الكيمياوي
Deamination نزع النشادر
Death's herb اوراق البلادونا
Debromination نزع البروم
Decanol ديكل الكحول
Decant سكب تدريجيا
Decantation سكب ماء من اناء الى اناء اخر بقصد تصفيتة من رواسبه
Decantation glass قدح السكب التدريجي
Decantation machine ماكنة الترسيب
Decantation tank قارورة الترسيب
Decanter دورق
Decarbonate نزع الكاربونات
Decarbonize نزع الكاربون من
Decarboxylization ازالة الكاربوكسيل
Decay تفسخ المواد العضوية، تدهور
Decay period زمن التفسخ
Dechloridation حذف الملح من الطعام
Dechlorination نزع الكلور
Decimal عشر الكسر العشري
Decinormal عشر عياري

Decinormal solution	المحلول الذي يحتوي اللتر منه ، عشر الوزن المكافي بالغرامات للمادة المذابة كالحوامض والقلويات ويستخدم في معاير سوائل اخرى
Decoc	استخلص بالغليان
Decoction	نقع الحشائش الطبية في ماء حار باناء خزفي مغلق كما يخدر الشاي
Decoction method	طريقة تخدير الادوية بالماء الحار
Decolourization	ازالة اللوان او قصره ويتم ذالك بالاختزال والتاكسد او الامتزاز
Decomposition	تحلل تعفن عمليات تكسير المادة الى قطعات صغيرة جدا
Decomposition point	ابتداء التفسخ، نقطة الانحلال
Decomposition process	عملية التفسخ، عملية الانحلال
Decomposition product	نواتج التفسخ، نواتج الانحلال
Decompound	فك ، حل
Decpmpoundable	قابل للانحلال او التفسخ
decrease	نقص ، هبط
Decrepitation	فرقعه طقطقه
Decyl alcohol	ديكل الكحول
Decyl aldihyde	ديكل الديهايد

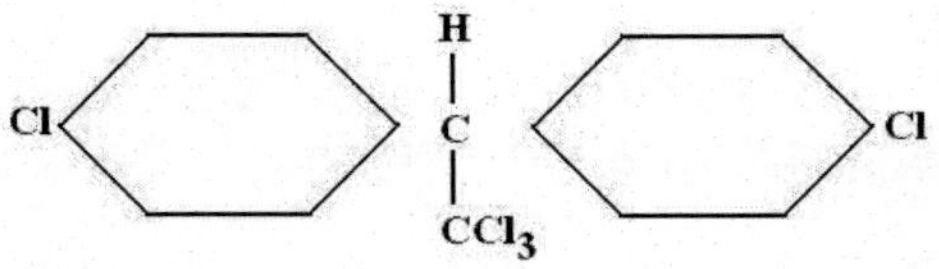

Decyl hydride	ديكل هيدرايد
Decylenic acid	حامض ديكليسنيك
Decylic acid	حامض ديكليك
Deduction of gas laws	استنتاج قوانين الغازات
Deep	عميق ، فهيم ، ذو دهاء
Deepen	دكن اللون مال الى السواد، عمق
Defects	عيوب
Deficiency	عجز، نقص ، قصور
Definite	ثابت، مقرر، معين
Definite proportion	الكميات النسبية في الكيمياء
Definite proportion	الكميات النسبية في الكيمياء
Definition	تعريف
Definitive	قطعي ، بات
Deflagrate	احترق بنار شديدة
Deflagration spoon	ملعقة الاحتراق
Deflect	مال عن ، انحرف
Deflection	انحراف ، ميل ، انحناء
Defoaming agent	عامل ضد الرغوة
Deformation	تشويه
Deformed	شوه الخلقه، مصاب بعاهه
Deforming influence	مؤشر التشويه ، تاشير تشويهي
Defrost	اذاب الثلج
Defroster	الة لمنع تجميد المياه
Defrothing agent	عامل ضد الوغف
Degenerate	انحط ، فسد اصله الطيب
Degeneration	فساد
Degradation	اختزال المركب الكيمياوي الى مركب اقل تعقدا منه مثلا حذف مجموعة واحدة او اكثر

Degree of dissociation	درجة التفكك
Degree of dissociation	درجة التفكك الالكتروني
Degree of hydrolysis	درجة التحلل
Deguelia root	جذر الديرز
Dehydrate	يزيل الماء
Dehydrating	ازالة الماء من المادة
Dehydrating agent	عامل ازالة الماء
Dehydration	ازالة كل الماء من المادة او المزيج بالتخفيف او التسخين او الامتصاص او التفاعل الكيمياوي، وليس بازالة الماء بالتبخر او الغليان ويستعمل في صناعة الاغذية
Dehydromorphine	مركب موجود في الخشخاش ويحضر بأكسدة المورفين
Dekalin	نافثين
Delay action	فعالية التأخير
Delicacy	شئ طيب لذيذ
Delicate	لذيذ طيب لطيف شهي
Deliquescent	متميع
Deliqueseence	تميع تذويب ، امتصاص الماء من الهواء من قبل المادة الى حد ان المادة تذوب في الماء الممتص
Deliver	اوصل
Delivery canal	قناة الوصل
Delivery tube	انبوب الوصل
Delphinic acid	حامض الدلفينيك
Delphinin	دلفينين
Delrenal	سلفا ديازين

Delrin	ديلرن
Demand	مطالبة طلب التماس
Demara resin	راتنج دامارا
Demerol	دولانتين
Demolition	تهديم ، تخريب
Demonstration	اثبات، دليل ، بيان
Demulcent	دواء ملين للجلد كالكليسرين وزيت الزيتون
Demulsify in agent	دواء يضاف الى مزيج من ادوية فيكون دواء ملين للجلد
Denature	غيّر طبيعته او غيّر خواصه الطبيعية
Denitrification	فصل الازوت
Denitrifying bacteria	البكتيريا المحللة للمواد الازوتية
Denote	اشار الى، دل على
Dense	كثيف، غليظ
Densimeter	ميزان الثقل النوعي
Density	كثافة وزن النوعي
Density absolute	كثافة مطلقة
Density and atomic volume	الكثافة والحجم الذري
Density bottle	بطل الوزن النوعي
Density of gases	كثافة الغازات
Density relative	كثافة نسبية
Deodorant	مزيل الروائح الخبيثة
Deoxidation	اختزال
Deoxidize	اختزل
Deoxidizing agent	العامل المختزل
Deoxidizing practice	تجارب الاختزال
Deoxycartone acetate	دي اوكس خلات الكورتوزون
Deoxygenation	انتزاع الاوكسجين
Depalynerisation	تفرد

Depalynerise	يفرد
Dependent	متعلق به
Depilate	ازال الشعر من الجلد
Depilatory	مزيل الشعر
Depolarization	استقطاب النور والحرارة
Depolarizer	عامل كيمياوي يوضع في البطارية ليمنع تجمع الغاز على كلا الصفيحتين
Deposit	راسب
deposition	رسوب
Depreciation	هبوط القيمة، الاندثار
Depreciation factor	عامل هبوط القيمة، عامل الاندثار
Depress	خفّض ضغط على
Depression	انخفاض، كساد ، كآبه
Deprive	نزع ، عرى من ، جرّد
Depth	عمق ، غور
Depth action	الفعالية العميقة
Depth adjustment	تعديل العمق
Derivation	اشتقاق ، استخراج
Derivative	مشتق
Derive	اشتق ، انتسب
Dermatol	بزموث سب كاليت
Derris	روتينون
Descend	نزل ، هبط ، انحدر
Descent	نزول ،هبوط ، انحدار
Describe	وصف ، شرح ، عرف
Description	وصف، بيان، شرح
Descriptive	وصفي ، بياني، تفصيلي
Desert plants	نباتات الصحراء
Desicant	عامل منشف لامتصاص الرطوبة
Desicate	نشف جفف يبس
Desication	تجفيف جفاف
Desicator	جفنة من الفخار توضع فيها المادة التي يراد تجفيفها وتوضع على النار
Desiccator	جفنة من الفخار
Desmethyl morphine	نورمورفين
Desmophen	دسموفين
Desoxidizing agent	عامل مختزل
Desoxy cholic acid	حامض الجوليك
6-Desoxy galactose	فوكوس
Desoxyalizarin	انثرا روبن
Destroy	اباد اتلف اهلك
Destructible	قابل للتلاشي او التلف
Destruction	خراب دمار
Destructive distillation	التقطير الاتلافي
Destructor	مبيد ، متلف
Destructor station	محطة الاتلاف
Detach	فصل ، عزل، فرق
Detachable	قابل للانفصال
Detached	منفصل
Detail	تفصيل ،ايضاح، اسهاب
Detailed drawing	رسم مفصل
Detailed requirments	الاحتياجات المفصلة
Details	توضيحات، تفاصيل
Detain	حجز عوق منع
Detainer	حاجز مانع معوق
Detect	كشف لاحظ
Detectable	قابل للملاحظة او الكشف
Detection	استكشاف
Detection of acid radical	الكشف عن جذر الحامض
Detection of metal radical	الكشف عن جذر المعدن
Detector	مؤشر ، كاشف

Detergent	مطهر ، منظف
Detergent effect	تاثير التطهير
Deteriorate	فسد ، اتلف
Deterioration	فساد ، تلف ، تدهور
Determinant	حاسم قاطع
Determinate	معين محدود
Determinating plan	الخطة المعينة المرسومة
Determination	تقدير ،تعيين
Determination of acidity	تقدير الحموضة
Determination of basicity	تعيين القاعدية
Determine	عزم على، قصد، قرر ، حدد
Detonate	فجر فرقع
Detonating agent	عامل التفرقع
Detonating fuse	فتيل المفرقعات
Detonating gas	غاز التفرقع
Detonating powder	مسحوق المفرقع
Detonating tube	انبوب التفرقع
Detonating violence	قوة التفرقع
Detonation	انفجار
Detonation wave	موجة التفرقع
Detonator	كبسولة الديناميت
Deuterium	الهيدروجين الثقيل
Deuterium mass	كتلة الهيدروجين الثقيل
Deuterium nucleas	نواة الهيدروجين الثقيل
Deuterium oxide	الماء الثقيل
Deuterium reactor	مفاعل الهيدروجين الثقيل
Deuto chloride of silver	ديتو كلوريد الفضة
Deuto cyanide of silver	ديتو سيانيد الفضة
Deuto fulminate of silver	ديتو فلومينيت الفضة
Deuto selenide of silver	ديتو سيلينيد الفضة
Deuton	نواة الايدروجين الثقيل
Devardoix alloy	سبيكة ديفاروا
Devastate	دمر ، خرب
Devcon	فولاذ بلاستيك
Develop	نمىّ، رقى، نضج، طورّ
Developer	مطهر يستعمل في التصوير
Developing	انماء ، تحسين
Development	تحسين ، ارتقاء، نضج، تطور
Development paper	الاوراق التي تتأثر في الاضوية الغازية في التصوير
Development theory	نظرية التطور والنشوء والارتقاء
Deviate	ابتعد حاد انحرف
Deviation	حيود ، انحراف
Deviation from Boyles law	حيود الغازات عن قانون بويل
Device	حيلة اختراع
Devils apple	سترامونيوم
Devils dung	جويفه
Dew point	درجة الندى
Dewar's vessel	اناء ديوار
Dextral	يميني ، لجهة اليمين ، ميمون
Dextrine	دكسترين (صمغ النشا وهو نتيجة تحول النشا بفعل الحوامض والدياستاز)
Dextro camphorin	حامض الكامفوريك
Dextro rotation	دورة يمينير
Dextro tartaric acid	حامض الطرطريك اليمين

Dextrose	سكر العنب ، كلوكوز

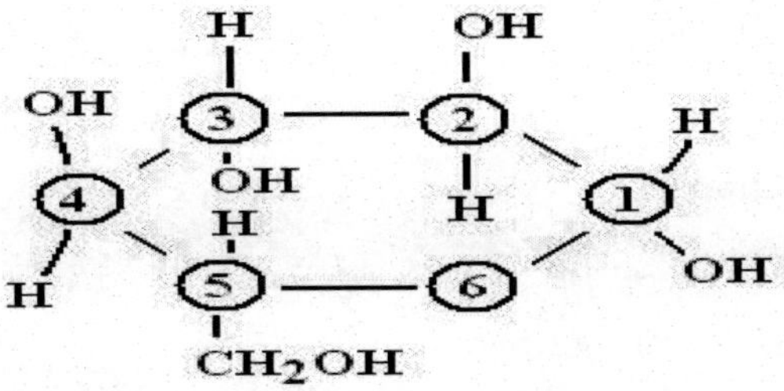

Di- oil	ثاني نترو تلوين
Diabase	اسم خميرة (انزيمات)
Diabeles	مرض البول السكري
Diacetic acid	حامض بيوتانون استيل خليك
Diacetin	ثاني خلات الكليسيرين
Diacetone alcohol	كحول ثنائي الاسيتون
Diacetone glucose	كلوكوز ثنائي الاسيتون
Diacetonide	ثاني اسيتو نايد
Diacetyl morphine	هوروين خلات المورفين
Diacetyl tannin	ثاني خلات الدباغ
Diacidity	حموضه تلفانه
Dialbench gage	جهاز المقاييس الميكرونية
Dialectical	منطقي، متعلق بالكلام، جدلي
Dialecticism	المذهب الجدلي
Dially barbituric acid	حامض ثاني اللاي باربتيوريك
Diallylamine	ثاني بروبنيل امين
Dialysed iron	حديد مفرق او معزول بواسطة الاغشية
Dialysis	التحلل بالاغشية
Dialyzer	مفرق عازل كيمياوي بالاغشية
Diamalt	داي ستيز
Diamide	هايدرازين
Diamide hydrate	هايدرازين هيدريت
Diamine	بارا سلفونيل ثاني انيلين
Diamine benzene	فنيلين ثاني امين
Diamine black	القطن الاسود
Diamine blue	ازرق الازدين
Diamine dyes	اصباغ الدايامين
Diamine hydrate	هايدرات الدايامين
Diamine sulphate	سلفات الدايامين
Diamino valeric acid a-E-	اورني ثين
Diammonium arsenate	زرنيخات ثنائي الامونيا
Diamond	الماس ، وهو شكل من اشكال الكاربن ويوجد في جنوب افريقيا والبرازيل والفنزويلا والهند و بورنيو وكساس)
Diamond charged	شحن الكاربون
Diamond cutting point	حبيبة من الالماس لقطع الزجاج
Diamond dyes	مادة الوان الالماس
Diamond green	فوق مالخايت الاخضر
Diamond industrial	يصنع الماس من حرق الكاربون بفرن كهربائي بدرجة حرارة (٣٠٠٠ ف)، ١-٣ ملايين باوند لكل انج مربع تماما
Diamond ink	حبر ايجنك
Diamond lap	شفة حجر الماس
Diamond mine	منجم الماس
Diamond pyramide hardness	صلابة الماس الهرمي الشكل
Diamond soda crystals	ماركة تجارية للصوديوم سيسكوي كاربونات
Diamondiferous	فيه ماس
Diamorphine	ثاني خلات المورفين

Diamyl ether	ايثر اميلي
Diamyl sodium sulfo - succinate	ايروزول
Dianil blue	ثاني امين الازرق
Diaphoretic	دواء معرق
Diaphragm	الحجاب الحاجز ، حاجب النور ، ابرة جهاز الفوتوغراف او سماعة التلفون
Diarrhea	اسهال، زحار
Diaspore	اكسيد الالمنيوم
Diastase	انزايم اميليز (خميرة نباتية تحول النشأ الى سكر)
Diatol	ثاني اثيل كاربونات
Diatomic	ذو ذرتين ، ثنائي الذرة
Diazin green	اخضر جانس
Diazine blue	انرول انريون الازرق
Diazine1-2	بيري دازين
Diazo acetic ester	خلات دايوزو الاثيلي
Diazo amino benzene	دايزو امينو بنزين
Diazo compoued	ازو -N=N-
Diazo dyes	اصباغ الدايزو
Diazo verbindugen	المركب الذي يحتوي مجموعة
Dibasic	ثنائي القاعدة
Dibasic acid	حامض ثنائي القاعدة
Dicalcium phosphate	فوسفات الكالسيوم الثنائي
Dichloride	سادس كلور الايثين، تنائث الكلورات
Dichloro acetic acid	ثاني كلور حامض الخليك
Dichloro acetone	ثاني كلور الاسيتون
Dichloro benzene	ثاني كلور البنزين
Dichromate	ثاني كرومات البوتاسيوم
Dick	اثيل ثاني كلور الزرنيخ
Dicodid	ثاني هيدرو كودين
Dicoumarin	ثاني هيدروكسي كومارين
Dictamnus albus	دبتام
Dicumarol	ثاني كومارين
Dicy	ثاني سياناميد
Dicy anamide	دسي
Dicy anodiamide	سيانو كوانرين
Didromycive	ثاني هيدروستر بتومايسين
Die cast	صب في قالب
Die casting alloy	صب سبيكة في قالب
Die casting zinc alloy	صب سبيكة الخارصين(الزنك) في قالب
Dielectric	مادة لاتوصل الكهرباء عادة ولكن توصلها بالتأثير
Dielectrolysis	تحليل مركب بتأثير كهربائي
Diesel engine	ماكنة ديزل
Diesel oil	زيت الديزل
Diet	طعام، غذاء ، حمية ، مجمع عام ، مجلس النواب
Dietetic regimen	نظام غذائي، نظام للحمية
Diethyl acetic acid	ثاني اثيل حامض الخليك
Diethyl amine	ثاني اثيل امين
Diethyl amino phenol	ثاني اثيل امينو فينول
Diethyl barbituric acid	فيرونال ثاني اثيل حامض الباربتيوريك
Diethyl carbinol	ثاني اثيل كاربينول
Diethyl carbitol	ثاني اثيل كاربيتول
Diethyl carbonate	ثاني اثيل كاربونيت
Diethyl diphenyl urea	ثاني اثيل ثاني مثيل يوريا

Diethyl ether	ايثر الاثيل الثنائي
Diethyl ketone	كيتون الاثيل الثنائي
Diethyl malonate	ثاني اثيل مالونيت
Diethyl malonic acid	حامض المالونيك الاثيلي
Diethyl oxal acetate	خلات الاوكزال الاثيلية
Diethyl oxalate	اوكزالات الاثيل الثنائي
Diethyl oxide	اوكسيد الاثيل
Diethyl phthalate	فثاليت الاثيل
Diethyl sebacate	سباكيت الاثيل الثنائي
Diethyl stilbestrol	ستلبسترول الاثيل
Diethyl succinate	سوكونيت الاثيل
Diethyl sulphat	كبريتات الاثيل الثنائي
Diethyl sulphide	غاز الخردل
Diethyl telluride	تيليورايد الاثيل
Diethylene diamine	ببرازين ثاني اثيلين ثاني امين
Diethylene dioxide	ثاني اوكزان
Differ	اختلف عن ، باين، نازع
Difference	فرق، اختلاف
Different	مختلف، مغاير
Differential	تفاضل
Differential titration	معايرة تفاضلية
Difficult	صعب ، عسير
Difficulty	صعوبه، مشكله
Diffract	انعطف ، انكسر
Diffraction	انكسار
Diffuse	انتشر ، تفشى
Diffusibility	قابلية الانتشار
Diffusion apparatus	جهاز يساعد انتشار الغازات مع بعضها
Diffusion bath	حمام انتشار الغازات
Diffusion of gases	قدرة الغازات على الانتشارفي الغازات الاخرى
Diffusion potential	القدرة الكامنة على الانتشار
Diffusion process	عملية انتشار الغازات
Diffusion rate	معدل انتشار الغازات
Diffusion water water	انتشار الماء في ماء اخر
Diffussion pump	مضغة انتشار الغازات
Dig	حفر، نقب
Digallic acid	حامض العفصيك
Digest	هضم
Digestible	قابل للهضم سهل الهضم
Digestion	هضم، يساعد حامض الكلوردريك في المعدة على الهضم من الهيدروجين الناتج من تحلل الماء من الجيره ومن الكلور السلب القادم من الدم ثم الى الحجيرة
Digestive	ما يساعد على الهضم
Digestive system	جهاز الهضم
Digitalose	٣ مثيل – دفيوكوز
Digitals	نبات الدجتال منبه للقلب
Digitals folium	الاوراق اليابسة لنبات دجيتال بوربوريا
Digitals pulverata	مسحوق اوراق الدجيتال
Digitin	ديجي تونين
Digitogenin	ديجيتو جينين
Digitol	ديجيتول
Digitonin	ديجي تين
Digitoxin	ديجيتالين المبلور
Digitoxose	ديجي توكسوس
Digoxigenin	ديجو كسجينين
Digoxin	ديجو كسين
Dihalide	مشتقات الكيلين
Dihedrol	ثاني هيدرل

Dihyd drite	نحاس فوسفوري
Dihydric	ثاني هيدروكسي الكحول
Dihydride	ثاني هايدرايد
Dihydro benzene ofuran 2-3	٢-٣ ثاني هيدرو بنزين فيوران
Dihydro citronellol	ثاني مثيل اوكتانول
Dihydro codeine	بارا كودين
Dihydro ergotamine	ثاني هيدرو اركوتامين
Dihydro indene2-3	اندان هيدرندين
Dihydrol	ثاني هيدرول
Dihydroxy acetone	اسيتون ثاني هيدروكسي
Dihydroxy alcohol	الكحول ثاني هيدروكسي
Dihydroxy anthrax quinone	انثرا كينون ثاني هيدروكسي
Dihydroxy benzene	ثاني هيدروكسي بنزين
Dihydroxy benzoic acid	ثاني هيدرزكسي حامض البنزويك
Dihydroxy camphene	ثاني هيدروكسي كامفين
Dihydroxy coumarin	ثاني هيدروكسي كومارين
Dihydroxy flavone5-7	ثاني هيدروكسي فلافون
Dihydroxy phenyl amine	ثاني هيدروكسي فينل امين
Dihydroxy propane	ثاني هيدروكسي بروبين
Dihydroxy stearic acid	ثاني هيدروكسي حامض الستيريك
Dihydroxy succinic acid	ثاني هيدروكسي حامض السكسونيك
Dihydroxy tartaric acid	ثاني هيدروكسي حامض الطرطاريك
Diido tartaric acid	ثاني ايود حامض الطرطاريك

Diidomethane	ثاني ايود الميثين
Diiodoty rosine	ثاني ايود تايروزين
Diiso amylamine	ثاني ايو اميل امين
Diiso cyanate	ثاني ايو سيانيت
Diketon succinic acid	ثاني كيتون حامض السكسونيك
Diketone	ثاني كيتون
Dilate	تمدد اتسع
Dilation	قابلية التمدد والانبساط
Dilatometer	مقياس التمدد
Dilatory	بطي، متاخر، مهمل
Dilituric acid	٥- نترو باريت حامض البوليك
Dill	كمون
Dill oil	زيت الكمون
Diluent	مادة تستعمل الاختزال التركيز لمادة فعالة لتصل الى تأثير مفيد ومرغوب مثلا اضافة الرمل الى الكونكريت مما يحسنه ولا يترك اي خسارة بالقوة
Dilutable	قابل للتخفيف
Dilutable	قابل للتخفيف
Dilute	مخفف ممزوج بالماء
Dilution	تخفيف المحاليل
Dilution method	طريقة التخفيف
Dilutus	مخفف
Dimension	سعة، اتساع، بعد
Dimethyl acetone	ثاني مثيل اسيتون
Dimethyl acetylene	ثاني مثيل اسيتيلين
Dimethyl aniline	ثاني مثيل الانيلين

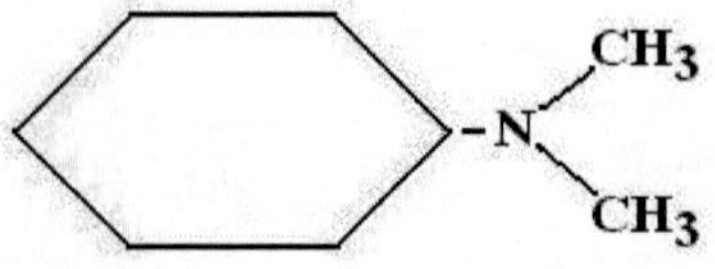

Dimethyl arsenic acid	ثاني مثيل حامض الزرنيخ
Dimethyl ether	ثاني مثيل ايثر
Dimethyl glyoxine	ثاني مثيل كلايوكزين
Dimethyl ketone $CH_3.CO.CH_3$	ثاني مثيل كيتون
Dimethyl leenzol	زايلول

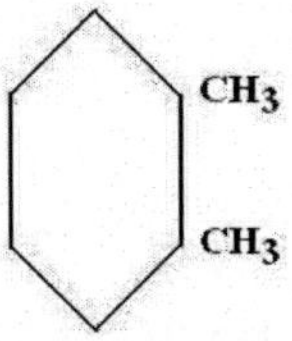

Dimethyl mandelic acid	ثاني مثيل حامض الماندليك
Dimethyl oxalate	ثاني مثيل اوكزليت
Dimethyl piperazine tartarate	ثاني مثيل بيارزين تارتاريت
Dimethyl pyridine	ثاني مثيل بيريدين
Dimethyl sulphate	ثاني مثيل كبريتات
2-4 Dimethyl thiozole	٢-٤ ثاني مثيل ثيازول
1-3 Dimethyl xanthine	١-٣ ثاني مثيل كزانثين
Dimidium chloride	تراي بادين
Diminish	صغر ، نقص
Diminishing	تصغير، انقاص
dimorphic	ثنائي الشكل
Dimorphism	تشكل ثنائي
Dinas brick	طابوق السيليكا
Dinatrium phosphate Na2Hpo4	فوسفات الصوديوم الثنائي
Dinitro benzene	ثاني نترو بنزين
Dinitro phenol	ثاني نترو فينول
Dinitro toluene	ثاني نترو تلوين
Dinitrol	ثاني نترول
Dinner	عشاء طعام المساء ، غذاء
Dioform	ثاني كلوريد الاستيلين
Diol	كلايكول
Diolefine $H_2C = CH–CH_2$	المركب الذي يحتوي اثنين من الاربطة المضاعفة
Dionine	اثيل مورفين هيدرو كلورايد
Diooxalat of potassa	ثاني اوكزلات البوتاس
Dioptose	نحاس اميرالد
Diose	ثنائي الكربون
Diosmin	علج البوكو
Diosphenol	كافور باروزما
Dioxane	ثاني اثيلين ثاني اوكسايد
Dioxide	ثاني اوكسيد
Dioxide of platinium	ثنائي اوكسيد البلاتين
Dip	غمس ،غطس
Diphane	شفاف
Diphenic acid	حامض ثاني بنزويك
Diphenyl acetic acid	ثاني فينل حامض الخليك
Diphenyl acetylene	ثاني فينل استيلين
Diphenyl amine	ثاني فنيل امين

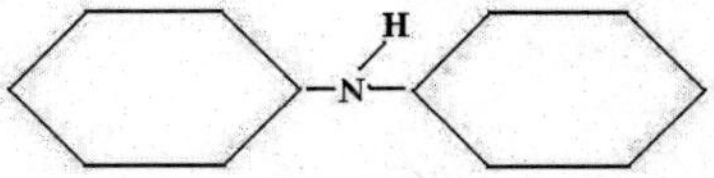

Diphenyl amine chlor arsine	ثاني فينل امين كلوريد الزرنيخ
Diphenyl arsine cyanide	اثنين فينل سيانيد الزرنيخ
Diphenyl black	اثنين فينل الاسود
Diphenyl carbamide	ثاني فينل الكربيدي
Diphenyl carbonate	كاربونات الاثنين فينل
Diphenyl ethane	ثاني فنيل ايثين
Diphenyl ether	ثاني فنيل ايثر
Diphenyl glycolic acid	ثاني فنيل حامض الكلايكوليك

Diphenyl glyoxal	ثاني فنيل كلايكزول
Diphenyl iodonium iodide	ثاني فنيل ايوديد الايوديوم
Diphenyl ketone	ثاني فنيل كيتون

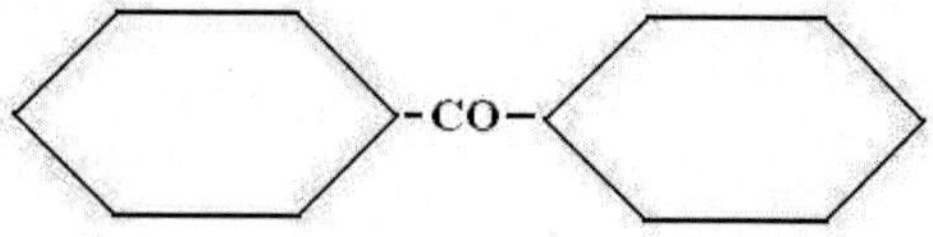

Diphenyl methane	ثاني فينل ميثين
Diphenyl oxide	ثاني فينل اوكسايد
Diphenyl sulfone	سلفو بنزايد
Diphenyl urea	ثاني فنيل يوريا
Diphenylene imine	كاربازول
Diphenylene methane	ثاني فنيل الميثين
Diphenylene oxide	ثاني فنيل اوكسايد
Diphenylide amide	ثاني فنيل امايد
Diphenyllene disulphide	ثاني سلفايد الاثنين فنيلين
Diphosgen	ثالث كلور فورمات الكلور المثيلي
Diphosphopyridin	ثاني فوسفو بيريدين
Diplacement series	السلسلة الكيمياوية الكهربائية، سلسلة الازاحة
Dipolar ion	الايون الثنائي القطب
Dipole	ثنائي القطب
Dippel's oil	زيت العظام
Dipsomania	ادمان الخمر الجنوني، التسمم بالكحول
Diquinine carbonate	كاربونات الكينين
Direct	مستقيم، في خط مستقيم

Disacharides	سكريات ثنائية

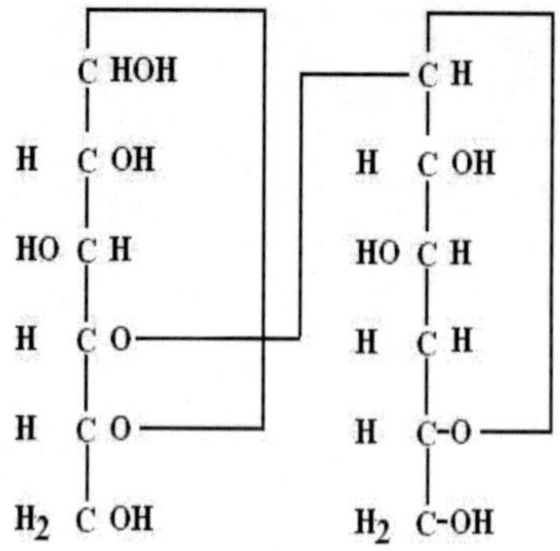

Disaliglic acid	حامض ثاني سلسيليك
Disappearance	اختفاء ، غياب
Discarded solution	المحاليل المرماة المتبقية
Discharge	تفريغ
Discharge aperture	فتحة التفريغ
Discharge canal	قناة التفريغ
Discharge electrode	الالكترود الفعال
Discharge hopper	قادوس التفريغ
Discharge rate	معدل التفريغ
Discharge speed	سرعة التفريغ
Discharge valve	صمام التفريغ
Discharger	الة التفريغ
Discharger pipe	انبوب لالة التفريغ
Discharging current	التيار التفريغ
Discharging potential	جهد التفريغ
Discharging screw	برغي التفريغ
Discharging time	وقت التفريغ
Disconnect	فك ، فصل ، حل
Disconnecting switch	زر القطع
Disconnection	انفصال نفكاك
Discontinous	منقطع غير مستمر
Discontinous	منقطع ، غير مستمر
Discontinue	انقطع ، كف عن ، ابطل

Discontinuity انقطاع توقف عدم الاستمرار
Discordance خلاف، نفور، تنافر
Discover كشف ، عثر على
Discus شرح ، بحث ، تكلم
Discussion مباحثة ، محاورة ، حوار
Disease مرض
Dish water صحن صغير للماء
Disinfectant مبيد الجراثيم
Disinfection تعقيم ، تطهير
Disintegrate يجعله ذائبا، سحق ، حطم
Disintegrate فتت سحق
Disintegrating flour mill طاحونة سحق الطحين
Disintegration تفتيت
Disintegrator مسحنه، طاحونه
Disodium phosphate فوسفات الصوديوم الثنائي
Dispensary صيدلية
Dispensatoy كتاب الصيدلية
Dispensing تركيب الادوية
Dispensing glass زجاج تركيب الادوية
Dispermin بيرازين
Dispersability قابلية الانتشار والتشتت
Dispersed منشر
Dispersing agent عامل الانتشار
Dispersion انتشار تفريق
Dispersion equivalent مكافئ التفريق
Dispersion hardening صعوبة الانتشار
Dispersion process عمليات الانتشار والتشتت
Displace حل محل
Displacement احلال ازاحة . وتعني المحصلة
Displacement law قانون الاحلال، قانون الازاحة
Displacement up wards ازاحة الى الاعلى
Displacing the air احلال الهواء محل غاز اخر او في الفراغ
Dissociate حل، انفصل ،فك
Dissociation تفكك ، انحلال ، وهي العملية التي بها يتكسر المركب الكيمياوي الى محتويات ابسط وتكون اما باضافة طاقة حرارية وتاثير مذيب او مادة ذائبة
Dissociation constant ثابت التفكك
Dissociation process عمليات التفكك
Dissociation thermal تفكك حراري
Dissoluble قابل الذوبان والتحلل
Dissolution تذويب تحليل
Dissolve ذوبو اذاب
Dissolvent سائل مذيب
Dissolver اناء الذوبان
Dissolving الذوبان
Dissolving power قوة الذوبان
Dissolving tank حوض الذوبان
Dissymmetical غير متناسق الاجزاء والتركيب
Dissymmetry عدم تناسق الاجزاء
Distil استقطر، قطرأ كرر
Distillary waste water فضلات المياه لعمل التقطير
Distillate يقطر
Distillation تقطير
Distillation chamber غرفة التقطير
Distillation destructive التقطير الاتلافي
Distillation flask قارورة التقطير

Distillation fractional	التقطير الجزئي
Distilled	مقطر ، مكرر
Distiller	الجهاز المقطر
Distillery	معمل تقطير المسكرات والعطور
Distilling	تقطير
Distilling apparatus	جهاز التقطير
Distilling tube	انبوب التقطير
Distinct	مميز ، واضح ، جلي ، معين
Distinguish	ميز ، ادرك الفرق
Distinguishable	قابل للتميز والمفارقة
Distinguishing mark	العلامة المميزة والمفرقة
Distort	لوى، شوه، عوج
Distortion	لوي اعوجاج
Distortionless	بدون اعوجاج
Distribute	وزع، قسم، فرق
Distribution	توزيع ، تفريق
Distribution law	قانون التوزيع
District	منطقة اقليم
Disturb	عكر ، شوش
Disturbance	تعكير تشويس
Disulphide	السلفايد الثنائي
Disulphuric acid	حامض الكبريتيك الثنائي
Disulphurous acid	حامض الكبريتوز الثنائي
Disulphuryl chloride	كلوريد ثنائي الكبريت
Dita bark	لحاء شجرة استرالية
Ditamine	ديتامين
Ditan	ثاني فثيل مثين
Diuretic	مدرر للبول
Divalent	ثنائي التكافؤ
Divide	قسم جزء وزع
Divided	منفصل مقسم
Dividing line	خط الانفصال
Divinyl benzene	ثاني فينل بنزين
Divinyl ether	ثاني فينل ايثر
Divinyl oxide	ثاني فينل اوكسايد
Divinyl sulphulid	ثاني فينل سلفايد
Dobereiner's lamp	مصباح دوبرينز
Dobereiner's triads	ثلاثيات دوبرينز
Docemine, Dodex, dode cabee	فيتامين ب ١٢
Doctrine of atoms	النظرية الذرية
Dodder seed	حب كاميلينا
Dode cabee	فيتامين ب ١٢
Dodecyle acetate	استيت س ١٢
Dodex	فيتامين ب ١٢
Dolomite	الدولوميت، كاربونات الكالسيوم والمغنيسيم
Dome	قبة، طاقية
Domestic	عائلي ، بيتي، اهلي
Domey kite	نحاس زرنيخي
Donor	مانح ، معط ، واهب
Donor atom	الذرة المعطية او المانحة
Dose	جرعة دواء
Dosing apparatus	جهاز لقياس الجرع الدوائية كالميزان ومقياس السوائل
Double	مزدوج
Double bond	رابطة ثنائية ، عندما تكون حالة التكافؤالاربطة غير مشبعة في مركب كيمياوي ما فلرباط الزائد يسمى المزدوج ويكون اكثر تفاعلا من المركبات المشبعة

Double salt	الملح المزدوج مثل الشب وهو كبريتات البوتاسيوم والالمنيوم
Dracenic acid	حامض الانسون
Draft	شربة ، جرعه
Dragce	حبة دواء مغطاة بالشكر
Drain	تصريف المياه المرشحة من الارض
Drain channel	قنوات تصريف المياه
Drain pipe	انبوب التصريف للمياه
Drain plug	غطاءللمياه الارضية
Drain sleeve	غطاء لمياه التصريف
Drain tap	صنابير تصريف
Drain valve	صمام التصريف
Drain water	مياه التصريف
Drainage	نظام المجاري تصريف المياه
Drainage area	منطقة تصريف مياه المجاري
Drainage engineer	مهندس مجاري المياه الوسخة
Drainage tube	انبوب المجاري
Drainage water	مياه التصريف
Dram	جرعة صغيرة ،كاس خمر
Dram drinker	سكير ، مدمن خمر
Dram mond light	ضياء الجيراكي
Dram shop	خمارة ، مشرب الخمر
Draught	جرعة ، شربه ، سحب سحبه
Draught beer	بيرة براميل
Draught indicator	مقياس الجرع
Draught office	مكان شرب الجرعة
Drawing chalk	طباشير الرسم
Drawing charcoal	قلم الرسم الفحمي
Drawing ink	حبر صيني للرسم والخط

DrB	ثاني فينيل البنزين
Drier	مادة تستعمل لتسرع الجفاف للاصباغ والوارنيش وحبر المطابع
Drinking water, potable water	ماء الشرب (حيث يترسب الكلور في فوهتها عند الصباح فيجب سكب الجرع الاولى وعدم شربها لكونه سام)
Drip	قطر نقط تنقيط
Drip pan	حوض التنقيط
Drip proof	يمنع وصول المطر اليه
Dripper	الانبوب المنقط
Dripping water	الماء المنقط
Drop	نقطة قطرة خرزة لؤلؤه
Drop analysis	التحليل بواسطة البقع
Drop black	بقع فرانكفورت السوداء
Drop chalk	كاربونات الكالسيوم المحضر
Drop colour	لون الورنيش، عصارة نبات الك
Drop counter	عداد القطرات
Drop test	اختبار القطرات
Droplet	قليل من القطرات
Dropper	قطارة
Dropping glass	زجاج التنقيط
Dross	صراء المعادن
Drossing oven	فرن اصراء المعادن
Drug	عقار اصل الدواء
Drug addict	منهمك بالدواء
Drug antagonistic	العقاقير التي تميل لتختزل مفعول العقاقير الاخرى
Drug habit	التعويد على شرب الدواء
Drug synthesis	صنع مركب باتحاد العقاقير

Druggist تاجر ادوية ، صيدلي، عقاقير
Druggist's scale ميزان الصيدلي
Drugstore مخزن لبيع العقاقير الطبية
Drum mixer طنبور المزج ويستعمل المزج مساحيق البارود الاسود
Drum sieve المنخل الطبلي
Drum stick عصاة الطبل وتكون في الكيمياء مغطاة بللجد لمزج المساحيق المفرقعة لعمل البارود الاسود
Drunk سكران ، ثمل
Drunkard سكير ، مدمن خمر
Dry ice ثلج جاف
Drying تجفيف
Drying agent عامل مجفف
Drying apparatus جهاز مجفف
Drying capsule كبسولة مجففة
Drying chamber غرفة التجفيف، حجرة التجفيف
Drying dish وعاء التجفيف
Drying intense تجفيف شديد
Drying oil زيت تجفيف سائل عضوي عند استعماله يكون فلم رقيق فهو حالا يمتص الاوكسجين من الهواء ويكون نسبيا فلم مطاطي
Drying oven فرن تجفيف
Drying plant الالات التجفيف
Drying power قوة التجفيف
Drying process عملية التجفيف
Drying room غرفة تجفيف، حجرة التجفيف
Drying sterilizer معقم مجفف
Drying tube انبوبة تجفيف
Drying varnish صبغ مجفف
Dryness جفاف
Ds الرمز الكيمياوي لعنصر ديسيروزوم
Dsp فوسفات الصوديوم الثنائي
Ducking تغطيس ، اغرق
Ductile مطيلي، سهل الالتواء
Dufrenite الحديد الخام الاخضر
Duhnul balsam بلسم مكة
Dulcamara الجزرالمر الحلو
Dulcin بارا فينول كارباميد
Dulong and Petits law قانون دبولنج ويتي
Dunging salt سلكات الصوديوم
Dunite بيري دوتيت
Duomycin اوريو مايسين
Duration مدة من الزمن
Duren رابع مثيل البنزين ، دورول
Duroquinone رابع مثيل بارا بنزين جينون
Dust غبار ، تراب، نفض التراب
Dust chamber غرفة مغبرة
Dust collector جامع الغبار
Dust explosion الغبار المفرقع
Dust free بدون غبار
Dust hole ثقب الغبار
Dust like يشبه المسحوق
Dust proof محفوظ من الغبار
Dusty مترب مغبر
Dutch metal فلز هولاندي

Dy — الرمز الكيميائي لعنصر ديسبروزيوم

Dye — صباغ

Dye bath — الحمام ذو الماء الملون

Dye drugs — العقاقير الملونة

Dye house — مصبغة محل الصبغ

Dye tanning — الدباغة الملونة

Dyeing industry — صناعة الصباغة

Dyeing materials — مواد الصباغة

Dyeing power — قوة الصبغ

Dyer's mass — طحالب صخرية ملونة

Dyer's oak — البلوط الاسود

Dyers saffron — الزعفران الاصفر

Dyestuffs industry — صناعة الاصباغ

Dynamic allotropy — تأصل ديناميكي

Dynamic equilibrium — اتزان ديناميكي ، وهي عملية تبادل الجزيئات بين السائل والبخار عند التسخين فتستمر هذه الحالة حتى التوازن فيصبح عدد الجزيئات الهاربة من السائل = الجزيئات العائدة له في اي لحظة

Dynamite — ديناميت، مكون من النيتروكلسيرين ونترات الامونيوم ويغطي بغطاء مطاطي وينفجر باتصاله مع عامل مؤكسد قوي

Dysprosium — عنصر عدده الذري ٦٦

E

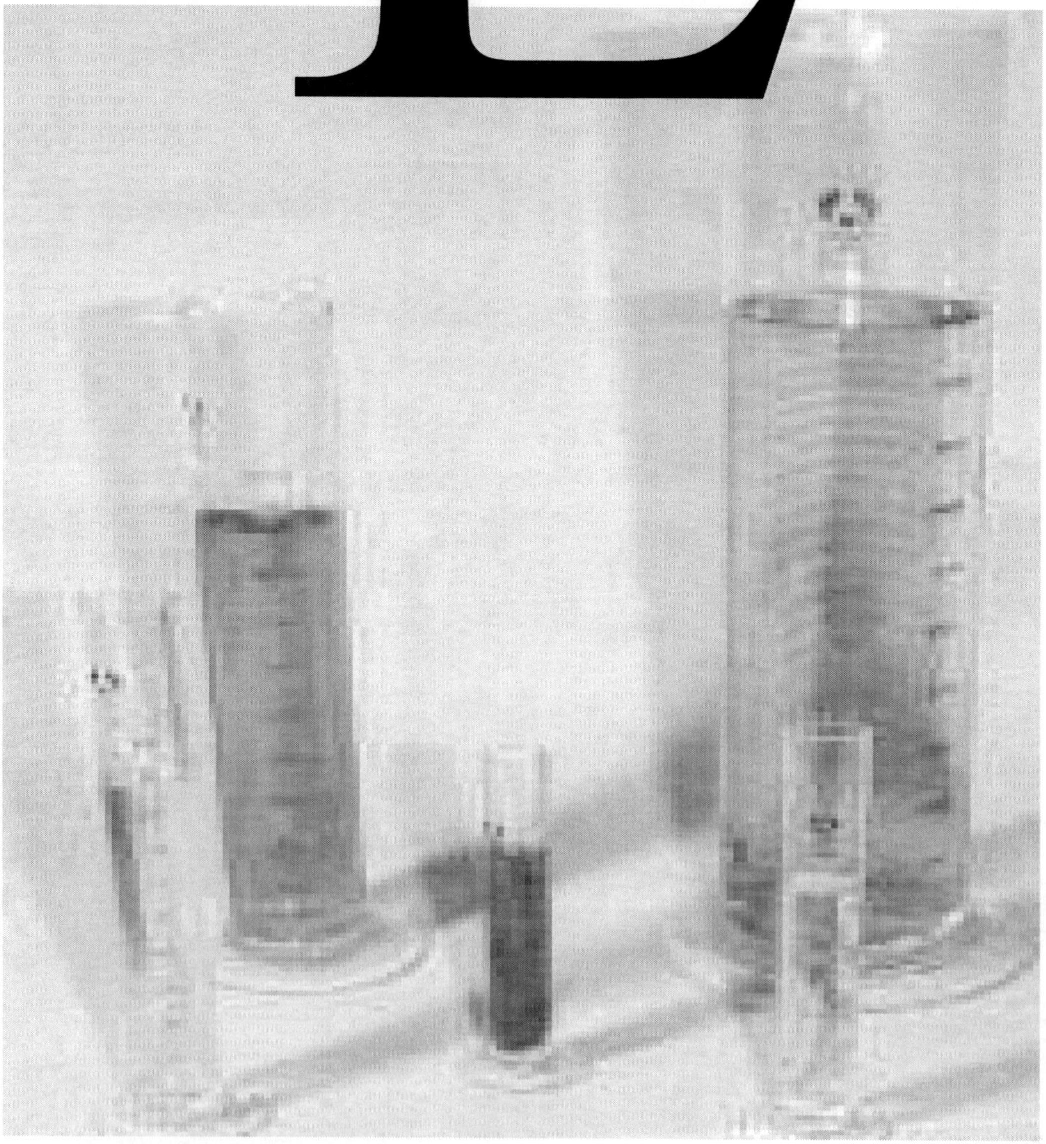

Eagle stone	طين الحديد الخام
Eagle wood	خشب شجرة الصبر
Ear	اذن
Early	مبكر ، قبل ميعاده
Earth alkaline	تراب قلوي
Earth bath	حمام رملي
Earth crust	حصير او اديم الارض
Earth metal	معدن ارضي
Earth nut	فول سوداني جوز الارض
Earth nut oil	زيت الفول السوداني
Earth oil	زيت معدني بترول
Earth pitch	اسفلت الارض
Earth wax	زفت معدني
Earth worm	خرطون وهي دوده حمره توجد في الارض الرطبة
Earth's magnetic field	حقل الارض المغناطيسي
Earthen	خزفي فخاري
Earthen ware	الخزف – فخاري
Earthen ware duct	انابيب خزفية
Earthen ware glaze	دهان الاواني الخزفية
Earthen ware pipe	انبوب من الفخار
Earthen ware vessel	اوعية فخارية
Earthy	ارضي دنيوي
East Indian hemp	اعشاب بنغال او مدراس
East Indian oil of geranium	زيت الجيرانيوم للهند الشرقية
East Indian roots	جذور الهند الشرقية
East Indian sandal wood oil	زيت الصندل للهند الشرقية
Eastons syrup	مستحضر طبي يحتوي املاح الحديد والكينين والستركنين ويستعمل كمقوٍ
Eau de- cologne	ماء الكولونيا ماء الملكة
Eau de- javella	ماء جافيل او ماء الكلور القاصر
Eau de- labbarague	ماء لابارك
Eau de- vie	براندي ، كونياك ماء الحياة
Ebline	اركو توكسين
Ebonite	الابنوس وهو مطاط صلب
Ebonize	جعله مثل الابنوس
Ebony	خشب الابنوس
Ebullition	غليان، فوران
Eclipse red	بنزو بوربورين
Edipic acid	حامض الاديبك
Effect	تأثير
Effect of temperature	تأثير الحرارة
Effervescene	فوران
Effervescent	فوار ثائر جايش
Efficiency	قدرة ، كفاءة ، قوة
Effloresce	ازهر، ازدهر
Efflorescence	تزهر ، التفكك بفقدان الماء
Efflorescent	مزهر مفتح طافح
Effusion	انسكاب
Egautteur	قطاره
Eglantine	ورد جبلي

Ehrlich Paul	اول من وجد التداوي بالمواد الكيمياوية واشتغل على المناعة وحصل على جائزة نوبل في الطب عام ١٩٠٨ واستعمل السلفارسان ٦٠٦ لمعالجة السفلس
Einstein's theory	نظرية آينشتن
Einsteins law of photochemical equivalence	قانون آنشتن للتكافؤ الكيمياوي الضوئي وهو قانون يربط العلاقة بين التفاعلات الكيمياوية بتاثير الطاقة الضوئية
Eisen kiesel	حجر الصوان الحديدي
Ejaculate	قذف ، اذرى المني
Ejectamenta	المقذوفات البركانية
Eka alminium	شبيه الالمنيوم
Eka boron	شبيه البورون
Eka silicon	شبيه السليكون
Elaboration	تكرير، تصفية ، تنقية
Elaeolite	نفثلين
Elaeosacch arum	دهن السكر
Elaidic	ايليدين
Elain	اولين شحم دهن
Elastic	مطاط مرن
Elasticity	خاصية المرونة
Elba iron ore	اوكسيد الحديد الخام الاحمر
Elecampane camphor	هيلنين
Electraurol	الذهب الغروي
Electric	كهربائي مختص بالكهرباء
Electric – detonator	المفرقع الكهربائي

Electric centre	مركز كهربي
Electric current	تيار كهربائي
Electric dissociation	تفكك كهربي
Electric furnace	فرن كهربائي
Electric lamp	مصباح كهربائي
Electric lamp filament	سلك المصباح الكهربائي
Electrical	له علاقة بالكهرباء
Electrically	بطريقة كهربائية
Electrician	مشتغل بالكهرباء، كهربائي
Electricity	كهربائية
Electrization	الشحن بالكهرباء، الكهربة
Electro	اشارة العلاقة او النسبة الى الكهرباء
Electro – chemical equivalent	المكافيء الكيمياوي الكهربائي
Electro – chemist	الشخص الذي يدرس التبدلات الكيمياوية الناتجة عن التيار الكهربائي
Electro – chromic ring	حلقة الكروم الكهربائية
Electro – welding	اللحام بالكهربائي
Electro analysis	التحليل الكيمياوي بالتيار الكهربائي
Electro- bath	حمام كهربائي
Electro brightness	اللمعان الكهربائي
Electro- chemical	كيميائي كهربائي
Electro chemical charactar	الصفة الكيمياوية الكهربية
Electro chemical series	السلسلة الكهروكيمياوية
Electro chemistry	علم التغييرات الكيمياوية التي تنشأ عن الكهرباء

Electro coagulation	تجميع المرسبات في السوائل بواسطة الكهرباء
Electro collargol	الفضة الغروية
Electro coppering	التنحيس الكهربي
Electro- culture	التنمية الزراعية بالكهرباء
Electro cuprol	النحاس الغروي
Electro deposition	الترسبات المعدنية الحادثة بتأثير الكهرباء
Electro dialysis, Electro endos mosis	الانتضاح الداخلي الكهربي
Electro dynamics	علم القوة الكهربائية
Electro Extraction	الاستخراج كهربائيا
Electro forming	المصنوع كهربائيا
Electro galvanism	التلبيس الكهربائي للمعادن
Electro gild	موه بالذهب كهربائيا
Electro gilding	تذهيب كهربي
Electro medic	الطب الكهربائي
Electro mercurol	الزئبق الغروي
Electro metallurgy	علم المعادن باستخدام الكهرباء
Electro negative	سالب كهربي
Electro nickeling	التنكيل الكهربي
Electro positive	موجب كهربائي
Electro- silvering	التفضيض الكهربائي
Electro- synthesis	تركيب كهربي
Electro- typing	الطبع الكهربائي
Electro- valency	تكافؤ كهربي
Electrode	الصحيفة المعدنية المستعملة في قطب البطارية
Electrode carbon	صحيفة الكاربون

Electrodesiccation	حذف الماء من الانسجة بأستعمال تيار خاص، التجفيف باستخدام الاقطاب
Electrolysis	تحلل المادة الذائبة في المحلول بامرار تيار كهربائي خلال السائل
Electrolyte	اجسام قابلة للتحليل الكهربائي
Electrolytic	التفكك الكهربائي والتأين
Electrolytic cell	خلية الكتروليتية
Electrolytic dissociation theory	نظرية التفكك الكهربي والتأين
Electrolytic solution pressure	الضغط الالكتروني للمحلول
Electromagnet	مغناطيس موقت معمول بمرور تيار كهربائي خلال واير ملفوف على قطعة حديدية
Electromagnetic	كهربي مغناطيسي
Electromagnetism	المغناطيسية الكهربائية
Electromotive forces	القوة الدافعة الكهربائية
Electron	احد محتويات الذرة ومحتوياتة سالبة
Electron affinity	الالفة الكترونيه
Electron attracting	الجاذبية الالكترونية
Electron beam	الشعاع الالكتروني، الحزمة الالكترونية
Electron bombardment	القذف الالكتروني
Electron clouds	الغيوم الالكترونية
Electron displacement	الاحلال بمحل الالكترون،الازاحة الالكترونية
Electron emission	الانبعاث الالكتروني

Electron metal	الالكترون المعدني	Elementary	اولى
Electron microscope	المجهر الالكتروني	Elementary composition	تركيب اولي
Electronation	اضافة الكترون او عدة الكترونات الى عنصر ما وهو اصطلاح يعادل الاختزال	Eleuthera bark	كاسكاريلارندا
		Elevate	رفع على ، شيد ، شرف
		Elevation	ارتفاع
		Elevation of boiling point	ارتفاع درجة الغليان
Electronic	الكتروني	Elevator	رافع ، الة رافعة ، عضلة رافعة ، جهاز الافراغ، مصعد
Electronic definition	التعريف الالكتروني		
Electronic distribution	التوزيع الالكتروني		
Electronic orbits	مدارات كهربائية	Eleyl	اثيلين
Electronic radiation	اشعاع الالكترون	Eliminate	أبعد ، طرد ، تخلص من
		Eliminating determinant	تحديد المادة المعزولة
Electronic ring or shell	مدار الالكترون	Elimination	نزع اقصاء عزل
Electronic structure of atoms	التركيب الالكتروني في الذرات	Elixier	عصارة قوية المفعول ، الاكسير ، حجر الفلاسفة
Electronic theory	النظرية الالكترونية	Ellagic acid	حامض البنزوريك
Electronic theory of valency	النظرية الالكترونية للتكافؤ	Elm	شجرة الدردار، غرغاج ، قوغ
Electroplate	مطلي بالكهرباء	Elongate	مطول مستطيل ممتد
Electroplating	الطلاء الكهربي، التلبيس بالكهرباء	Elongation	استطالة تطويل
		Elutriate, decante	سكب السوائل من اناء الى اخر
Electroscope	مكشاف الكهربائية		
Electrotherapy	العلاج بالكهرباء	Elutriating (decantation)funnel	قمع سكب السوائل
Electrovalence	التكافؤ الكهربائي		
Electrovalent bond	الرباط الكهربائي	Elutriating (decantation) glass	زجاجة سكب السوائل
		Elutriating (decantation) machine	ماكنة لنقل السوائل
Electrum	الكتروم وهو مزيج من الذهب والفضة	Elutriation, decantation	سكب السوائل من اناء الى اخر
Element	عنصر ، مادة ، جوهر	Emanation	تصاعد، انبعاث
Elemental	عنصري ، مبدأي ، جوهري	Embellic acid	امبلين
		Embrocate	دّهن ، فرك، دلك ، مرخ
		Emerald	زمرد زمردي
Elemental surface	سطح المادة الاولي	Emerald copper	النحاس الزمردي

Emerald green	زمرد اخضر
Emerald nickel	النيكل الزمردي
Emerge	برز ، ظهر ، طلع
Emergence	بزوغ اضطرار
Emergency	على الفور ، لزوم ، طارئ
Emergency call	ادعاء ضروري، نداء الطوارئ
Emergency closure	غلق اضطراري ، سد على الفور
Emergency lamp	مصباح اضطراري
Emergency lighting	ضياء اضطراري
Emergency stop valve	صمام الايقاف الفوري
Emery	صنفره
Emetic	دواء مقي
Emetine	من قلويات الابيكاك وهو مقي وخطر يستعمل في الدوسنطاريا الاميبي والكوليرا
Emission spectrum	طيف الاشعاع
Emollient	مادة تعمل نعومة الجلد
Empirical formula	الصيغة التجريبية
Emplastrum	لزقه
Employ	عمل ، خدم ، توظف
Employer	مستخدم ، مؤجر
Employment	خدمة ، اشتغال
Empririn	حامض استيل سليسليك ومركبات اخرى
Empty	فارغ ، خال ، فاضٍ
Emulsification	استحلاب
Emulsifier	ماكنة الاستحلاب
Emulsifing agent	عامل الاستحلاب
Emulsify	يستحلب
Emulsifying	الماكنة المساعدة على

machine	الاستحلاب
Emulsion	مستحلب
Emulsion carrier	المادة الحاملة لذرات المستحلب مثلا الصمغ العربي
Emulsion forming	تكوين المستحلب
Emulsoid	المستحلب الغروي ، شبيه المستحلب
En	ثاني امين الاثيلين
Enamel remover	المادة التي تزيل صبغ الاظافر
Enamine	مجموعة $R_2N-C=C-$ من امينو اولفين حيث R فيها يمثل اي مجموعة اخرى كاملة مثل(الكايل)
Enanthiomorphism	التشابه مع قلب الوضع
Encens	زيت الاوليبانيوم
End	نهاية ، ختام ، توقف ، انقطاع
End – product	النواتج النهائية
End alene	ايزوبروبل مثيل نفثالين
End point	نقطة نهائية تؤشر النقطة النهائية بتبديل لون الدليل مما يبين انتهاء التفاعل الكيمياوي ويكون ذلك في عملية التسحيح
End position	الوضعية الاخيرة
Endeavour	ميل، جهد
Endellionit	الرصاص الخام المكبرت الامونياتي
Endo-	بادئه ان الحالة خاصة في داخل الحلقة وليس خارج السلسلة
Endothermic	ماص للحرارة

Endothermic compound مركب ماص للحرارة

Endothermic reaction تفاعلات خافضة للحرارة

Energy طاقة ، وهي قابلية الشغل

Energy change طاقة متبدلة

Energy content محتويات الطاقة

Energy meter مقياس الطاقة

Energy principle اسس الطاقة

Engler distillation تقطير انكلسر

Engraver صحيفة نحاسية

Enlargement تكبير توسيع

Enonymus شجرة السبندال او الهام الهندي

Enstatite سلكات المغنيسيوم اورثو روميك – بايروكزين

Environment محيط، وسط ، بيئة

Enzyme خميرة ،وهي مادة عضوية تحدث اختمار كيمياوي

Eosin مادة حمراء ملونه

Eosin ophile ميال للايوسين سهل الاصطباغ بالايوسين

Ephedrine من قلويات الافورا ويستعمل لضيق النفس والربو

Ephedrine hydrochlor مركب من الافيدرين والهيدروكلور يستعمل بشكل حبوب للربو

Epichlorolydrin كلور مثيل اوكسي رين

Epoxide مركب عضوي يحتوي اوكسجين فعال (مركب عضوي يحتوي مجموعة فعالة ناتجة من اتحاد ذرة الاوكسجين مع ذرات اخرى اعتياديا تكون الكتربون

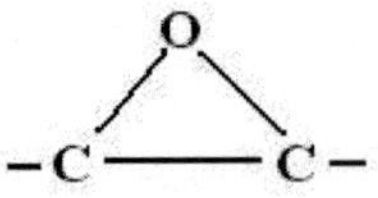

Epsilan فيتامين اي (E)

Epson salt ملح ابسوم (وهو كبريتات المغنيسيوم المسهله)

Equal معادل، مساو ، سواسيه

Equality معادلة ، مشابهة، مماثله

Equalization تسويه ،مساواة ،معادلة ، مماثلة

Equalize ساوى بين ، عادل، وازن

Equally التساوي بالمثل

Equanimity اتزان رباطة او ثبات الجأش

Equate عادل ، ساوى ، وازن

Equation معادلة تعبر باختصار عن التفاعل الكيمياوي

Equilibrium توازن او تعادل في حالة التفاعل الكيمياوي

Equilibrium constant التوازن الثابت (التوازن الكيمياوي في درجة الحرارة وضغط معلومين بين تركيز المواد المتفاعلة وتركيز المواد الناتجة)

Equilibrium law of mass action الاتزان وقانون فعل الكتلة

Equilibrium mixture	مزيج متوازن (وهو المزيج الذي يحتوي على مواد من نسب جزئيبه متساوية اي بالنسبة الى وزنهم الجزيئي ، مثلا سكر القصب يتحلل من الماء الى جزيئة من الكلوكوز وجزيئة فركتوز وهو مزيج متساوٍ الجزيئات)
Equipments	معدات
Equipoise	ميزان
Equisetic acid	حامض الاكويستك
Equivalence	تكافؤ
Equivalence point	نقطة المكافئ
Equivalent	توازن ، تكافئ كمية من المادة تساوي من الوزن الى وزنها المكافئ
Equivalent weight	الوزن المكافئ لعنصر هو الوزن الذي يتحدد او يتفاعل مع او يحل محل وزن ذري واحد هيدروجين او نصف وزن ذري واحد هيدروجين او نصف وزن ذري واحد من الاوكسجين وهو ٨غرام
Er	الرمز الكيمياوي لعنصر اربيوم (عنصر نادر) العدد الذري ٦٨ والوزن الذري١٦٧.٢٦
Eraser	المطاط الهندي، مساحة (ممحا) لمسح الخطوط والنصوص
Erbia	اوكسيد الاربيوم
Erbium	عنصر الاريبيوم
Erdmann's reagent	كاشف اردمان
Eremacausis	الاكسدة الطويلة
Erepsin	اربين
Ergamin	هستامين
Ergocristine	اركو كرستين
Ergocristinine	اركوكر ستينين
Ergometrine	اركو نوفين
Ergonovine	اركو مترين
Ergos tetrine	اركونو فين
Ergosinine	اركو سينين
Ergostane	اركو ستين
Ergostenol	اركو ستينول
Ergosterol	اركو ستيرول
Ergot	نمو طحلبي يؤثر على الحبوب واخيرا يحل محلها في نبات كالفيبس يوريوريا
Ergotamine	اركو تامين
Ergotaminine	اركو تامينين
Ergothioneine	اركو ثايونين
Ergotinine	اركو تينين
Ergotism	اركو تسم
Ergotoxine	ايك بولين
Erica	اريكا
Erlan green	هيدريت اوكسيد النحاس
Erlanger blue	سيانيد الحديد الحديديك
Erosion	التعرية
Error calculation	الحسابات المغلوطة، حسابات الغلط
Eryetol	فيتامين ب ١٢
Erythrene	بيوتادين
Erythrin	ملح الاريثروتول
Erythrine	زرنيخات الكوبلت
Erythrite	زهرة الكوبالت

Erythro dextrin اريثرو دكسترين
Erythrotin فيتامين ب ١٢
Eserine فيزو ستكمين
Essence عطر ، روح
Essential oil زيوة اساسية او عطرية
Ester هو الملح العضوي الناتج من استبدال هيدروجين الحامض بجذر هايدروكاربوني
Ester acid ملح الهيدروجين
Esterification عملية الاستره تكوين الملح العضوي
$C_2H_5OH + CH_3COOH \rightarrow C_2H_5.CH_3COO + H_2O$
Estimable فاخر ، يستحق الاحترام
Estimate يقدر ، يثمن
Estimation تقدير ، ايجاز نتائج القيمة التقريبية لعملية ما
Estradiol استراديول ثاني هيدروكسي
Estragole بارا ميثوكسي اليل بنزين
Estrogen اصطلاح للهرمون الجنسي للانثى
Estron خيوط السليلوز المخللة
Et جذر – الاثيلC_2H_5
Ethane ثاني مثيل
Ethane dial كلايكو كزال
Ethanol است الديهايد، اثيل الكحول ، ايثانول
Ethanol amine ايثانو لامين
Ethel – B-naphtholate اثيل –ب– نافثوليت
Ethel butrate بيوتريت اثيلي
Ethene اثيلين
Ethene oxide اوكسايد الاثيلين

Ether ايثر ، مادة مخدرة في العمليات الجراحية
Etherification تكوين الايثر
Etherin اثيلين
Ethyl مجموعة الاثيل وتتكون من اثنين من الكاربون وخمسة من الهيدروجين
Ethyl acetanilide است انبليد الاثيل
Ethyl acetate استيت الاثيل
Ethyl acetic acid حامض الخليك الاثيل
Ethyl aceton اسيتون الاثيل
Ethyl acetylene استيلين الاثيل
Ethyl alcohol كحول اثيلي ، يحضر من تقطير التمر المخمر
Ethyl aldehyde الديهايد اثيلي
Ethyl amine امين اثيلي
Ethyl amino benzoate امينو بنزويت اثيلي
Ethyl amino phenol امينو فينول اثيلي
Ethyl aniline انيلين اثيلي
Ethyl benzene بنزين اثيلي
Ethyl benzene sulfonate بنزين سلفونيت اثيلي
Ethyl benzoate بنزويت اثيلي
Ethyl bromide برومايد اثيلي
Ethyl carbamate كارباميت اثيلي
Ethyl carbanilate فينل يوريثين
Ethyl cellulose سليلوز اثيلي
Ethyl chloride كلورايد الاثيل
Ethyl chloroformate كلورو فورميت الاثيل
Ethyl cocoinate كوكونيت الاثيل
Ethyl diazo acetate ثاني ازواستيت الاثيل
Ethyl dichlor assine ثاني كلور الزرنيخ الاثيلي
Ethyl disulphide ثاني سلفايد الاثيلي

Ethyl ester	ملح اثيلي
Ethyl fluid	سائل اثيلي
Ethyl green	الاثيل الاخضر
Ethyl halide	هالوجين اثيلي
Ethyl hexyl	هيكزايل اثيلي
Ethyl hydrate	هايدريت اثيليه
Ethyl hydro sulphide	هيدرو سلفايد الاثيلي
Ethyl hydrogen sulphate	كبريتات الهيدروجين الاثيلي
Ethyl iodide	ايودايد الاثيل
Ethyl iodo acetate	خلات اليود الاثيليه
Ethyl mecaptan	مركبتان اثيلي
Ethyl mercuric chloride	كلوريد الزئبقيك الاثيلي
Ethyl morphine	مورفين الاثيل
Ethyl morphine hydrochloride	دايونين
Ethyl nitrite	نترايت الاثيل
Ethyl octanoate	اوكتانيت الاثيلي
Ethyl orthoformate	اورثو فورميت الاثيلي
Ethyl oxal acetate	اوكزال استيت الاثيلي
Ethyl phenyl urethane	فينل يوريثين الاثيلي
Ethyl radical	جذر – الاثيل
Ethyl red	الاثيل الاحمر
Ethyl salicylate	سليسيليت الاثيلي
Ethyl sulfonic	سلفونك اثيلي
Ethyl sulphate	كبريتات اثيليه
Ethyl sulphuric acid	حامض الكبريتيك الاثيلي
Ethyl tetra phosphate	رابع فوسفات الاثيلي
Ethyl vanillin	فانيلين اثيلي
Ethylation	تكوين الجذر الاثيلي
Ethylene	غاز هيدروكاربوني ثقيل، الاثيلين
Ethylene bromo hydrin	بروموو هايدرين الاثيلين
Ethylene chloride	كلورايد الاثلين
Ethylene chloro hydrin	كلورو هايدرين الاثلين
Ethylene glycol	كلايكول الاثيلين
Ethylene lactic acid	حامض اللبنيك الاثيلي
Ethylene oxide	اوكسيد الايثيلين
Ethylic alcohol	كحول نشا الحنطه
Ethylidene chloride	كلوريد الايثيلين
Etna	بوتقة
Eu	الرمز الكيمياوي لعنصر ابروبيوم
Eubasin	سلفا بيردين
Eucalyptole	سنيول
Eucalyptus	شجرة الكالبتوس
Eucalyptus gum	الصمغ الاحمر
Eucalyptus oil	زيت الكالبتوس
Euchlorine	مزيج من غازات الكلور وفيها فوق اوكسيد الكلور وهو مفرقع
Eudiometry	انبوب زجاجي يستعمل لقياس تبدل حجوم الغازات في التفاعل الكيمياوي
Euflavine	مسحوق اصفر يستعمل محلوله للحروق
Eugenic acid , eugenol	سائل زيتي يستعمل لتهدئة الالام الاسنان
Euhedrol	اديو مورفوس
Euphorbia	حشائش الربو
Euphorbium resin	علج اليوفوريبيا ، راتنج اليوفوريبيا
Euqinine	كينين حلو يستعمل للاطفال

Euresol	اول خلات الريسير سينول
Eutectic	حرج تصلد
Eutectic mixture	مخلوط متصلد
Eutectic phenomenan	ظاهرة التصلد
Eutectic point	نقطة حرجة ، نقطة التصلد
Eutectic reaction	تفاعل تصلدي وهو تفاعل متعاكس يتحول فيه المحلول السائل الى كتلة صلبة من البلورات عند درجة حرارة ثابته هي درجة التصلد
Eutectic tempreture	درجة التصلد
Euxanthic acid	حامض البيوريك
Ev	فولتية الالكترون (الالكترون فولت)
Evacuate	اخلى ، افرغ
Evacuation	اخلاء، تفريغ
Evacuator	مفرغ
Evalution	تقويم ، تحديد النتائج الفعلية لعملية ما بالارقام
Evaporate	تبخر، حّول الى بخار
Evaporated milk	لبن متبخر (حليب مبخر)
Evaporating	تبخير تصعيد
Evaporating basin	حوض التبخير
Evaporating boiler	قزان التبخير، مرجل التبخير
Evaporating dish	وعاء التبخير
Evaporating pan	قدر تبخير واطئ
Evaporating tempreture	درجة حرارة التبخير
Evaporating vessel	اناء التبخير

Evaporation	تبخر
Evaporation meter	مقياس التبخر
Evaporator	مبخر
Evaporimeter	ميزان البخار او التبخر
Even	متعادل ، مساو
Evolute	ملتف ملولب الى الخارج
Evolution	توليد
Evolution apparatus	اجهزة التقدم في المناورة الحربية
Exact	صحيح ، تمام ، مضبوط
Exaltion	تعظيم ، تمجيد ، اطراء
Examination	امتحان ، فحص
Examine	امتحن ، فحص ، اختبر
Exceed	تجاوز ، افرط في
Excel	فضل على، برز على
Excellent	فاخر، تفوق ، براعة
Exception	استثناء ، شاذ
Excess	زيادة في كمية المواد
Excess air	زيادة هواء
Excess current	زيادة تيار
Excess gas	زيادة غاز
Excess load	زيادة حمل
Excess pressure	زيادة ضغط
Excess tempreture	درجة حرارة اضافية
Excess weight	زيادة في الوزن
Excessive	زائد ، مفرط ، متجاوز الحد
Exchange	بدل ،غير
Exchange piece	مادة احتياطية
Exchange reaction	تفاعل متبادل
Excipient	شراب طبي
Excite	هيج، اثار ، حرك
Exciting agent	العامل المهيج
Exciting fluid	السائل المهيج او المنبه
Excrement	براز ، روث ،غائط

Excretion	اخراج فضلات الجسم
Execute	تم ، انجز ، كمل
Exercise	تمارين ، ممارسة ، اجراء
Exertion	اجتهاد ، كد، بذل الجهد
Exfoliate	تقشر، انقشر ، تفلس
Exhale	زفر ، فاح ، تبخر
Exhaust	افرغ ، استنزف ، افنى
Exhaust gas	الغاز المفرغ
Exhaust gas conduct	انبوبة الغاز المفرغ
Exhaust nipple	انف انبوبة التفريغ
Exhaust pressure	الضغط المفرغ
Exhaust steam	البخار المفرغ
Exhaust steam boiler	قزان تفريغ البخار
Exhaust valve	صمام التفريغ
Exhausted	فارغ ، خال ، مضني ، منهوك
Exhaustion	استنفاذ ، وهو استخراج المواد المتفاعلة بمذيب
Exhaustor	مفرغ
Exhibit	اظهر الشي ، بيّن
Exit – tube	انبوبة مخرجة
Exothermic	مخرج الحرارة
Exothermic compound	مركب طارد الحرارة
Exothermic reaction	تفاعل طارد للحرارة
Expand	امتد، وسع ، انبسط
Expanding	يتسع ، يتمدد
Expanding agent	عامل التمدد
Expanse	مدى، امتداد ، اتساع ، سعه
Expansibility	قابلية التمدد والانبساط
Expansible	قابل التمدد والانبساط
Expansion	امتداد،اتساع،توسيع،تضخم

Expansion valve	صمام التمدد
Expectorant	دواء منفذ لاخراج البلغم، مقشع
Expedient	موافق ، مناسب
Expense	مصروف، نفقه ، كلفه
Expensive	غالي ، كثير الكلفة
Experience	خبره ، تجربه، حنكه
Experiment	تجربة
Experimental method	الطريقة الاساسية (اللوغاريتميه)
Expert	خبير، اهل خبره، محنك
Explanation	ايضاح ، شرح ، بيان
Explode	فجر ، انفجر ، فرقع، اثار
Exploration	استكشاف ، استقصاء
Explore	راد ، جاب ، استكشف
Explosion	انفجار ، وهو ظهور الغازات بصورة فجائية وسريعة تحت ضغط عال في سعة محددة متسبب من منبع طاقة خارجية
Explosion pressure	ضغط المفرقع
Explosion proofness	المحافظة من الانفجار
Explosion reaction	التفاعل الانفجاري ، ويكون مصطحبا بالحرارة والنار ثم الغازات كما انة يحتاج الى حافز ليسبب الفرقعة
Explosive	مادة متفجرة وهي تنتج غاز عندما تضرب او تحمر بالحرارة فالغاز يكون ذو ضغط كبير

Explosive high	مركب كيمياوي يحتوي النتروجين ويشتعل بنتيجة الرجة او الحرارة مثلا الديناميت الذي بدل بمفرقع يحتوي نترات الامونيوم
Explosive initiating	مفرقع مع قبغ مطاطي يحتوي ازاد الرصاص واستليد الفضة وهي حساس للهب والحرارة
Explosive permissible	المتفجرات المجهزة من مكتب المناجم لاستعمالها في مناجم الفحم وهي ديناميت متطور
Explosive, low deflagration	متفجرات تنفجر بسرعة فتحرق ذراتها ذاتيا باتصالها بالهب او شرارة او تسبب الاحتكاك (مثلا البارود الاسود)
Express	سريع ، مستعجل ، رسالة خاصة، اكسبريس
Expression	عصر ، استخراج سائل بالضغط
Exsiccate	نشف، يبس
Exsiccation	تجفيف، تنشيف
Exsiccator	مجفف المساحيق وهو جفنه خزفيه
Extend	وسع ، نشر
Extent	اتساع ، امتداد
External	خارجي ، سطحي
Extinction coefficient	معامل الانطفاء
Extinguish	اطفأ ، اخمد ، اباد
Extra	زيادة ، علاوة
Extra heavy	ثقيل بزيادة
Extract	يستخلص
Extract opium	خلاصة الافيون
Extraction	استخلاص ، استخراج عملية الحصول على الخرج
Extraction agent	العامل المساعد في الاستخلاص
Extraction flask	قارورة الاستخلاص
Extraction plant	ادوات الاستخلاص
Extractum	خلاصة
Eye	عين ، مقلة
Eye- bath	حمام العين، كأس العين
Eye- cup	كاس العين
Eye- drop	دمعه
Eye- flaps	نظاره او غمامات الحصان
Eye- glass	نظارة الساعاتي ، نظارة لعين واحدة ، عوينه
Eye- glasses	نظارة ، عوينات
Eye salve	كحل
Eyeball	كرة العين
Eyebrow	حاجب العين
Eyelashes	اهداب الجفون
Eyelid	جفن العين

F

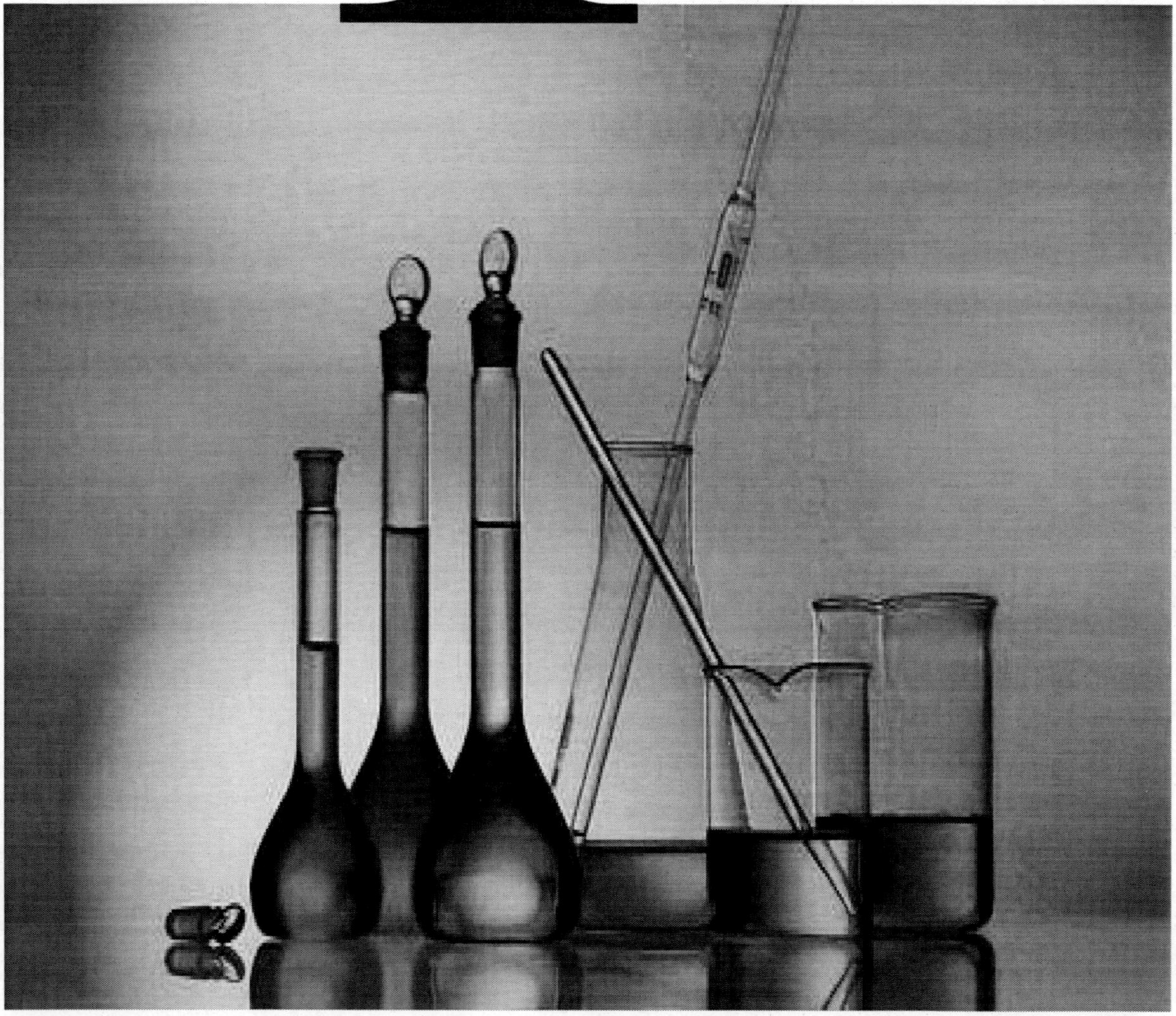

F	الرمز الكيمياوي لعنصر الفلورين
F.B.P	نقطة الغليان النهائية
Fabric	نسيج ، قماش
Factor	معامل عامل
Factory	مصنع كيمياوي
Factory worker	عامل في معمل
Fahrenheit	مقياس الحرارة الفهرنهاتي
Failure	فشل ، خيبة المسعى
Faint	باهت ، خافت ، ضئيل
Falling water	مطر ، نزول الماء
Family	جماعة من العناصر الكيمياوية المتشابهة بصفات خاصة
Faraday	الكمية الكهربائية التي تتمكن ان ترسب وزن غرام مكافئ واحد من مادة خلال التحلل الكهربائي وهي حوالي(٩٦.٥٠٠ كولمب)
Faraday Micheal	اسم العالم الذي اشتغل في الكهرباء الكيمياوية
Faraday's law	عند امرار تيار كهربائي خلال محاليل مختلفة من الالكتروليتات مربوطة ربطا كهربائيا متواليا تتناسب اوزان المواد المنتوجة تناسبا طرديا مع اوزانها المكافئة
Farmer's dynamite	مفرقع الفلاح
Fat	دهن، شحم ، زبده
Fatty acid	حامض شحمي ،او دهني سواء كان الشحم حيواني او خضري ورمزه العام RCOOH
Fatty alcohol	كحولات دهنية
Fatty compounds	مركبات دهنية
Fe	الرمز الكيمياوي لعنصر الحديد
Feather alum	الشب المريش
Feather ore	الانتيموني المريش
Febrifuge	دواء لتخفيض درجة حرارة الحمى
$FeCl_2$	كلوريد الحديدوز
$FeCl_3$	كلوريد الحديديك
Fecula	دقيق الازهار للتلقيح
Fehlings solution	محلول فهلنك يستعمل للفحص عن السكر في المحلول . ويتكون من ثبلث محاليل ١- ذوب ١٦٠غم من ملح روش في الماء (الذي يتكون من صوديوم بوتاسيوم تارتاريت) ثم خففه الى ٥٠٠ مل مع اضافة قليل من حامض الكاربورليك لقتل العفونة ٢- ذوب ٥١.٩٦ غرام من كبريتات النحاس في الماء ثم خففه الى ٥٠٠ مل ٣- ذوب ٧٥ غرام من الصودا الكادوية وخففه الى ٥٠٠ما . امزج ثلاث حجوم متساوية تماما من السوائل الثلاثة . ١ سي سي من محلول فهلنك يختزل ٠.٠٠٥ غرام كلوكوز
Feldspar	عدة معادن ذات لون واضح كالحجر القمري، نوع من الصوان المتبلور
Fenchol	فنجايل الكحول

Fenton's reagent	يتكون من هيدروجين بيروكسايد مع قليل من ايون ملح الحديدوز
Ferment	خمير ، خمره
Fermentation	اختمار ، تخمر
Fermentation amyl alcohol	تخمر الكحول الاميلي
Fermentation butyl alcohol	تخمر الكحول البيوتيلي
Fermentation lactic acid	تخمر حامض اللبنيك
Fermentation method	طريقة التخمر
Fermentation room	غرفة التخمر
Fermentation test	اختبار الاختمار
Fermented milk	لبن مختمر
Fermenting	تخمر اختمار
Fermenting vat	انبوب الاختمار
Fermentutive	اختماري مخمر
Fermium	فرميوم عنصر كيمياوي عدده الذري ١٠٠
Fermy's salt	ثاني فلوريد البوتاسيوم
Fern	نبات السرخس خنشار
Fernambuco	الخشب الاحمر
Ferri-	سابقة معناها الحديديك
Ferri cyanic compound	مركبات سيانيد الحديديك
Ferri cyanite	سيانايت الحديديك
Ferri molybdite	مولبيدات الحديديك
Ferric acetate	خلات الحديديك
Ferric alum	شب الحديديك
Ferric chloric acid	حامض كلوريك الحديديك
Ferric chloride	كلوريد الحديديك
Ferric cyanide	سيانور الحديديك
Ferricummonium citrate	يحضر من حامض الليمون وهيدروكسيد الحديديك باضافة هيدروكسيد الامونيوم ثم نرشح المحلول
Ferrite yellow	اوكسيد الحديد الاصفر
Ferro	سابقة معناه حديدوز
Ferro - molybdenum	مولبدينيوم الحديدوز
Ferro - niobium	نيوبيوم الحديدوز
Ferro - phosphorus	فوسفات الحديدوز
Ferro - nickel	نيكل الحديدوز
Ferro alloy	سبيكة حديدية
Ferro arsenite	زرنيخ الحديدوز
Ferro cerium	سيريوم الحديدوز
Ferro chromium	كروميوم الحديدوز
Ferro circonium	سركونيوم الحديدوز
Ferro cyanic acid	حامض السيانيك الحديدوزي
Ferro cyanide	سيانور الحديدوز
Ferro gollic ink	حبر العفص الحديدوزي
Ferro hemoglobin	هيموكلوبين الحديدوز
Ferro - magnetism	مغناطيس الحديدوز
Ferro vanadium	فانيديوم الحديدوز
Ferroin chelation group	وهي مجموعة فعالة تختص بحلقة هيتروسايليكية لمركبات النتروجين =N—C(=)—C(=)—N=
Ferrosofferic	اوكسيد الحديد الاسود
Ferrous	حديد ثنائي التكافؤ ، حديدوز
Ferruginous	حديدي – بلون صدأ الحديد
Ferrum	حديد(باللغة اللاتينية)
Ferrum reductum	براد الحديديك
Fibrin	فبرين، ليفين (اي ذو الياف)
Fibrinogen	فبرينوجين

Fibroin	فبروين ، مادة زلالية
Fibrous	ليفي ، ذو الياف
Field mustard	الخردل البري
Fiery matter	مادة ملتهبة
Film	غشاء، طبقة ، قشرة، رقيقة ، فلم
Filter	رشح، مرشح
Filter carbon	كاربون الترشيح
Filter cloth	نسيج الترشيح
Filter disk	اناء الترشيح، قرص الترشيح
Filter film	غشاء الترشيح
Filter flask	قارورة الترشيح
Filter paper	ورق الترشيح
Filter press	مرشح ضاغط
Filter siphon	سيفون الترشيح
Filter stand	حامل ادوات الترشيح
Filteration	عملية الترشيح
Filteration enzyme	خميرة الترشيح
Filtering apparatus	اجهزة الترشيح
Filtering char coal	فحم الترشيح
Filtrate	يرشح، المرشح
Fine	دقيق
Fine powder	مسحوق دقيق
Finely divided	مسحوق ناعم جدا
Finishing materials	مواد الصقل
Finishing roasting	التنشيف النهائي
Finishing varnish	الصبغ النهائي
Fire bomb	القنبلة المشتعله
Fire clay	صلصال ،نوع من الطين

Fire damp	غاز الفحم ، مفرقع الهيدروجين المكربن الخفيف، غاز مناجم الفحم الخطر
Fire damp cap	الضباب الغازي في المصباح
Fire damp indicator	مؤشر الغاز المفرقع
Fire drying apparatus	اجهزة التنشيف
Fire- escape	سلم النجاة للانقاذ من الحريق
Fire extinguisher	مطفئة الحريق
Fire- insurance	التأمين ضد الحريق
Fire point	درجةالاشتعال
Fire salvage	الانقاذ من الحريق
Fire-engine	الة اطفاء الحريق، مطفئة
Fireman	مطفئ الحريق
Fireplace	موقد تدفئة ثابت في الحائط
Firestone	حجر صوان ، حجر النار
Fireworks	العاب نارية
Fish liver oil	زيت يحتوي نسبة عالية من فيتامين أ ومن مواد الكبد يستخرج من كبد الحوت تحت ضغط بخاري واطئ ثم يحذف الدهن
Fisher's yellow	نترات البوتاسيوم والكوبالت
Fission	انفلاق،وانشطار
Fission energy	طاقة الانشطار الذري
Fission material	مادة الانشطار
Fission nuclear	انشطار ينتج من انفلات نواة نيترون من منبع خارجي ويسمى(Chain reaction) تفاعل متسلسل ، الانشطار النووي
Fission product	ناتج الانشطار

Fittig's synthesis	يتكون التفاعل من اضافة البروم على البنزين فينتج بروموبنزول وحامض هيدروبروميك ثم نضيف الى التفاعل صوديوم و brom alkyl فينتج alkyl benzol وتسمى هذه "طريقة فيرتس" واما الطريقة المشابهة لها والتي تستعمل لتركيب المركبات العطرية فتسمى "طريقة فيتكس" مثلا تحضير ايثيلين البنزين
Fixation	تثبيت ، تركيز
Fixed oil	زيت الثابت
Fixed proportion	النسب الثابته
Fixer	مثبت
Fixing agent	العامل المثبت
Fixing bath	حمام التثبيت
Fixing mediun	محيط التثبيت
Fixing salt	ملح التثبيت
Fixity	ثبات رسوخ تماسك
Flake white	اسفيداج ابيض نقي
Flame	لهيب نار تهيج
Flame arc	القوس الملتهب
Flame arc lamp	مصباح اللهب المقوس
Flame carbon	الفحم الملتهب
Flame colouration	تلوين اللهب
Flame heat	حرارة اللهب
Flame protection	محفوظ من اللهب
Flame test	اختبار لهبي
Flame up	يندلع في لهب
Flamin coal	اتقاد الفحم

Flaming	ملتهب متقد
Flare bomb	قنبلة الضوء
Flash	بريق ، وميض
Flash distillation	التقطير السريع
Flash glass	الزجاج اللماع
Flash method	الطريقة السريعة
Flash point	درجة الوميض او البرق
Flash test	اختبار اللهب
Flash tube	الانبوب اللماع، انبوب الوميض
Flask	قارورة
Flask distilling	قارورة التقطير
Flavine	اكريفلافين هيدروكلورايد
Flax	قنب ، نبات الكتان
Flax seed	حب نبات الكتان
Flexibility	قابلية الالتواء ، مرونة
Flexible	مرن ، لدن ، سهل الالتواء
Flint	صوان حجر صلد
Flint and carbonate of lime	صوان مع حجر الكلس
Floor polish	شمع العسل
Floor varnish	صبغ الارض، ورينش الارضيات
Florescence	تزهير تنوير تفتح الزهور
Florescent	زاهر مزهر زاه
Flotation	طفو على الماء
Flower oil	زيت الورد
Flowering time	زمن تفتح الاوراد
Flowers of sulphur	زهر الكبريت
Fluid	مائع، سائل
Fluidification	الاسالة تحول الجامد الى سائل
Fluidity	ميوعه ، سيولة
Flume	مجرى ماء شديد

Fluo phosphoric acid	فلور حامض الفوسفوريك
Fluoborates	بورو فلورايد
Fluoboric acid	فلور حامض البوريك
Fluor acetic acid	فلور حامض الخليك
Fluor chrome	فلور كرومي
Fluor spar	فلور سبار نوع من المرمر
Fluoral	صوديوم فلورايد
Fluoral toluene	فلور تولوين
Fluoren amine	فلورين امين
Fluorene	فلورين ، مادة من قطران الفحم
Fluorescein salt	يورانين
Fluorescence	وميض،تألق، ومضان
Fluorescin	ريزير سنيول فثالين
Fluorescin sodium	يورانين الاصفر
Fluoride	فلوريد
Fluorin silicate	سليكات الفلور
Fluorine	غاز الفلور (عنصر عدده الذري ٩ والوزن الذري ١٨.٩٩) ، غاز تاكلي حريف
Fluorite	فلوريد الكالسيوم
Fluoro carbon	مركب من كاربون وفلورين وهو هيدروكاربون احل فيه الفلورين عوض الهيدروجين
Fluoroform	ثالث فلورو ميثين
Fluorogen	فلوروجين
Fluorscent	لاصف مشع
Flux	مادة تساعد في انصهار المواد الاخرى بصورة سريعة، فيض
Flux oil	زيت الترسبات
Flying bomb	القنبلة الطائرة

Flying yeast	الخميرة الخفيفة
Fm	الرمز الكيمياوي لعنصر فيرميوم
Foam	رغوه فواره
Foam bubble	فقاقيع الرغوه
Foam extinguisher	مادة لاخماد الرغوه
Foam silica	رغوة السيليكا
Foaming	تكوين الرغوه
Foamy	مزيد مرغ
Focal	بؤري ، مختص بالبؤر، اي المركز
Focus	بؤره (نقطة الاحتراق او اجتماع النور)
Fog	ضباب
Folic acid	حامض كلوتاميك
Follicular hormones	هرمونات حويصليه
Food	طعام ، غذاء ، قوت
Food industry	صناعةالاغذية
Food investigation	ابحاث في الطعام
Food preservative	المادة التي تحفظ الطعام
Foodstuff chemistry	كيمياء المواد الغذائية
Foodstuff chemist	كيمياوي المواد الغذائية
Foodstuff colouring	تلوين المواد الغذائية
Form	شكل صورة قالب نموذج
Formal	ثاني مثيل اوكسي ميثين
Formaldehyde	فورمالديهايد (يحضر من الاكسدة النازكة للكحول الاثيلي ثم يمرر الغاز على البلاتين ثم يجمع في ماء بارد)
Formaldehyde resin	راتنج او علج الفورمالديهايد

Formalin	وهو يتكون من ٤٠ % من غاز الفورمالديهايد في الماء وهو سائل معقم وقاتل للميكروبات
Formamide	فورميل الديهايد
Formanilide	فنيل فورم انيليد
Format	فورمات، ينسق ، نسق ، رتب
Formate	املاح حامض النمليك
Formation	تكوين ، تشكيل
Formic acid	حامض النمليك بالنظر لوجوده في النمل الاحمر وكذلك يوجد في النباتات ويسبب جروح على الجلد
Formica	اوراق او اخشاب مطلية بعلج (راتنج) الفورمات
Formicin	مثيل خلات الامايد
Formol	فورمول وهو فورمالين اي محلول الفورماليهايد في الماء
Formol titration	المعايرة الكيمياوية للحوامض الامينية
Formose	مزيج من السكريات يشبه الكلوكوز وتحصل عليه بفعالية ماء الجير مع الفورماليهايد تعطي سلسلة من المركبات الغير ثابتة . مما تدل ان الفورماليهايد يتفاعل مع NH_2 وليس مع NH_3
Formula	صيغة تؤكد تركيب المادة الكيمياوية برمز
Formula chain	الصيغة المتسلسلة
Formula chemical	الصيغة الكيمياوية بستعمال الرموز
Formula constitution	تكوين الصيغة
Formula emprical	قانون اولي
Formula graphic	الصيغة البيانية
Formula molecular	الصيغة الجزيئية
Formula structural	الصيغة التركيبية
Formula weight	مجموعة الوزن الذري
Formusa camphor	كافور فرموزه
Formyl	فورميل
Formyl aldehyde	الديهايد الفورميل
Formyl chloride	كلورو فورم
Formyl formic acid	حامض كلايوكزيليك
Formyl succinic acid	فورميل حامض السكسونيك
Formylation	احداث الفورميل
Forsterite	سليكات المغنيسيوم
Fossil	حفري مستخرج من حفريات الارض
Fossolin	زيت البترول الذي يشبه شمع العسل او المرهم عند استخراجه من الارض
Founding	السباكة ،عملية تسبيل المعادن
Foundry	مصهر محل سبك المعادن
Foundry goods	سبيكة حديدية
Foused oil	دهن الاحتراق
Fowlere's solution	محلول فاولر
Foxglove	كف الثعلب ، ورق الديجيتال(من الزهور)
FPA	فلورين حامض الفوسفوريك
Fr	الرمز الكيمياوي لعنصر فرانسيوم

Fraction	كسرة جزء من صحيح ، شظيه
Fractional	جزئي
Fractional apparatus	اجهزة التجزئة
Fractional column	عمود مجزئ
Fractional crystallization	التبلور الجزيئ
Fractional cut	قطع التجزيئي
Fractional distillation	عملية التقطير الائتلافي او التجزيي (كما في النفط)
Fractional precipitation	ترسيب تجزيئي
Fractionating plant	ادوات التجزئة
Fractionating tower	برج التجزئة
Fractionation	تجزئة
Fracture	كسر ، تكسير ، شق
Fragarin	فراكارين
Fragile	متفتت
Fragment	شظيه
Fragmentation	تكسير تجزيئي، تشظية
Francium	فرانسيوم (عنصر عدده الذري ٨٧)
Frangula	لحاء شجرة بوك ثورن
Frangulin	فرانكولوسايد
Franguloside	فرانكولين
Frank incense	اوليبانيوم، بخور فرانك
Fraud's reagent	حامض بيركلوريك
Free	حر تطلق
Free ion	ايونات طليقة
Free motion	حركة طليقة
Freezing	اجلاد السوائل تجميد
Freezing machine	مجمدة
Freezing method	طريقة التجميد
Freezing mixture	مزيج مجمد
Freezing plant	الالات التجميد
Freezing point	درجة الانجماد
Freezing point method	طريقة ايجاد درجة الجمود
Fremys salt	ثاني فلوريد البوتاسيوم
French	يعني الذهب الباريسي
Freon	ثاني كلور ثاني فلور ميثين، وهو الغاز المستعمل في اجهزة التبريد والتكييف
Frequency	تكرار ، تعداد، ذبذبة ، تردد
Fresh	طري ، يانع ، جديد
Friedal and Graft's method	ان هذا التفاعل يؤشر ان الهيدروكاربون نفسه يسبب التفاعل مع الكايل هلايد تحت تأثير العامل المساعد كلوريد الالمنيوم اللامائي

$$C_6H_5H+BrCH_3 = CHCH_3+HBr$$

Frost	صقيع جليد
Frost bitten	مغطى بالجليد، مصاب بقرصة الجليد
Frost protected	محفوظ من الجليد
Frosting	تكوين الجليد
Froth	رغوة الصابون
Froth flotation	الرغوه العائمه
Frothing	ترغيه
Frothing process	عمليات الترغيه
Frothing quality	نوعية الرغوه
Frothy	مزيد كثير الرغوه
Frozen	مثلج جامد بالبرودة
Fructose	سكر الفواكه

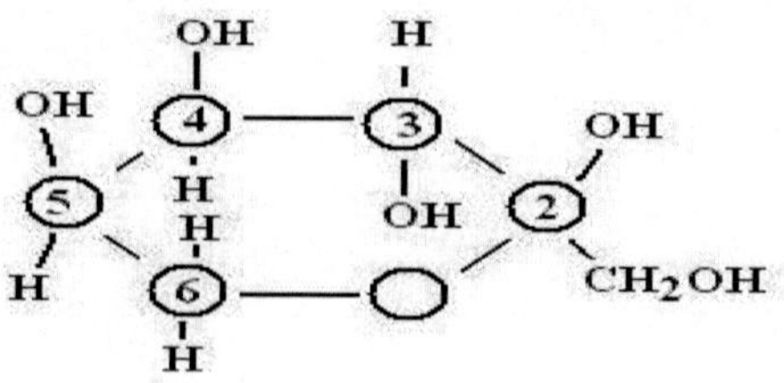

Fruit brandy	شراب الفاكهه، براندي الفاكهة
Fruit essence	روح الفاكهه
Fruit ether	دهن الفاكهه
Fruit fly	ذبابة الفاكهه
Fruit grove	خط عميق على سطح الفاكهه
Fruit juice	عصارة الفاكهه
Fruit peel	قشر الفاكهه
Fruit sugar	سكر الفاكهه
Fruit tree	شجرة الفاكهه
Fruit wine	شراب الفاكهه، خمر الفاكهة
Fruit worm	دودة الفاكهه
Fuchsine acid	حامض الفوكسين
Fucus	طحلب الصخر نوع من الطحالب
Fuel	وقود
Fuel and oil	وقود ودهون
Fuel cell	بطارية الوقود
Fuel consumption	وقود الاحتراق، استهلاك الوقود
Fuel pipe	انبوب الوقود
Fuel pipe line	خط انبوب الوقود
Fuel saving	الاقتصاد في الوقود
Fuel spray	رش الوقود
Fuel strainer	مرشح الوقود
Fuel supply	امداد الوقود، تجهيز الوقود
Fuel tank	خزان الوقود
Fuel-air mixture	مزيج هواء ووقود
Fulfil, fulfill	انجز ، استجاب ، حقق الغرض
Fulminant	مفرقع
Fulminating cotton	القطن المفرقع
Fulminating damps	الجو المفرقع
Fulminating gold	الذهب المتفرقع
Fulminating mercury	مفرقع الزئبق
Fulminating powder	المسحوق المفرقع
Fulminating silver	مفرقع الفضة
Fumaric acid	ان هذا الحامض يحتوي على هذه الفورملا $C_2H_2(COOH)_2$ ونجد ان حامض الماليك يشابه في التركيب ويختلف عنه في الخواص الكيمياوية والفيزياوية
Fumarine	بروتوبين
Fumigating candle	الشمعه المدخنه
Fumigating vinegar	الخل المدخن
Fumigation	تدخّن
Fuming liquid	السائل المدخن
Fuming metric acid	حامض النتريك المدخن
Fuming spirit of libavius	ستانيك كلورايد
Fuming sulphuric acid	حامض الكبريتيك المدخن
Function	عمل ، وظيفه
Functional	عملي ، وظيفي
Fundemental	اساس ، اصلي
Fungoid	شبيه الفطريات
Fungous	فطري
Fungus	فطريات
Fungus pigment	صباغ الفوتكس
Funnel	قمع ، راحاتي (محكان)
Funnel pipe	انبوب الراحاتي، انبوب القمع
Funnel shaped	شكل القمع
Funnel stand	حامل القمع

Funnel tube	انبوب قمعي
Furan	هوالمركب الذي تكون فيه الحلقه مكونه من خمسة اعضاء عوض ستة

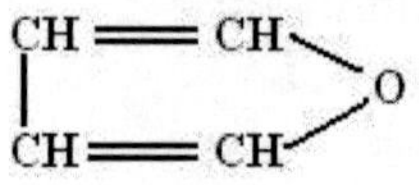

Furfu acroleine	اكرولين الفورفوزال
Furfural	هو الديهايد للفوران

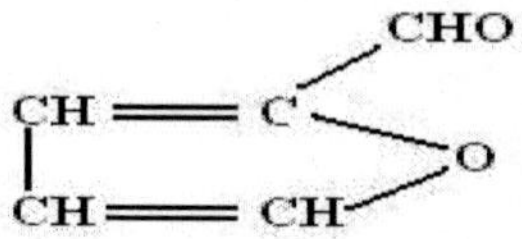

Furfural cohol	كحول الفورفورال
Furfurol	كحول فورفورالي
Furnace	فرن
Furnace bottom	قعر الفرن
Furnace breast	واجهة الفرن
Furnace calmine	فرن الكالمينا
Furnace coal	فحم الفرن
Furnace dust	غبار الفرن
Furnace end	نهاية الفرن
Furnace gas	غاز الفرن
Furnace house	بيت الفرن
Furnace operation	عملية الفرن
Furnace room	حجرة الفرن
Furnace top	قمة الفرن
Fusarium	فوساريوم
Fused	مائع
Fusel oil	مزيج من مواد تنسب الى الكحول
Fusiform	مغزلي الشكل
Fusing point	درجة الانصهار
Fusion	انصهار
Fusion curve	خط انصهار المنحنى
Fusion process	عملية الانصهار
Fustic	شجره او خشب الشجره
Fuzzy	هبائي ، مشوش ، زئبري

G

G عملية جبس
G acid حامض كاما
Ga الرمز الكيمياوي لعنصر الكاليوم
Gadolina اوكسيد الكادولينيوم
Gadolinium عنصر عدده الذري ٦٤ والوزن الذري ١٥٧.٢٥
Gadolinium oxide اوكسيد الكادولينيوم
Gal مختصر الى الكلاكتوز
Galactin كالكتين (لاكتوجين)
Galactose سكر اللبن الاحادي
Galen كبريتوز الرصاص الطبيعي
Galen mine منجم الرصاص
Galipot العلج الابيض
Galium الكاليوم (عنصر عدده الذري ٣١ ووزنه الذري ٦٩.٧٢)
Gall عفص مادة دابغة للجلد ويحضر منها حامض التانيك
Gall acetophenone الزارين الاصفر
Gall apple, Gall nut جوزة العفص
Gall louse دودة العفص
Gall nut, Gall apple جوزة العفص
Gall's chain سلسلة عفصات
Gallal تحت تنات الالمنيوم
Gallamine blue الكالامين الازرق
Gallein الزارين البنفسجي
Gallery furnace فرن المطبخ
Gallic عفصي نسبة الى العفص
Gallic acid ثالث هيدروكسي حامض البنزويك

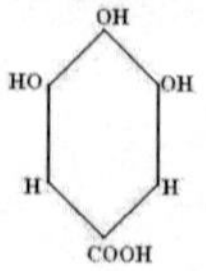

Gallicin تنات المثيل
Gallo bromal ثاني بروم حامض الكاليك
Gallo cyanine كالو سيانين
Gallo formin هيكزامين سادس مثيلين رابع امين
Gallo tine نوع من الكاربولينيوم
Gallogen حامض الاجيك
Gallol المينيوم كاليت
Gallon مكيال يسع ٤.٥٤ لتر
Gallonic acid حامض الكالونيك
Gallotannic acid حامض العفصيك
Gallotannic ink حبر العفص
Gallotannin حامض التانين
Galvanic كلفاني غلواني
Galvanic battery بطاريه كلفانيه
Galvanism الكهرباء الناتج من تفاعل كيمياوي مثلا تلبيس المعادن بالكهرباء ، كافته
Galvanize كلفن ، او لبس او طلي المعادن كهربائيا عالج بالكهرباء
Galvanized iron حديد مغلفن اي مطلي بالزنك
Galvanology علم الكهرباء الكلفانيه
Galvanometer مقياس كلفاني
Galvanoscope مكشاف كلفاني
Gamma acid حامض كاما (وكاما اسم للحرف اليوناني الثالث)
Gamma irradiation اشعاع كاما
Gamma rays اشعة كاما وهي تنبثق من الراديوم وفيها امواج ضوئية وذبذبة عالية وفيها طاقه عظيمة نافذة الى مسافات بعيدة

Ganger	فورمان، ناظر مجموعة من العمال
Ganja	حشيشه
Gap	مكان خالي، فجوة ، ثغرة
Gardenia pods	كروسين
Gargle	غرغرة
Garnet	البجارى ، النفيس وهو حجر كريم يشبة الياقوت وهو احمر اللون
Gas	غاز
Gas- air mixture	مزيج هواء وغاز
Gas balance	موازنة الغاز
Gas bomb	قنبلة غازية
Gas bottle	جهاز كب
Gas bubbler	فقاقيع الغاز
Gas burette	سحاحة الغاز
Gas burner	مصباح الغاز
Gas burning	اشتعال الغاز
Gas carbon	غاز الكاربون
Gas coal	غاز الفحم
Gas coke	غاز الطبخ
Gas content	محتويات الغاز
Gas cooled	مبرد بالغاز
Gas cooling apparatus	جهاز لتبريد الغاز
Gas developing agent	عامل التبريد
Gas electric	مصباح بنزن الكهربائي
Gas engine	ماكنة غازيه
Gas equation	معادلة غازيه
Gas evolution	طرد الغاز الى الاعلى
Gas filled	ملئ بالغاز
Gas fired	يحترق بالغاز
Gas flame	لهب الغاز
Gas formation	تكوين الغازات
Gas furnace	فرن الغاز
Gas fusing	اللحيم بالغاز
Gas heating	تسخين الغاز
Gas holder	خزان كبير لحفظ الغاز
Gas lamp	مصباح غازي
Gas laws	قوانين الغازات
Gas light	ضياء الغاز
Gas liquor	سائل الامونياتي
Gas mask	قناع واقي من الغازات
Gas mixture	غاز مركب، خليط غازات
Gas oil	الزيت الثقيل للهيدروكاربون
Gas poisoning	التسمم بالغاز
Gas pressure	ضغط الغاز
Gas production	نواتج الغاز
Gas proof	ضد الغاز
Gas purifying agent	عامل منقي للغازات
Gas radiator	الراديتر (مشع) الغازي
Gas regulator	منظم مرورالغاز
Gas ring	حلقه غازيه
Gas supply	تجهيز الغاز ، امداد الغاز
Gas tar	غاز القطران
Gas testing	تحليل الغازات، اختبار الغازات
Gas testing tube	انبوبة اختبار للغاز
Gas- tight	لاينفذ منه الغاز
Gas tube	انبوبة الغاز
Gas volume	حجم الغاز
Gas water	ماء الامونيا
Gas welding	لحيم بواسطة الغاز
Gas welding apparatus	جهاز اللحيم بواسطة الغاز
Gas well	منبع غاز ، بئر غازي
Gaseous state	حالة غازيه
Gasify	ينقلب الى غاز

Gasoline consumption	استهلاك الكازولين (البنزين)
Gasoline level	مستوى الكازولين (البنزين)
Gasoline level gage	مقياس لقراءة مستوى الكازولين (البنزين)
Gasoline motor	محرك يعمل بالكازولين
Gasoline pressure indicator	مؤشر ضغط الكازولين
Gasoline pump	مضخة الكازولين
Gasoline station	محطة ضخ الكازولين
Gasoline storage	مخزن الكازولين
Gasoline strainer	مرشح الكازولين
Gasoline tank	حوض كبير لخزن الكازولين
Gasoline trap	حنفية الكازولين
Gasoline vapour	ابخرة الكازولين
Gasometer	عداد الغاز
Gasometric analysis	التحليل الكمي للغازات
Gastrin	هستامين
Gauze	شاش
Gauze type screen	منخل دقيق كالشاش
Gauze wire	شبكة معدنية مع قماش
Gay – Lussac's Law	قانون كي لوسال، يوجد تناسب عددي بسيط بين حجوم الغازات الداخلة في تفاعل كيمياوي وبين حجوم الغازات الناتجه منه على شرط ان تقاس هذه الحجوم في ضغط ودرجة حرارة واحدة
Gd	الرمز الكيمياوي لعنصر الكادولنيوم
Ge	الرمز الكيمياوي لعنصر الجرمانيوم
Gegen ion	الايون المعوض ، الايون المكافئ
Gelatin	جيلاتين، هلام
Gelatin capsule	كبسول جيلاتين، كبسول هيلامي
Gelatin dynamite	ديناميت جيلاتيني
Gelatin explosive	مفرقع جلاتيني عالي ، وهو يحتوي نتروكليسيرين ونتروسليلوز والناتج يكون مادة جيلاتينية وهي اقل حساسية للاحتكاك من الديناميت
Gelatinizing agent	عامل تكوين الجيلاتين
Gelatino chloride paper	ورق كلوريد الجيلاتين
Gelsemic acid	حامض جلسميك
Gelsemium	الياسمين الاصفر
Gemelin test	تفاعل كملين
Gemmy fibre	النسيج المفرقع
General	عام
General gas equation	المعادن العامة للغازات
Geneva system	تنظيم لتسمية المركبات العضوية ويعتمد على المركبات المشتقة من الهيدروكاربون كقاعدة اساسية
Gentian blue	جنتيان الازرق
Gentian root	جذورالحنطايا (الجنتيان)
Gentian violet	جنتان البنفسجيه
Gentian yellow	جنتيان الاصفر
Gentianic acid	حامض جنتانيك
Gentisic acid	حامض جنتيسك
Gentisyl alcohol	كحول الجنتيان
Geochemistry	الكيمياء الارضية
Geranium	جيرانيوم

Geranium oil	زيت الجيرانيوم
German silver	فضه المانيه
Gilder's wax	شمع الذهب
Gilding metal	معدن مع ٥% زنك
Ginger	زنجفيل عرك حار
Ginger oil	زيت الزنجفيل
Ginger plant	نبات الزنجفيل
Gingilli oil	زيت السمسم
Glass bottle	قنينة زجاجية
Glass bulb	قنينه منتفخه زجاجية
Glass cylinder	اسطوانه زجاجية
Glass diamond	الماس زجاجي
Glass industry	صناعة الزجاج
Glass jar	قارورة زجاجية
Glass knife	سكين زجاجي
Glass like	شبه الزجاجي
Glass liquor	السائل الزجاجي
Glass measure	مقياس زجاجي
Glass melting furnace	فرن صهر الزجاج
Glass paper	ورق زجاجي
Glass porcelain	خزف زجاجي
Glass powder	مسحوق زجاجي
Glass rod	ساق زجاجية
Glass shelf	رف زجاجي
Glass silk	حرير زجاجي
Glass staining	اصباغ الزجاج
Glass stopper	سداد القنينة الزجاجية
Glass tap	حنفية زجاجية
Glass tear	قطرات من الزجاج
Glass thread	خيوط زجاجية
Glass trinket	حلية زجاجية
Glass works	اعمال الزجاج
Glowing fire	الفحم الحي
Glucina	اوكسيد البريليوم

Glucine	كلايكوكول حامض الخليك الاميني
Glucinium	عنصر ويسمى بيريليوم العدد الذري ٤ والوزن الذري ٩.٠١٢٢
Gluconic acid	حامض الكلوكونيك
Glucose -6-phosphate	ايستر روبنسن
Glucosic	كلوكوزي
Glucoside	كلوكوسايد
Glue	غراء مادة غروية
Glue boiler	قدر تسخين الغره
Glue powder	مسحوق الغراء
Glueing	الصاق ، الغراء
Glueing machine	ماكنة الغراء
Glutami acid	حامض كلوتاميك
Glutamine	كلوتامين
Glutaric acid	حامض كلوتاريك
Gluten	كلوتين
Gluten flower	طحين كلوتين
Glutenin	كلوتينين
Glutine	كلوتين
Glycer aldehyde	كليسيرل الديهايد
Glyceric acid	حامض كليسيريك
Glyceride	كليسيرايد
Glycerine	كليسرين ، كليسيرول : يتفاعل مع حامض النتريك يعطي نتروكليسيرين وهو مفرقع قوي ، ويستعمل طبياً مع البوركس لمسح فم الاطفال ويوجد كناتج اضافي في صناعة الصابون
CH_2OH – CH_2OH – CH_2OH	
Glycerol – phthalic resin	صمغ فثاليك الكليسيرين
Glycerol acetate	خلات الكليسيرين

Glycerol ointment	مرهمالكليسيرين
Glycerol tri acetate	ثالث خلات الكليسيرين
Glycerol tri phosphoric acid	حامض الفوسفوريك الكليسيريني
Glyceryl buytrate	بيوتيريت الكليسيرين
Glyceryl di acetate	ثاني استيت الكليسيرين
Glyceryl margarate	ماركاريت الكليسيرين
Glyceryl mona acetate	اول استيت الكليسيرين
Glyceryl myristate	ميري ستيت الكليسيرين
Glyceryl tri acetate	ثالث خلات الكليسيين
Glyceryl tri stearic ester	ملح ثالث ستيريك الكليسيرين
Glycic alcohol	الكحول الكليسيريني
Glycine	خلات الامين
Glycine anilide	انليد الكلايسين
Glyco cholic acid	حامض كلايكو جوليك
Glyco coll	خلات الامين
Glyco collate	كلايكو كوليت
Glyco phenol	كلايكو فينول
Glyco protein	كلايكو بروتين
Glyco side	كلوسايد
Glycogen	كلايكوجين نشاء الكبد
Glycogenic acid	حامض نشوي
Glycohol , Glycol	كحول اثيليني ثنائي التكافؤ
Glycol chloro hydrin	كلايكول كلورو هيدرين
Glycolic acid	حامض كلايكوليك
Glycolide	كلايكو لايد
Glycolysis	تخمر اختمار
Glycyl alcohol	كحول كلايسل
Glycyl amine	امين كلايسل

N- Glycyl aniline	كلايسل انلين
Glycyrrhiza	عرق السوس
Glycyrrhizi acid	حامض سوسي
Glyoxal	كلايوكسال من نواتج اكسدة الكلايكول
Glyoxalic acid	حامض كلايواوكزاليك من نواتج اكسدة الكلايكول
Glyoxaline	كلايو اوكزالين
Glyoxallic acid	حامض كلايو اوكزاليك
Goa powder	مسحوق الاروروبا
Gold	ذهب عنصر كيمياوي يوجد في الصخور وبشكل تراب في سواحل الانهر عدده الذري ٧٩ والوزن الذري ١٩٧.٢
Gold alloy	سبيكة ذهب
Gold amalgam	مطلي بالذهب
Gold balance	ميزان ذهب
Gold bearing material	مادة تحمل الذهب
Gold bloom	تراجي ذهب
Gold bronze	برونز مطلي بالذهب
Gold bronze powder	مسحوق البرونس الذهبي
Gold brown	الذهب القحوائي
Gold capsules	محافظ ذهبية
Gold content	محتويات الذهب
Gold cyanide	سيانيد الذهب
Gold deposite	ترسبات ذهبية
Gold dust	غبار الذهب
Gold extraction	استخراج الذهب
Gold foiling	الطلاء يطبقة رقيقة من الذهب
Gold hydroxide	هيدروكسيد الذهب
Gold leaf	ورقة الذهب
Gold leaf electroscope	ورقة الكشاف الكهربائية الذهبية

Gold mine	منجم الذهب
Gold mono chloride	اول كلوريد الذهب
Gold mono cyanide	اول سيانيد الذهب
Gold number	الرقم الذهبي
Gold orange	المثيل البرتقالي
Gold ore	خامات الذهب
Gold paint	طلاء الذهب
Gold plate	صفيحة ذهبية
Gold potassium chloride	كلوريد البوتاسيوم الذهبي
Gold purple	ذهب ارجواني
Gold scales	ميزان الذهب
Gold schmidt reduction process	طريقة التفاعل الاختزالي المنسوبة الى غولد شميدت
Gold sesqui oxide	اوكسيد ونصف للذهب
Gold size	حجم الذهب
Gold sodium chloride	كلوريد الصوديوم الذهبي
Gold sodium tetrachloride	ثالث كلوريد الصوديوم الذهبي
Gold standard	عيار الذهب
Gold tin purple	القصدير الارجواني الذهبي
Gold tri bromide	ثالث بروميد الذهب
Gold trichloride	ثالث كلوريد الذهب
Gold tricyanide	ثالث سيانيد الذهب
Gold trioxide	ثالث اوكسيد الذهب
Gold varnish	طلاء الذهب
Gold washer	غسال الذهب
Gold washing	غسل الذهب
Gold yellow	الذهب الاصفر
Golden	ذهبي
Gonad	غدة جنسية
Gooch crucible	جفنة للترشيح
Goslarite	النحاس الابيض
Gouge	مجرفه حديدية
Goulard water	ماء الرصاص
Goulard's powder	خلات الرصاص
Goverment bronze	معدن البنادق
Graham's law of the velocity of diffusion	قانون كراهام وهو السرعة النسبية لانتشار الغازات المختلفة فيما بينها تتناسب تناسبا عكسيا مع الجذور التربيعية لكثافتها
Grain alcohol	كحول اثيلي
Grain soap	صابون للكوي
Graining	سحق الباودر
Gram – negative	الميكروبات التي تعطي نتيجة سالبة بتفاعلها مع صبغة كرام
Gram atom	غرام ذري
Gram atom weight	غرام وزن ذري
Gram chloride	وحدة غرام الكلوريدي
Gram molecule	غرام جزئي
Gram positive	الميكروبات التي تعطي نتيجة موجبة بتفاعلها مع صبغة كرام
Gramicidin	كراميسيدين
Gramine	دوناكزين
Gramme	غرام
Granular	محبب
Granulation	سحق المادة الى باودر محبب
Grape	عنب
Grape juice	عصارةالعنب
Grape oil	زيت العنب
Grape seed, grape stone	حب العنب
Grape stone	حب العنب
Grape sugar	سكر العنب

Grape vine	شراب العنب
Graphite	كرافيت
Graphite mine	منجم الكرافيت
Graphite resistance	مقاومة الكرافيت
Grasp	يمسك اي شئ (مثلا الانبوبة) برؤس اصابعه
Grate	فرن موقد
Gravi metric analysis	التحليل الكمي والوزني
Gravimeter	ميزان الثقل النوعي للغازات
Gravitate	انجذب ، مال نحو مركز الارض
Gravitation	الجاذبية الارضية
Gravitational water	ماء الجاذبية ، ماء طلق ، ماء الرشح
Gravite	جرافيت
Gravite coloured	تلوين الكرافيت
Gravity	جاذبية الارض
Gravity effect	تأْثير الجاذبية
Greak fire	النار اليونانية مفرقع شديد
Grease	شحم
Grease gum	دهن البنادق
Grease lubrication	التلميع بالدهن
Greaser	مشحم ، زيات
Greasy	مشحم ، ملبس بالدهن
Great	عظيم ، كبير
Green stone	حجر مبتذل
Grena dillo	خشب الانبوس الاحمر
Grevenne's iron	الحديد المختزل
Grey	اغبر، رمادي
Greyish	مقارب الى الرمادي
Grignard's reagent	وهو ايثر مغنيسيوم ميث ايوداید $C_4H_{10}MgCH_3I$.
Grignardis reagent	وهو ايثر مغنيسيوم ميثل ايوداید مجموعة الذرات التي تتحرك في التفاعلات دون انقسام بينهما فكأنما هي ذرة واحدة مثلا مجموعة الهيدروكسيل ومجموعة الكايل
Grind	سحق ، طحن
Grindelia	صمغ لنبات كالفورنيا
Grinder	ماكنة الطحن
Grinding	سحق، طحن
Grinding drum	طبل السحن ،،وهو طبل خاص يستعمل لمزج مساحيق البارود الاسود مع بعضها بمساعدة قضيب مغطى بالجلد وذلك للاحتفاض بمنع الانفجار عند السحن والمزج
Grinding machine	الة سن السكاكين
Grindstone	حجر المسن
Gripe	قبض على مسك ضغطه
Gristle	غضروف
Gristly	غضروفي
Grit	برغل ،جريش، حصو ناعم، صخر رملي ذو حبيبات خشنة ، مادة كاشطة من حبيبات رملية خشنة
Grog	مشروب روحي ممزوج بالماء
Ground	ارض ، بر ، اساس
Ground colour	اللون الفطري اوالاساسي
Ground nut oil	زيت الفول السوداني
Ground tissue	الانسجة الاصلية
Ground water	المياه التي تحت التربه، المياه الجوفية
Ground water level	مستوى الماء تحت التربة، مستوى المياه الجوفية

Group	مجموعة الذرات التي تتحرك في التفاعلات دون انفصام بينهما فكانما هي ذرة واحدة مثلا مجموعة الهيدروكسيل OH ومجموعة الكايل C_2H_5
Group reaction	تفاعل المجموعة
Group displacement law	قانون احلال العناصر محل المجموعات
Guaiac	نوع من الصمغ
Guaiac alcohol	كحول كوياكي
Guaiac copper sulphate paper	ورق كبريتات النحاس وكوياك
Guaiac resin	علج كوياك
Guaiacic acid	حامض كوواسيك
Guaiacol	مثيل كاتي كول
Guaiaconic acid	حامض كوايكونيك
Guaiacum test	اختبار كوايكونيك
Guaiacum wood	خشب كوايكونيكم
Guamide	سلفا كواندين
Guanidine	امينو يوريا
Guanine	٢-امينو هيدروكسي انثنين
Guaranine	كافيين
Guldberg and wage's law	قانون كولدبيرك وواكز
Gum	صمغ
Gum ammoniac	صمغ النشادر
Gum Arabic	صمغ العربي
Gum Benjamin	صمغ بنجام
Gum bichromate process	عمليات صمغ البيكرومات
Gum cotton silk	خيوط قطن البارود
Gum powder	البارود الاسود ، ويتكون من مزيج من نترات البوتاسيوم٧٥%غرام وفحم نباتي ١٥% غرام وكبريت١٠%غرام وتسحق على انفراد ثم تمزج في طبل خاص حتى لا تنفجر عند المزج
Gum thus	اوليبانيوم
Gum tragacanth	كثيره
Gum tree	شجرة المطاط الهندي
Gummous , gummy	صمغي دبقي
Gumsmith	صانع الاسلحة
Gun	بندقية بارود ، سلاح ناري
Gun – shot	مرمى البندقيه ، مدى
Gun cotton	القطن المفرقع قطن البارود
Gun cotton pulping machine	ماكنة عجن قطن البارود
Gun man	مسلح لص
Gun metal	معدن البندقية
Gun stock	خشب البندقية
Gunner	مدفعي ، طوبجي
Gunnery	علم المدفعيه
Gutla percha	مطاط صمغ جاوه
Gyno cardia oil	دهن جالموكره
Gypsum	جبس ، جص ، كبريتات الكالسيوم
Gypsum burning	تكلس
Gypsum furnace	فرن الجص
Gypsum plant	ادوات تحضير الجص
Gyration	دوران

H

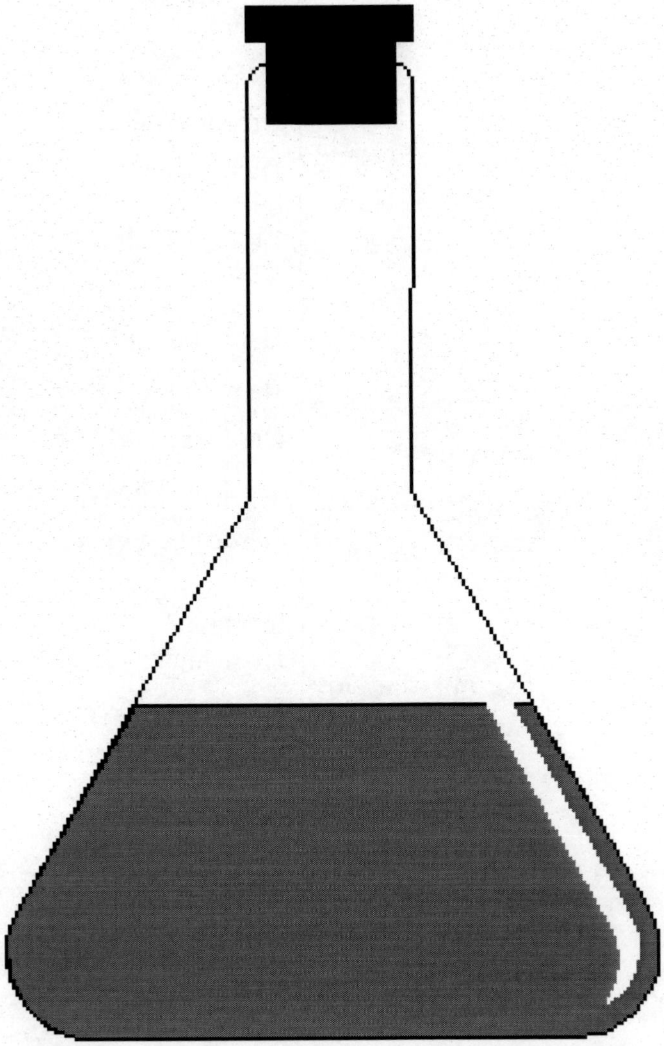

H الرمز الكيمياوي لغاز الهيدروجين
H.acid حامض هيدروجين
H.Ammunition مفرقع عالي للذخيرة الحربية
H.bomb القنبلة الهيدروجينية
H.E. مفرقع عالي
H_2O ماء
H_3PO_3 حامض الفوسفوريك
Haarlem blue الازرق المعدني
Haarlem oil زيت التربنتاين المكبرت
Habana brown الانيلين البني
Haber process of ammonia طريقة هابر للنشادر
Hadfield's manganese steel حديد المانغنيز
Haeckel's Law قانون هيكل
Haematic acid حامض دموي
Haematin هيماتين
Haematite هيماتيت حجر الدم
Haematite iron حديد الدم
Haematoblast هيما توبلاست
Haematochrome كروم الدم
Haemin هيمين
Haemo cyanin هيمو سانين
Haemoglobin هيموكلوبين (احد مركبات الدم ويحتوي على الحديد)

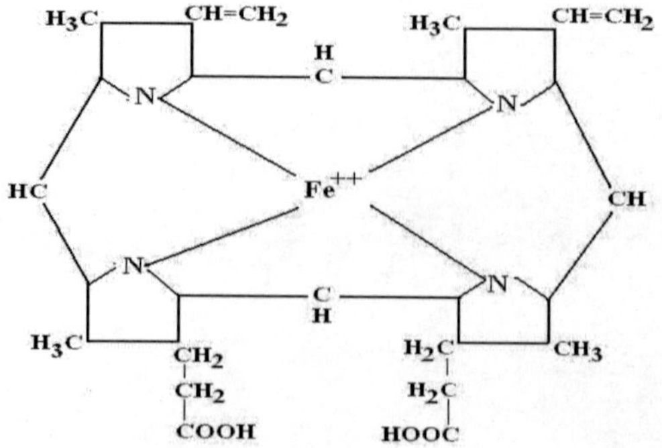

Hafnium همفنيوم (عنصر العدد الذري ٧٢ والوزن الذري ١٧٨.٤٩)
Hahnew auris mercury كلوريد الزئبقوز
Haine resgent كاشف هيين
Hair salt الشب
Hair tonic preparation مستحضرات طبية لتقوية الشعر
Half element نصف معدني
Halibut liver oil زيت كبد القفندر (سمك بحري كبير مفلطح)
Halides الهاليدات ، هالوجين (وتشمل كلورين برومين ايودين المعادن ، او مجموعة الالكايل)
Haloform reaction تفاعل الهالوجينات
Halogen هالوجين ، هلايدز
Halogen derivatives مشتقات الهالوجين
Halogen hydr acid حامض الهدروجين الهالوجيني
Hamburg blue فيروسيانيد الحديد
Hard صلب ، صعب ، عسر
Hard water الماء العسر
Hardening boiler مرجل (قزان) التيبيس
Hardening furnace فرن التيبيس
Hardening increase زيادة في اليباس
Hardening of fats تصلب الشحوم
Hardening process of fats عملية تصلب الشحوم
Hardness of water عسرة الماء
Harmonic ملائم ، متناسق
Harmonize وفق ، نسق ، رتب، جعله منسجما
Harmony انسجام ، توافق ، تلائم

Harsh	غليظ ، عنيف
Hartshorn oil	زيت نبات قرن الغزال
Hasach	حشيشه
Hatchett's brown	ترسبات نحاسيه
Hayem solution	محلول هايم
Hazel	شجرة البندق
Hazel nut	ثمرة البندق . بندق
Hazel wood	خشب البندق
Hb	مختصر كيمياوي للهيموكلوبين
HCl	كلوريد الهيدروجين، حامض الهيدروكلوريك
He	الرمز الكيمياوي لعنصر الهليوم (عنصر كيمياوي خامل يستخدم في ملئ المناطيد)
Heap	كومه
Hearth	موقد تدفئه، مدفأة ، مأوى

Heat	حرارة
Heat absorption	امتصاص الحرارة
Heat accumulation	تجمع حراري
Heat atomic	حرارة ذريه
Heat balance	التوازن الحراري
Heat bath	حمام حار
Heat check	ضبط الحرارة
Heat content	المحتويات الحراريه
Heat displacement	الحراره المستعاضه، الازاحة الحرارية
Heat dissipation	حمل الحراره
Heat efficiency	القدره الحراريه
Heat emission	الاشعاع الحراري
Heat energy	الطاقه الحراريه
Heat engine	الماكنه الحراريه
Heat exchanger	المبدل الحراري ، المبادل الحراري
Heat insulation	العزل ضد الحرارة، العزل الحراري
Heat of combustion	حرارة الاحتراق
Heat of decomposition	حرارة التحلل
Heat of dilution	حرارة التخفيف
Heat of formation	حرارة التكوين
Heat of neutralization	حرارة التعادل
Heat of solution	حرارة الذوبان، حرارة المحلول
Heat pump	المضخة الحرارية لاعادة الدائرة
Heat radiation	الحرارة المشعة، الاشعاع الحراري
Heat radiator	المشع الحراري
Heat resistance	مقاوم الحرارة، المقاومة الحرارية
Heat seal	الختم الحراري (مادة كالشمع يختم بها)
Heat specific	الحرارة النوعيه
Heat stability	ثبات ، استقرار الحرارة
Heat supply	امداد الحرارة ، التجهيز الحراري
Heat switch	المفتاح الحراري
Heat transfer	الحرارة المتنقله
Heat transfer salt	املاح ناقلة الحررة
Heat transformation	انتقال الحرارة، التحول الحراري
Heat treatment	المعاملة بالحرارة، المعالجة بالحرارة

Heat unit	وحدة حرارية سعرة
Heat utilization	القدرة الحرارية
Heat value	القيمة الحرارية
Heater	جهاز يعطي الحرارة (مسخن المياه او جهاز التدفئة المنزلي)
Heating	التسخين
Heating apparatus	جهاز التسخين
Heating chamber	غرفة التسخين، حجرة التسخين
Heating channel	قناة مرور الحرارة
Heating current	تيار حراري
Heating curve	خط بياني حراري
Heating effect	تأثير الحرارة (بالسعرات)
Heating element	المعدن المسخن
Heating filament	الياف وخيوط حراريه
Heating furnace	فرن التسخين
Heating gas	غاز التسخين
Heating hour	ساعة التسخين
Heating installation	الالات التسخين
Heating jacket	معطف الدفء ، غلاف حراري
Heating power	قوة التسخين
Heating resistor	مقاوم الحرارة
Heating section	قسم التسخين
Heating space	مكان للتدفئة ، موقد نار في الغرفة
Heating station	مركز التسخين، محطة التسخين
Heating steam	بخار التسخين
Heating surface	السطح المسخن
Heating test	اختبار بالتسخين
Heating tube	انبوبة التسخين

Heating unit	وحدة حرارية، وحدة التسخين
Heating value of foods	القيمة الحرارية للطعام
Heating wire	السلك المسخن
Heavy chemical industry	صناعات كيميائية ثقيلة
Heavy oil	سائل دهني مترسب في المكثف عند تسخين الفحم لصناعة غاز الفحم
Hedonal	مثيل بروبيل كاربينول
Heka	ستة او سداسي
Helenin	كافور انيولا
Helianthus	زهرة الشمس
Helicine , heliciod	قوقعي ، حلزوني ، لولبي
Heliotrope	عباد الشمس ، رقيب الشمس
Heliotropin	دوران شمس
Helium	هليوم (غاز شمس خفيف عديم اللون غير مشتعل العدد الذري ٢ والوزن الذري ٤.٠٠٢٦ ورمزه الكيمياوي He)
Helium gas	غاز الهليوم
Helium nucleus	نواة الهليوم
Helium tube	انبوب الهليوم
Helix	الحلزوني ، حتار ، محارة الاذن
Helmit flower	زهرة بشكل الخوذة
Hematin	هيماتين
Hemimellitic acid	حامض هيميليتك
Hemin	فيري هيم
Hemipinic acid	حامض هيمينيك
Hemlack	نبات الشوكران المخدر والسام
Hemo- B- doze	فيتامين ب ١٢

Hemp	نبات القنب ، حشيش قنب هندي وتوجد هذه الاعشاب في كلكتاومدارس والبنغال وشرق الهند
Hemp seed oil	زيت القنب
Hempel's calorimetric bomb	قنبلة هيمبل المقاسة حرارتها
Hempen	قنبي، من القنب
Henna	حنه
Henry's Law	قانون هنري بخصوص الكهرباء
Hepagon	فيتامين ب ١٢
Hepta valent	سباعي التكافؤ
Heptanedioc acid	حامض هيب تان دويك، حامض دويك السباعي
Heptoses	سباعية الكاربون
Heptyl alcohol	كحول يحتوي على سبعة كاربون
Heptyl aldihyde	الديهايد سباعي الكاربون
Heracus lamp	مصباح ضوء الشمس الصناعي
Herap athite	يوديد كبريتات الكينين
Herb	عشب حشيش
Hermetic	سحري ، مختص بالكيمياء الخرافية ، محكم
Hermetic art	الكيمياء القديمة الخرافيه
Hess's Law	قانون هس
Hessonite	حجر الدارسين
Heter auxin	اندولو حامض الخليك
Heterogeneous	غير متجانس
Hetro atoms	ذرات مختلفة
Hetro tropic	مختلف السلوك مع مهيج واحد
Hetrocyclic	المركب الحلقي الذي يحوي في حلقته ذرة الكاربون ذرة واحدة او اكثر
Hexa acid	الحامض السداسي
Hexa aldehyde	سادس آلديهايد
Hexa barbitone sodium	سادس باربيتون الصوديوم
Hexa chloro benzene	سادس كلور البنزين
Hexa chloro ethane	سادس كلور الايثين
Hexa fluro phosphoric acid	سادس فلوريد حامض الفوسفوريك
Hexa hydro benzoic acid	سادس هيدرات حامض البنزويك
Hexa hydro phenol	سادس هيدرات الفينول
Hexa methylene	سادس ميثيلين
Hexa methylene di amine	سادس ميثيلين ثاني امين
Hexa methylene di iso cyanate	سادس ميثيلين ثاني ازو سيانيت
Hexa mino cobalt chloride	سادس امينو كلوريد الكوبالت
Hexa vanadic acid	سادس حامض الفناديك
Hexabione lydrochloride	فيتامين ب٦
Hexagen	هيكزاجين
Hexahydrobenzine	سادس هيدرو البنزين
Hexalydric alcohol	كحول يحتوي على ستة ذرات كاربون
Hexamine	ملح ابيض يستعمل كمدرر في الطب
Hexane	هيكزين
Hexanol	هيكزنيال
Hexatomic	سادس ذري
Hexavalent	سداسي التكافؤ

Hexene	هيكزين
Hexil	هيكزيل
Hexone	هيكزون
Hexoran	هيكزوران
Hexuric acid	سادس حامض البوليك
Hf	الرمز الكيمياوي لعنصر الهفنيوم
Hg	زئبق
HI	يوديد الهيدروجين
Hickory wood	خشب هيكوري(شجرة الجوز الامريكي)
High explosive	مفرقع عالٍ
Hippo	ابيكاك
Hippocrates	ابقراط (ابو الطب)
Hippuric acid	حامض هيبيوريك ويوجد اعتياديا في بول الحصان ويسمى بنزايل كلايسين
Histamine	امين يوجد في كل الحيوانات وانسجة الخضروات وهو مهيج لافراز المعدة ولذا استعمل في اختبار عمل المعدة
Histidine	حامض الفا امينو ٤- امرازوليل الانين
Histidine- betaine	هيرسيانين
Histo chemisty	كيمياء الانسجة العضوية الحية
Histogen	هستوجين
Histological	ينسب الى علم الانسجة الحية
Histology	علم الانسجة العضوية
Ho	الرمز الكيمياوي لعنصر الهولميوم (وزن ذري ١٦٣.٥ عدد ذري ٦٧)
Hofmann's method	عند تسخين محلول الامونيا الكحولي مع مثيل ايودايد معا في انبوبة مغلقة نحصل على اربعة نواتج
Holding power of glue	قوة الالتصاق للصمغ
Holding time	مدة الحفظ ، زمن الالتصاق
Hole	ثقب فتحة زرف
Hollenstein	نترات الفضة
Hollow	تجويف، اجوف، فارغ
Holmia	اوكسيد الهولميوم
Holmium	هولميوم (عنصر كيمياوي ورمزه Ho)
Homaeyclic	مركبات الكاربون الحلقية
Homo chromous	لون متجانس
Homogenous	متجانس
Homol salicylic acid	هومو حامض السيليسليك
Homologous series	مركبات كلها متشابهة الخواص ولكنها تختلف بالدرجه
Honduras bark	كاسكارا اماركا، لحاء هندوراس
Hone	حجرالتجليغ
Honey	عسل
Honey comb	قرص الشهد
Hop	حشيشه الدينار
Hop- bitters	لبيولين المر الحامض
Horm quick silver	كلوريد الزئبق الخام
Hormone	هرمونات
Horn lead	كلوريد الرصاص
Horn ore	خامات الفضة
Horn silver	خامات الفضة

Hornblende	معدن مكون من سليكات الجير والمغنيسيا والحديد (نوع من الرخام الملون)
Hornslate	سليكات الجير والمغنيسيا والحديد
Horseflesh ore	خامات النحاس المنقشه
Horse-mint oil	دهن حبقبق
House drainage	مجاري المياه القذره للبيت
Humbold tite	اوكزلات بيروكسيد الحديد
Humid	رطب ندى مبلل
Hungarian	الكوبالت الازرق
Hunulon	الفا حامض المر
Hyal uronic acid	هايال حامض اليورونيك
Hyalography	الحفر على الزجاج
Hyascine	سكويو لامين
Hydno carpic acid	حامض هيدنو كاربيك
Hydno carpus oil	دهن هيدنو كاربوس
Hydno carpylacetic acid	حامض الجالمكره
Hydr ion	ايون الهيدروجين
Hydra azoate	ثالث نترايد
Hydracrylic acid	حامض اللبنيك المتخمر ويسمى ايثلين حامض اللبنيك
Hydran gyrum	زئبق
Hydrant	حنفية لماء اطفاء الحرائق
Hydrargyrism	التسمم بالزئبق
Hydrastine	هايدراستين
Hydrastinine	هايدرا ستينين
Hydrastis	الجذر الاصفر او الذهبي
Hydrates	مائيات، مزيج مائي، هايدرات
Hydration	تدخل الماء
Hydraulic	مائي، مختص بالسوائل المتحركة

Hydraus	بلورات مائية تنفصل من المحاليل المشبعة متحدة مع جزيئة ماء او اكثر
Hydrazide	هايدرا زايت
Hydrazin di hydro chloride	ثاني امين كلورايد
Hydrazin hydrate	ثاني امايد هايدريت
Hydrazine	هايدرا زين
Hydrazine sulphate	كبريتات الهايدرازين
Hydrazo- benzene	وينتج من اختزال الازوبنزين بالصودا الكاويه وغبار الزنك
Hydrazoic acid	حامض هيدروزويك
Hydrazones	عند تفاعل السكر مع الفينايل هايدرازين حيث يتكون فينايل هايدرازون وهذا بدوره يتفاعل بزيادة الفينايل هيلدارزين فيكون اوسازون
Hydro acid	حمض هيدروجيني
Hydro boron	بورو ايثين
Hydro carbonate	هيدروكاربونات
Hydro extraction	التجفيف العمركزي ، التجفيف الشفطي
Hydro extractor	دولاب مائي لتجفيف الاقمشة
Hydro ionic	نسبة ايونية ، هايدرو آيون
Hydro nitric acid	هايدرو حامض النتريك
Hydro silica fluoric acid	هيدرو سلكات حامض الفلوريك
Hydro silicon	سلكون هيدرايد
Hydro sodic carbonate	صوديوم بيكاربونات
Hydro sulphuric acid	هيدرو حامض الكبريتيك
Hydrobromic acid	حامض هيدروبروميك

Hydrobromid of carbon	هايدروبرومايد الكاربون
Hydrocarbon	هيدروكاربونات وتشمل ميثين ، ايثين ، بروبين ، وهي السلسلة المتشابهة من الهيدروكاربون وتسمى " بارافين "
Hydrocarbon gas	غاز هيدروكاربوني
Hydrocellulose	هيدرو سليلوز
Hydroceramic	هيدرو سيراميك
Hydrochloric acid	حامض الهيدروكلوريك يتكون في المعدة لمساعدة الهضم من الكلورين القادم من الدم ومن الهيدروجين الناتج من تحلل الماء في الحجيرات

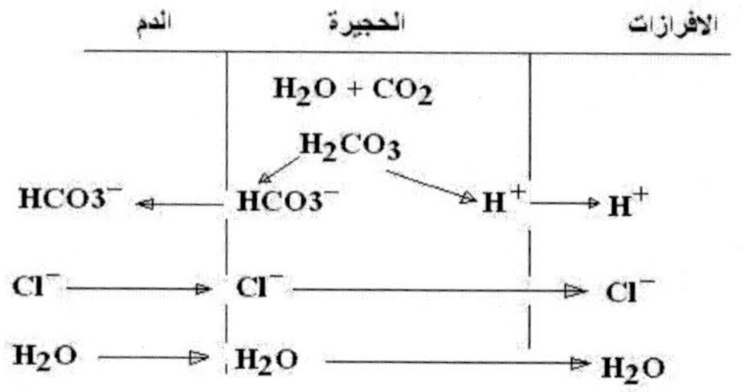

Hydrocinamic acid	حامض الدارسين
Hydrocotin	هايدرو كوتيون
Hydrocyanic acid	حامض بروسيك
Hydrodolomite	هيدرو ماكنو كالسايت
Hydrodynamic	مختص بالقوة المائية، هايدرودايناميكي
Hydro-electric	مختص بتوليد القوة الكهربائية من الماء
Hydroferro cyanic acid	حامض السيانيك الحديديك المائي
Hydrofluoric acid	حامض الهايدرو الفلوريك
Hydrogen	هيدروجين عنصر عدده الذري ١

Hydrogen acid	حامض الهيدروجين
Hydrogen atom	الهيدروجين الذري
Hydrogen bomb	القنبله الهيدروجينية وهي عملية ضم نوى خفيفة الى بعضها لتكوين نوى اثقل تؤدي الى تحرير طاقة هائلة ديوتيريوم +تريتون = نواة هليوم + نيوترون ، ويصطحب هذا الضم طاقة كبيرة
Hydrogen bond	الارتباط الهيدروجيني وينتج من الجاذبية الكهربائية السالبة في بروتون الذرة ويحدث في الحوامض الشحمية والبروتين وجزيئة الماء
Hydrogen bromide	بروميد الهيدروجين
Hydrogen chloride group	مجموعة كلوريد الهيدروجين
Hydrogen cyanide	سيانيد الهيدروجين
Hydrogen cylinder	اسطوانة هيدروجين
Hydrogen dioxide	هيدروجين بيروكسايد
Hydrogen electrode	قطب الهيدروجين
Hydrogen ester	ملح الهيدروجين
Hydrogen ferro cyanide	فيرو سيانيد الهيدروجين
Hydrogen fluoride	فلوريد الهيدروجين
Hydrogen gas	غاز الهيدروجين
Hydrogen iodide	يوديد الهيدروجين
Hydrogen ion	ايون الهيدروجين
Hydrogen ion concentration	التركيز الايوني للهيدروجين
Hydrogen peroxide	ثاني اوكسيد الهيدروجين، بيروكسيد الهيدروجين
Hydrogen Phosphate	هيدروجين فوسفات

Hydrogen salt	املاح الهيدروجين
Hydrogen selenide	سلينيوم هايدرايد
Hydrogen sulphide	الهيدروجين المكبرت
Hydrogen sulphide group	مجموعة سلفايد الهيدروجين
Hydrogen sulphide residue	فضلات سلفايد الهيدروجين
Hydrogen sulphide water	ماء سلفايد الهيدروجين
Hydrogen telluride	هيدرو حامض تاليوريك
Hydrogenated	متحد مع الهيدروجين، مهدرج
Hydrogenation	هدرجة ، عملية اتحاد الهيدروجين بمادة ما كأضافة الهيدروجين الى الزيوت باستخدام النيكل عامل مساعد فتجمد
Hydrol	جزيئة الماء
Hydrolysis	تحلل وتفاعل بين ايونات الملح والماء مكون محلول حامضي او قاعدي
Hydronium ion	ايون الهايدرونيوم
Hydroquinidine	هيدرو جونون
Hydrostatic	مختص بناموس توازن السوائل، هايدروستاتيك
Hydrotherapy	العلاج بالمياه المعدنية
Hydrothermal	مختص بالمياه الحارة (خاصة من حيث تأثيرها على القشرة الارضية)
Hydrous oxides	اكاسيد مائية
Hydroxide	اكسيد مائي
Hydroxy – propan amide2-	٢- امايد حامض اللبنيك
Hydroxy acetic acid	ايدروكسي حامض الخليك
Hydroxy acid	حامض ايدروكسيل
Hydroxy alanine	ايدروكسي الانين
Hydroxy aldehyde	ايدروكسي الديهايد
Hydroxy anisole	كوايوكول
Hydroxy anthracene	انثرانول
Hydroxy benzene	فينول حامض الكاربوليك
2-Hydroxy camphene	بورنيول
Hydroxy dimethyl benzene	زايلينول
Hydroxy hemin	هيماتين
Hydroxy heptane	هيبتانول
Hydroxy hexane	هيكزانول
Hydroxy iso butyric acid	هيدروكسي ازو حامض البوتيريك
Hydroxy ketone	هيدروكسي كيتون
Hydroxy naphthalene	نافثول
4-Hydroxy phenetyl amine	٤ هيدروكسي فينتايل امين
B (p-Hydroxy phenyl) alanine	تيروزين
Hydroxy propio phenane	هيدروكسي بربيو فينون
Hydroxy propionic acid	حامض اللبن او الحليب
Hydroxy propionitrile B	هيدروكسي بروبو نايترل
Hydroxy quinol	هيدروكسي كينول
Hydroxy quinone	هيدروكسي جينون
Hydroxy santoninic acid lactone	هيدروكسي لاكتون حامض السانتونين
Hydroxy stearin sulphate	هيدروكسي كبريتات الستيرين
Hydroxy succinic acid	هيدروكسي حامض الماليك حامض التفاح
Hydroxy toluene	هيدروكسي تولوين
Hydroxy toluic acid	هيدروكسي حامض التلوين

Hydroxyl	هيدروكسيل
Hydroxyl amino group – NHOH – OH	مجموعة امينو هيدروكسيل
Hydroxyl group	مجموعة الهيدروكسيل
Hydroxyl ion	ايون الهيدروكسيل
Hydroxyl methyl	مثيل هيدروكسيل
Hydroxyl number	رقم الهيدروكسيل
Hydroxyl number	رقم الهيدروكسيل
O- Hydroxy benzoic acid	اورثو هيدروكسي حامض البنزويك ويوجد في شجرة البتولا الكندية
P- Hydroxy dimethyl – lamine	هوردينين
Hydrozin cite	زهرة الخارصين
Hygrol	الزئبق الغروي
Hygroscopic	ممتص الرطوبة
Hyoscyamine	داتيورين
Hyoscyamis henbane	التبغ السام
Hyoscyamus oil	دهن الهايوسيامس
Hypnotic	عقار منوم

Hypo	صوديوم ثايو سلفيت، هايبو سلفات الصودة ، مادة لتثبيت الصور الفوتوغرافية
Hypo chlorites	تحت كلوريت، هايبو كلورايت
Hypo diphosphoric acid	تحت ثاني حامض الفوسفوريك
Hypo fluoride	تحت الفلوريد، هايبو فلورايد
Hypo none	اسيت فينون
Hypo phosphate	تحت الفوسفات، هايبو فوسفات
Hypo phosphite	تحت الفوسفيت، هايبو فوسفيت
Hypo phosphoric acid	تحت حامض الفوسفوريك
Hypo sulphuric acid	تحت حامض الكبريتيك
Hypoacidity	تحت الحموضة
Hypothesis	الاستنتاج الذكائي لطبيعة الظواهر الطبيعية ، فرضية

I

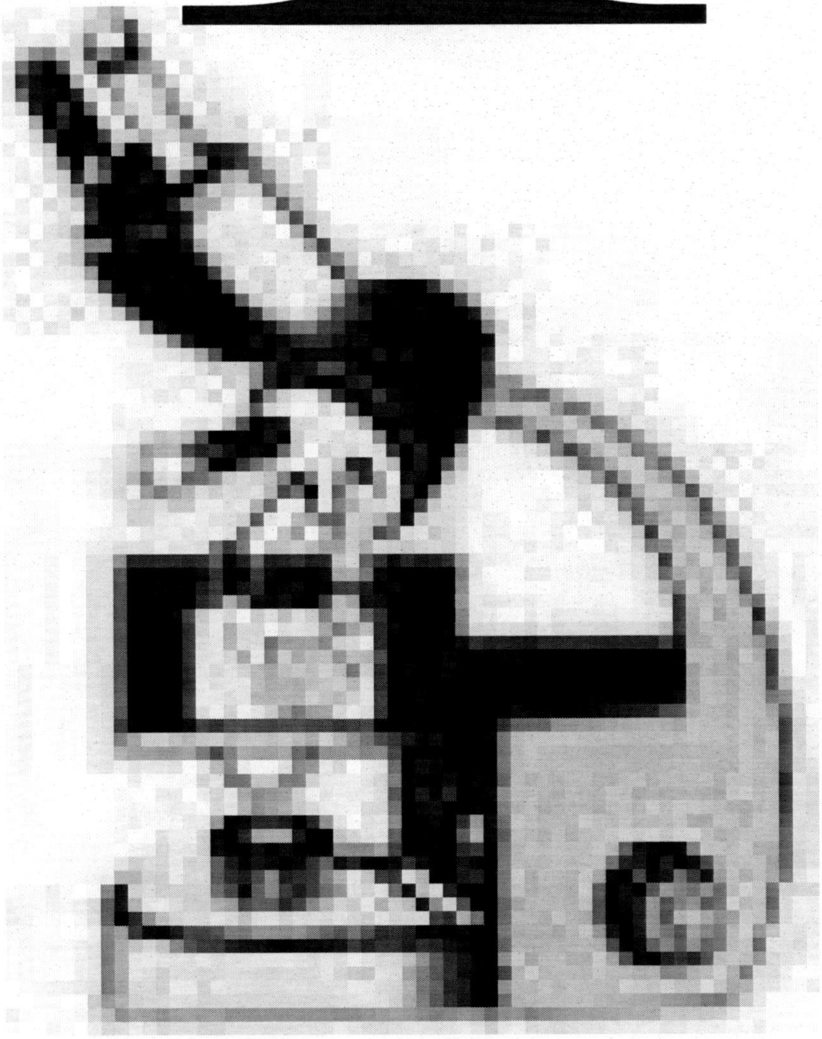

I	الرمز الكيمياوي لعنصر اليود
I.B.P	درجة الغليان الابتدائية
Iatro chemistry	تطبيق علم الكيمياء على الطب
Ice	جليد
Ice cream	يحتوي على قيمر او دهن الحليب وشكر ومادة ذو رائحة طيبة مع الجيلاتين فان دهن الحليب يكون ١٠ – ١٤ % والمواد الصلبة الاخرى ٢٠ – ٣٠ %
Icing sugar	سكر مثلج
Ideal gases	الغازات المثالية
Ideal solution	محلول مثالي
Identical	بذاته، بعينه، متشابه
Identification of sulphur	التحقق من وجود الكبريت
Identity	هويه ذاتيه
Idose	من مشابهات سكر الكلوكوز
Iehthyol	دهن اسود يستخرج من القطران ويستعمل طبياكمرهم للدمامل
Ignite	اوقد،اشعل
Igniter	جهاز الاشتعال
Ignitible	قابل للاشتعال
Ignition	اضرام ، ايقاد ، اشعال
Ignition accelerator	مساعد الاشتعال
Ignition advance	مقدمة الاشتعال
Ignition circuit	فتيلة الاشعال الناري ، دورة الاشعال الكهربائية
Ignition cycle	دورة الاشعال
Ignition mixture	مزيج الاشتعال
Ignition plug	شمعة الاشتعال ، صمام الاشتعال
Ignition point	اقل درجة حرارية تشتعل فيها المادة ، نقطة الايقاد
Ignition qualities	نوعية الاشتعال
Ignition retard	مانع الاشتعال
Ignition spark	شرارةالاشتعال
Ignition tempreture	درحة حرارة الاشتعال
Ignition time	وقت الاشتعال
Ignition tube test	انبوبة اختبار الاشتعال
Ignition voltage	فولتية الاشتعال
Ignotine	كارنيسين
Ill	مريض ، عليل
Illinium	عنصر كيمياوي (العدد الذري ٦١)
Illuminate	انار ،اضاء
Illumination	زينة تنوير ، استضاءة
Illustrate	اوضح، بين ، صور
Illustration	ايضاح ، شرح
Ilmenite	الازرين الحديدي
Imbibe	امتص ، تشرب ، ارسخ في الذهن
Imbibition	امتصاص، تشرب
Imbricate	تراكب على بعضه
Imbrication	تراكب
Imidazole	كلايوكزالين
Imidazole – ethylamine	هستامين

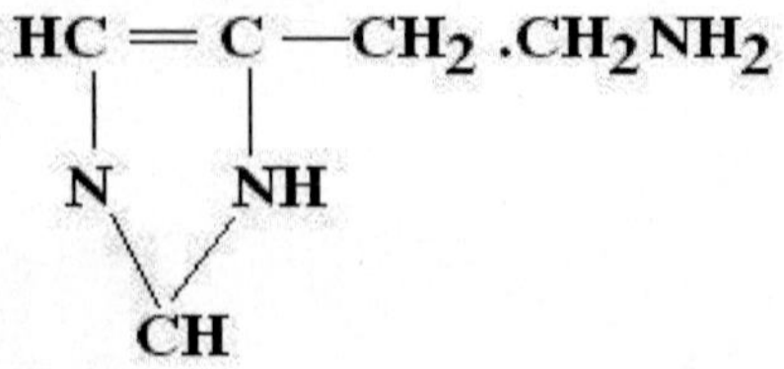

Imidazole acetic acid	ايمادازول حامض الخليك

Imino group NH=	مركب يحتوي مجموعة امينو
Iminourea	كوانرين
Imitation	تقليد ، مماثلة ، مشابهة
Imitation diamond	الماس المزيف
Imitation leather	الجلد المزيف
Imitation stone	حجر مزيف
Immeasurable	غير محدود ، لايقاس
Immediate	مباشرة ، رأسا بدون واسطة
Immerse	غطس ، غمر
Immersion	تغطيس غمر انهماك
Immersion heater	المسخن الغاطس
Immersion percolating filter	الترشيح المغطس
Immersion pipe	الانبوب الغاطس
Immiscible liquids	سوائل عديمة الامتزاج
Immunity	مناعة
Immunity theory	نظرية المناعة
Immunochemistry	هو الفرع الكيمياوي الذي يبحث في كيمياء (انتجين) و (انتي يود) والقواعد الكيمياوية للمناعة ومقاومة الامراض
Impact	كبس ، ادمج، تصادم
Impact number	العدد الممكن كبسه
Impact resistance	مقاومة الكبس
Impact strength	قوة الكبس
Impact test specimen	فحص نموذج مكبوس
Imperfect	ناقص ، غير تام
Imperfection	نقص ، نقصان، غيرتام
Improve	احسن،اصلح ، حسّن
Improvement	اصلاح ، ترقيه، تحسين
Impure	غير نقي
Impurity	وساخة ، قذارة

In	الرمز الكيمياوي لعنصر الانديوم
Inaccurate	غير مضبوط
Inactive	غير فعال
Incandescence	توهج
Incasement	عملية التعبئة في صندوق او غلاف
Inclination balance	ميزان الانحراف
incline	منحدر
Inclusion	احتواء، تضمن، اشتمال
Inclusion Complex	اتحاد جزيئتين بدون رباط فنجد ان الجزيئة لمركب ما قد لكت مع بلورة الاخر مثلا The clathrate compound

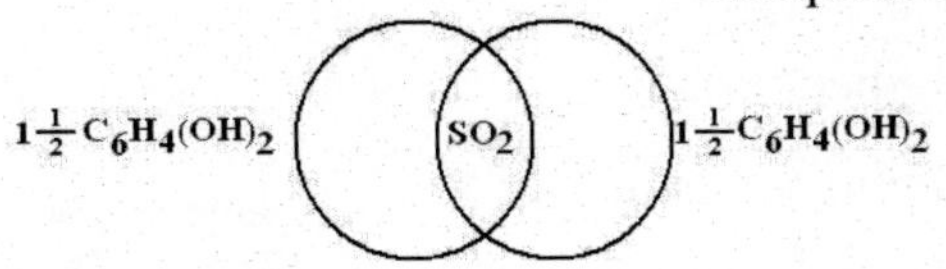

Incombustibility	عدم قابلية الاحتراق
Incombustible	غير قابل للاحتراق
Incompatability for miscibility	عدم قابلية الامتزاج
Incompatible for miscibility	غير قابل للامتزاج
Incomplete	غير كامل
Incompressible volume	حجم غير قابل للانضغاط
Increase	زيادة ، كثرة
Indan	هايدردين
Indanmine	اندان مين
Indecomposabl	لايتحلل لاينحل
Indefinite	غير محدد
Indestructibility of matter	عدم فناء المادة
Indian paper	ورق ميل بيري
Indian rubber	مطاط هندي

Indian rubber sheet — طبقة مطاط هندي

Indian rubber tree — شجرة المطاط الهندي

Indican — مادة توجد في البول

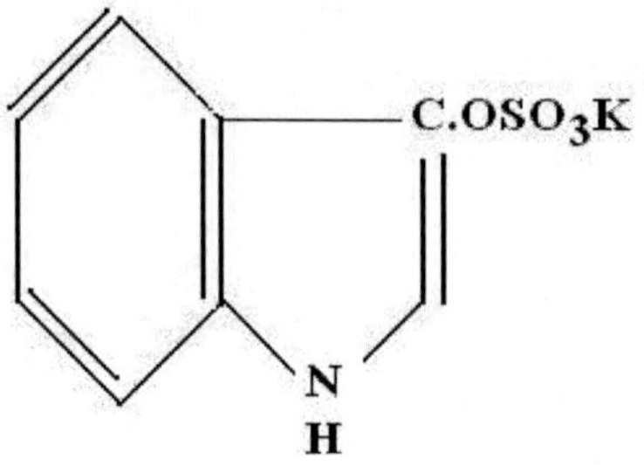

Indicarmine — كارمين النيل

Indicate — دل على ، اشر

Indicator — دليل، كشاف المحلول الذي يكشف عملية تبديل لون محلول عباد الشمس في الحامض او القاعدة يسمى كشاف

Indicator lamp — مصباح مؤشر

Indicator range — مدى الدليل، مدى التاشير

Indicator reading — قراءة المؤشر

Indigo — نيل :مادة زرقاء للصباغة

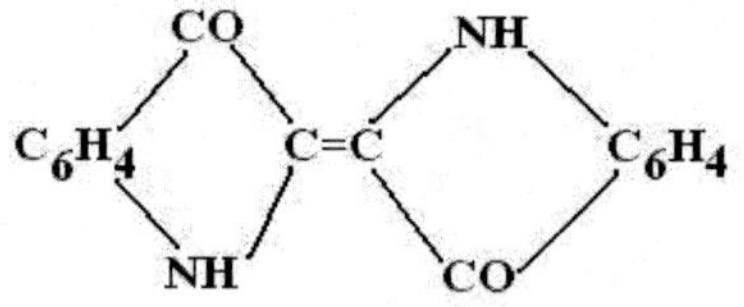

Indigo blue — نيل ازرق

Indigo copper — نحاس الازرق

Indigo purple — صبغة النيل الارجوانية

Indigo red — صبغة النيل الحمراء

Indigo solution — محلول صبغة النيل

Indigo weed — اعشاب صبغة النيل

Indirubin — صبغة النيل الحمراء

Indium In — انديوم (العدد الذري ٤٩ والوزن الذري ١١٤.٨٢ ، ورمزه الكيمياوي In)

Indium anti monide — انديوم انتي مونايد

Indium oxide — اوكسايد الانديوم

Indium trichloride — ثالث كلوريد الانديوم

Individual — شخص، فردي ، شخصي

Indole — بنزازول

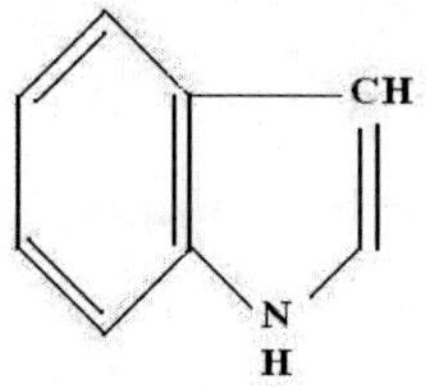

Indole blue — الازرق القوي المشدود

Indole butyric acid — اندول حامض البيوتريك

Indolyl alanine — اندول الانين

Indolyl butyric acid — اندوليل حامض البيوتريك

Indoxyl — اوكسي ندول

Induced oxiddion — تأكسد بالتأثير

Induction — استنتاج ، استطراد

Induction furnace — فرن الحث

Industrial — صناعي ، مختص بالصناعة

Industry — صناعة

Industry furnace — الفرن الصناعي

Inert — هامد ، خامل – لايثير اي تفاعل مع الاجسام التي يتصل بها

Inert gas — غاز خامل

Infiltrate — رشح

Infiltration — ترشيح تقطر

Inflamability — قابل الالتهاب

Inflamable air — هواء قابل للاشتعال

Inflamation — اشتعال

Inflame — اشعل ، الهب

Inflammable — قابل للاشتعال

Inflammable point — نقطة الاتقاء

Influence of catalysis — تأثيرالعوامل المساعدة

Infusible — غير قابل للانصهار

Infusion	نقيع
Infusion vessel	اناء خاص للنقيع
Ingot copper	سبيكة نحاس
Ingot iron	سبيكة حديد
Ingot silver	سبيكة فضة
Ingotism	تركيب السبيكة
Ingredient	الاقسام الاساسية او المركبات
Inhalations	مستنشقات
Inharmonious in colour	غير متجانس بالالوان
Inhibitor	صانع كل مادة تمنع او توقف تفاعلاكيمياويا
Inhomogeneous	غير متجانس
Inject	حقن، ادخل
Injection	حقنة ، ادخال
Ink	حبر
Ink- block	فص حبر
Ink drawing	حبر للرسم
Ink powder	مسحوق الحبر
Ink roller	اسطوانة حبر
Innocent	بريْ سليم النيه ساذج
Inorganic	غير عضوي
Inorganic chemistry	الكيمياء غير العضوية
Inosine	انوسين
Insecticide	قاتل الحشرات، مبيد الحشرات
Insecticide spray	رذاذ قاتل للحشرات
Insensitive	غير حساس
Insert	أدخل ، أولج ، أدرج
Insertion	ادخال ، ايلاج
Insertion funnel	قمع الادخال
Inside	في داخله، في الداخل
Insolubility	عدم ذوبان
Insoluble	عديم الذوبان، لاينحل

Instant	لحظة ، برهة، فوري
Instantaneous	سريع ، لحظي
Instrument	آله
Insulate	عزل ، فصل
Insulating compound	مركب عازل
Insulating layer	طبقه عازلة
Insulating material	مادة عازلة
Insulating oil	زيت عازل
Insulin	عصارة البنكرياس ويستعمل لشفاء مرض السكر في الانسان
Insulin injection	حقنة الانسلين بالعضلات
Intarvin	كليسيرل ماركارات
Integrant molecules	جزيئات متممه، جزيئات مكمله
Intensity	شدة
Intensive	مشدود ، مقوى
Interaction	تفاعل متبادل
Interchange	مقايضه ، مبادلة
Interest	ولع ، شغف
Intermediate	مابين بين ، في الوسط
Intermittent	متقطع
Intermittent vacuum	التفريغ المتقطع
Intermolecular attraction	قوة التجاذب بين الجزيئات
Internal energy	طاقه داخلية
Internal work	شغل داخلي
International	دولي
Interval	فتره
Intimate	اليف ، محب ، ودي ، مخلص
Intoxication	تسمم
Intramuscular	في العضلة
Intravenous	في الوريد

Intrinsic energy	طاقة ذاتية
Introduce	يُدخل، يُعرف
Introduction	دخول، مقدمة
Inula camphor	كافور الانيولا
Inulin	مادة توجد في نباتات ذات الفلقة الواحدة ويتبلور بسهولة في الحجيرات له نفس فورميلا السيليلوز ويتحلل بالحامض المخفف الى فركتوز
Invariable Inverse	ثابت ، لا يتغير ، عكسي
Inverse	عكس ،معكوس، مقلوب
Inversion	العكس (مثلا عند اضافة انزايم انفيريتيس اللا محلول حامض مخفف فالتحلل يكون سريع الى كلوكوز وفركتوز اللذان هما متعاكسان فواحد دورته يمينيه والاخر دورته يساريه)
Inversion point	نقطة الانقلاب
Invertase	خميره انفيرتيز
Inverted atoms	ذرات متعاكسة
Inverted position	وضع عكسي، وضع عكسي
Inverting	تحويل، نعاكس
Inverting mirror	مراة عاكسه
Investigate	يبحث، يتحرى
Investigation	ابحاث، تحريات
Investigational method	طريقة أبحاثيه
Invisible	غير مرئي
Invitro	يجربة في انبوبة اختبار
Invivo	يجربة في الحيوانات اوالانسان

Io	الرمز الكيمياوي لعنصر الاونيوم
Iodates	يودات
Iodazide	يود ازاد
Iodeosine	رابع فلورسين
Iodeosine sodium	اريثروسين
Iodide	يودايد
Iodimetry	قياس الايودين
Iodine	يود (عنصر عدد ذري ٥٣ ووزن ذري ١٢٦.٩٢ ورمزه الكيمياوي I)
Iodine bromide	يودين برومايد
Iodine chloride	يودين كلورايد
Iodine compound	مركبات اليود
Iodine content	محتويات المادة من اليود
Iodine cyanide	سيانيد اليود
Iodine green	اليود الاخضر
Iodine mono chloride	اول كلوريد اليود
Iodine number	رقم اليود
Iodine ointment	مرهم اليود
Iodine oxide	اوكسيد اليود
Iodine penta - fluoride	خامس فلوريد اليود
Iodine penta - oxide	خامس اوكسايد اليود
Iodine solution	محلول اليود
Iodine test	فحص اليود
Iodine trichloride	ثالث كلوريد اليود
Iodine vapour	بخار الايود
Iodine water	ماء اليود
Iodo acetic acid	يود حامض الخليك
Iodo aniline	انلين اليود
Iodo benzene	بنزين اليود
Iodo bismuthous acid	حامض بزموث اليود

Iodo form ايودو فورم يستعمل لفحص وجود الكحول الاثيلي او الاسيتون
Iodo phenol فينول اليود
Iodo phosphine فوسفين اليود
Iodo propane ايدو بروبين
Iodo pthalein ايدو فثالين
Iodo pyrine ايدو بايرين
Iodo quinoline ايدو كينولين
Iodol ايودول
Iodonium compound مركبات اليود
Iodoso benzene ايدوسو بنزين
Iodosol يودو زول
Ioduretted نسبة الى اليود
Ion ايون ، كهرب ذرة مشحونة او ذرة تحتاج الى شحنة كهربائية لتنتج ربح او خسران الكترونات
Ion exchange تبادل الايون
Ionic bond رابطة ايونية
Ionic equation معادلات ايونية
Ionic mobility الحركة الايونية
Ionic production نواتج ايونية
Ionic theory نظرية الايونات
Ionic valence تكافؤ ايوني
Ionization التأين ،اطلاق الايونات بوجود التيار الكهربائي
Ionization constant ثابت التأين
Ionization degree of درجةالتأين
Ipomea جذر نبات الجلاب
Irideaus اوكسيد الايريديوم
Iridic اريديوم
Iridium اريديوم (عنصر كيمياوي عدد ذري ٧٧ ووزن ذري ١٩٢.٢ ، ورمزه الكيمياوي Ir)
Iridium dioxide ثاني اوكسيد الايريديوم
Iridosmine اوزميد الايريديوم
Iris oil دهن جذر الاوريس
Irocaine هيدروكلوريد البروكايين
Iron حديد (العدد الذري ٢٦ ووزن ذري ٥٥.٨٥ ، ورمزه الكيمياوي Fe)
Iron acetate liquor محلول خلات الحديد
Iron alum شب الحديد
Iron ammonium chloride كلوريد الحديد الامونياتي
Iron ammonium citrate سترات الحديد الامونياتي
Iron and steel industry صناعة الحديد والفولاذ
Iron arsenate زرنيخات الحديد
Iron bricks طابوق الحديدي
Iron carbide كاربيد الحديد
Iron carbon alloy سبيكة كاربون وحديد
Iron carbonate كاربونات الحديد
Iron carbonyle كاربونيل الحديد
Iron colour لون الحديد
Iron cyanide سيانيد الحديد
Iron cyanogen pigment صباغات السيانوجين الحديدي
Iron dialyzed محلول كلوريد الحديديك ديلاساتي
Iron ferro cyanide سيانيد الحديد
Iron formate فورمات الحديد
Iron froth red رغوة الحديد
Iron hydrate هيدريت الحديد

Iron hydroxide powder	مسحوق هيدروكسيد الحديد
Iron liquor	محلول الحديد
Iron manganate	مانغنيز الحديد
Iron manufacture	صناعة الحديد
Iron mine	منجم الحديد
Iron mono sulphide	اول سلفايد الحديد
Iron monoxide	اول اوكسيد الحديد
Iron nickel battery	بطارية الحديد والنيكل
Iron nickel pyrites	احجار النيكل والحديد
Iron ore	خام الحديد
Iron oxalate	اوكسالات الحديد
Iron oxide	اوكسيد الحديد
Iron oxide red	اوكسيد الحديد الاحمر
Iron peptonate	بيتونيت الحديد
Iron per chloride	بير كلوريد الحديد
Iron phosphate	فوسفات الحديد
Iron phosphide	فوسفايد الحديد
Iron plate	صفيحة حديدية
Iron potassium tartarate	طرطرات البوتاسيوم الحديدي
Iron preparation	مستحضرات الحديد
Iron prot oxalate	برتو اوكزلات الحديد
Iron proto sulphate	سلفات الحديدوز
Iron pyrites	حجر النار ، كبريتوزالحديد الطبيعي
Iron rust	غبار الحديد، صدأ الحديد
Iron stone	حجر الحديد
Iron sulphate	كبريتات الحديد
Iron sulphide	سلفايد الحديد
Iron test	فحص الحديد
Iron tetra carbonyl	رابع كاربونيل الحديد
Iron thio -cynate	ثايو سيانات الحديد
Iron tri -iodide	ثالث يوديد الحديد

Iron work	شغل الحديد
Irradiate	يشع
Irradiation	التعرض للاشعاع من اي نوع كان
Irregularity	عدم انتظام
Irreversible reaction	تفاعل في اتجاة واحدوغير متعاكس
Iserine	حديد تيتا نيفيروز
Iso amyl acetate	دهن العرموط او الموز
Iso amyl alcohol	اميل كحولي تخمري
Iso amyl chloride	ازو اميل كلورايد
Iso amyl cyanide	ازو اميل سيانيد
Iso amyl ether	ازو اميل ايثر
Iso amyl mercaptan	سلفا هيدريت
Iso amyl nitril	اميل نايترل
Iso amyl oxide	ايزو اميل اوكسايد
Iso amyl valerianate	ايزو اميل جويفه
Iso bromyl	ايزو بروميل
Iso butane	ايزو بيوتين
Iso butric acid	شابه حامض البيتريك
Iso butyl alcohol	بيوتل الكحول المتخمر
Iso butyl benzene	٢- مثيل ١- فينل بروبين
Iso butyl formate	از بيوتل فورميت
Iso butyl phenyl acetate	اجلانتين ازو بيوتل فنيل استيت
Iso butyl preparations	مستحضرات ازو بيوتل
Iso butyriyl chloride	ايزو بيوتل كلورايد
Iso propyl alcohol	ايزو بروبل الكحول
Iso propyl benzene	ايزو بروبل بنزين

Isomerism	التشابه في التراكيب والاختلاف في الخواص الطبيعية والكيمياوية مثل حامض الخليك ومثيل فورميت
Isomers	مواد متناسبة التركيب ومختلفة الخواص
Isometric	متشابه او سوي التركيب
Isometric change	تغير سوي
Isomorphism	تشابه بالشكل
Isomorphism law of	قانون التشابه في الشكل وينص القانون بان نفس العدد من الذرات التي تتحد بنفس الطريقة فأنها تنتج نفس الشكل البلوري
Isothermal	متساوٍ درجة الحرارة
Isothermals	المواد التي هي متساوية في درجة الحرارة
Isotopes	النظائر (في الفيزياء النووية)
Isotropic	متشابه الخواص في جميع الاتجاهات
Issue	اصدار توزيع نشر نتيجه
Item	مادة ، فقرة
Ivory black	صبغ اسود حاصل من تكليس العاج ، أسود العاج

J

Jaafer Al-Sadik	الامام جعفر الصادق، وهو عالم كيمياوي عربي وكان استاذ جابر بن حيان وقد ذكره جابر برساله فقال هكذا علمني مولاي ويقصد به استاذه
Jabir bin Heyyan	جابر بن حيان ، عالم في الكيمياء
Jaborandi folia	اوراق الجابورندي
Jaboric acid	حامض الجابوريك
Jaboridine	جابوريدين
Jaborine	جابورين
Jacaranda wood	خشب الجكاراندا
Jacket furnace	غلاف الفرن
Jacket heating	تسخين غلافي
Jacket tube	انبوب غلافي
Jade	حجر اليشم وهو حجر نفيس
Jail fever	حمى التيفوس
Jalap	جذر لنبات يستعمل كدواء
Jalap resin	علج الجلاب، راتنج الجلاب
Jalap root	جذر الجلاب
Jalapic acid	حامض الجلابيك
Jalapin	جلابين
Jam	مربى فواكه مطبوخة بالسكر
Jamaica pepper	بهارات جامياكا
Jamaica wood	خشب جامياكا
Jamaicin	بيربرين
Jambul	عنجاص جاوه
Jamestown weed	داتوره سترامونيوم
Japa conitine	جايا كونتين
Japan	بلاد اليابان
Japanese	ياباني
Jar	جرة آنيه لوضع الماء
Jasmin oil	عطر الياسمين
Jasmine	نبات او زهر الياسمين
Jasper	حجر متلون احمر ، اصفر ، بني او اسود صالح للزينة
Jaudice berry	قشر البيربري
Jaundice	مرض اليرقان صفر
Java pepper	كبابه
Java plum	عنجاص جاوه
Jay Lussac's tower	برج جاي لوساك
Jelly	جلاتين
Jelly petroleum	دهن معدني ،يستخرج من النفط ويستعمل في العطور
Jene glass	زجاج ضد الحرارة
Jerusalem tea	جينوبوديوم
Jet	كهرمان
Jet black	كهرمان اسود
Jet mill	طاحونه تعمل بطاقة السوائل
Jet pipe	بلبله
Jet pump	مضخه نفاثه
Jewel	درّه ، جوهرة ، حجر كريم، محور تروس الساعة
Joining element	القناطر الرابطه
Joint pipe	رابط الانبوب ، ماسورة رابطة
Joint rubber	المطاط الرابط
Joule	عالم فيزياوي انكليزي (١٨١٨-١٨٨٩)
Joule – Kelvin effect	تأثير جول- كلفن
Joule's law	قانون جول
Jug	ابريق ، كوز ، قارورة
Juice	عصارة ، سائل نباتي
Juice channel	قناة العصارة

Juice collecting tray	صينية جمع العصارة
Juice decantation	ترشيح العطور
Juice draw in	سكب العصاره في
Juice draw off	سكب العصاره من
Juice pump	مكبس العصاره
Juicy	غض ريان كثير العصاره
Jujube	العناب (ثمر حلو)
Jump	وثبه ، نطه، قفز
Junction	ملتقى الخطوط
Junction point	نقطة الاتصال
Juncture	مفصل عقده
Juniper brandy	براندي العرعر
Juniper oil	زيت جونيبر
Juniper tar	دهن الكيد من القطران
Justification	تبرير ، تزكيه ، تأييد ، غدر
Jute	نبات القنب الهندي او خيوطه او نسيجه

K

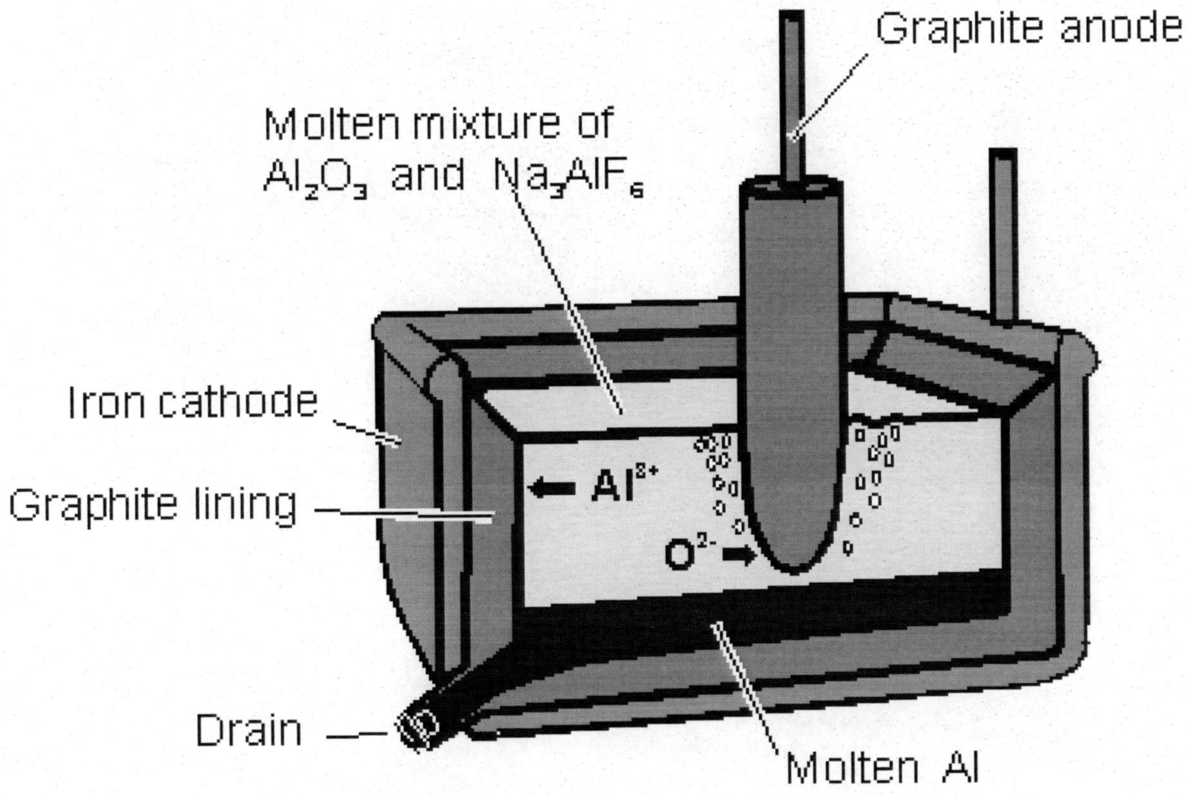

Graphite anode
Molten mixture of
Al_2O_3 and Na_3AlF_6
Iron cathode
Graphite lining
Al^{3+}
O^{2-}
Drain
Molten Al

K الرمز الكيمياوي لعنصر البوتاسيوم
K . acid حامض البوتاس
Kadin كاولين طين صيني
Kainit كانيت ،ملح مزدوج مكون من كبريتات المغنيسيوم
Kakodylic acid حامض كاكوديلك
Kala كولا القهوة السودانية
Kalaazar كالا ازار
Kalium بوتاسيوم العدد الذري ١٩
Kamala كامالا(مسحوق نباتي طارد للدود)
Kaolin, Kaoline كأوولين ، طين صيني ، صلصال (يصنع منه الفخار الممتاز)
Kaolinite كاؤولينت
Kapak tree شجرة كوباك
Karakin كاراكين
Karstenite جبس غير مائي
Kassel yellow كاسل الاصفر
Kava – kava جذور الفلفل
Keg beer بيره البراميل الصغيرة
Kelp قش البحر المكلس، عشب البحر
Kelp ash رماد القشور، رماد عشب البحر
Kelp soda صودا الخام
Kephalin سيفالين
Kermes mineral قرمز معدني
Ketones املاح الماد العضوية ، جميع السكريات الاحادية التي تحتوي مجموعة
Ketoses جميع السكريات الاحادية التي تحتوي مجموعة -CHOH- $CO\text{-}CH_2OH$ مثلا فركتوز
Kettle مقلاة ، كتلي
Kilo joule الف جول
Kilocalorie الف سعره حراريه
Kilocycle الف دورة
Kilodyne الف داين
Kilowatt الف واط
Kilowatt- hour الف واط ساعة
Kindling point درجة الاتقاد ، وهي الدرجة الحرارية التي لابد ان يصل اليها الجسم حتى يتقد وتسمى درجة الحرارة الاتقاد
Kinetic energy الطاقة الحركية
Kinetic theory of gasses نظرية الحركة للغازات
Kings yellow الذهب
Kino صمغ كينو
Kipps apparatus جهاز كب ،لتحضير كبريتيد الهيدروجين في المختبر
Kitchen salt, Table salt كلوريد الصوديوم، ملح الطعام
Kjeldahl nitrogen طريقة كالدال لتحضير النتروجين
Kohlrausch's law قانون كولوروش
Kosso كوسو (نبات طبي)
Kr الرمز الكيمياوي لعنصر الكريبتون
Krebs cycle دورة حامض الليمون
Kryption عنصر كريبتون عدده الذري ٣٦ ووزنه ذري ٨٣.٨٠
Kyanidine سيانيت

L

La	لانثانيوم
Lab ferment	انزايم رينيز
Labarraque's solution	محلول لاباراك
Label	ورقة تلصق على القنينة لبيان محتوياتها
Labile	قلق، غير ثابت
Laboratory	مختبر
Laboratory assistant	مساعد مختبر
Laboratory bench	منضدة مختبر
Laboratory course	دورة تدريب في المختبر
Laboratory dipping lamp	مصباح مختبري
Laboratory furnace	فرن المختبر
Laboratory hair sieve	منخل شعري للمختبر
Laboratory sand bath	حمام رملي للاختبار
Laboratory technician	فني مختبر
Labour	عمل ، شغل
Labour analgesic	مهدء الام العمل
Labour pains	الالام العمل
Lac sulphur	الكبريت المرسب
Lacca	شيلاك ، الك
Laccic acid	حامض الصمغيك، حامض عربيك
Lactate	متحد مع حامض اللبن
Lactation	عمل الحليب
Lactation hormone	هورمون عمل الحليب
Lactic	لبني مختص باللبن
Lactic	حليبي
Lactic acid	حامض اللبنيك
Lacto glucose	كلاكتوز
Lacto meter	الة قياس الحليب
Lactoflavin	فيتامين ب ٢
Lactometer	مسبار اللبن
Lactone	ميكونين
Lactose	سكر اللبن
Laeve camphoric acid	حامض الكافور اليساري
Laeve ulose	سكر الفواكه
Laevo rotatory	يساري الدورة
Lake	لك الكارمين
Lake ore	خامات المستنقعات
Lamp furnace	مصباح الفرن
Lamp mint	ذو رائحة النعناع
Lamp oil	زيت المصباح
Lampblack	هباب – سخام
Lands Berger apparatus	اجهزة لاندز بيركر
Lane process	طريقة لان
Lanoline	دهن الصوف المائي
Lanoline soap	صابون اللانولين
Lanthanides	العناصرالارضيةالنادرة
Lanthanium	لنثانيوم (عنصر العدد الذري ٥٧ والوزن الذري ١٣٨.٩١)
Lapsis – lazuli	لازورد حجر ازرق نفيس
Lard	دهن او شحم الخنزير
Lateral chain	السلسلة الجانبية
Lather	رغوة – يرغي يصبن
Laurel oil	دهن شجرةالغار
Laurel wax	كليسيرل ميريستين
Lauryl	المجموعة العضوية المشتقة من حامض الوريك
Lauryl acetate	خلات س ١٢
Lauryl alcohol	كحول س ١٢
Lauryl bromide	لوريل برومايد
Lava flow	سيل الحمم البركانية
Lavandine oil	دهن اللافندين

Lavender oil	دهن متطاير مصفر اللون برائحه طيبه
Lavoiser	لافوسير (عالم كيمياوي فرنسي ١٧٤٣-١٧٩٤)
Law	قانون يرتب الاشياء الطبيعيه بصورة نظاميه
Law conservation of mass	قانون بقاء الكتلة
Law Daltons(for partial pressure)	قانون دالتون للضغط الجزيئي
Law electrolysis	قانون التحليلي الكهربائي
Law of chemical combination by weight	قانون الاتحاد الكيمياوي بالوزن
Law of chemical equilibrium	قانون الاتزان الكيمياوي
Law of combination volumes	قانون الاحجام المتحدة
Law of conservation of energy	قانون بقاء الطاقة
Law of conservation of mass	قانون بقاء الكتلة
Law of constant proportions	قانون النسب الثابتة
Law of mass action	قانون فعل الكتلة
Law of multiple proportions	قانون النسب المضاعفة
Law of octaves	قانون الثمانينات
Law of reciprocal proportions	قانون النسب المتبادلة
Laxative	دواء مُلين، دواء مسهل
Layer filtration	ترشيح الطبقة العليا من السائل
Lead	رصاص معدن كيمياوي العدد الذري ٨٢
Lead accumulator	مركم الرصاص
Lead acetate	خلات الرصاص
Lead antimoniate	انتموني الرصاص

Lead antimony alloy	سبيكة الرصاص والانتيموني
Lead arseniate	زرنيخات الرصاص
Lead ashes	رماد الرصاص
Lead azide	ازاد الرصاص
Lead bath	حمام الرصاص
Lead bismuth	بزموث الرصاص
Lead borate	بورات الرصاص
Lead bromo fluoride	فلوريد برومايد الرصاص
Lead bronze	برنس الرصاص
Lead burning, Lead welding	لحيم بالرصاص
Lead calcium furnace	فرن التكلس بالرصاص
Lead carbonate	كاربونات الرصاص
Lead chamber process	طريقة الغرف الرصاصية لتحضير الكبريتيك صناعيا
Lead chloride	كلوريد الرصاص
Lead chromate	كرومات الرصاص
Lead coated	مكسو بالرصاص
Lead coloured	لون الرصاص
Lead covering	مغطى بالرصاص
Lead crystal	بلورات رصاصيه
Lead deposit	ترسبات رصاصيه
Lead dioxide	ثاني اوكسيد الرصاص
Lead frit	سليكات الرصاص
Lead glance	سلفايد الرصاص
Lead hydroxide	هيدروكسيد الرصاص
Lead hydroxy carbonate	هيدروكسي كاربونات الرصاص
Lead iodine	يوديد الرصاص
Lead manganese	مانغنيز الرصاص
Lead manufactory	صناعة الرصاص
Lead mine	منجم الرصاص

Lead monoxide	اول اوكسيد الرصاص
Lead nitrate	نترات الرصاص
Lead ore	الرصاص الخام
Lead oxide	اوكسيد الرصاص
Lead oxide red	اوكسيد الرصاص الاحمر
Lead oxide yellow	اوكسيد الرصاص الاصفر
Lead oxy chloride	اوكسي كلوريد الرصاص
Lead paint	اصباغ الرصاص
Lead peroxide	بيروكسايد الرصاص
Lead pig	كتل الرصاص
Lead plaster	لزقة الرصاص
Lead poisoning	تسمم الرصاص
Lead sheeting	صحيفه او طبقه رصاصيه
Lead smoke	غبار الرصاص وهو ابيض
Lead storage battery	بطاريه التخزين الرصاصية
Lead sub acetate	محلول تحت خلات الرصاص
Lead tetraethyl	رابع اثيل الرصاص
Lead tetraoxide	ثالث اوكسيد الرصاص
Lead thiocyanate	ثايو سيانيد الرصاص
Lead tree	شجرةالرصاص
Lead tube	انبوب الرصاص
Lead vinegar	خل الرصاص
Lead vitriol	فيترويل الرصاص، زاج الرصاص
Lead water	ماء الرصاص
Lead wire	سلك رصاصي
Lead work	عمل الرصاص
Leaf alcohol	٣- هكزين ١- كحول
Leaf aluminum	ورقة الالمينيوم
Leaf gold	ورقة الذهب في الكشاف الكهربائي
Leaf green	الكلوروفيل الاخضر في النبات
Leaf metal	ورقة المعدن
Leaf silver	ورقة الفضة
Leather	جلد مدبوغ
Leather yellow	كريز انلين فوسفين
Leblance process	طريقة لبلان ، وهي طريقة تحضير كاربونات الصوديوم من كلوريد الصوديوم ملح الطعام
Lecithin	ليسيثين فوسفولوتين
Leclanche cell	بطاريه لكلانشيه
Ledol	كافور الليدوم
Lees	راسب ، حثاله، ثقل
Leithner's blue	الكوبالت الازرق
Lemon	ليمون
Lemon chrome	كرومات الرصاص
Lemon grass oil	دهن سترونيلا
Lemon peel	قشر الليمون
Lemon yellow	كرومات الباريوم
Lens	عدسة
Lepition	ثاني فنيل دانتون
Lequmine	كاسين الخضروي
Less	اقل ، انقص ، ادنى
Lesson	درس ، امثوله، عبره
Let	خلى، دع ، ترك
Lethal tempreture	درجة الحرارة القاتلة
Letter	خطاب ، رسالة
Lettuce	خس نبات الخس
Lettuce opuim	اوراق الخشاش
Leucoplast	بلاستر ابيض
Level	مستوى مساواة سهل

Levigate	مسحوق ناعم ذرى، مصقول، سحن ، صقل
Levulose	سكر قواكه يساري الدورة
Li	الرمز الكيمياوي لعنصر اللثييوم
Liebigs condenser	مكثف ليبيج
Life	حياة ، عيشه، معيشه
Light	ضياء ، نور ، مصباح
Lighten	اضاء ، انار
Lighting gas	الغاز المضئ
Lighting gas engine	ماكنة غاز الاضاءة
Lighting hour	ساعة الاضاءة
Lignite	نوع من الفحم (وهو قابل للاحتراق يحتوي على ٧٠% كاربون وهو وسط بين الفحم القيري والوقود النباتي المتحجر)
Lignum	الخشب (في علم الكيمياء)
Lily	سوسن ، زنبق ناصع البياض
Lime	الجير ، اكسيد الكالسيوم، الليمون الحامض ، شجرة الزيزفون
Lime - kiln	فرن للجير
Lime blue	الجير الازرق
Lime boiling	غليان الجير
Lime burning	احتراق الجير
Lime cement	سمنت الجير
Lime concrete	كونكريت الجير
Lime cracker	تشقق الجير
Lime crusher	طاحن الجير
Lime crystal	بلورات جيريه
Lime diluted cement concrete	محلول السمنت الكونكريتي المخفف الجيري
Lime fertilizer	السماد الجيري
Lime milk	حليب الجير
Lime nitrogen	نتروجين الجير
Lime paint	اصباغ الجير
Lime powder	مسحوق الجير
Lime pyrolignite	التباشير الرمادي
Lime quick	الجير الحي
Lime slacked	الجير المطفأ
Lime soap	صابون جيري
Lime stone flux	كاسيتا
Lime test of water	فحص الماء الجيري
Lime –water	ماء الجير
Limespar	كاربونات الكالسيوم
Limestone	حجر الجير، حجر الكلس
Limit	الحد
Limiting density	كثافة محدودة
Limonite	ليمونيت اكسيد الحديد الطبيعي
Linde's apparatus	جهاز لند
Line	خط ، سطر
Linen	كتان نسيج ، بياضات ،كتاني (من الكتان)
Liniment	مروخ، دواء للتدليك
Linin	كروماتين
Lining	بطانه
Link	صلة ، وصلة ، ربط
Linkage force	قوة الارتباط
Linked	اتصل ربط
Linolec acid	حامض لينوليك
Linolenic acid	حامض لينولينيك
Linolenic acid	حامض لينولنيك
Linoxyn	دهن بذر الكتان المؤكسد

Linseed	بذر الكتان
Linseed cake	كيك بذر الكتان، كُسب بذر الكتان
Linseed mucilage	لزوجية بذر الكتان
Linseed oil	زيت بذر الكتان
Lint	نسيج طبي، قطن محلوج ، نسالة الكتان
Lipids	الشحميات
Lipo chrome	صبغات دهنية
Liquation	اذابه صهر
Liquation silver	صهر الفضة
Liquefaction	إسالة، تذويب ، صهر
Liquefaction of gasses	اسالة الغازات
Liquefaction point	الدرجة التي تصل اليها المادة لتكوين السائل
Liquefaction process	عمليات الصهر
Liquefy, liquidize	ذاب ، ذوب ، سيل
Liquescent	حالة السيولة، مذيب
Liquid	سائل
Liquid absorbion	امتصاص السوائل
Liquid air	الهواء السائل
Liquid column	عمود من السائل
Liquid cycle	دورة السائل
Liquid level	مستوى السائل
Liquid resistance	مقاومة السائل
Liquid state	حالة السيولة
Liquorice	عرق السوس
Liquorice juice	عصارة السوس
List	قائمة كشف بيان حاشيه
Litharge	اكسيد الرصاص الاصفر
Lithia	اول اوكسيد الليثيوم
Lithium	الليثيوم (عنصر كيمياوي عدد ذري ٣ ووزن ذري ٦.٩٣٩)
Lithium acetyl salicylate	خلات السليسيليت الليثيومي
Lithium aluminum hydride	هيدرايد الالمينيوم الليثيومي
Lithium boro hydride	بورو هيدريد الليثيوم
Lithium bromide	بروميد الليثيوم
Lithium chloride	كلوريد الليثيوم
Lithium hydride	هايدرايد الليثيوم
Lithium monoxide	اول اوكسيد الليثيوم
Lithium nitride	نترايد الليثيوم
Lithium phenolate	فينوليت الليثيوم
Litho	سابقة معناها حجر او حجري
Lithography	صناعة ، الطبع الحجري، الطباعة الحجرية
Lithoid iron	كابريته حديدية للسيارة
Lithology	علم الاحجار وتركيبها الكيمياوي، ليثولوجيا
Litmus	صبغة عباد الشمس
Litmus paper	ورق عباد الشمس
Litre flask	قارورة تسع لتر
Litre, liter	لتر مكيال متري يسع ١٠٠٠ سم^3 ويساوي ¼ غالون انكليزي
Live	حي، فيه حياة
Liveliness	نشاط ، همة ، خفةالروح، سرور ، ابتهاج
Lixivation	تشريب اشباع سائل بقلوي
Lixivium	ماء القلوي ،ماء الشنان
LLD factor	فيتامين ب ١٢
Load	حمولة ، ثقل ، حمل

Load test	فحص الحمولة
Loading	تحميل ،حمل الثقل
Loam	تربة خصبة طين الابليز
Loam mill	طاحونة التراب
Lobelia inflata	اعشاب طبية للربو
Localisation of industry	توطين الصناعة
Loevo – rotatory	يساري الدورة
Loevulose	سكر الفواكه
Log wood	هيماتوكزيلون
Long periods	نترات طويلة
Longitudinal	ممتد بالطول، طولي
Loss	خسارة ، ضرر ، تلف، فقدان
Lotion	غسول محلول
Lousiana long pepper	الكبابة الطويلة وهي نوع من الفلفل
Lowering of vapour pressure	انخفاض في ضغط البخار
Lozenges	اقراص للمص
Lu	لوتيسين
Lubricate	زيت ، شحم
Lubricating oil	زيت التشحيم، زيت التزيت
Lubrication	تزييت ، تشحيم
Luff reagent	كاشف يستعمل لاختزال السكريات
Luft sauerst of battery	الباتري ذو المادة الحامضية

Lugols solution	محلول اليود المركب
Luminal	دواء منوم ومهدء الاعصاب
Luminous	مضيء مشعل
Luminous point	نقطة مضيئة
Lump coal	كتلة فحم
Lump lime	كتلة جير
Lump ore	كتلة خامات معادن
Lump sugar	كتلة سكريات
Lumpiness	تكتل
Luridine	جولين
Luster	بريق
Lutecium	فلز كيمياوي العدد الذري ٧١ والوزن الذري ١٧٤.٩٦
Lycopodium powder	مسحوق اصفر يطوف فوق الماء
Lymph	لمف سائل مصل الدم
Lymphatic	لمفي لمفاوي
Lyopholic colloids	غرويات لامائية
Lysidine	مثيل كلايكسالدين
Lysine	ثاني امينو كابرويك
Lysoform	لايزوفورم
Lysol	لايزول
Lyxose	بنتوز
Lzt	مختصر لتنات الرصاص الزكونيت

M

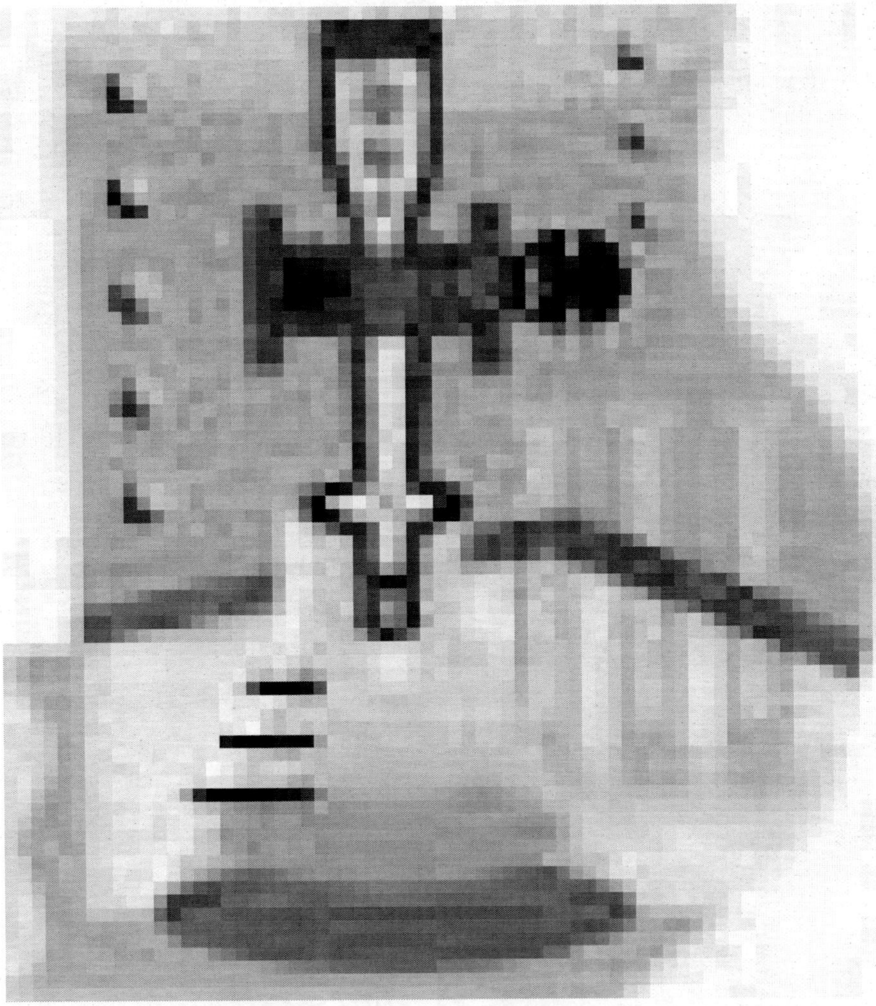

M acid	١- امينو ٥- نافثول ٧- حامض السلفونيك
M.P.	مختصر لدرجة الانصهار
Ma	اوكسيد المانغنيز
Mace	قشر جوزة الطيب توابل
Mace oil	زيت جوزة بوه
Macerate	نقع في سائل ، امات الشهوات بالصوم او التقشف .
Maceration	تنقيع في سائل ، إماتة الشهوات
Maceration juice	عصارة النقيع
Maceration pump	مضخة التنقيع
Machinery oil	دهن المكائن
Mack saffron	زهرة الزعفران
Macrocrystalline	ظاهرة التبلور
Macromolekulare varbindung	عندما يكون الوزن الجزيئ كبير ، تتخد المادة صفات غروية لتوصل بينهما
Macrospore	السبور الكبير، غبيرة كبيرة
Madame Curie	مدام كوري ، اكتشفت عنصر الراديوم
Madder	نبات اصفر الزهرللاصباغ يدعى النُوّة
Madder bloom	زهرة المادر، زهرة النُوَة
Madder purple	صبغ ارجواني
Madder red	صبغ الاحمر
Madder root	عروق الحمر عروق الصباغين
Madras hemp	حشيشه مدراس
Madreporaria	مرجان حجري
Magdala red	احمر النفثالين
Magdelate	ماغنيسيوم ماندليت
Magistery of bismuth	تحت نترا ت البزموث
Magmatic molecules	جزيئات الصهارة
Magnalium	ماكناليوم
Magnesia	اوكسيد المانغنيز، مغنيسيا
Magnesia carbonate	كاربونات المغنيزيا
Magnesia cement	مانغنيز اوكسي كلورايد
Magnesia limestone	حجر جير منغنيزي
Magnesia native	الماغنيزيا الطبيعية
Magnesite	مغنيزات اسم علمي لزبد البحر
Magnesium	عنصر كيمياوي عدد ذري ١٢ وزن ذري ٢٤.٣١٢
Magnesium acid citrate	مغنيزيا حامض السترات
Magnesium ammonium phosphate	مغنيزيا امونيوم فوسفيت
Magnesium bicarbonate	بيكاربونات المغنيزيوم
Magnesium bromate	برومات المغنيزيوم
Magnesium carbonate	كاربونيت المغنيزيوم
Magnesium chloride	كلورايد المغنيزيوم
Magnesium fluosilicate	فلوسليكيت المغنيزيوم
Magnesium hydroxide	هيدروكسايد المغنيزيوم
Magnesium iodide	ايودايد المغنيزيوم
Magnesium light	مغنيزيا الخفيفة
Magnesium minerals	معادن المغنيز
Magnesium nitrate	نترات المغنيزيوم

Magnesium nitride	نترايد المغنيزيوم
Magnesium oxide	اوكسيد المغنيز
Magnesium peroxide	بيروكسيد المغنيز
Magnesium silicate	سليكات المغنيز
Magnesium stearate	ستيرات المغنيز
Magnesium sulphat	ملح افرنجي مسهل
Magnesium uronyl acetate	خلات اليورانيل المغنيزيوم
Magnet	حجر المغناطيسي ،جاذب الحديد
Magnetic	معدن مغناطيسي
Magnetic field	المجال المغناطيسي
Magnetism	المغنا طيسية
Magnetite	مغناطيس الحديد الخام
Magnetizing current	التيار المغناطيسي
Magnetizing force	القوة المغناطيسية
Magneto chemistry	الكيمياء المغناطيسية
Magneto electricity	الكهربائية المغناطيسية
Magnifying glass	عدسة مجهرية مكبرة
Magnifying power	قوة التكبير
Magnolia	نبات او زهرة المغنوليا ، او المنوليا
Magnum	زجاجة خمر كبيرة تسع نصف غالون
Main	اصلي ، رئسي
Main apparatus	الاجهزة الاصلية، الجهاز الاصلي
Main group	مجموعات اصلية
Maintain	أصر على ، تمسك بـ
Maize	اذره شاميه
Maize meal	طحين هندي
Maize oil	زيت الذره
Maize starch	نشاء الذره
Make	شغل ، عمل ، صنع
Maker	صانع ، عامل ، شغيل
Making	صنع ، عمل
Malachite	ملخيت
Malachite green	مالا خايت الاخضر
Maleic acid	حامض الماليك
Malic acid	حامض التفاح
Malleable	قابل للطرق
Malt	شعير يبذر صناعيا ويخفف ويحال الى دقيق لصنع الجعة (البيرة) ، شعير البيرة ، المالت
Malt beer	بيرة الشعير
Maltase	انزيم سكر الشعير
Maltin	مرض الشعير
Maltose	سكر الشعير
Manganese	عنصر كيمياوي (عدد ذري ٢٥ ووزن ذري ٥٤.٩٣٨٠)
Manganic	يحتوي على منغنيز
Manganites	منكايت وهو اسم لجنس الاملاح المشتقة من اكسيد حامض المنغنيز
Manganous	منجنوز (م ++)
Manhe process	طريقة مانهي
Manheim process	طريقة مانهايم
Mannheim gold	ذهب مانهايم
Mannose	مركب شبيه بالكوكوز وله نفس التراكيب الفورملي
Manomerter	مقياس ضغط السوائل والغازات والابخرة
Manometric	غازي بخاري
Manufacture	صنع ،عمل ،صناعي

Manufacturing chemistry	الكيمياء الصناعية
Manufacturing engineering	الهندسية الصناعية
Marble	رخام ، كربونات الكالسيوم المتبلور
Marcasite	ثنائي كبريت الحديد الطبيعي،اصفر اللون يستعمله الصاغه
Margarine	مركرين ، من الدهن الصناعية
Margin	حافه ، حاشيه
Marginal	هامش ، على الحاشيه
Marine	بحري ، مختص بالبحر
Mark	علامة ، اشارة ، اثر
Marking	تأشير
Marsh gas	غاز المستنقعات
Mass	كتلة
Mass action	فعل الكتلة
Mass number	عدد الكتلة
Mass of molecule	كتلة الجزيئ
Mass spectrograph	المطياف الرسام للكتلة، آلة التصوير الطيفي للكتلة
Masurium	عنصر كيمياوي ذو عدد ذري ٤٣
Matches	عيدان الكبريت
Material	مادة ، مادي ، جسدي
Material accounting	حساب المواد
Material accumulation	تجمع المواد
Material chain	سلسلة المواد
Material handling	تسليم المادة
Material research	البحث عن المادة
Material testing apparatus	اجهزة فحص المادة
Mathematically	بطريقة حسابية او رياضية
Mathematics	علم الرياضيات
Matic camphor	كافور الماتكو
Matter	مادة (كل شي يشغل حيزاً في الفراغ وله وزن)
Matter law of conservation of	قانون بقاء المادة
Matter law of structure of	قانون تركيب المادة
Maw seed oil	دهن بذر الخشاش
Maximum and minimum thermometer	محرار النهايتين الصغرى والعظمى
Maximum boiling point	النهاية العظمى لدرجة الغليان
Maximum work	النهاية القصوى للعمل
Meadow crocus, meadow saffron	روضة زعفران
Mean	معتدل ، وسط ، متوسط، حقير ، سافل
Measure	مقياس
Measurement	قياس
Measurement of spectra	قياس الطيف
Measurement of X-radiation	قياس اشعة اكس
Measuring cylinder	مخبار مدرج ، اسطوانة ودرجة للقياس
Measuring disc	عجلة القياس
Measuring flask	قارورة قياسية، قارورة للقياس
Measuring instrument	اداة قياسية، اداة للقياس
Measuring jar	جره قياسية، جرة للقياس
Measuring machine	مكائن للقياس

Measuring microscope	ميكرسكوب قياسي، مجهر للقياس
Mechanical equivalent of heat	المكافئ الميكانيكي للحرارة
Mechanical stirring	تقليب ميكانيكي
Mediator	وسيط الصلح
Medical	طبي
Medicine	دواء
Medicine bottle	بطل الدواء
Medico chemical	دواء كيمياوي
Medium	محيط الشيء، متوسط ، معتدل ، وسيلة
Medium isotropic	وسط متشابه الخواص في جميع الاتجاهات
Mellite	حجر العسل
Melting	انصهار
Melting point	درجة الانصهار
Melting point capillaries tubes	انابيب شعرية لدرجة لانصهار
Melting point tube	انبوبة درجة الانصهار
Melting vessel	اواني الانصهار
Membrane	غشاء
Membrane diffusion	حاجر التنافذ في عملية وهي عملية انتقال الذراة المذيب من المحاول الاقل تركيز الى المحلول الاكثر تركيز مارا خلال حاجز نصف نفاذ الذي يسمح بمرور نوع من الجزيئات ويمنع القسم الاخر
Membrane permeable	غشاء ، منفذ
Membrane semi permeable	غشاء شبه منفذ
Mendel's law	قانون مندل لوراثة الصفات
Mendeleiev table	الجدول الدوري المنسوب الى مندلييف
Meniscus	هلال ، عدسة هلالية الشكل (مقعرة من جهة ومحدبة من جهة اخرى) ، سطح سائل محدب او مقعر بفعل الجاذبية الشعرية ، السطح الهلالي
Menthol	منثول(مادة ذو رائحة خاصة تستعمل للالتهاب اغشية الانف)
Merbromine	ميركروكروم
Mercaptan	مير كبتان كحول تبدل اوكسجينه بكبريت
Mercuric	زئبقيك
Mercuric chloride	سليماني ، وهو سم كلوريد الزئبقيك
Mercurous	زئبقوز
Mercury	زئبق (عنصر كيمياوي عدده الذري ٨٠ ووزنه الذري ٢٠٠.٦١)
Mercury ammonium chloride	كلوريد الامونيا الزئبقي
Mercury arc lamp	مصباح مقوس زئبقي
Mercury barometer	مقياس الضغط الجوي الزئبقي
Mercury bi chloride	ثاني كلوريد الزئبق
Mercury biiodide	ثاني يوديد الزئبق
Mercury chloride ore	كلوريد الزئبق الخام
Mercury column	العمود البارومتري
Mercury fulminate	مفرقع الزئبق (اكتشفه بيجل)

Mercury manometer	المانومتر الزئبقي ، مقياس الضغط بالزئبق
Mercury mono chloride	اول كلوريد الزئبق
Mercury nitrate	نترات الزئبق
Mercury ore	خامات الزئبق
Mercury oxide	اوكسيد الزئبق
Mercury per chloride	كلوريد الزئبقيك
Mercury pot-iodid solution	محلول يوديد البوتاسيوم الزئبقي
Mercury precipitate	الزئبق المرسب
Mercury sub-chloride	كلوريد الزئبقوز
Mercury sub-sulphate	تحت سلفات الزئبق
Mercury thiocynate	ثايو سيانيد الزئبق
Mercury vapour lamp	مصباح بخار الزئبق
Mercury vapour pump	مضغاط بخار الزئبق
Mereurous chloride	كالوميل كلوريد الزئبق
Meridian	خط الزوال
Meridian circle	دائره زواليه
Meridian magnetic	خط الزوال المغناطيسي
Meridian photometer	فوتو متر زوالي
Meta phenylene	ميتا فينيلين
Meta phosphoric acid	حامض الميتا فوسفوريك
Meta phosphorous acid	حامض الميتا فوسفوروز
Meta plasm	ميتا بلاسم
Meta stability	حالة الثبات المؤقته
Meta sulphuric acid	حامض الميتا كبريتيك
Meta thesis	التبادل المزدوج
Metabolism	الافعال الايضية ، النمثيل الحيوي
Metal	معدن ، فلز
Metal alloy	سبيكة معدنية
Metal amide	امايد المعدن
Metal amine	امين المعدن
Metal carbides	كربيدات المعادن
Metal rectifier	مصفى معدني
Metal sieve	منخل معدني
Metal tube	انبوب معدني
Metallic	معدني منسوب الى المعدن
Metallic charcter	صفة فلزية
Metalliferous	يحتوي او يولد معدنا
Metallist	مشتغل بالمعادن
Metallo chromy	لون المعدن الكيمياوي
Metalloid	شبه فلز
Metallurgy	تعدين ، صناعة المعادن
Metamorphism	تحويل ، تطور ، مسخ
Metastable equilibrium	اتزان شبه مستقر وسرعان ما يتحول الى حالة الاستقرار بالتحريك او التقلب
Meter	متر (وحدة قياس)، مقياس
Methaemoglobin	ميثمو غلوبين
Methane	ميثان – غاز المستنقعات
Methionine	ميثيونين
Method	طريقة
Method of mixture	طريقة الخلط

Methyl	المثيل – المجموعة الاحادية التكافؤ توجد متحدة مع مجموعة الايدروكسيد في الكحول المثيلي وفي مجموعة الكاربوكسيل في حمض الخل
Methyl acetate	خلات الميثايل
Methyl alcohol	مثيل الكحول ويستعمل للتعقيم والاشتعال، الكحول المثيلي
Methyl aldehyde	الديهايد المثيل
Methyl amine	امين المثيل
Methyl amino phenol	مثيل امينو فينول
Methyl amyl ketone	مثيل اميل كيتون
Methyl anilin	انيلين المثيل
Methyl arsonic acid	مثيل حامض الارسنيك
Methyl benzene	مثيل بنزين
Methyl benzoate	مثيل بنزويت
Methyl benzoic acid	مثيل حامض البنزويك
Methyl blue	المثيل الازرق
Methyl bromide	مثيل برومايد
Methyl carbamate	مثيل كارباميت
Methyl cellulose	سليلوز المثيل يحضر من السليلوز والكحول المثيلي مع وضع مادة لسحب الماء من التفاعل
Methyl chloride	كلوريد المثيل
Methyl chloride	كلوريد المثيل
Methyl chloro carbonate	كلور كاربونيت المثيل
Methyl chloroform	كلوروفورم المثيل
Methyl cyanide	سيانيد المثيل
Methyl cytisine	سيتسين المثيل
Methyl epinephrine	ابني فرين المثيل
Methyl ether	ايثر المثيل
Methyl ethyl ether	اثيل ايثر المثيل
Methyl green	اخضر المثيل
Methyl hexamine	هيكزامين المثيل
Methyl hexyl ketone	هيكزايل كيتون المثيل
Methyl iodide	ايوديد المثيل
Methyl isobutyl ketone	ايزو بيوتل كيتون المثيل
Methyl morphine	مورفين المثيل
Methyl mustard oil	زيت الخردل المثيلي
Methyl orange	المثيل البرتقالي
Methyl oxide	اوكسايد المثيل
Methyl propyl ether	بروبيل ايثر المثيل
Methyl pyridine	بريدين المثيل
Methyl quanidine	كواندين المثيل
Methyl radical	جذر المثيل
Methyl red	احمر المثيل
Methyl rosaniline chloride	كلوريد الانيلين الورد المثيل
Methyl rubber	مطاط المثيل
Methyl salicylate	سليسليت المثيل
Methyl silicone resin	علج سيليكون المثيل، راتنج سيليكون المثيل
Methyl sulphate	كبريتات المثيل
Methyl thio bromine	ثايو برومين المثيل
Methyl violet	بنفسجي المثيل
Methyl yellow	اصفر المثيل
Methylated spirit	الكحول المثيلي سبيرتو لايصلح لغير الاشتعال
Methylating spirit	كحول مثيلي
Methylene blue	ازرق المثيل
Methylene digallic acid	حامض العفصيك المثيل

Methylene dioxy benz aldehyde	ثاني اوكسيد بنز الديهايد المثيل
Methylol melamine	ميلامين المثيل
Mica	حجارة شفافة مثل الزجاج، الميكا
Micro	جزاء من مليون
Microbe	جرثومة مجهرية وهي اما حيوان او نبات
Microchemistry	الكيمياء المجهرية
Microcosmic salt	املاح مشتقة من ادرار الانسان
Microcosmos	العالم الاصغر
Micrology	علم الاشياء المجهرية
Micrometer	مقياس ابعاد الاشياء الدقيقة ، مايكروميتر
Micron	ميكرون = ١ \ ١٠٠٠ من المليمتر ويرمز له μ
Microscope	مجهر ، ميكرسكوب
Microscopic	مجهري، ميكروسكوبي
Migration	هجرة
Migration constant	ثابت الهجرة والارتحال
Migration of ions	رحيل الايونات
Migration transport number	العدد المهاجر المرتحل
Mild alkalis	قلويات خفيفة
Milk	حليب
Milk cistern	مستودع اللبن
Milk of lime	لبن الجير
Milk powder	مسحوق الحليب
Milk sickness	مرض الحليب
Milk sugar	سكر الحليب
Mill	طاحونه
Mill chips	جبس الطاحونه
Mill dust	غبار الطاحونه
Mill hopper	منخل الطاحونه
Mill stone	حجر الطاحونه
Mill work	شغل الطاحونه
Milli litre	واحد من الف من اللتر ويساوي سم^{٣}
Millimeter	١ / ١٠٠٠ من المتر، الملميتر
Millimicron	مليميكرون
Million	ميليون
Million’s reagent	كاشف ميليون
Mineral	معدني
Mineral oil	زيت معدني
Minerology	علم المعادن
Minimum	النهاية الصغرى
Mining	العمل بالمناجم
Mining company	شركة للمناجم
Mining engineering	هندسة المناجم
Mining industry	صناعة المناجم
Mining lamp	مصباح المناجم
Mining laws	قوانين المناجم
Mining produce	نواتج المناجم
Minium	مينيوم رصاص احمر
Minor	قاصر غير راشد قليل الاهمية
Minute	دقيقة ، لحظة ، برهة ، صغيرة جدا
Mirage	سراب
Mirror	مرأة
Mirror image	صورة المرأة
Mirror like	مثل المرأة
Mirror reading	القراءة بالمرأة
Miscellaneous	مختلط ، متفرقات
Miscibility	قابلية الامتزاج
Mispickel	سلفايد الزرنيخ الحديدي
Mix	خلط ركب

Mixable	قابل للتركيب والامتزاج
Mixed oxide	اكسيد مختلط
Mixer	ماكنة الخلط
Mixing battery	بطارية المزج
Mixing drum	طبل لخلط المساحيق وخاصة مساحيق المتفجرات مثل البارود الاسود
Mixing machine	ماكنة الخلط
Mixing mill	طاحونة الخلط
Mixing plant	الالات الخلط
Mixing sieve	منخل الخلط
Mixing tube	انبوبة المزج
Mixture	مزيج، خليط
ml	١ / ١٠٠٠ من اللتر (اي سم^{٣})
Mn	الرمز الكيمياوي لعنصر المانغنيز
Mo	الرمز الكيمياوي لعنصر الموليبيديوم
Mobile	متحرك ، قابل للحركة
Mobility	قابلية للحركة والانتقال
Mobilization	تعبئه للحرب، التعبئة لمهمة ما
Mobilize	عبأ الجيوش، عبأ لمهمة ما
Mode	كيفية ، اسلوب
Model	انموذج مثال قدوة
Model plant	ادوات نموذجيه
Model test	اختبار نموذجي
Moderate	هادئ، لطيف ، مابين بين
Moderator	مهدئ ، مرتب ، مدبر ، متولي حفظ النظام
Modern	حديث العهد، عصري
Modification	تعديل ، تحوير ، تكييف
Modify	حول وعدل ،لطف، حور
Modulus	معامل في الرياضيات والطبيعيات
Modumite	حصوة الكوبالت المتماسكة
Moebius process	سلسلة تفاعلات موبيس
Mohair	نسيج من صوف المرعز (عنز انقرة)
Mohers salt	كبريتات الحديد الامونياتي
Mohwa oil	زبد الخضروات
Moist gas	غاز رطب
Moistening apparatus	اجهزة الترطيب
Moistening machine	ماكنة الترطيب
Moisture	رطوبه
Molar	جزيئ ، وهي كتلة جزيئ الغرام الواحد، ضرس
Molar concentration	التركيب الجزيئ او عدد الجزيئات الغرامية من المادة مذابة في لتر في محلول
Molar solution	محلول جزيئ
Mole	كمية من المادة تساوي بالوزن الى وزنها الجزيئ
Molecular	جزيئ
Molecular compounds	مركبات جزيئيه

Molecular concentration	التركيز الجزيئ ،او عدد الجزيئات الغرامية من المادة مذابة في التر من المحلول
Molecular crystals	بلورات جزيئية
Molecular energy	طاقة جزيئية
Molecular equation	معادلة جزيئية
Molecular formula	الصيغة الكيمياوية الجزيئة
Molecular gas constant	الثابت الجزيئ للغازات
Molecular heat	الحرارة الجزيئيه
Molecular osmotic pressure and relative density	الضغط الازموزي والكثافة النسبية الجزيئية
Molecular speed	السرعة الجزيئيه
Molecular volume	الحجم الجزيئي
Molecular weight	الوزن الجزيئ
Molecule	جزيئ اصغر قطعة من العنصر لها القابلية على الاحتفاظ بخواص العنصر
Molten	ذائب ، مصهور ، منصهر
Molybdate	املاح الموليبدنيوم
Molybdenite	وميض الموليبدنيوم
Molybdenum	عنصر كيمياوي (عدد ذري ٤٢ ووزن ذري ٩٥,٩٤)
Molybdenum disulphide	ثاني سلفايد الموليبدين
Molybdenum glance	لمعان الموليبدين
Molybdenum steel	فولاذ الموليبدين
Molybdenum sulphide	سلفايد الموليبدين
Molybdenum tri oxide	ثالث اوكسايد الموليبدين
Molybdite	خامات الموليبدين
Molybdo – phosphate	فوسفات الموليبدين
Moment	لحظه ، برهه، عزم الدوران
Momental	هام ، خطير الشأن
Momentary	وقتي ، لبرهه فقط
Momentum	زخم مقدار الحركة وهي خاصية جسم متحرك التي تحدد الفترة الزمنية اللازمة لجلبها لحالة السكون لدى تعرضها لقوة او عزم دوران ثابت
Monarda oil	دهن المناردا
Mono	احادي
Mono – sodium glutamate	كلوتاميت الصوديوم الاحادي
Mono- atomic ion	ايون احادي الذره
Mono- bromo benzene	البنزين احادي البروم
Mono- carboxylic acid	حامض الكاربوكسيليك الاحادي
Mono- chloro ethane	كلورو ايثين الاحادي
Mono hydrate sodium carbonate	كاربونات الصوديوم الاحادية الهيدروجين
Mono- hydric	احادي الهيدروجين
Mono- layer	طبقه واحدة
Mono- molecular	احادي الجزئ
Mono- nuclens	نواة احادية
Mono- sacharose	سكروس احادي
Mono- silicate	سليكات احادية
Mono- sulphonic acid	حامض السلفونيك الاحادي

Monoatomic	احادي الذرة
Monobasic	احادي القاعدة
Monochromatic	كروماتيك احادي، احادي اللون
Monoclinal system	فصيلة ذات المحور الواحد
Monosaecharides	سكريات احادية
Monose	سكر احادي
Monotropic	احادي الاتجاه
Monotropic change	تغير احادي الاتجاه
Monovalent	احادي التكافؤ
Monoxide	اول اوكسيد
Montropa	احادي الصور
Morass ore	خامات الحديد المستنقعيه
Morbit	مصاب بالسوداء
Mordants	مثبتات اللون
Morphine	افينون ، ترياق، مورفين
Morphine hydrochloride	المادة لاساسية المخدرة في الترياك
Morphinism	المرض المورفيني وهو عادة الادمان على الترياق
Morphinist	مدمن المورفين
Morphinize	حقن او عالج بالمورفين
Morphino Mania	الجنون المورفيني من اخذ المورفين بكثره
Morphology	علم تركيب الاجسام الحيه، المورفولوجيا
Mortar	هاون، مونة
Mortar amalgamation	الطلي بالزئبق بواسطة الهاون
Mortar floor	طحين الهاون
Mortar joint	مفصل الهاون
Mortar mill	طاحونه هاونيه
Mortar mixing	الخلط بالهاون
Mosaic	فسيفساء
Moss	طحالب
Mother	ام ، والدة
Mother cell	الحجيرة الاصلية
Mother liquor	السائل الام – وهو المتخلف من العمليات مثل سائل التبلر
Mother substance	المادة الاصلية
Mother syrup	الشيره الاصليه
Mother vinegar	الخل الاساسي
Motile	متحرك ذاتيا
Motility	الحركة الذاتية
Motion	حركة ، تنقل ، سير
Motion equation	المعادلة المتحركة
Motion picture	الصورة المتحركة
Motor gas	غاز المحرك
Motor oil	زيت المحركات
Motor spirit	كحول المحركات
Mountain chalk	طباشير الجبل
Mountain elm	شجرة الدردار الجبلي
Mountain pine oil	زيت الصنوبر الجبلي
Mountain spring water	ماء العيون الجبلية
Mountain wood	خشب الجبل
Mouth wash	غسول الفم
Move	حركة ، يتحرك
Movement	حركة
Ms Th	ميزوثوريوم
MSG	كلوتامنيت الصوديوم الاحادي
Mucara	صمغ الكثيره
Mucic	مخاطي، هلامي
Mucilage	سائل صمغي ، غراء

Mucin	ميوسين (الغراء الحيواني)
Muck	دمن ، دمان ، سماد ، زباله، مجموعة نباتات متعفنة ، وحل
Mucous	مخاطي ، لزج ، غروي
Mucous membrane	غشاء مخاطي
Muffle furnace	الفرن المخفي
Mulberry tree	شجرة التوت
Multi- nuclear	متعدد النواة
Multi- rotation	متعدد الدوران
Multiple proportion law of	قانون النسب المضاعفة
Multiple proportions	النسب المضاعفة
Multiply	كثر، تكاثر ، ضرب عددا
Muriate	املاح حامضيه
Muriatic acid	ماء النار حامض ميرياتيك او هيدروكلوريك
Mushroom	فطر، سريع النمو
Musk	المسك
Must	عصير الفواكه او العنب، خمر غير مختمر
Mustard	خردل ، حب الخردل
Mustard gas	غاز الخردل السام : يحضر من الاثيل وكلوريد الكبريت

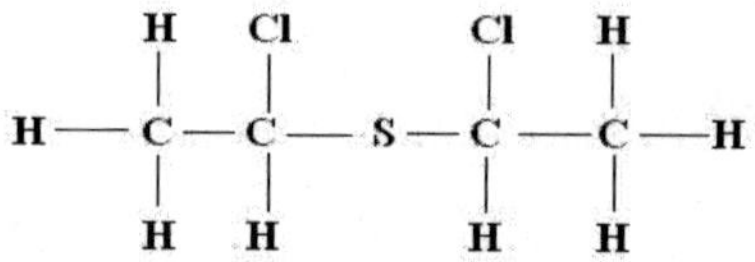

Mustard oil	زيت الخردل
Mustard powder	مسحوق الخردل
Muzzle	كمامة ، فوهة المدفع او البندقية
Myall wood	خشب البنفسجي
Myrica oil	دهن شجرة الغار
Myricin	ميركل بالميتيت
Myristica oil	زيت جوزة بوه
Myristyl alcohol	الكحول رابع دسيل
Myrrh	المر المكاوي
Myrrhs tincture	صبغة المر المكاوي

N

N	التركيز القياسي
N.N.R	الادوية الجديدة غير الرسمية
N.T.P (normal Temperature and Pressure)	درجة الحرارة والضغط العاديين
N.V.M (non-volatile matter)	مادة غير متطايرة
N/2 solution	محلول نصف عياري وهو محلول قياسي يحتوي اللتر منه على نصف الوزن المكافي للمادة الذاتية
N/5 solution	محلول خمس عياري وهو محلول قياسي يحتوي اللتر منه على خمس ١/٥ الوزن المكافئ للمادة
Na	صوديوم عنصر
$NaAl_2$	الرمز الكيمياوي لعنصر الصوديوم
Name	اسم ، صيت ، سمعه
NaOH	هيدروكسيد الصوديوم
Napalm	قنبلة النايالم
Naphta	نقط مزيج من الايدروكاربونات يحصل عليها بتقطير زيت البترول الخام او قطران الفحم الحجري وتنحصر درجة الغليانها بين ١٥ – ١٥٠ م°
Naphthalene	نافثالين
Naphthalene derivative	مشتقات النفثالين
Naphthalene sulfonic acid	نافثالين حامض السلفونيك

Naphthol	نافثول

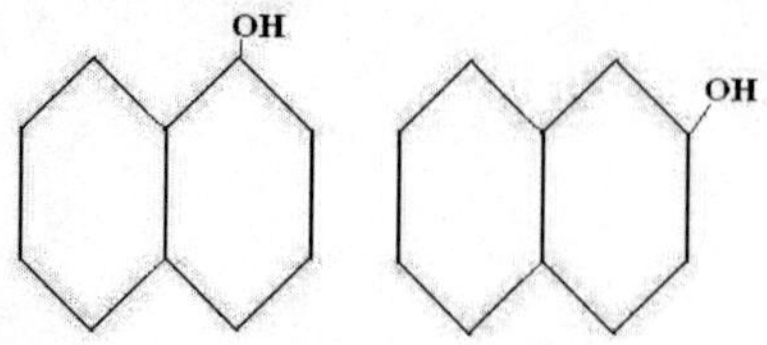

α β

Naphthol blue	ازرق النافثول
Naphthol ethyl ether	اثيل ايثر النافثول
Naphthol methyl ether	مثيل ايثر النافثول
Naphthol orange α	برتقالي الفا نافثول
Naphthol salicylate	سليسيليت النافثول
Naphthol yellow	اصفر النافثول
Napiform	مثل راس الفجل
Naples yellow	صفرة نابل ،انتومونات الرصاص
Narcotic	منوم ، مخدر
Narcotine	ناركوتين مادة منومة او مخدرة
Narcotism	تنويم تخدير
Naringin	نارنجين
Narrow	ضيق قليل العرض محصور
Nascency	حداثه ، تجدد
Nascent	حديث التولد
Nascent hydrogen	هيدروجين حديث
Natural	طبيعي ، فطري ، خام
Natural gas	غاز طبيعي
Naturally	بالطبع ، طبيعيا، بلا تصنع
Nature	الطبيعه ، فطره، سليقه ، خلقه
Nb	الرمز الكيمياوي لعنصر النوبتيوم
Nd	الرمز الكيمياوي لعنصر النيودميوم

Ne	الرمز الكيمياوي لعنصر النيون الغازي
Near	قريب
Nebulae	ضبابة ، غشوة، سحابة (على قرنية العين)
Necessary	ضروري
Needle antimony	ابرة انتيموني
Negative valency	تكافؤ سالب - طلقة الاتحاد السالبة
Neon	نيون عنصر كيمياوي عدد ذري ١٠ ووزن ذري ٢٠,١٨٣
Neon tube	انبوب ضوئي
Nepheline	نفثالين
Nerolin	مثيل ايثر نافثول
Nessler's reagent	كاشف نسلر
Nettle	حشيشة الفريص
Neulands octaves	ثمانيات نيولازو
Neuton alloy	سبيكة نيوتن
Neutral	متعادل ، محايد على الحياد . اي حذف الحامضية والقاعدية من المحلول مثلا تفاعل الحامض مع القاعدة يكون ملح وماء
Neutral point	نقطة التعادل
Neutral salt	ملح متعادل
Neutralisation curve	منحنى التعادل
Neutralization	تعادل
Neutration	تعادل
Neutron	نيوترون المحايد هو الجسم المتعادل الشحنة الذي يدخل في تركيب نواة ذرة الايدروجين وكتلة تساوي تقريبا كتلة ذرة الايدروجين
Ni	الرمز الكيمياوي بمعدن النيكل
Niacin	حامض بنكوتينك
Nickel	نيكل (معدن كيمياوي عدد ذري ٢٨ ووزن ذري ٥٨.٧١)
Nickel ammonium sulphate	كبريتات النشادر النيكلي
Nickel antimony glance	لمعان الانتيموني النيكلي
Nickel arsenic glance	لمعان الزرنيخ النيكلي
Nickel bath	حمام نيكلي
Nickel carbonate	كاربونات النيكل
Nickel carbonyl	كاربونيل النيكل
Nickel chloride	كلوريد النيكل
Nickel chrome steel	كروم النيكل الفولاذي
Nickel copper zinc alloy	سبيكة الخارصين والنحاس والنيكل
Nickel glance	النيكل الزرنيخي الخام
Nickel II oxide	اوكسيد النيكل الاخضر
Nickel III oxide	اوكسيد النيكل الاسود
Nickel line	نحاس ونيكل
Nickel monoxide	اول اوكسيد النيكل
Nickel nitrate	نترات النيكل
Nickel ore	النيكل الخام
Nickel plate	صفيحة نيكل
Nickel pyrites	احجار النيكل
Nickel silver	الفضه الالمانيه
Nickel sulphate	كبريتات النيكل

Nickel sulphate hepta hydrate	سابع هيدريت كبريتات النيكل
Nickel sulphide	سلفايد النيكل
Nickolson's blue	الزرقه القاعدية
Nicol prism	منشور نيكل
Nicotinic acid	حامض نيكوتينيك
Nicotinisim	التسمم بالنيكوتين
Niobium	كلومبيوم عنصر عدد ذري ٤١ وزن ذري ٩٢.٩٠٦
Niton	نيتون عنصر كيمياوي ورمزه Nt
Nitrate	ازوتات، نترات
Nitrate bacteria	جرثومة (او بكتريا) تعيش على مادة النترات
Nitrate fertilizer	سمات النترات
Nitrate ion	ايون النترات
Nitrate reduction	اختزال الازوتات
Nitrating acid	الحامض المزيج
Nitrating apparatus	اجهزة النايتريشن
Nitrating plant	ادوات عملية ادخال النتروجين الى المركبات
Nitration	نترته – ادخال النتروجين الى المركبات العضوية وغير العضوية
Nitre	ملح البارود
Nitric acid	حامض النتريك تيزاب
Nitric esters	املاح النتروجين العضوية
Nitric oxide	اوكسيد النتريك
Nitride	نترايد
Nitrification	المزج او المعالجة بالنترتة
Nitrite	نترايت
Nitro benzene	نترو بنزين
Nitro chloroform	نترو كلوروفورم
Nitro cinnamic acid	نترو حامض الدارسين
Nitro copper	ازوتات النحاس
Nitro derivatives	مشتقات الازوت
Nitro dye	صباغ الازوت
Nitro explosive	مفرقعات الازوت
Nitro fatty acid	ازوتات الحامض الشحمي، نترو الحامض الشحمي
Nitro gelatine	جيلاتين الازوت
Nitro group	مجموعة نترو
Nitro phenol	نترو فينول
Nitro prusside reaction	تفاعل نتروبروسيد
Nitro starch	ازوتات النشأ ، نترو النشأ
Nitro sulphate of iron	كبريتات الازوت الحديدي
Nitro sulphonic acid	حامض السلفونيك الازوتي
Nitro sulphuric acid	حامض الكبريتيك الازوتي
Nitro toluene	نترو تلوين
Nitroaromalie compound	المركبات النتروجينية العطرية وتتستعمل كمفرقعات في الوقت الحاضر
Nitrocelluse	قطن البارود – وهو مفرقع عالي
Nitrocelluse silk	حرير النايتروسلسلوز
Nitrogen	نتروجين غاز عدد ذري ٧
Nitrogen chloride	كلوريد النتروجين
Nitrogen cycle	دورة النتروجين في الطبيعة

Nitrogen free — بدون ازوت
Nitrogen monoxide — اول اوكسيد الازوت
Nitrogen mustard — خردل النتروجين
Nitrogen oxide — اوكسيد الازوت
Nitrogen pent oxide — سابع اوكسيد الازوت
Nitrogen penta oxide — سابع اوكسيد الازوت
Nitrogen peroxide — بيروكسيد الازوت
Nitrogen tetra oxide — رابع اوكسيد الازوت
Nitrogen tri oxide — ثالث اوكسيد الازوت
Nitrogen tri oxide — ثالث اوكسيد الازوت
Nitroglycerin — نتروكليسيرين – وهو ايثر نتريك الكليسين وهو سائل زيتي مائل الى الصفرتومفرقع قوي
Nitrometer — نترومتر مقياس الازوت . جهازيحتوي انبوبة طويلة كانبوبة السحاحة ومدرج بالسنتيمترات لقياس حجوم النتروجين الناتج من تفاعل كيمياوي
Nitron — نطرون وهو الشوره – او نترات البوتاسيوم المستعملة في البارود
Nitrosoxide — غار المضحك
Nitrosyl chloride — كلوريد النتروسيل
Nitrous — ازوتوز ، نتروز
Nitrous anhydride — ازوتو لامائي ، نتروز لامائي
Nitrous oxide — اوكسيد ازوتوز ، اوكسيد النتروز

Nobel — عنصر ضعيف نسبيا . ولم يكن فعال كيمياويا ، خامل ، مقاوم للتفاعل الكيمياوي
Nomenclature — تسميه
Non –acid — خالي من الحامض
Non –aqueous — خالي من الماء
Non- chemist — ليس كيمياويا
Non- combustible — غير قابل للاحتراق
Non- conductor — غير موصل
Non- corrosive — غير مقرض، غير تآكلي
Non- destructive — غير اتلافي ، غير متلف
Non- divided — غير مقسم
Non drying oil — زيت عديم الجفاف
Non- electrolyte — سائل غير المتروني
Non- explosive — غير متفجر
Non –flammable — غير قابل للالتهاب
Non fuming sulphuric acid — حامض الكبريتيك العديم الانخرة
Non –fusible — غير منصهر
Non –gaseous — لايكّون غاز، غير غازي
Non gassy — خالٍ من الغاز
Non inflammable — غير قابل الاشتعال، ليس سريع الاشتعال
Non magnetic — غير مغناطيسي
Non- metal — غير فلز، لا معدني
Non- metallic character — صفة غير فلزية ، طبيعة غير فلزية
Non- pignented — غير مصبوغ
Non- poisonous — غير سام
Non- polar — عديم الاستقطاب
Non- positive — غير موجب
Non- professional — غير مهني، غير محترف
Non- reversible, irreversible — غير معكوس ، لا يقلب ، لا يعُكس

Non- rusting	لا يصدأ
Non- sensibility	غير قابل للاحساس
Non- spherical	غير كروي
Non- sugar	عديم السكر ، غير سكري
Non- transparent	غير شفاف
Non- uniform	غير مرتب، غير منتظم
Non- volatile	غير متطاير
Normal	اعتيادي
Normal concentration	تركيز عياري
Normal density of a gas	كثافة الغاز العادية
Normal pressure	الضغط العادي
Normal salt	املاح عادية
Normal solution	محلول عياري . عادي ،مكافئ ،نظامي المحلول المكافي هو محلول الذي يحتوي اللتر منة على الوزن المكافئ الغرامي (بالغرامات) للمادة المذابة
Normal temperature	درجة الحرارة العادية
Nose drop	نقط للانف
Nourishment	تغذية ، طعام
Novacaine	نوفا كايين
Novalgin	نوفاالجين دواء مهداء للالام
Np	الرمز الكيمياوي لعنصر النبتونيوم
Nt	الرمز الكيمياوي لعنصر النيتون
Nuclear	نووي
Nuclear chain reaction	تفاعل متسلسل نووي
Nuclear change	تغيير نووي
Nuclear charge	شحنة النواة
Nuclear fission	ولقد وجده انه قصف نوى بعض العناصر المشعة بالنترونات فانها تنشطر الى شطرين متساويين بالاضافة الى عدد قليل من النيوكليونات
Nucleic acid	حامض النووي
Nucleo- plasm	نيكلو بلازم
Nucleo- proteins	بروتينات نووية
Nucleus	نواة
Nucleus of atom	نواة الذرة
Number	عدد
Number of compound	عددالمركبات
Number of phases	عدد الاطوار ، عدد الحالات التجانس في نظام غير متجانس ويقال للنضام الذي يجمع بين الثلج والماء والبخار
Number of saponification	الرقم التصبن ، رقم تحويل الدهن وغيره الى صابون
Numerous	عديد كثير
Nut oil	زيت الجوزاو البندق
Nut wood	خشب الجوز
Nutmeg	جوزة الطيب
Nutmeg oil	زيت جوزة الطيب
Nutrient	مغذي ، مادة مغذيه
Nutritional	غذائي
Nux vomica	ثمرة لشجر النوكس فوميك
Nylon	نايلون
Nylon depolymerization	فك بلمرة النايلون

O

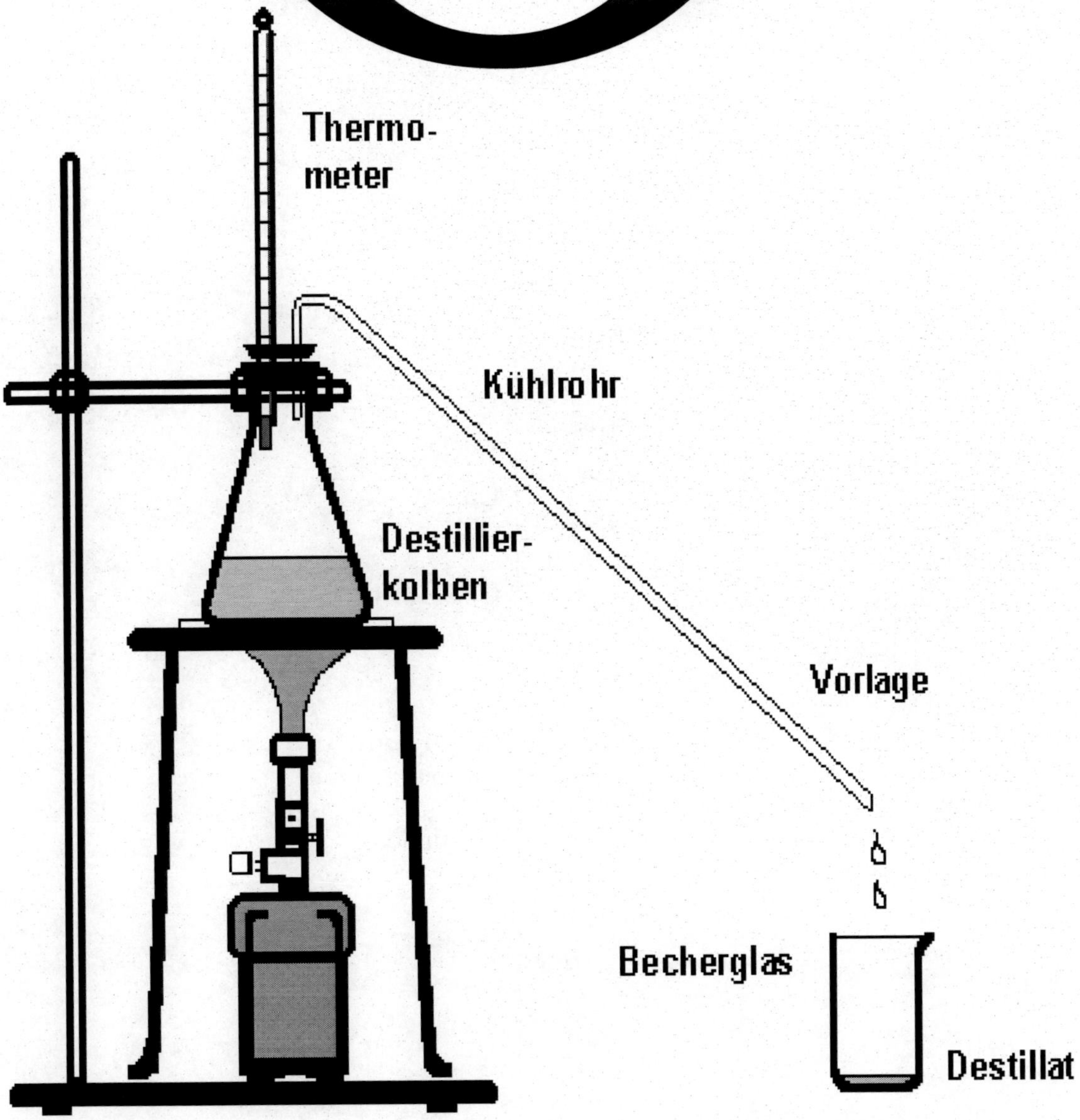
Thermo-
meter
Kühlrohr
Destillier-
kolben
Vorlage
Becherglas
Destillat

O.M= organic matter	مادة عضوية
O_2	رمز مركب الاوكسجين
Oak	بلوط
Oak bark	لحاء البلوط
Oak gall, Oak apple	عنصر البلوط
Oak leaf	ورقة بلوط
Oak tree	شجرة بلوط
Oat, Oats	هرطمان ، شوقان
Oaten	هرطماني
Obesity	سمنه
Object	شيء، مادة جسم
Object holder	ماسك الجسم
Objection	مانع ، اعتراض ، رفض
Oblate	مفرطح القطبين
Oblique	مائل ، منحرف
Obliquely	يميل بانحراف
Obliterated	منطمس، ممحو ، مندرس
Obliteration	طمس ، محو ، درس
Observation	ملاحظة ،رصد ، مراقبة
Observation hole	ثقب المراقبة
Observation mirror	مرآة المراقبة
Observe	لاحظ ، نظر، رصد
Obstruct	سد ، منع ، حجز ، عاق
Obstruction	سد ، مانع ، حاجز
Obtain	احرز ، نال ، حصل
Obtainable	ممكن الحصول عليه
Obturate	سطم، سد
Obturator	ساد، غطاء، سطام
Occlude	سد ، اقفل ، حبس، امتص ، تشرب
Occlusion	انسداد ، اقفال، سد
Occlusion of hydrogen	امتصاص الهيدروجين
Occur	وقع ، جرى ، حدث ، وجد
Occurrence	وجود ، حدوث
Ochre, Ocher	مغره ، تراب حديدي
Ociyl alcohol	كحول ابتدائي
Octahedron	مثمن السطوح ،جسم بلوري تحدده ثمانية سطوح
Octane number	عدد الاوكتين ،وهو الهيدروكربور المشبع الموجود في جوهر البترول (وتسمى وحدة قياس البترول)
Octanol	كحول كابريليك
Octanone	مثيل هكزيل كيتون
Octavalent	ثماني التكافؤ
Octaves	ثمانيات
Octene	اوكتيلين
Octet theory	نظرية الثمانيات
Octylenic acid	حامض اوكتيلينيك
Ocular	عيني، نظري ، بصري
Odd	متهجن ، غريب ، شاذ، فردي ، وتري
Odd molecule	جزائ ، مفرد
Odds	فائدة ، منفعة، تفاوت ، فرق ، ترجيح ، ميزه
Odoriferous, odorous, odorant	عطري ، زكي الرائحة ، ذورائحة طيبة
Odoriphore	شذى ،اريج ،رائحة
Odour	رائحة ، شذى
Odourless	بدون رائحة ، عديم الرائحة

Oenanthlic acid حامض اونانيثلي ، حامض دهني احادي القاعدة زيتي القوام له رائحة كريهة ينصهر عند درجة ١٠ م° ويغلي بدرجة ٢٢٣م° لايذوب في الماء ويذوب في الكحول والايثر والكلوروفوم

Oesiradiol هرمون جنسي

Oestrogen هرمون جنسي للانثى

Office مكتب ، مكان الادارة، دائرة

Officinal صيدلي ، طبي

Officinal herb عشب طبي

Oil دهن ، زيت

Oil absorption امتصاص الزيت

Oil aremeter مكثفه السوائل الدهنية ، ميزان الثقل النوعي

Oil bag كيس دهني

Oil barrel برميل دهني

Oil box صندوق دهني

Oil brake دهن بريك، زيت الكابح

Oil burner مصباح زيتي

Oil case صندوق معدني للزيت

Oil chamber غرفة الزيت، حجرة الزيت

Oil change تبدل الزيت، تبديل الزيت

Oil cleaner منظف الزيت

Oil damping ترطيب الزيت

Oil dish ماعون الزيت، صحن الزيت

Oil duct قناة زيتية

Oil engine ماكنة زيتية

Oil free بدون زيت

Oil heating تسخين الزيت، التسخين بالزيت

Oil immersed مغمور بالزيت

Oil in water emulsion مستحلب الماء في الدهن

Oil insulation العزل بالزيت

Oil mineral دهن معدني

Oil of almond زيت اللوز

Oil of anise زيت الانسون

Oil of cade دهن القطران

Oil of caraway زيت حبة حلوه

Oil of caster دهن الخروع

Oil of chenopodium دهن جينوبوديوم

Oil of cinnamon زيت الدارسين

Oil of cloves زيت القرنفل

Oil of cubebe زيت الكبابه

Oil of dill زيت الكزبره

Oil of eucalyptus زيت اليوكالبتوس

Oil of lavender زيت اللافندر

Oil of lemon زيت الليمون

Oil of linseed زيت بذر الكتان

Oil of mustard زيت الخردل

Oil of nutmeg زيت جوزة طيب

Oil of pepermint زيت النعناع

Oil of pumpkin زيت القرع او اليقطين

Oil of rosemary زيت الورد

Oil of sandal wood زيت خشب الصندل

Oil of sesame دهن السمسم

Oil of wintergreen زيت شجرة البتول، زيت البتول ، زيت سلسلات المثيل المطري

Oil olive زيت الزيتون

Oil plant مصفى النفط

Oil pump مضخة الزيت

Oil seed دهن الحبوب

Oil test فحص الزيت، اختبار الزيت

Oil transformer محولة زيتية

Oil wood زيت خشبي

Ointment مرهم

Ointment base قاعدة المرهم، اساس المرهم

Oleate زيتات ، وهو ايستر او ملح حامض اوليك او زيتيك او ليفبنات

Olefins وهو هيدرو كاربوني اثيلين

Oleic acid حامض اوليك اوزيتبك ، حامض عضوي دهن غير مشبع

Olive oil زيت الزيتون

Olive tree شجرة الزيتون

Olivine اوليفين

Omission حذف ، اسقاط ، ترك

Omit حذف ، اسقط ، ترك

Opaque معتم ، غير شفاف

Open مفتوح ، مكشوف

Operate شغّل

Operating التشغيل

Operating time وقت العملية، زمن التشغيل

Operation عملية

Operation research بحوث العمليات

Opium صمغ الخشخاش ، مورفين ، الافيون ، الترياق

Opium eater متعاطي الافيون او الترياق

Opium extract عصارة الترياق

Opium poppy ثمرة الخشخاش

Opium smokers مدخنين الافيون

Opium tincture صبغة المورفين

Opium-den المكان الذي يتردد عليه متعاطو الحشيش

Opiumism عادة الادمان على الافيون

Opposite عكس ،مضاد

Opposition مخالفة ، مقاومة ، مضاده، اعتراض

Optical عيني ، نظري ، بصري

Optical isomerism ايسوميرية ضوئية ، حالة تتشابة فيها مادتان في الخواص الطبيعية والكيمياويه وتختلفان في تاثير محاليلها في الضوء المستقطب فتمثل احداهما مستوى الاقطاب الى اليمين والاخر الى اليسار

Optical speetra اطياف بصرية

Oral شفوي

Orange blossom oil دهن القداح

Orange peel قشر البرتقال

Orange peel oil زيت قشر البرتقال

Orange root جذر البرتقال

Orbicular كروي ، مستدير ، مداري

Orbiculated مستدير دائري

Orbit مدار ، فلك

Orbital مداري

Orbits مدارات الكترونية ،هي مسارات الالكترونات حول النواة في الذرية

Order نظام ترتيب نسق

Ordinal	ترتيبي، نظامي، كتاب الطقوس الدينية
Ordinary	عادي، اعتيادي ، مألوف
Ore	معدن خام
Ore deposit	تراب معدني ثمين، ترسبات خام
Ore minerals	خامات معدنية
Ore separator	عازل المعدن من خاماته
Ore washing	غسل المواد الخام
Oretin	قصدير خام
Organic	عضوي
Organic analysis	تحليل عضوي
Organic catalysts	عوامل مساعدة عضوية
Organic chemistry	الكيمياء العضوية
Organotherapy	مداواة الانسجة العضوية ، مداواة الاعضاء
Oriental	شرقي ، مشرقي
Orifice	فوهة ، فتحة
Origanum oil	دهن الثايم
Original	اصل ، نسخة اصلية
Originate	نشأ ، بدأ ، تولد
Ornament marble	رخام للزينة
Orpiment	ثالث كبريتيد الزرنيخ
Orpiment	كبريتوز الزرنيخ الاصفر
Ortho	بددئه معناها قديم ، ارثو : ارثو وتدل على مشتقات البنزين المحضر باحلال او حامض يحتوي كمية العادية من الماء والمتحد معه مثل حامض ارثوسفوريك
Ortho	مؤشر الاحلال المجموعة محل الهيدروجين في حلقة البنزين
Ortho phosphoric acid	اورثو حامض الفوسفوريك
Os	الرمز الكيمياوي الى عنصر الاوزميوم
Osazones	اوسازون ، كلوكوز ، فيناين هيدرازين = هيدروزون + فيناين هيدرازين = اوسازون . ليميز انواع السكريات
Oscillate	تذبذب ، تراوح
Osmic acid	حامض الاوزميك، رابع اوكسيد الازميوم ويستعمل محاليل للتلوين عند الفحص المجهري
Osmium	ازميوم (عنصر العدد الذري ٧٦ ووزن ذري ١٩٠.٢)
Osmosis, osmose	تنافذ ، ارتشاح ، تناضح
Osmotic pressure	ضغط ارتشاحي او تناضحي او تنافذي
Ossification	تعظم ، تحول الى عظم
Osteology	علم تكون العظام
Ostwald's law	قانون استولد
Otto, attar , ottor	زيت الورد، عطر الورد
Out	خارج، خارجا
Outer	خارجي ، اقصى ، أبعد
Outer orbit	مدار خارجي
Outface	واجهة ، جهة خارجية
Outfit	لوازم ، معدات السفر
Outhouse	بناء صغير تابع لدار اكبر منه ، مشتمل

Outlet	مخرج ، منفذ
Output	ايراد ، ناتج ، محصول
Outside	خارجا في الخارج ، براني (باللهجة العامة) ، نحو الخارج
Outward	ظاهري، خارجي
Outwash	غسل القسم الخارجي
Outwork	اشتغل اكثر من
Oval	بيضوي ، اهليجي
Ovary	مبيض الانثى
Oven	فرن مخبز
Oven balance	رجحان الوزن
Oven battery	فرن يشتغل على البطاريه
Oven drying	فرن للتيبيس
Oven man	صاحب الفرن
Oven mouth	فوهة الفرن
Oven type furnace	فرن بشكل تنور
Over acidification	زيادة في التحميض
Over charge	زيادة في ثمن الشيء او اجرة عمله
Over dye	زيادة في الصباغ
Over saturation	فوق الاشباع ، فرط الاشباع
Over sensation	فوق الحساسية، فرط الحساسية
Overall	ثوب العمل
Overboil	على اكثر من اللازم
Overdose	اكثر من الجرعة الرسمية، زيادة في الجرعة المقررة
Overflow	فيضان طفح
Overgrowth	نمو مفرط اقبال زائد
Overhead	فوقاني، فوق الرأس، اضافي او اداري

Overload	شحن او حمل اكثر من اللازم، فرط الحمل
Overload current	تيار الشحن الزائد ، تيار فرط الحمل
Overload test	اختبار الشحن الزائد، اختبار فرط
Overpressure	الضغط الزائد، فرط الضغط
Oversize	اكثر من الحجم الاعتيادي
Oversize particles	دقائق كبيرة الجسم
Oversize products	نواتج كبيرة الحجم
Overtime work	اشتغال ساعات اضافية
Overture	استهلال موسيقي ، فاتحة ، مفاتحه
Oviform	بيضي الشكل ، في شكل البيضة
Ovoid	جسم بيضوي
Ovulation	تبيض خروج البيضة من المبيض
Ovule, ovulum	بيضه غير ملقحه
Ovum	جرثومة البيضة (صيغة الجمع = ova)
Oxalate	اوكزاليت
Oxalic acid	حامض الاوكزاليك
Oxalo acetic ester	خلات ملح الاوكزاليت
Oxalyl chloride	كلوريد الاوكزاليل
Oxamine dye	صباغ الاوكزامين
Oxbil	مرارة الثور
Oxidated lead	الرصاص المؤكسد ، سبار الرصاص الارضي
Oxidation	اكسدة ، تأكسد - عملية فقدان الالكترونات من مادة ما ، وربح في العدد المكافئ مثلا الاتحاد مع الاوكسجين

Oxidation – reduction pair	زوج التأكسد والاختزال
Oxidation number	رقم التأكسد
Oxidation process	عملية الاكسدة
Oxidation reduction equations	معادلات التاكسد والاختزال
Oxidation state	حالة التأكسد
Oxide	اكسيد
Oxidising flame	اللهب المؤكِسد
Oxidizing agent	عامل مؤكِسد
Oxone	بيروكسايد الصوديوم
Oxy acid	حامض اوكسيدي
Oxy benzene	بنزين اوكسيدي
Oxy camphor	كافور اوكسيدي
Oxy chloride	كلوريد اوكسيدي
Oxy chromatin	كروماتين اوكسيدي
Oxy hydrogen	مكون من هيدروجين واوكسجين
Oxygen acid	حامض اوكسجيني
Oxygen atomocity	ذريه الاوكسجين
Oxygen bomb	قنبله اوكسجينيه
Oxygen carrier	حامل الاوكسجين
Oxygen compounds	مركبات الاوكسجين
Oxygen cylinder	اسطوانة اوكسجين
Oxygen demand	الحاجة الى الاوكسجين
Oxygen derivative	مشتقات الاوكسجين
Oxygen free	بدون اوكسجين، خال من الاوكسجين
Oxygen inhaling apparatus	جهاز استنشاق الاوكسجين
Oxygen mask	كمامة اوكسجين
Oxygen respirator	قناع او كمامة الاوكسجين
Oxygen, O_2	اوكسجين
Oxygenate, Oxygenize	شبعّ بالاوكسجين
Oxyhydrogen welding	لحيم الاوكسجين
Ozone	اوزون ، غاز ازرق قوى الرائحة له قوة مؤكسدة اشد من قوة الاوكسجين ورمزه O_3
Ozone water	ماء الاوزون
Ozonised	يحتوي على الاوزون

P

قطبية جزيئ الماء

الرابطة
الهيدروجينية
بين جزيئات الماء

P رمز الفوسفور
P.V.A كحول متعدد الشراب
Paba فيتامين ب
Packed حزم، رزم ، احزم الحزمه
Packing شد الحزم ،احزمها
Packing box صندوق الرزم او التغليف
Packing case صندوق معدني للتغليف او الرزم
Packing cloth قماش للتغليف او للرزم
Packing collar طوق للرزم
Packing machine ماكنة شد الرزم
Packing rubber مطاط التغليف
Paint دهان ،طلاء
Paint brush فرشة الدهان
Paint brush hair شعر فرشة الدهان
Paint remover رافع الدهان، إزالة الطلاء
Paint spraying رش الدهان
Paint white صبغ ابيض
Painter's gold صايغ الذهب
Painters work عمل الاصباغ، عمل الرسامين
Pair زوج
Paired electrous الكترونيات تساهمية ، زوج من الالكترونات تكون رابطة لاقطبية بين ذرتين ويساهم فيها الكترون من كل ذرة مثل الرابطة بين ذرتين من الايدروجين لتكون جزئ
Pale شاحب
Palladic بلاديك ، صفة لمركبات البلاديوم رباعي التكافؤ مثل ثنائي اوكسيد البلاديوم
Palladium عنصر بلاديوم (عدد ذري ٤٦ ووزن ذري ١٠٦,٤)
Palladium black اسود البلاديوم
Palladium gold ذهب البلاديوم
Palladium sponge اسفنج البلاديوم
Palls method طريقة بال ، هي طريقة اختزال بستخدام غاز الايدروجين في وجود البلاديوم كعامل حفار
Palm oil زيت النخيل
Palm sugar سكر النخيل
Palm tree شجرة النخيل
Palmatine بالماتين
Palmgist apparatus جهاز بالم كوست ،جهتز صغير سهل الحمل يستعمل لتقدير كمية ثنائي اوكسيد الكاربون في الجو
Palmitic acid حامض النخليك ، وهو من الحواض المستعملة في قنابل النابالم
Pan amalgamation دمج الطاسة
Pan boiling تسخين القدر، تسخين في طاسة
Pan furnace طاسة الفرن
Panama bark لحاء شجرة بانما
Panary fermentation تخمرخبزي ، مختص بالخبز
Pancreas الغدة الحلوة او البنكرياس
Pancreatic بنكرياسي
Pantachromatic or panchromatic بانكروماتك ، وصف للمادة الملونةالحساسة للضوء تركيبها واحد وتوجد في طورين يختلفان لونا مثل كبريتيد الانتيموني واول اوكسد الرصاص
Paper ورق

Paper machine	ماكنة الورق
Paper mill	معمل الورق
Paper pulp	لب الورق، عجينة الورق
Paper working	صناعة الورق
Papilla	حلمة الثدي الصغيرة ، حُليمة (للجمع Papillae)
Papillary	حلمي ، حليمي ، ذو حلمه
Para	بارا، سابقة توصل بالاسم الكيمياوي للدلالة على مشتقات البنزين الاحلالية في الوضعين الاول والرابع مثل بارا كلوروبنزين ، سابقة معناها : قريب او مانع او واق
Para – amino phenol arsenic acid	بارا امينو فينايل حامض الزرنيخيك
Para aldehyde	بارا الديهايد
Para amino benzoic acid	بارا امينو حامض الجاويك
Para amino phenol	بارا امينو فينول
Para amino salicylic acid	بارا امينو حامض السيليسيليك
Para hormone	بارا هورمون
Para lactic acid	بارا حامض اللبنيك
Para mendelic acid	بارا حامض الماندليك
Para scobic acid	بارا حامض السكوبيك
Para tartaric acid	بارا حامض التارتاريك
Parabitumenous	بارابتيومنس ، احدى صور الفحم الحجري
Paradol	بارادول $C_9H_{14}O_2$
Paraffin	زيت البرافين
Paraffin wax	شمع البرافين
Paraffine jelly	جيلاتين البارافين
Paraffine oil	زيت البارافين
Parafor maldehyde	بارافور مالديهايد
Parallel	موازى
Paralyser (catalytic poison)	مشل ، مادة توقف تفاعلا كيمياويا نتيجة تسممها بالعامل الحفاز او العامل المساعد
Paralysis	شلل، عطل
Paramagnetic	متوازي المغناطيسي
Parathyroid gland	غدة البارادرقية
Parcel	رزمه ، حزمه
Parchment paper	رق الغزال ، جلد رقيق للكتابة ، ورق سيليلوزي نقي غير مجهز يعامل بحامض الكبريتيك المركز البارد لفترة قصيرة جدا ثم يغسل ويستعمل في بعض العمليات الكيمياوية والطبيعية التي يستخدم فيها رق الغزال
Parent substance	المادة التي تستحيل الى اخرى تسمى الوليدة (طبيعة نووية)
Parenteral	ابوي ، متعلق بالوالدين
Park lily	زنبقة الحديقة
Parke's process	عملية باركز
Parkes alloys	سبيكة باركز
Parsby seed	حب الفواكه
Part	قسم
Partial pressure	ضغط جزيئي
Particle	جسيم ، دقيقة
Parting	استخلاص عملية فصل الذهب من الفضة ، فاصل بين طبقات الارض ، فراق ، مفارق

Parting acid	احماض الاستخلاص ،وهي الاحماض المستعملة في عملية الاستخلاص مثل حامض النتريك
Partition coefficient	معامل التجزئة او التوزيع
Partition law	قانون التوزيع او التجزئة ،القانون الذي ينظم عملية توزيع مادة او ايونات بين وسطين سائلين لايذوب احدهما في الاخر
Pas	بارا امينو حامض السليسيليك
Pass	مر ، عبر
Passage	ممر، اجتياز ، مجرى
Passivity	سكون ، قصور ذاتي ، سلبيه
Paste	عجينه لصوق
Pastel	قلم ملون للتصوير
Pasteur	عالم فرنسي، مصنع عملية البسترة للحليب والتعقيم الطبي وعلاج الكلب (١٨٢٢-١٨٩٥)
Pasteurisation	عملية تعقيم الحليب بستره
Pasteurized milk	الحليب المعقم ،هو الحليب المسخن الى درجة ٦٠م° ثم يرد فجأه مبستر
Pastille	اقراص عطرية او دوائية تحرق للبخور ، قرص سكري دوائي للمص عادة
Patent	اختراع مسجل نال امتياز باختراعه سجل الاختراع . امتياز احتكار
Path	طريق، ممر ، درب، مسار
Pattinson's process	طريقة باتتسون
Pauly Proten reaction	التفاعل البروتيني لباول
Pause	وقفه ، تريث
Pavys solution	محلول بافز
Pay	راتب ، معاش ، دفع ، اعطى طلي بماده كالزفت او القير او الشحم
Paying	دفع ، وفاء
Pb	الرمز الكيمياوي لعنصر الرصاص (معدن)
Pd	الرمز الكيمياوي لعنصر البلاديوم
PE= polyethylene	اثيلين مضاعف، متعدد الاثيلين
Pea	حمص
Peach aldehyde	الديهايد الخوخ (الدراق)
Peach aphid	اخضرار الخوخ (الدراق)
Peach red	احمرار الخوخ (الدراق)
Peanut	فول سوداني
Peanut oil	زيت جوز الارض
Pear	كمثرى ، عرموط
Pearl	لؤلؤ ، در ، جمان
Pearl ash	كاربونات البوتاسا غير النقيه
Pearl powder	البزموث المعطر
Pearl shell	قشر اللؤلؤ
Pearl white	بزموث اوكسي كلورايد
Peat	فحم المستنقعات مواد نباتية متحجرة تستعمل كوقود
Peck	نقر، لقط
Pecker	ناقر ، نقار
Pedal	مسند القدم، دواسة
Peel	قشر الثمر
Pegomyia hyoscyami	هايو سيامي بكوميا

Pelargonic acid حامض بلاركوينات ، وهو حامض عضوي وهي دهن ينتج من اكسدة حامض الاوليك وهو يذوب في الماء والكحول والايثر .

Pelargonium بلاركونيوم نبات مزهر

Pelargonium oil زيت بلاركونيوم

Pellet حبة ،الدواء الذي يتناول عن طريق الاستحلاب ببطء

Pelleting press ماكنة لعمل كريات الدواء الصغيرة

Pen يراعه ، قلم ريشه

Pen- knife سكينة القلم

Pencil cedar قلم نبات الدر او الارز

Pencil lead قلم رصاص

Pendulous متذبذب ، مترجح

Pendulum بندول ، رقاص

Penetrate تخلل، دخل في ، نفذ الى

Penetrating oil زيت نافذ

Penetration نفوذ ، اختراق

Penicillin بنسلين ، وهو مادة تستخلص من عفن الخبز لتستعمل طبيا لقتل الميكروبات في الجسم والتي تعطي نتيجة الموجبة مع صبغة كرام

Pennate ريشي الشكل ، مجنح ، جناحي

Penny-royal oil زيت بولكينيوم، زيت النعناع البري

Penta carboxylic acid خامس حامض الكاربوكسليك

Penta chloro phenol خامس كلوريد الفينول

Penta erythritol ester خامس ايري ثري تول الاستر

Penta hydric alcohol خامس هيدريت الكحول

Penta hydroxy aldehyde خامس هيدروكسي الديهايد

Penta thionic acid حامض ثيونيك الخماسي $H_2S_5O_6$

Pentain خامس كلوريد الايثين

Pentane بنتان ، وهو هايدرو كاربون مشبع تحوي صيغته خمس ذرات كربون

Pentanol اميل الديهايد

Pentavalent خماسي التكافؤ

Pentavalent خماسي التكافؤ

Pentene اميلين

Pentose خماسي الكاربون

Pentoxid اكسيد خماسي

Pepper فلفل تبل بالفلفل

Pepper alkaloid قلويات الفلفل

Pepper mint نبات النعناع الفلفلي

Pepper mint camphor كافور النعناع الفلفلي

Pepper mint oil زيت النعناع الفلفلي

Pepper oil زيت الفلفل

Peptide linkage رابط البيتايد ، وهي التي تربط المركبات الببتايديه برابطة الامايد مع حذف الماء

Peptone مادة لبنية تتكون بهضم الطعام

Peptones بيتونات

Per sulphate فوق كبريتات

Peracetic acid حامض الفوق الخليك

Perbenzoic acid حامض الفوق البنزويك

Perborate	فوق بورات
Perboric acid	حامض الفوق البوريك
Percarbonate	فوق كاربونات
Percent	نسبة مئويه
Percentage	نسبة مئوية ، خصم او عمولة بنسبة مئوية
Percentage purity	النقاوة بالنسبة المئوية
Perchlorate	فوق كلورات
Perchlorate explosive	فوق الكلورات المتفرقعة
Perchloric acid	حامض فوق كلوريك ، مركب يتكون من مزج محلول ثالث اوكسيد الكروم مع فوق اوكسيد الهيدروجين ويستخلص محلول الايثر فيتكون الايثر بالون الازرق القائم نتيجة لوجود هذا الحامض
Perchloride	فوق الكلوريد
Perchromate	فوق الكروميت
Perchromic acid	حامض الفوق الكروميك
Percolating basin	حوض الترشيح
Percolating filter	الترشيح المستمر
Percolator	المرشح
Perfect	تمام ، كامل ، مضبوط
Perfect gas	غاز مثالي
Perfect gas equation	معادلة الغاز المثالي
Perforate	ثقب ، خرق ، خرم
Perforation	تثقيب تخريم
Perform	عمل ، انجز ، أتم
Performance	انجاز ، اتمام ، اجراء
Perfume	عطر طيب شذا اريج
Perfumery	روائح عطرية محل بيع العطور
Pericardium	غشاء القلب
Period	عصر ، فترة
Periodic classification	تصنيف دوري ويعتمد على تصنيف العناصر على اساس العدد الذري والتركيب الذري للعناصر حيث وجد ان خواص العناصر الكيمياويه والفيزيائيه تختلف بالنسبة الى وزنها البذري
Periodic system	نظام دوري
Periodic table	جدول دوري
Periodicity of chemical properties	التشابة الدوري للصفات الكيمياويه
Periodicity of physical properties	التشابة الدوري للصفلت الطبيعية
Periodicity of valancy	التشابة الدوري للتكافؤ
Periodio system of elements	صنف مندليف باعتماده عى التكافؤ واقترح بان خواص العناصر تتغير دوريا وفق تغير دوريا وفق تغير اوانها الذرية ثم عدل الجدول فاصبح التصنيف الدوري بان الخواص تتغير وفق الاعداد الذرية
Periods	دورات، فترات
Peritoneum, peritonaeum	بريتون ، غلاف الاحشاء المخاطي
Perkins reaction	تفاعل بيركنز
Permanency	دوام ، استمرار
Permanent	دائم ، باقٍ
Permanent curd	خثرة مستديمة
Permanent gas	غاز دائم

Permanganate	برمنكنات ، وتأتي بشكل برمنكنات البوتاسيوم وهي بلورات بنفسجية اللون وتستعمل كمعقم للفواكه والقدم باذابتة في الماء بنسبة ١الى ١٥٠٠٠ او اكثر
Permanganic acid	حامض الفوق المانكنيك
Permeability	خاصية الاختزال او النفوذ ، قابلية التطرق او التخلل
Permeability vitamin	فيتامين بي ٦
Permeable	ممكن نفوذه ، قابل للرشح، قابل للاختراق
Permit	رخصه ، اجازه ، اتاح، سمح
Perosmic oxide	ثالث اوكسيد الازوميوم
Peroxidation	فوق التأكسد ، عملية فوق التأكسد
Peroxide	بيروكسيد ، فوق اوكسيد (مركب ثنائي يعطي فوق اكسيد الهيدروجين عند معالجته بالاحماض)
Peroxy	فوق اوكسيد
Peroxy disulphuric acid	حامض فوق اوكسي ثاني الكبريتيك
Peroxy nitrate	نترات فوق اوكسي
Peroxy phosphoric acid	حامض فوق اوكسي الفوسفوريك
Perpendicular	عمودي ، قائم، رأسي
Persic oil	زيت الخوخ
Peruvian	بلسم بيرو
Peruvin	كحول دارسين
petrifaction	تحجير ، تصليب، تقسيه
Petro- station	محطة بيع البنزين
Petrochemical	كيمياوي بترولي، بتروكيمياوي
Petrochemistry	الكيمياء البترولية
Petrol motor	ماكنه نفطية، محرك بترول
Petrol pump	مضخة نفطية
Petrol vapour	بخار البترول
Petroleum	نفط ، بترول . خليط من مركبات هيدروكاربونيه عديديه غازية وسائل وصلب من ذوات السلسلة المفتوحة المشبعة وقسم منها من ذوات السلسلة المغلقة
Petroleum benzin	بنزين البترول
Petroleum crude	البترول الخام
Petroleum ether	ايثر البترول
Petroleum hydrocarbons	هيدروكاربونات البترول
Petroleum jelly	جيلاتين البترول، هلام البترول
Petroleum refinery	مصفى البترول
Petroleum solvent	مذيب البترول
Petroleum tar_ distillation	التقطير القطراني للبترول
Petrology	علم الصخور وتركيبها ، بترولوجيا
Pewter	مزيج من القصدير والرصاص
Pfeffers apparatus	جهاز فيفر
Ph	جذر الفينايل

PH measurement , PH value	مقياس القيمة الحمضية لمحلول مائي ما وهو العدد الموصف لحموضيته او قاعديته فالمحلول المختزل او المتعادل تكون القيمة الحمضية له سبعه فاذا كانت هذه اقل من سبعة كان المحلول حامضي واذا كانت اكثر من سبعة فالمحلول قاعدي الى حوالي ١٤
PH.	الاس الايدروجيني ،اختزال يرمز الى جهد الايدروجين وهو معامل يميز حمضية او قاعدية وسط ما
Pharmaceuitical	صيدلي ، صيدلاني
Pharmacist	اجزاجي ، صيدلي
Pharmacognosy	علم العقاقير
Pharmacologist	العالم بتركيب العقاقير
Pharmacology	دراسة تأثير مفعول الدوية والمواد الكيمياوية على الحيوان والانسان
Pharmacopeia, pharmacopoeia	دستور الادوية
Pharmacy	صيدلية ، مكان تركيب الادوية وبيعها
Pharynx	بلعوم ، حلق
Phase	شكل ، هيئه، مظهر ، طور
Phase rule	قاعدة الصنف ،الصنف هو كل جزء متماسك في مزيج ما
Phenalate	فيناليت
Phenalated fatty acid	فيناليت حامض الشحم
Phenazone	انتي بايرين
Phenethyl alcohol	بنزايل كاربينول
Phenethyl amine	فنايل ايثايل امين
Phenetidine	فينا تدرين
Phenic acid	فينول، حامض الفينيك
Phenol	حامض الكاربوليك وهي بلورات بيضاء تتحول الى لون احمر بالنظر لبلورته ويتحول الى سائل عند اخذه كمية من الماء
Phenol aldehyde	الديهايد الفينول
Phenol barbital	باربيتال الفينول
Phenol dyeing matter	مادة صباغية من الفينول
Phenol ether	ايثر الفينول
Phenol formaldehyde resin	عل الفورمالديهايد الفينولي
Phenol lithium	ليثيوم فينيت
Phenol poisoning	التسمم بالفينول
Phenol sulphonate	كبريونات الفينول، سلفونات الفينول
Phenol sulphuric acid	حامض الكبريتيك الفينولي
Phenolphthalein	دليل فينوفنالين
Phenomenon	خاصية الحالة الطبيعية للمادة، ظاهرة (الجمع Phenomena=)
Phenyl acetate	خلات الفينيل
Phenyl acetic acid	حامض الخليك الفينيلي
Phenyl amine	امين الفينيل
Phenyl arsenous chloride	كلوريد الزرنيخوز الفينيلي
Phenyl arsonic acid	حامض الزرنيخيك الفينيلي
Phenyl benzene	بنزين الفينيلي
Phenyl boron chloride	كلوريد البورون الفينيلي
Phenyl carbamide	كاربا امايد الفينيلي
Phenyl carbinol	كاربينول الفينيلي

Phenyl carbonate	كاربونيت الفينيلي
Phenyl chloride	كلوريد الفينيلي
Phenyl chloromethyl ketone	كلورو مثيل كيتون الفينايل
Phenyl cinchoninic acid	حامض السينكونيك الفينيلي
Phenyl cyanide	سيانيد الفينيلي
Phenyl ethyl amine	اثيل امين الفينايل
Phenyl ethyl barbituric acid	اثيل حامض الباربتيوريك الفينايل
Phenyl ethyl ether	ايثايل ايثر الفينايل
Phenyl ethylene	اثيلين الفينايل
Phenyl formic acid	حامض الفورميك الفينايل
Phenyl glycerine	كليسيرين الفينايل
Phenyl glycolic acid	حامض كلايكولك الفينايل
Phenyl hydra cyclic acid	حامض هايدرا سايكليك الفينايل
Phenyl hydrazine	هايدرازين الفينايل
Phenyl iso thio cyanate	ازو ثايو سيانيت الفينايل
Phenyl lactic acid	حامض لاكتيك الفينايل
Phenyl mercaptan	ميركبتان الفينايل
Phenyl methane	ميثين الفينايل
Phenyl methyl ether	مثيل ايثر الفينايل
Phenyl methyl ketone	مثيل كيتون الفينايل
Phenyl muster oil	دهن الخردل الفينايل
Phenyl nitro methane	نترو ميثين الفينايل
Phenyl sulphide	كبريتيد الفينايل
Phenylallic alcohol	الكحول الفيناليك
Phenylene blue	ازرق الفينايل
Phenylene brown	بني الفينايل
Phenylene diamine	ثاني امين الفينايل
Phenylene group	مجموعة الفينايل C_6H_5-
Phenyline ether	ايثر الفينايل
Phenyline ethyl alcohol	فنيلين الكحول الاثيلي
Philosophers' stone	حجر الفلاسفة
Phlogisticated air	هواء ملتهب
Phlogiston theory	نظرية العنصر الملتهب، نظرية الفلوجستين
Phonochemistry	الكيمياء الصوتية
Phosgene	فوسجين ،غاز سام . ويسمى غاز الاستصباح
Phosphate	فسفيت ، هو ملح الحامض الفسفوري
Phosphate fertilieser, phosphate fertilizers	اسمدة فوسفاتية
Phosphate ion	ايون الفوسفات
Phosphate treatment	المعاملة بالفوسفات، الفستتة
Phosphated earth	ارض تحتوي فوسفات
Phosphatide	فوسفو لبين
Phospherus contents	محتويات فوسفورية
Phospherus oxy chloride	اوكسي كلوريد الفوسفور
Phosphide	فسفيد ، وهو جزء ناتج من اتحاد الفسفور مع عنصر اخر
Phosphine	فسفين ، مركب عضوي ناتج عن الايدروجين المفسفر
Phosphino	جذر H_2P
Phosphinous	فوسفينوز H_2POH
Phosphite	فوسفايت
Phospho	جذر O_2P
Phospho glyceric acid	حامض الكليسيريك المفسفر

Phospho molybdate	مولبديت مفسفر
Phospho proteins	بروتينات مفسفرة
Phosphogen	فوسفوجين
Phospholpides	دهنيات مفسفرة
Phosphonium compound	مركبات فوسفونيوم
Phosphonium iodide	ايوديد الفوسفونيوم
Phosphonium salt	املاح الفوسفونيوم
Phosphor	الزهرة، نجمة الصبح
Phosphor bronze	برونز الفوسفور
Phosphorate	مزج بالفوسفور ، فسفر
Phosphorated hydrogen	هيدروجين مفسفر
Phosphorescence	ضياء فوسفوري بريق
Phosphorescent	فوسفور حديث
Phosphoric acid	حامض الفسفوريك
Phosphorous	يحتوي فوسفور
Phosphorous (P)	فسفور
Phosphorous allotropy	تأصل فسفوري (التأصل هو وجود مادة (وخاصة العناصر) بشكلين مختلفين او اكثر)
Phosphorous bromide	برومايد الفوسفور
Phosphorous chloro nitride	كلور نترايد الفوسفور
Phosphorus match	عود الثقاب الفوسفوري
Phosphorus penta- bromide	خامس بروميد الفوسفور
Phosphorus penta- chloride	خامس كلوريد الفوسفور
Phosphorus penta- halide	خامس هالوجين الفوسفور
Phosphorus penta- oxide	خامس اوكسيد الفوسفور
Phosphorus penta- sulphide	خامس كبريتيد الفوسفور
Phosphorus poisoning	التسمم بالفوسفور
Phosphorus trichloride	ثالث كلوريد الفوسفور
Photo- chemistry	الكيمياء الضوئية
Photo- lamp	مصباح ضوئي
Photocell	خلية ضوئية
Photocopy	نسخة الصورة الضوئية
Photoelectric effect	التأثير الكهروضوئي
Photography	التصوير الشمسي
Photology	علم النور
Photometry	مقياس شدة النور
Photosphere	وجه الشمس المنظور
Photosynthesis	عملية التركيب الضوئي
Phototropy	عملية اللون المتغير خلال امتصاص النور ، الانتحاء الضوئي
Phthalate	فثاليت
Phthalic acid	حامض الفثاليك
Physical	فزيائي ، طبيعي، بدني
Physical change	تغير فيزيائي ، وهو تبدل خواص المادة بدون تبديل المادة نفسها
Physical chemical analysis	تحليل كيمياوي طبيعي
Physical properties	الخواص الفيزيائيه ،وهي خواص المادة كما هي عليها
Physician	طبيب
Physics	علم الفيزياء
Physics laboratory	مختبر فيزياء
Physiology	علم وظائف وخصائص الاعضاء، الفسيولوجيا
Physiotherapy	التداوي بالفسلجة
Physostigma (venenosum)	فيزو ستكمه
Physostigmine	فيزوستكمين ازرين، مادة شبه قلوية سامة

Physostigmine salicylate سليسيليت الفيزو ستكمين
Physostigmine sulphate كبريتات فيزوز ستكمين
Phytochemistry الكيمياء النباتية
Picoline مثيل بيريدين
Picro podo phyllin بيكرو بودو فلين
Picture صورة ، رسم ، تخيل
Piece قطعه ،جزء
Pieric acid ثالث نترو فينول حامض البكريك وهو اصفر اللون

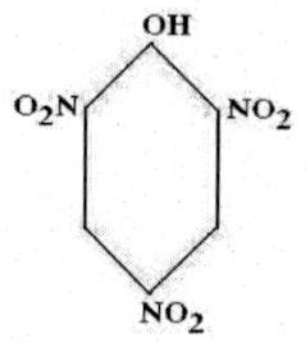

Pierre curie وحدة قياسية لقياس كمية الراديوم المنبعثة وتكون هذه الكمية من الراديوم المنبعث من غرام من عنصر الراديوم الموضوع في صندوق مسدود لمعادلة فعالية الراديوم
Pig سبيكة معدنية
Pig copper سبيكة نحاس
Pig iron سبيكة حديد
Pig lead سبيكة رصاص
Pig machine ماكنة السبك
Pigment مادة ملونة ، صباغ
Pigment dye اصباغ ملونة
Pile كومة ، حشد ، كدس
Pill machine ماكنة صنع الحبوب
Pills حبوب صغيرة كروية الشكل
Pilo- carpic acid حامض البايلوكاربيك
Pilo- carpidine بايلو كاربدين
Pilo- carpine HCl بايلو كاربدين هايدروكلورايد
Pimento فلفل جامياكا، فلفل حلو
Pimento oil زيت الفلفل الحلو
Pinacoline ثالث مثيل بيوتل كيتون
Pinch قرصه ، قبضه ، مقدار ضئيل ، سرقة ، اعتقال ، غارة شرطة
Pinckcock مشبك مقبض وهو ملزم للضغط على انبوب مطاطي لضبط او ايقاف تدفق السائل فيه
Pine apple oil اثيل بيوتريت
Pine forest غابة الصنوبر
Pine oil زيت الصنوبر
Pine resin علج الصنوبر، راتنج الصنوبر
Pine seed حب الصنوبر
Pine tar oil دهن الصنوبر المقطر
Pine wood خشب الصنوبر
Pink لون احمر وردي
Pipe زماره ، مزمار انبوب
Pipe drainage انابيب المياه القذرة(مياه المجاري)
Pipe filter مصفاة الانبوب
Pipe fracture شق الانبوب
Pipe valve صمام الانبوب
Piperozine ثاني اثيلين ثاني امين
Pipette ماصة ، انبوبية زجاجية مفتوحة الطرفين ومدرجة وكثيرا ما تكون منفوخة من الوسط تستخدم في نقل حجم معين من سائل ما من وعاء الى اخر
Piston مكبس ، كباس

Piston compressor	ضاغط ، مكبس
Piston ring	حلقة المكبس
Piston rod	قضيب المكبس
Piston valve	صمام المكبس
Pit	حفرة ، نقره ، غور
Pitch	زفت ، مادة سوداء صلبة تتخلف من تقطير المواد القطرانية ، مقام الصوت ، طبقة الصوت ، قمة ، دورة ، درجة ، طلى بالزيت
Pitchblende	بتشبلند ، وهو اهم واغنى معادن الاورانيوم يستخلص من الراديوم
Pith	لب نخاع
Pivolic acid	ثالث مثيل حامض الخليك
Pivot	محور ، مدار ، قطب
Place	مكان ، موضع ، محل ، ساحه
Plain	بسيط ، ساذج ، سهل ، منبسط
Plan	خطة ، خريطة ، تصميم البناء، تدبير مقصود
Plane	رنده ، فارة النجار، مسحج ، سطح
Plano – concave	مستو مقعر
Plano – convex	مستو محدب
Planometer	ميزان استواء السطوح
Plant	نبات ، غرز ، زرع، ادوات او الالات مصنع ، نصب ، اسس
Plant cell	حجيرة نباتية
Plant fiber, plant fibre	الياف نباتية
Plant growth	نمو خضروي
Plant indicator	مؤشر نباتي
Plant pigment	صبغة نباتية
Plant root	جذور النبات
Plaster	لزقه ، لصوق ، جبس ، بياض
Plaster of Paris	جبس فرنسي جاف
Plaster powder	مسحوق اللصق
Plaster work	عمل مادة اللصق، اعمال البياض
Plastic sulphur	كبريت مطاط
Plasticity theory	نظرية لزوق المادة، نظرية اللدونة
Plate	لوحة ، صفيحة ، قشرة، كليشة ، صحن ، طبقة
Plate cooler	مبرد ذو الواح
Plate- glass	لوحة الزجاج
Plate glass manufacturing	صناعة الواح الزجاج
Plate iron	لوحة حديدية
Plate metal	لوحة معدنية
Plate silver	لوحة فضية
Platina	بلاتين (معدن)
Platinum amine	امين بلاتيني
Platinum black	بلاتين اسود
Platinum chloride	كلوريد البلاتين
Platinum contact	اتصال بلاتيني
Platinum crucible	جفنه بلاتينية
Platinum dichloride	ثاني كلوريد البلاتين
Platinum dioxide	ثاني اوكسيد البلاتين
Platinum dish	صحن بلاتيني
Platinum group	جماعة المعادن المشابهة في خواصها للبلاتين
Platinum iridum	ايريديوم بلاتيني
Platinum metal	معدن بلاتيني

Platinum oxide catalyst	حامض اكسيد البلاتين
Platinum plated work	اعمال التصفح او الطلاء بالبلاتين
Platinum refining	تصفية البلاتيني
Platinum spatula	سكينة مراهم بلاتينية
Platinum sponge	اسفتج بلاتيني
Platinum tetrachloride	رابع كلوريد البلاتين
Platinum triangle	مثلث البلاتين
Platinum wire	سلك بلاتيني
Platy para-peciloptera	ذبابة اسباراكس
Play	لعب ،العوبة، لهو، تسلية، رواية ، تمثيل ، تلاعب ، قمار ، قامر
Plug	سدادة ،غطاء، وضع الصمام، خابور
Plug nozzle	انف الصمامه
Plug pin	دبوس الصمامه ، سداد
Plum	اجاص (باللهجة العراية) ، برقوق (باللهجة السورية)
Plumb	رصاص (معدن العدد الذري ٨٢)، شاقول البناء ، وزن اعتدال الجدار بالشاقول
Plumb wire	سلك رصاصي
Plumbagin	$C_{11}H_8O_3$
Plumbago	كرافيت
Plumbery	محل العمل بالرصاص، اعمال الرصاص
Plumbic	منسوب الى الرصاص
Plumbous	فيه رصاص ++، رصاصوز
Plunge	مغطس ، مغمد ، مغوص، وثبة ، غطس ، غرز ، غاص
Plunger	غطاس ، عوامة
Plunger piston	مكبس عوام
Plus	زائد + ، مضاف ، حقيقي ، فعلي
Plush copper ore	خامات النحاس
Plutonium	عنصر البلوتونيوم (عدد ذري ٩٤ ووزن ذري ٢٤٢ ورمزه Pu)
Pm	بروميثيوم (عنصر كيمياوي)
Po	بولونيوم (عنصر كيمياوي)
Pock wood	خشب الكاوياكم
Pocket battery	بطارية الجيب
Pocket light	ضياء يحمل في الجيب
Podo phyllic acid	حامض بودو فيليك
Podo phyllin	علج بود فيلم
Podo phylum	تفاح هندي
Poho oil	زيت النعناع الياباني
Point	نقطة ، طرف ، رأس ، درجة، نقطة الحراسة ، المقصد ، الغرض ، وحدة قياس حجم الحرف المطبعي ، اشار الى
Point solidification	نقطة التجميد او التصلب
Pointer of balance	لسان الميزان ، هو عمود من المعدن يثبت على وسط العانق يتحرك معه ويستدل به على توازن الكفتين
Poison gas	غاز سام
Poison hemlock	الشوكران السام

Poison nut	نوكس فوميكا
Poison oak	البلوط السام
Poison of catalyst	تسمم العامل المساعد
Poison parsley	سموم نبات البقدونس
Poison tobacco	سموم التبغ
Poison, poisony	سم
Poisonless	بدون سموم
Poisons	سموم
Polamidon	دولافين
Polar	قطبي ،مختص بالقطبين
Polarimeter	مقياس استقطاب
Polariscope	منظارالنور المستقطب
Polarise	استقطب النور وجعله مستقطبا
Polariser	الة استقطاب النور
Polarization	استقطاب
Polarized light	ضوء مستقطب
Pole	قطب، صاري ،عمود، شاخص، قضيب
Pollenation	تلقيح
Poly iso butylene	متعدد ازو بيوتلين
Poly methylene derivative	مشتقات متعدد المثيلين
Poly nuclear	متعدد النووية
Polyamide	متعدد الامايد
Polyatomic	متعدد الذرات
Polybasic	متعدد القاعدة
Polybasic acid	حامض متعدد القاعدية
Polybutene	متعدد البيوتين
Polycarbonate	متعدد الكاربونات
Polychromatic	متعدد الكروماتين، متعدد الالوان
Polychromatic acid	متعدد حامض الكروميك
Polychrome	متعدد الكروم، متعدد الالوان
Polychromy	من مزج عدة الوان باسلوب فني
Polycondensation product	ناتج متعدد التكثف
Polycrystal	متعدد البلورات
Polygonum	نبات عصا الراعي
Polyhydrate	متعدد الهيدروجين والاوكسجين، متعدد الهيدرات
Polymer	بوليمير (اي واحد من مركبين بوليميرية اواكثر)
Polymeric	بلمري (حاوٍ نفس العناصر بنفس النسب الوزنية ولكن بوزن جزيئي مختلف)
Polymerism	بلميرية
Polymerization	عملية التغيير (باتحاد جزيئتين او اكثر من نفس النوع) الى مركب آخر له نفس العناصر ونفس النسب ولكن بوزن جزيئي اعلى وصفات فيزيائية مختلفة
Polymethylene	متعدد المثليلين
Polymorphic	متعدد الاشكال والهيئات ، مشكل
Polymorphism	ظاهرة تعدد الاشكال والهيئات
Polyp	كثير الارجل (كالحيوانات المتشعبه والمرجانيه)

Polypeptide صنف المركبات ،الذي يحتوي وحدة الحامض كيمياويا مرتبطة مع رابطة الامايد مع حذف الماء

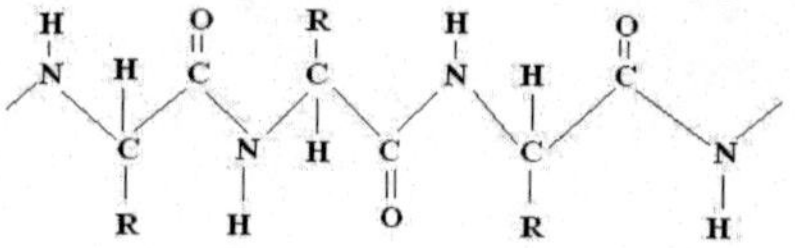

Polysaccharides متعدد السكريات

Polysperm متعدد الحيوانات المنويه

Polyvalent متعدد التكافؤ

Polyvinyl acetate متعدد خلات الفينيل

Polyvinyl alcohol متعدد الكحول الفينيلي

Polyvinyl chloride, PVC متعدد كلوريد الفينيل او النايلون

Polyvinyl ether متعدد ايثر الفينيل

Poor in gold قليل الذهب

Poppy seed oil زيت حب الخشخاش

Porcelain صيني بورسلان، خزف ، فرفوري

Porcelain blue فرفوري ازرق

Porcelain boat زورق فرفوري

Porcelain colour لون الخزف

Porcelain earth كاولين

Porcelain evaporating dish اناء خزفي للتبخير

Porcelain factory مصنع فرفوري

Porcelain insulator عازل فرفوري

Pore مسامة ، خلية ، مسام الجلد

Porous pot وعاء مسامي اي ذو مسام

Porphyrin بروفيرين ، مركب عضوي يحتوي في تركيب الاساس اربع حلقات متصلة بمجموعة المثنين مثلا هيموكلوبين وكلورفيل

Portion جزء ، جانب ، قسم، حصة

Portland cement اسمنت بورتلاند(بواسطة حرق و سحق خليط من حجر الكلس والطين او مواد الومينية)

Portland rock صخر بورتلاند

Position مركز ، وضع، حالة ، موقف

Position function وظيفة الموقع

Positive deviation حيود موجب انحراف موجب انكسار الاشعة

Positive nucleus نواة موجبة

Positive rays اشعة موجبة

Positive valency تكافؤ موجب

Positron بوزيترون

Posological tables جداول تحديد جرعات الادوية

Potash بوتاسا ، ملح القلي

Potash amide بوتاس امايد

Potash feldspar صوان متبلور بوتاسي

Potash fertilizer سماد بوتاسي

Potash lye اليوتاسا الكاويه، ماء القلي للبوتاس

Potash mangnesia sulphate كبريتات المنغنيز البوتاسي

Potash salt ملح البوتاس

Potash soap صابون البوتاس

Potassa هيدروكسيد البوتاس

Potassa caustic البوتاس الكاوي

Potassic حاوٍ على البوتاس

Potassium , kalium بوتاسيوم (معدن عدد ذري ١٩ ووزن ذري ٣٩.١٠٢ ورمزه الكيمياوي K)

Potassium acid carbonate	بوتاسيوم حامض الكاربونات
Potassium alum	شب البوتاسيوم
Potassium amalgam	ملغم البوتاسيوم
Potassium antimony sulphurated	بوتاسيوم الانتيموني المكبرت
Potassium antimony tartarate	طرطريت البوتاسيوم انتيموني
Potassium bicarbonate	ثاني كاربونات البوتاسيوم
Potassium bifluoride	ثاني فلوريد البوتاسيوم
Potassium biiodate	ثاني ايوديت البوتاسيوم
Potassium bisulphate	ثاني كبريتات البوتاسيوم
Potassium bitartarate	ثاني طرطريت البوتاسيوم
Potassium boro tartarate	بورو طرطريت البوتاسيوم
Potassium bromide	برومايد البوتاسيوم (ويستعمل طبيا كمهدئ للاعصاب ومخدر للجهاز الجنسي)
Potassium calcium glass	زجاج الكالسيوم والبوتاسيوم
Potassium carbonate	كاربونات البوتاسيوم
Potassium chlorate	كلورات البوتاسيوم
Potassium chloride	كلوريد البوتاسيوم
Potassium chloro platinate	كلورو بلانينيت البوتاسيوم
Potassium chromate	كرومات البوتاسيوم
Potassium citrate	سترات البوتاسيوم ، خلات البوتاسيوم
Potassium cobalti cyanide	سيانيد الكوبالتي البوتاسيوم
Potassium cobalti nitrite	نترايت الكوبالتي البوتاسيوم
Potassium cyanate	سيانيت البوتاسيوم
Potassium cyanide	سيانيد البوتاسيوم
Potassium dichromate	ثاني كرومات البوتاسيوم
Potassium ethyl	اثيل البوتاسيوم
Potassium ferri cyanide	بروسيت الاحمر البوتاسي
Potassium ferro cyanide	بروسيت الاصفر البوتاسي
Potassium fluoride	فلوريد البوتاسيوم
Potassium fluorosilicate	فلور سيليكات البوتاسيوم
Potassium guaiacol sulfonate	سلفونات كوايا كول البوتاسي
Potassium halide	هالوجين البوتاسيوم
Potassium hydrate	هيدريت البوتاسيوم
Potassium hydride	هايدرايد البوتاسيوم
Potassium hydrogen fluoride	فلوريد الهيدروجين البوتاسي
Potassium hydrogen sulphide	سلفايد الهيدروجين البوتاسي
Potassium hydroxide	هيدروكسيد البوتاسيوم
Potassium hypo chlorite	هايبو كلورايت البوتاسيوم
Potassium iodate	ايوديت البوتاسيوم
Potassium iodide	ايودايد البوتاسيوم
Potassium iodide iodine	ايودين ايودايد البوتاسيوم
Potassium iodo mercurate	زئبقات يودو البوتاسيوم
Potassium meta bi sulphide	ميتا ثاني سلفايد البوتاسيوم
Potassium mine	منجم بوتاسيوم
Potassium myronate	ميرونات البوتاسيوم

Potassium nitrate	شورة ، نترات البوتاسيوم (وتستعمل في صناعة البارود الاسود بنسبة ٧٥%)
Potassium nitrite	بوتاسيوم نترايت
Potassium nitro prusside	بروسيد نترو البوتاسيوم
Potassium oxalate	اوكزلات البوتاسيوم
Potassium percarbonate	بير كاربونات البوتاسيوم
Potassium perchlorate	بير كلوريت البوتاسيوم
Potassium permanganate	بيرمانكا نيت البوتاسيوم
Potassium persulphate	كبريتات بيرو البوتاسيوم
Potassium phenolate	فينوليت البوتاسيوم
Potassium phosphate	فوسفات البوتاسيوم
Potassium platinic chloride	كلوريد بلاتنيك البوتاسيوم
Potassium platino cyanate	سيانيت البلاتينو البوتاسيوم
Potassium pyro sulphate	كبريتات بيرو البوتاسيوم
Potassium pyro sulphite	سلفايت بيرو البوتاسيوم
Potassium quadroxalate	رباعي اوكزليت البوتاسيوم
Potassium salt	املاح البوتاسيوم
Potassium silicate solution	محلول سليكات البوتاسيوم
Potassium sodium . tartarate	طرطارات الصوديوم البوتاسيوم
Potassium sulphate	كبريتات البوتاسيوم
Potassium sulphide	سلفايد البوتاسيوم
Potassium sulpho carbonate	كربونات الكبريتي البوتاسيوم
Potassium sulpho cyanate	سيانبت الكبريتي البوتاسيوم
Potassium tartarate	طرطريت البوتاسيوم
Potassium tetraoxalate	رابع اوكزلات البوتاسيوم
Potassium thio carbonate	كربونات الكبريتي البوتاسيوم
Potassium thio cyanate	سيانات الكبريتي البوتاسيوم
Potato	بطاطس
Potato cultivation	زراعة البطاطس
Potato flour	طحين البطاطا
Potato starch	نشا البطاطا
Potato steamer	مبخر البطاطا
Potential	جهد ،قوة
Potential difference	فرق الجهد
Potential drop	هبوط الجهد
Potential energy	طاقة الجهد
Potential mediator	مفكر ذو قوة كامنه
Potentiometric	منسوب الى قياس الجهد
Potentionmeter	مقياس الجهد الكهربائي
Pound	رطل
Pour	صب ، سكب
Powder	مسحوق
Powder chamber	حجرات لمساحيق المفرقعات
Powder metal	معجون المسحوق
Powder of algaroth	ثالث كلورو الانتيموني
Powder painting	مسحوق الاصباغ
Powder paste	مسحوق المعجون
Powdering ink	حبر مسحوق
Power	قوة ،اقتدار
Power adjustment	تعديل القوة
Power current	تيار القوة
Power gas	قوة الغاز
Power house	محطة توليد الطاقة
Power water	قوة الماء
Powerful	مقتدر ، شديد، فعال

Practical	عملي
Practically insoluble	لا يذوب عمليا
Precaution in its use	الاحتياطات في استعماله
Precipitate	راسب
Precipitating agent	عامل مرسب
Precipitating vessel	وعاء الترسيب
Precipitation	ترسيب
Precipitation electrode	صفيحة الجهاز الكهربائي للترسيب، الكتروالترسيب
Precipitation hardening	ترسيب العسرة
Precipitation plant	ادوات الترسيب
Precipitation vessel	وعاء الترسيب
Precipitin	بريسيتين
Precision	احكام ، ضبط ، دقة
Precision balance	الميزان المضبوط
Precision instrument	الالات المحكمه
Precision measurement	القياس المضبوط
Precision regulator	المنظم الدقيق
Precision scales	الميزان الدقيق
Prediction	تكهن ، تنبأ
Preference	افضلية ، تفضيل
Preferential	مفضل ، مميز ، ممتاز
Preliminary	اولى ، ابتدئي
Preparation	تحضير، تجهير ، اجراء ، تحضير (لمادة كيمياوية) ، اعداد
Preparation glass	قدح زجاجي للتحضير
Preparing	تأهب ، استعد
Prescribe	وصف علاجا ، اشار بكذا
Prescription	وصفة ، تذكرة طبيب

Presence	وجود ، حضور
Present writer	كاتب معاصر
Preservation	حفظ ، وقاية ، استبقاء
Preservative	حافظ ، واق
Preserve	حافظ على، ابقى ، وقى
Press	معصره ، مكبس
Press cylinder	اسطوانة المكبس
Press filter	مرشح المكبس او المعصرة
Press plate	صفيحة المكبس او المعصرة
Press polish	تلميع المطبعة
Press pump	مضخة المكبس او المعصرة
Press roller	قضيب دائري ، رولة للمطبعه
Press work	عمل الطباعه
Pressing	كبس ، ضغط
Pressing plate	صفيحة الكبس
Pressing power	قوة الضغط
Pressure	ضغط
Pressure atomospheric	ضغط جوي
Pressure balance	ميزان الضغط
Pressure boiler	مرجل (قزان) الضغط
Pressure chamber	غرفة الضغط
Pressure circuit	دورة الضغط
Pressure control	السيطرة على الضغط
Pressure critical	ضغط حرج
Pressure cylinder	اسطوانة الضغط
Pressure gas	غاز الضغط
Pressure indicator	مؤشر الضغط
Pressure lubrication	التشحيم بالضغط
Pressure of moist gasses	ضغط الغازات الرطبة
Pressure oil	ضغط الزيت
Pressure osmotic	الضغط التنافذي

Pressure pipe	انبوب الضغط
Pressure piston	مكبس الضغط
Pressure pump	مضخة الضغط
Pressure reducing	تخفيض الضغط
Pressure transformer	محولة الضغط، ناقل الضغط
Pressure transmission	نقل الضغط
Pressure valve	صمام الضغط
Pressure vessel	وعاء الضغط في السوائل
Pressure wave	موجة الضغط
Prevent	عاق ، منع ، صد
Preventing	منع، صد، اعاقه
Prevention	منع ، صد ، ايقاف
Previous	سالف سابق متقدم
Prewar	قبل الحرب
Prick	منخس، شوكة ، مثقب
Primary	ابتدائي ،اولي، اساسي ،قادمه واحدة من ريش الجناح
Prime	مقتبل ،صدر ،مطلع ،عنفوان
Primitive	بسيط، ساذج ،بدائي ،فطري ، على الفطره
Principal	رئيس، مدير، زعيم، راسمال ، اصلي ، اصل
Principle	مبدأ ، قاعدة ، اولية
Print	طبعة ، وسمة، بصمة
Print works	شغل الطباعة
Printers acetate	خلات الطباع
Printing	طباعة ، صناعة الطبع
Printing attachment	اتصالات بصناعة الطبع
Printing block	كليشه
Printing cloth	قماش الطباعة

Printing colour	لون الطبع
Printing ink	حبر الطبع
Printing machine	ماكنة الطبع
Printing paper	ورق الطباعة
Printing roller	اسطوانة الطباعة، رولة الطباعة
Prismatic	منشوري او موشوري الشكل
Prize	جائزة ، ربح ، غنيمه، ثمن
Probability	احتمال ، امكان
Probability distribution	توزيع الاحتمالات ، امكانية انتشار
Probable	من المحتمل ، ممكن
Probe	مسبر ، مجس
Procaine hydrochloride	نوفو كايين
Procedure	اجراءات تصرف ، الطريقة المتبعة في عملية ما
Process (operation)	عملية
Process engineering	هندسة العملية
Process of boiling	عملية الغلي والتسخين
Process of cooling	عملية التبريد
Process of heating	عملية التسخين
Process of melting	عملية الانصهار
Process of refining	عملية التكرير
Process of weighting	عملية الوزن
Process pump	مضخة العملية
Process technology	مهارة العملية، تكنولوجيا العملية
Processibility	قابل لاجراء العملية
Processing	معاملة
Produce	محصول ، نتاج ، غلة

Produce gas	الغاز المنتج
Producing	الانتاج
Product	نتاج ، غلة محصول
Production	انتاج
Production engineering	هندسة الانتاج
Production manager	مدير الانتاج
Production time	وقت الانتاج
Proenzyme	انزايم زايموجين
Profession	مهنه ، حرفه
Professional	محترف ، مختص بمهنة ، مهني
Profile	رسم المنظر الجانبي للواجهه، سيرو حياة شخص او شركة
Profile iron	حديد جانبي
Profile wire	سلك جانبي
Profit	ربح ، منفعة ، مكسب
Programme, program	برنامج ، بيان ،لائحة
Progressive	متقدم ، متدرج
Project	دبر مشروعا ، مشروع
Projecting	بارز
Projecting apparatus	الجهاز البارز
Projecting end	النهاية البارزة
Projector	مدبر، مختص ، صاحب المشروع، آلة الغاء الصورة على الشاشة ، نور كاشف (بروجيكتر)
Prolamine	برولامين
Prolong	اطال طول مد
Prolongation	اطالة ، تطويل
Proof	برهان ، دليل ، تجربة ، امتحان، مسودة المطبوع للتصحيح

Proof vinegar	الخل المعياري
Propane	بروبان ، هيدروكاربون مشبع غار يستعمل كوقود
Propanoic acid	حامض البروبانيك
Propanol1-	بروبيل الكحول
Properties	خواص ، خواص طبيعية او كيمياوية تميز مادة ما
Propine acid	حامض البروبين
Propione	ثاني اثيل كيتون
Propionic acid	حمض بروبيونيك
Propionic acid	حامض البروبيونيك
Proportion	نسبة
Proportion's law of equivalents	قانون النسب المكافئة
Proportional	نسبي مناسب
Proportions law of constants	قانون النسب الثابتة
Proportions law of multiples	قانون النسب المضاعفة
Propyl	مركب غازي من سلسلة هيدروكاربونات الاثلين
Propyl- acetate	خلات البروبيل
Propyl alcohol n-	كحول البروبيل
Propyl- aldehyde	الديهايد البروبيل
Propyl- amine	امين البروبيل
Propyl- chloride	كلوريد البروبيل
Propyl- halide	هالوجين بروبيل
Propylactic acid	بروبل حامض اللبنيك
Propylene (PP)	بروبيلين
Propylene diamine	بروبيلين ثاني امين
Propylene dichloride	البروبيلين
Propylene glycol	كلايكول بروبيلين
Propyne	بروبين
Prospect	منظر ، صورة رسم، مأمل ، نقب عن
Prostate gland	غدة البروستات

Protamine	بروتامين
Protect	حمى ، صان ، وقى
Protecting cap	الغطاء الحافظ ، القبعة الحافظة
Protecting covering	الغطاء الحافظ
Protecting mask	الكمامة الحافظة
Protection	حماية ، دفع الاذى ، وقايه
Protection colloid	غراء حافظ
Protection devise against accident	آلة الوقايه ضد الاصطدامات او الحوادث
Protective	حام ، صائن ، واق
Protein	بروتين ، مواد عضوية ازوتيه ذات جزيئات كبيرة من الكربون والهيدروجين والاوكسجين والنتروجين وبعض الكبريت وهي الجوهر التي تميز مادة الحياة ، وتوجد في اللبن والبيض والجبن
Protein	مادة غذائية توجد في البيض واللبن والحليب
Protein fibre , Protein fiber	الياف البروتين
Protein turbulence	عكر (اضطراب) البروتين
Proteinate	بروتينات
Proteohormone	هرمون بروتيني
Proteolysis	تحليل البروتين
Proteolytic	نسبة الى البروتين
Proteose	البوموز
Prothrombin	بروثرومبين
Protium	بروتيوم
Proto actinuim Pa	بروتو اكتينيوم (عنصر عدد ذري ٩١ ووزن ذري ٢٣١)
Proto cyanide	سيانيد البروتو
Proto heamatin	بروتين الدم
Protogine, Protogenic	نسبة الى البروتوجين وهو نوع من الكرافيت يوجد في جبال الالب
Proton	احد محتويات الذرة يحتوي على شحنة كهربائية موجبة ولها وزن ،مقارن الى ذرة اوكسجين تزن ١٦وحدة
Proton acceptor	مستلم البروتون
Proton concept	مفهوم البروتون
Proton donor	مانح البروتون
Proton transference	انتقال البروتون
Protoplasm	بروتو بلازم
Protoplasmic	ينسب الى البروتو بلازم
Protoplast	بروتو بلاست
Protyle	بروتيل (مادة خلية الاجسام الحية)
Prove	برهن، اثبت،حقق
Provide	اعد ، جهز ، حضر ، هيأ
Provitamine	الفيتامين الذي في الطليعه ، الفيتامين المبشر
Prpoionyl chloride	كلوريد البروبيونيل
Prpoionyl group	مجموعة البروبيونيل
Prussian blue	زرقة بروسيا ، سيانور الحديد
Prussian brown	سمرة بروسيا اكسيد الحديد والومينا
Prussian green	خضرة بروسيا حديد وسيانور الحديد الناقص
Prussian red	حمرة بروسيا
Prussic acid	حامض البروسيك
Pseudo- asymmetry	عدم تناسق ، كاذب

Pseudo- berry	شبه العناب
Pseudo- catalysis	شبه عمل العامل المساعد
Pseudo- cinchonine	يماثل السنكونين، شبه السنكونين
Pseudo- cocaine	شبه الكوكاين
Pseudo- codeine	شبه الكودائين
Pseudo- conhydrine	شبه كونهايدرين
Pseudo- digitoxin	شبه الديجيتوكسين
Pseudo- ephedrine	شبه الافدرين
Pseudo- ergostane	شبه الاركوستين
Pseudo- halid	شبه الهلايد
Pseudo- morph	كاذب الشكل
Pseudo- morphine	المورفين الكاذب
Pseudo- solution	شبه المحلول
Pseudo- sperm	الحيوانات المنويه الكاذبه
Pseudo- strophantin	شبه استيروفانين
Pseudo tubercolosis	السل الكاذب
Psylluim seed	حب بلانتاكو
Pt	الرمز الكيمياوي لعنصر البلاتين
Pteridine	اوزين بيورين
Pterocarpine	بترو كاربين
Pteroic acid	حامض البترويك
Ptyalin	بنيثالين وهي دياستاز الريق التي تحمل النشا المطبوخ الى مالتوز
Pu	الرمز الكيمياوي لعنصر البلوتونيوم
Puff	بودر ، مسحوق الزينه، نفخه، هبة ، انتفخ
Pull	سحب ، جر
Pulp	لب لباب ، شحم الثمر ، العجينة
Pulp engine	ماكنة قص اللباب، ماكينة العجينة
Pulp factory	مصنع اللب ، مصنع العجينة
Pulp press	ضاغط اللب
Pulveriseable, pulverizable	ممكن سحقه او سحنه
Pulverize, pulverize	سحن حوله الى تراب
Pumice stone, pumice	حجر خفاق
Pump	مضخه منفاخ
Pump pipe	انبوب المضخة
Pump sieve	منخل المضخه
Pump well	بئر المضخه
Pump work	شغل المضخه
Pumpkin	قرع، يقطين
Pumpkin seed	حب القرع
Punch	وخز ،لكز ، خرق ، ثقب، غليظ
Pure	نقي ، صافي
Pure substance	مادة نقية
Purgative	دواء مسهل ، شربه مسهلة، مطهر
Purging casia	مسهل (ثمرة الكاسيا)
Purification	تنقية
Purification cone	مخروط التصفيه
Purification drum	طنبور التصفيه
Purified	مصفى ، منقى
Purify	يصفي ، ينقي
Purifying agent	عامل منقي
Purifying apparatus	جهاز التنقيه
Purifying mass	كتلة التنقية

Purin	بيورين

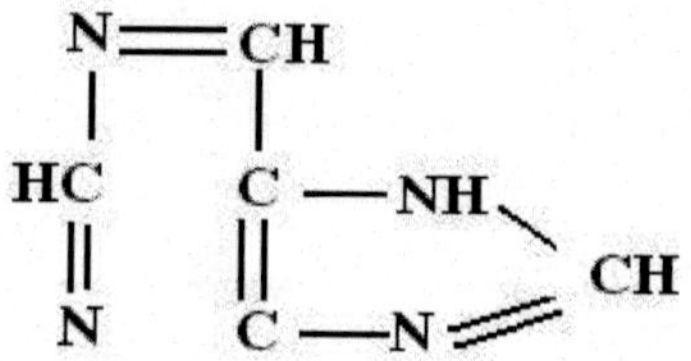

Purity	نقاوه ، صفاء
Purple	ارجواني
Purpose	غرض ، قصد
Purpura	بقع حمراء على الجلد ، صدف يستخرج منه الارجوان
Purshiana bark	كاسكارا سكرادا، لحاء بورشيانا
Put	وضع ، حط ،عرض ، جعل
Putrefaction	عفونة ، تقطن
Putrefaction basin	حوض العفونه
Putrefy	عفن تعفن فسد
Putty powder	اوكسيد الستانيك
PVC	متعدد فينيل الكلورايد
Pyoctanine	المثيل البنفسجي
Pyoctanine blue	جنطيان البنفسجي
Pyramid	هرم ، شكل هرمي
Pyramidon	امينو بايرين
Pyranose	بايرا نوز
Pyranoside	بايرو نوسايد
Pyrazine	بايرا زين
Pyrethrin	بريثرين
Pyretic	دواء مختص بالحمى ضد الحمى
Pyrex glass	زجاج ضد الحرارة
Pyridine	بايريدين
Pyridoxine	فيتامين ب ٦
Pyrite	كبريت حجر النار ، وهو كبريتوز الحديد الطبيعي او النحاس ويعطي بلورات ذات اشعاع ذهبية
Pyrite copper	كبريتوز النحاس الطبيعي
Pyrite iron	كبريتوز الحديد الطبيعي
Pyro callic acid	بيرو حامض العفصيك
Pyro phosphate	بيرو فوسفات
Pyro phosphoric acid	بيرو حامض الفوسفوريك
Pyrogen	بايروجين (كل مادة تسبب ارتفاع في درجة حرارة الجسم)
Pyrogenic, Pyrogentic	حراري ، يسبب حرارة
Pyrolignite of lime	خلات الكالسيوم الخام
Pyromine	بارومين
Pyrophorous alloy	سبيكة بايرو فوروس
Pyrophosphorous acid	حامض البيروفوسفوروز
Pyrosulphuric acid	حامض بيروكبريتيك
Pyrosulphurous acid	حامض بيروكبريتوز
Pyroxylin	نترو سليلوز
Pyrus communis	خشب شجرة الاجاص
Pyruvic acid	حامض البيروفيك
Pyrylum chloride	كلوريد البيريليوم

Q

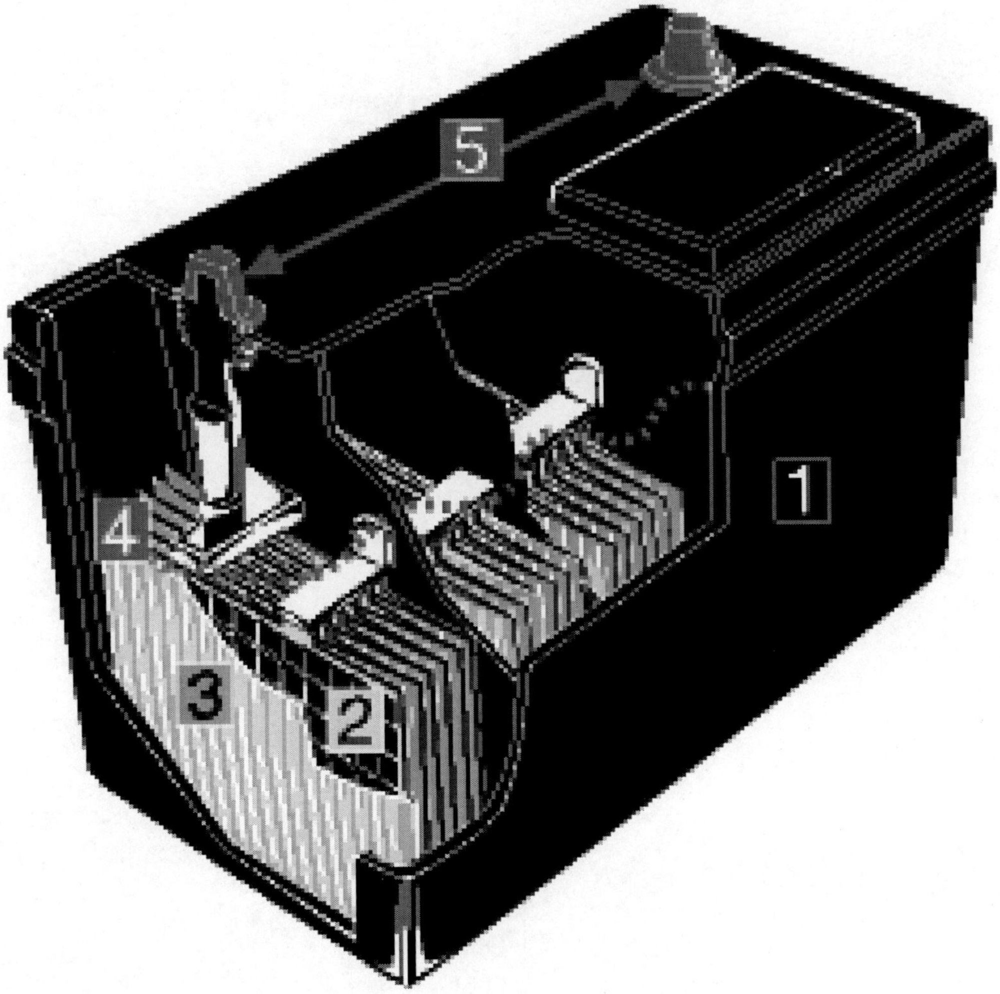

Qu	جزيئة الكينين
Quadrangle	شكل رباعي
Quadravalent	رباعي التكافؤ
Quadrivalent	رباعي التكافؤ
Quadruple	مطوي اربع مرات
Qualitative	نوعي، كيفي ، وصفي
Qualitative analysis for elements	التحليل النوعي للعناصر ، وهو الكشف عن وجود مادة دون تحديد كميتها
Quality	صفة ، نعت، سجيه، نوعية
Quality coefficient	معامل الصفة ، معامل النوعية
Quantitative analysis	التحليل الكمي
Quantities	كميات ، مقادير
Quantity	كمية او مقدار
Quantity manufacturing	صناعة الكمية، صناعة بكميات كبيرة
Quantity titration	معايرة كمية
Quantum	كمية ، مقدار، مبلغ، في علم الفيزياء هي وحدة اولية للطاقة بموجب نظرية تدعى النظرية الكمية
Quantum biology, Quantum state	علم الحياة الكمي
Quantum condition	الحالة الكمية
Quantum mechanics	الميكانيك الكمي
Quantum numbers	أعداد الكم
Quantum state	الحالة الكمية
Quantum theory	نظرية الكمية (في انبعاث او امتصاص الطاقة من قبل الذرات او الجزيئات لا تكون العملية مستمرة بل تكون على خطوات وفي كل خطوة يتم انبعاث او امتصاص كمية من الطاقة تدعى Quantum
Quantum yield	الانتاج الكمي
Quarry	محجر ، مقلع (المكان الذي يستخرج منه الحجر)
Quart	مقياس لحجم السوائل ،ويساوي ربع غالون (او ٥٧,٧٥ أنج مكعب)
Quarter circle	ربع الدائرة
Quarter period	ربع القسم الزمني ، ربع الفترة الزمنية
Quartz	الكوارتز ، المرو ، صوان شفاف متبلور ، بلور صخري
Quartz brick	طابوق كوارتز
Quartz crystal	بلورات كوارتز
Quartz lamp	مصباح كوارتز
Quartz mercury vapour lamp	مصباح بخار الزئبق في انبوبة كوارتز قادر على امرار معظم الاشعة فوق البنفسجية
Quartz powder	مسحوق كوارتز
Quartz tube	انبوب كوارتز
Quassia	الخشب المر
Quebrachine	يوهمبين، مهيج للشهوة الجنسية
Quebracho colorado bark	لحاء شجرة كولورادو براخو

Quebracho extract	عصارة براخو ، خلاصة كورادو براخو
Quebracho wood	خشب شجرة كوراد براخو
Queen bee	ملكة النحل
Queen’s blue	النيل الازرق
Queen’s land asthma weed	يوفوربيا (اعشاب للربو)
Quenching of iron	التبريد السريع (عملية التبريد المفاجئ للحديد ، بغمسه في الماء او الزيت)
Quenching of steel	عملية التبريد السريع للفولاذ بالغمس في الماء او الزيت
Quercetamic acid	حامض التانين
Quercetol d-	سكر الحنطه
Quevennes iron, (Ferrum reductum)	الحديد المختزل
Quick	سريع
Quick action	تأثير سريع، فعل سريع
Quick fermentation	تخمير سريع
Quick freezing	تجميد سريع
Quick match	الشخاط السريع الاشتعال
Quickening	الذهب السريع
Quicklime	جيرجي او الكلس الحي ،وهو اكسيد الكالسيوم
Quicksliver	الزئبق
Quiet	ساكن ، هادئ ، صامت
Quillaj	شجرة الصابون (لحائها غني بالصابون)
Quinaldine red	احمر الكوينالدين
Quinaldinic acid	حامض الكوينالدين
Quinic acid	حامض الكوينك
Quinidine	كويندين

Quinine	بلورات الكالويد (عديمة اللون ، ومرت الذوق والتي توجد في قشرة السنكونا ويستعمل طبيا في معالجة الملاريا)
Quinine base	قاعدة السنكونا
Quinine carbonate	كاربونات الكينين
Quinine diethyl barbiturate	ثاني اثيل باربتيوريت الكينين
Quinine dihydrochloride	ثاني كلوريد الكينين
Quinine ethyl–carbonate	اثيل كاربونات الكينين
Quinine hydrochloride	هيدرو كلوريد الكينين
Quinine hydroiodide	هيدرو ايودايد الكينين
Quinine iodide	يوديد الكينين
Quinine iodosulphate	يوديد كبريتات الكينين
Quinine periodide	بير ايوديد الكينين
Quinine sulphate	كبريتات الكينين
Quinine sulphochloride	تحت كلوريد الكينين
Quinine tannate	تانيت الكينين ، دبغات الكينين
Quino phenol	كينوفينول
Quinol	كينول
Quinoline blue	ازرق الكينولين
Quinoline dye	صباغ الكينولين
Quinoline yellow	اصفر الكينولين
Quinone	بنزينون
Quinovative	اورسين
Quinque valent	خماسي التكافؤ
Quintescence	خلاصة ، جوهر ، روح

R

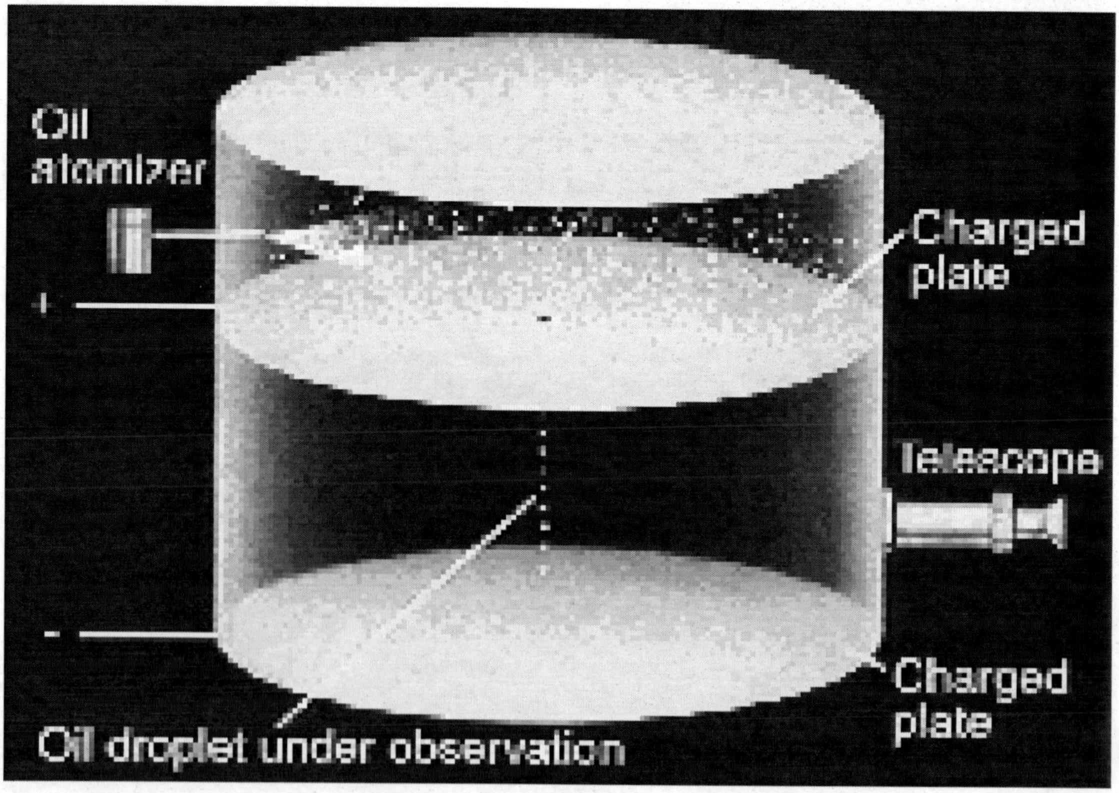
Oil
atomizer
Charged
plate
+
Telescope
-
Charged
plate
Oil droplet under observation

R	جذر ، راديكل (راجع (Radical
Ra	راديوم
Ra Emission	انبثاق الراديوم
Raddle heamatite	الهيمانيت الاحمر،وهو اشهر خامات الحديد (اكسيد الحديد الخام)
Radial	شعاعي
Radiate	يشع
Radiating apparatus	جهاز الاشعاع
Radiating surface	السطح المشع
Radiation	اشعة اشعاع
Radiation capacity	السعة الاشعاعية
Radiation chemistry	كيمياء الاشعاع
Radiation preservation of food	حفظ الاغذية بالاشعاع
Radiation pressure	ضغط الاشعاع
Radiation principle	اسس الاشعاع
Radiation protection	الحفظ بالاشعاع
Radical	جذر، اساس . مجموعة من الذرات ذات وجود جماعي تنتقل في اثناء التفاعلات الكيمياوية كمجموعة وليس لها وجود استقلالي ثابت خارج المركبات الكيمياوية
Radio actinium Rd Ac	راديوم اكتينيوم
Radio- carbon	الفحم المشع
Radio- carbon method	طريقة اشعاع الفحم
Radio- electricity	الاشعاع الكهربائي
Radio- element	عنصر مشع
Radio- frequency	التردد اللاسلكي ، التردد الراديوي
Radio heat	حرارة الاشعاع
Radio thorium Rd Th	راديوم ثوريوم
Radio toxemia	اشعة اكس
Radioactive	ذو نشاط اشعاعي
Radioactive change	تغيير نشاط اشعاعي
Radioactivity	نشاط اشعاعي
Radiochemistry	الكيمياء الاشعاعية
Radiogram	غراما فون، مدمج مع جهاز راديو
Radiolysis	الانحلال الكيمياوي للمادة ، نتيجة التعرض للاشعاع
Radiotherapy	التداوي بالاشعاع
Radium Ra	راديوم (عنصرعدده الذري ٨٨)
Radium bromide	بروميد الراديوم
Radium chloride	كلوريد الراديوم
Radium contaminated	ملطخ بالراديوم
Radium sulphate	كبريتات الراديوم
Radius	نصف قطر الدائرة
Radon Rn	رادون عنصر عدد ذري ٨٦
Raduim emanation	انبثاق الراديوم
Radula	راديولا
Rag	ثياب قديمة وبالية
Rage	غضب حنق
Rain water	ماء المطر
Rainy season	الفصل الممطر
Raising	رفع
Rake	خليع ، فاجر ، كرك ، جرّف، ميلان او انحراف الى الوراء

Ram	منجنيق الحرب ، اداة حربية ، مدقة ، مكبس ، دك ، كبس
Ramble	تنزه ، تجول ، تطوفهام على وجه
Ramie	حشيش هندي
Ramie stalk	ساق الحشائش
Ramify	شعب تشعب
Rancidity, Racidness	الزنخ
Random	اتفاقي ، من غير تدبير، عشوائي
Random cause	مسبب عشوائي
Random orientation	تنظيم عشوائي
Raneynicflel catalyst(stabilized)	حفاز نيكل المثبت
Range	مدى ، مجال ، امد، مرمى ، مرتبة ، تجول، نسقّ ، اصطف، هام
Rape seed oil	زيت حب الشلغم
Raphetamine phosphate	فوسفات الرافيتامين
Rapid	سريع ، مستعجل
Rapidity	سرعة ،عجلة
Rare	نادر ، قليل الوجود او الحدوث
Rare element earth	العناصر الارضية النادرة
Raspberry	توت العليق
Rat poison	سم الجرذان
Rate	معدل، سرعة
Rate of gas diffusion	سرعة انتشار الغازات
Ratio	معدل ، درجة ، نسبة
Rational	منطقي ،معقول ،مفكر
Rationalism	الاسلوب العقلي او المنطقي
Ravel	حل ، فك ، فكك
Raw	خام ني ناقص النضج
Raw spirit	كحول خام
Ray	اشعة
Ray alpha (α)	اشعة الفا
Ray beta (β)	اشعة بيتا
Ray gamma (γ)	اشعة كاما
Ray- therapy	التداوي بالاشعة
Rayon	الحرير الصناعي
Rayon industry	صناعة الحرير
Rayrealgar	ريلكار خام كبريتيد الزرنيخ
Rb	روبيديوم
Rd- Ac	راديوم اكتينيوم
Rd- th	راديوم ثوريوم
RDX	متفجرات
Re- cover	جدد الغطاء
Re crystallisation	اعادة التبلور
Reach	وصل الى، بلغ، ادرك ، نال ، في متناول اليد ، مقدرة، استطاعة
Reactant	مادة التي تأخذ قسما من التفاعل الكيمياوي (مواد متفاعلة)
Reaction	تفاعل كيمياوي ، رد الفعل ، ارتكاس
Reaction chain	التفاعل المتسلسل
Reaction chemical	تفاعل كيمياوي
Reaction control	السيطرة على التفاعل
Reaction direct	تفاعل مباشر
Reaction mass	الكتلة المتفاعلة
Reaction mixture	مزيج التفاعل
Reaction power	قوة التفاعل
Reaction principle	اساس التفاعل
Reaction product	ناتج التفاعل
Reaction rate	سرعة (مستوى) التفاعل

Reaction stage	طور التفاعل
Reaction time	وقت التفاعل
Reaction tower	قمة التفاعل، برج التفاعل
Reaction turbine	توربين تفاعلي
Reaction velocity	سرعة التفاعل
Reaction vessel	وعاء التفاعل
Reactionary	ارتكاسي ، معاكس ، رجعي ، تفاعلي
Reactionless	بدون تفاعل
Reactive	مقاوم رد فعل يرد تأثير الفعل
Reactor	مفاعل
Read	قرأ ، طالع ، حل ، فسر
Reading	قراءة ، مطالعة
Reading error	خطأ في القراءة
Reading line	خط القراءة
Reading microscope	قراءة المجهر
Readjust	اصلح ثانية ، عاد فرتب، عدل ثانية
Ready	راضي ، مستعد، متأهب ، حاضر ، جاهز
Reagent	كاشف ،وهو محلول يضاف لمعرفة وجود العناصر
Reagent bottle	بطل الكاشف والكاشف مادة مذابة بالماء تصب على المحاليل الاخرى لمعرفة وجود العناصر
Reagent grade	درجة الكاشف
Reagent room	حجرة الكاشف
Real	عيني ، حقيقي ، فعلي
Real gar	وهج احمر كبريتوز زرنيخ
Rearrange	نظّم ثانية
Reassemble	جمّع ثانية ، كم ، تجمع
Rebaudin	ريبودين
Rebuild	بنى ثانية ، اشاد مرة اخرى، إعمر
Recalculation	معاودة الاحتساب
Recast	سبك من جديد وغير الشكل
Receive	استلم ، تسلم ، تناول
Receiver	مستقبل
Receiving room	حجرة الاستلام
Receiving tank	صهريج الاستلام
Reciprocal proportion	نسبة متبادلة
Reciprocal proportion Law of	قانون النسب المتبادلة (العكسية)
Reciprocal weights	الاوزان المتبادلة
Reciprocating engine	ماكنة ترددية
Reciprocating motion	حركة ترددية
Reciprocating pump	مكبس ترددي، مضخة ترددية
Recirculation process	عملية اعادة الدوران ، او التدوير
Recombination	اعادة التجمع او الاتحاد
Recombine	تجمع ثانية، اتحد ثانية
Recopy	اعاد النسخ
Record	محضر، سجل، دفتر، قيدّ، دون
Recording manometer	المنانومتر المسجل
Recording thermometer	محرار مسجل
Recover	خلّص ، حصّل، استرجع، شفى ، تعافى
Recovery	تجديد الغطاء

Recrystallisation temperature	اعادة درجة حرارة اعادة التبلور
Recrystallise	تبلور ثانية
Rectified aleohol	كحول نقي
Rectifier	منقي ،مكرر ،مصفى ، مقوم ، محول من التيار المتردد الى التايار الثابت
Rectify	صفى ، نقى ، كرر، قوّم ، حوّل من التيار المتردد الى التيار الثابت
Rectifying apparatus	جهاز التصفية
Rectifying column	عمود التصفية
Recurring	متكرر
Red- gum	طفح جلدي في وجه ورقبة الاطفال
Red hot	ساخن لدرجة الاحمرار
Red wood	الخشب الاحمر يعطي صباغا أحمراً، شجرة بارتفاع ٣٠٠ قدم ذات ثمار مخروطية
Redissolirec, Redissolve	اذيب ثانية
Redox potential	تأكسد او اختزال ذاتي
Reduce	اختزل ، نقص ، قلل ، خفض، هبط ، اختصر
Reducible	قابل للاختزال، قابل للنقصان او التخفيض
Reducing agent	عامل مختزل
Reducing flame	لهب الاختزال
Reducing gas	غاز الاختزال
Reducing power	قوة الاختزال
Reducing salt	ملح الاختزال
Reducing valve	صمام الاختزال

Reduction	اختزال .١.عملية في مادة ما ينتج عنها انقاص الاوكسجين او زيادة الهيدروجين ٢.عملية في مادة ما يحدث عنها زيادة الشحنة السالبة او نقص الشحنة الموجبة
Reduction energy	طاقة الاختزال
Reduction intensity	شدة الاختزال ، حدة الاختزال
Reduction product	ناتج الاختزال
Reduction scale	ميزان الاختزال او درجة الاختزال
Reduction zone	منطقة الاختزال
Reduplication	عملية الاستنساخ ثانية
Refer	اشار الى ، نسب الى ، استشهد بـ
Reference	شهادة ،استشهاد ،دلالة، مرجع
Reference temperature	درجة الحرارة المرجعية ، درجة حرارة الدلالة
Refine	نقى ، كرر
Refiner	مصفى
Refinery	مصفى
Refinery	مكان التصفية
Refinery assay	مأمور فحص في المصفى
Refinery process	عملية التصفية
Refining copper	عملية تصفية النحاس
Refining furnace	تنور التصفية
Refining glass	زجاج التصفية
Refining machine	ماكنة التصفية
Refining test	فحص النقاوة، اختبار النقاوة
Refining works	شغل التصفية
Reflect	يعكس

Reflecting microscope	المجهر العاكس
Reflective	عاكس ، انعكاسي
Reflux	عاكس ،مرجع
Reflux condenser	مكثف عاكس او مرجع
Reflux ratio	النسبة الراجعةاو المرتدة
Reflux valve	صمام الرجوع
Reform	كون ، اصلح ، قوم ، هذب
Reforming	اصلاح ، تهذيب
Refract	حرف اشعة النور او كسرها
Refraction	عملية كسر اشعة النور او خرقها
refractive	انكساري
Refractive index	معامل الانكسار
Refractivity molecular	الانكسار الجزيئي
Refractory	جموح ،عنيد، متمرد، مقاوم للانصهار او الاختزال وغيرها من المعاملات
Refrigerating agent	عامل التبريد
Refrigerating effect	تأثير التبريد
Refrigerating machine	ماكنة التبريد
Refrigerating plant	الالات التبريد
Refrigeration	تبريد ، تثليج
Refrigeration industry	صناعة التثليج
Refrigerator box	صندوق الثلاجة
Refuse	رفض ، ابى، نفايات
Regenerative section	قسم تبادل الحرارة
Regina purple	الاثيلين البنفسجي
Region	منطقة

Register	سجل ، قيد ، مسجل
Regular	منظم ،مرتب، نظامي
Regulation	قاعدة ، نظام ،قانوني
Regulator mixture	منظم المزيج
Reheated	اعاد التسخين
Reinsch test	اختبار رنش ،يستخدم في الكشف عن الا المعادن السامة خاصة الزرنيخ
Reject	رفض ، نبذ ، ابى، نفايه
Related	انتسب الى ، انتمى
Relative density	الكثافة النسبية
Relieve	اسعف ، غاث ، امد
Remedy	علاج ، دواء
Remove	حذف ، نقل ، رفع ، فك
Render	اعاد ، ارجع ، جّسم (تجسيم)، جعل
Rennet	منفحة لتجبين الحليب
Rennet test	فحص المنفحة
Rennin	انزيم يخثر الحليب ، وهو موجود في العصارة المعدية
Repair	يصلح ، يرمم ، يعوض
Repairing	اصلاح ،ترميم
Replaceable	قابل للتعويض والاستبدال
Replacement	احلال ،استبدال ذرة او مجموعة بذرة او مجموعة اخرى مثل احلال الكلور محل ذرة ايدروجين غاز الميثان لتكوين مركبات احلالية
Report	تقرير، بيان
Reproduce	اعادة الانتاج، تناسل
Reproducing method	طريقة اعادة الانتاج
Research	بحث

Research chemistry	الكيمياء البحثية
Research method	طريقة البحث
Research station	محطة البحث
Research worker	عامل البحث
Reserve food material	مواد غذائية احتياط ، خزن المواد الغذائية
Residual	متخلف ، متبقي، راسب
Residual affinity	الالفة الفضلة ،هو جزاء المبقي من قابلية الماة للاتحاد بمادة اخرى، الالفة الرسوبية
Residue	بقية ، فضلة، راسب
Resin	علج ، راتنج ، مجموعة من مواد غير متبلورة قلبلة للالتهاب وتكون غالبا من اصل نباتي ويذوب عادة في الكحول
Resin acids	احماض راتينجية
Resin alcohol	كحول راتنج
Resin benjamin	راتنج البنزوين
Resin copaiba	راتنج الكوبيبه
Resin ester	راتنج الاستر
Resin jalap	علج جلاب، راتنج جلاب وهو يستخلص من جذر درني لنبات في المكسيك
Resin kino	علج كينو، راتنج كينو
Resin oil varnish	التلميع بزيت العلج او الراتنج
Resin paper	ورق العلج، ورق الراتنج
Resin podo phyllum	علج البودو فيليم
Resin scammony	علج سكاموني
Resin soap	صابون علجي
Resin tolu	علج تولو
Resist	يقاوم
Resistance	مقاومة
Resolution	اعادة المحلول ، تحليل الوضوع سواء في الصوت او في القراءة ، عميلة التحول الى صيغة اكثر بساطة ، عزم اثبات ، انتهاء المرض
Resolve	عقد النية ، عزم
Respirator	كمامة، جهاز يوضع على الانف والفم لمنع الغازات السامة من النفوذ الى الجهاز التنفسي
Respiratory	مختص بالتنفس، تنفسي
Rest	بقية ، راحة ، استراحة
Restrict	قيد ، حصر
Result	نتيجة، حاصل ، عاقبة
Retain	ابقى على ، استبقى
Retard	منع ،اعاق
Retardation	منع، تعويق ،اعاقة
Reticular	شبكي الشكل
Reticulate	شبكي الشكل
Retina	شبكة العين، جواب الاهانة ، رد الاهانة
Retort	انبيق، جهاز لتقطير السوائل
Retort bench	منضدة العنبيق او الانبيق
Retort carbon, retort coal	فحم العنبيق او الانبيق
Retort clamp	ماسك معوجة الانبيق
Retort cooking	الطبخ بالمعوجات
Retort furnace	فرن المعوجة
Retort house	بيت العنبيق
Retort neck	رقبة الانبيق
Retort ring	حلقة معوجة
Retort stand	حامل المعوجة

Return	رجع ، رد ، رجوع ، عوده
Return condenser	المكثف الراد، المكثف الراجوع
Return current	التيار الراجع
Return flow tub	انبوب ارجاع الفائض ، ويستعمل لجمع ما يفيض من السائل عن القدر المطلوب
Return motion	الحركة الرجوعية او الراد
Return pump	المكبس الراد او الراجع
Return wire	السلك الراجع
Retuse	مستدير الطرف
Reverse	قفاء او ظهر الشئ عكس
Reversible	قابل للانعكاس
Reversible reaction	تفاعلات قابلة للانعكاس
Reversing mirror	المرأة العاكسة
Reversing motor	الماكنة الراجعة
Revise	نقح هذب اعادة النظر
Revision	تنقيح، تهذيب
Revolution	دوران ، ثورة
Revolution body	الجسم الدائر دوران مركزي حول المركز
Revolution surface	سطح الجسم الدائر دورانا مركزيا
Revolve	دار حول محور المركز ، فكر
Revolving boiler	المرجل (القزان)الدائر حول محور
Revolving brush	الفرشة الدائرية
Revolving electron	الالكترون الدائري
Revolving filter	المرشح الذي يدور حول محور

Revolving mechanism	الميكانيك الدائري
Revolving mirror	المرأة الدورانية
Revolving retort	العنبيق الدائر حول محور
Rh	روديوم معدن
Rh value	قيمة الاختزال وشدته
Rhein	حامض الريك
Rhenium	رينيوم (عنصر عدده الذري ٧٥ والوزن الذري ١٨٦,٢ ورمزه الكيمياوي Re)
Rhenium heptoxide	سباعي اوكسيد الرينيوم
Rhenium oxide	اوكسيد الرينيوم
Rhenium trioxide	ثالث اوكسيد الرينيوم
Rhodium	روديوم (عنصر عدد ذري ٤٥ ووزن ذري ١٠٢,٩٠٥ ورمزه الكيمياوي Rh)
Rhodium tri chloride	ثالث كلوريد الروديوم
Rhodocrosite	بروتوكربونات المنغنيز الطبيعي
Rhombic system	فصيلة المعيني، نظام معيني
Rhubarb	راوند
Rhubarb extract	عصارة الراوند
Rhubarb root	جذر الراوند
Rhubarb tincture	صبغة الراوند
Rhubarb yellow	الراوند الاصفر
Rib	ضلع ، مسند ، دعامة
Ribo furanose	ريبو فورانوز
Riboflavin	ريبو فلافين

Ribonucleic	مجموعة متشابه التركيب
	تحتوي على سلسلة طويلة
	بالفوسفيت مع ادينين
	كوانين سايتوزين
Rice	ارز ، رز ، تمن
Rice paper	ورق الارز
Rice starch	نشا التمن، نشأ الرز
Rice wine	شراب الرز، خمر الرز
Rich	غني ، مثري ، وافر ،
	شبعان ، ملئ بـ
Rider	راكب، ممتطي الحصان
Right	يمين ، عدل ، حق ،
	صواب، على حق
Rigid	شديد الصلابه ، لاينثني،
	عنيف، قاسي ، صارم
Ring	رنين طنين ، رنّ ،حلقة ،
	طوق، خاتم ، دائرة
Ring closure	ختام الحلقة
Ripeness	نضوج، نضج
Rise	رفع ، ارتفع، نهض،
	نهوض ، رقي
Rival	مزاحم ، منافس ، زاحم ،
	نافس
Rn	رادون
Roasting	شواء ، شوى ، حمص
Roasting dish	اناء التحميص
Roasting furnace	فرن التحميص
Roasting process	عملية التحميص
Roasting residue	فضلات التحميص
Robin	روبن، طائر الهزاز
Robot bomb 2,	قنبلة روبوت ٢، قنبلة آلية
	رقم٢
Rochell salt	ملح روشيل ،صوديوم
	بوتاسيوم
	نارتاريت

Rock alum	شب الصخور
Rock oil	نفط دهن الصخور
Rock phosphate	فوسفات الصخور
Rock salt	املاح الصخور
Rock saltpeter or saltpetre	شورة الصخر، ملح
	البارود الصخري ، نترات
	البوتاسيوم الصخري
Rod copper	قضيب نحاس
Rod iron	قضيب حديد
Rod mill	قضيب الطاحونه
Rohodonite	رودونيت سلكات المنغنيز
	الطبيعي
Rohodonite	سلكات المنغنيز الطبيعي
Roll	ملف ، لفيفة ، ملف
	اسطواني، رولة
Roll sulphur	كبريت العمود
Rolling circle	الدائرة المتدحرجة
Rolling down	تدحرج الى الاسفل
Rolling hide	جلد طبيعي لغرض اللف ،
	مطاط ملفوف
Rolling machine	ماكنة الدرفلة او اللف
Rolling mill	طاحونة اللف
Root mean square of velocities (R.M.S.)	الجذر التربيعي لمتوسط مربع السرعات
Roscine	الانبلين الاحمر
Rose copper	النحاس المنقى
Rose crucible	جفنه فرفوري ورديه
Rosemary oil	زيت الورد، زيت اكليل
	الجبل
Rosin	الراتنج الاصفر كلوفوني،
	قافونية
Rosolic acid	حامض فحم القطران
Rosy	وردي

Rot — كلام فارغ ، عفن ، تعفن ، عفونه ، لغو
Rotation — دوره، دوران محوري ، مناوبه، تعاقب، نوبه
Rotation axis — محور الدوران
Rottlerin — مالو توكسين
Rouge — اكسيد الحديد الاحمر، دهان لتجميل الوجه
Rough — خشن ، فظ ، شرس، غير دقيق
Rough metal — المعدن الخشن
Round flask — القارورة الدائرية
Ru — روثينيوم (عنصر)
Rubber — مطاط
Rubber cloth — ملابس مطاطية
Rubber coat — معطف مطاطي
Rubber covered wire — سلك مغطى بالمطاط
Rubber cylinder — اسطوانه مطاطيه
Rubber gloves — كفوف مطاطيه
Rubber insulation — العزل بالمطاط
Rubber insulator — عازل مطاطي
Rubber joint — مفصل مطاطي
Rubber tree — شجرة المطاط
Rubber tube — انبوب مطاطي
Rubber varnish — طلاء مطاطي
Rubidium — روبيديوم (عنصر عدده الذري ٣٧ ووزن ذري ٨٥,٤٧ ورمزه الكيمياوي Rb)
Rubidium alum — شب الروبيديوم
Rubidium chloride — كلوريد الروبيديوم
Rubidium chloro platinateal — كلورو بلاتينيت الروبيديوم
Rubidium hydroxide — هيدروكسيد الروبيديوم
Rubinic acid — حامض الروبنيك
Ruby — ياقوت
Rule — قانون ،امر ، قاعدة
Running water — الماء الجاري
Rust — صدأ، زنجار
Rust prevention — منع الصدأ
Rust removing agent — عامل منع الصدأ
Ruthenic acid — حامض الروثينيك
Ruthenic oxide — اوكسيد الروثينيك
Ruthenium — روثينيوم (عنصر عدد ذري ٤٤ ووزن ذري ١٠١,٠٧ ورمزه الكيمياوي Ru)
Ruthenium red — اوكسي كلوريد الروثيفيوم، الامونياتي الاحمر
Ruthenium tetraoxide — رابع اوكسيد الروثيويوم
Rutile — ثاني اوكسيد التيتانيوم
Rutinic acid — حامض الروتينيك
Rutinose — روتينوز
Rutoside — روتو سايد

S

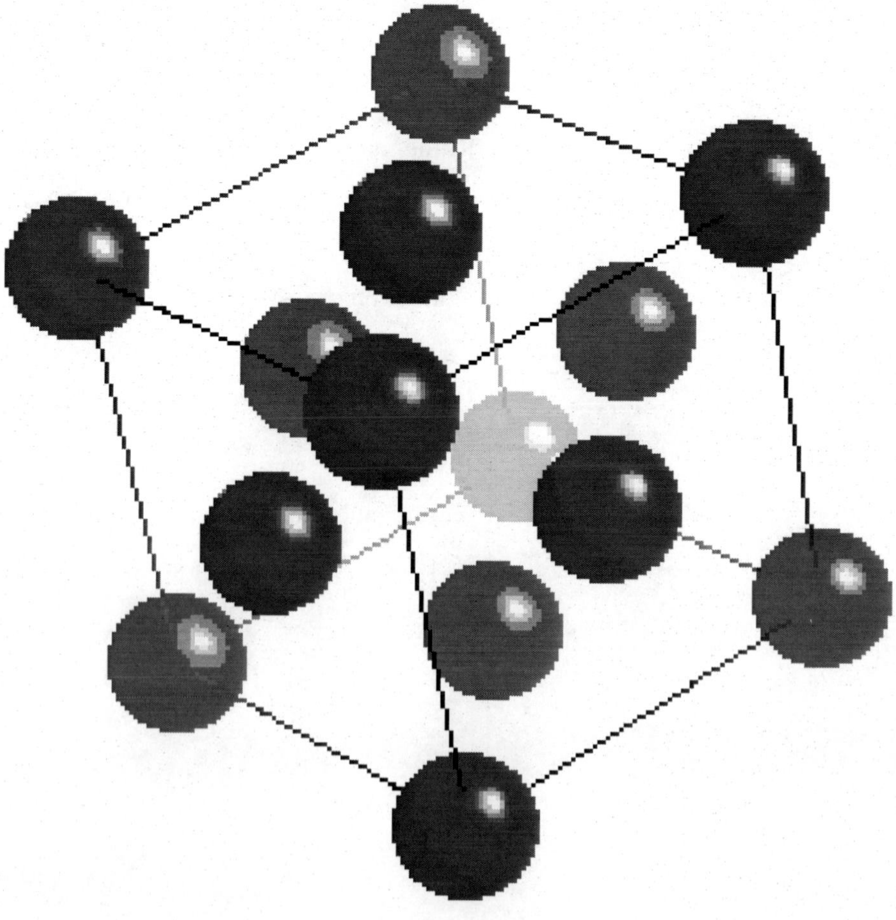

S	كبريت
S – acid	صبغ ويتكون من ١- امينو ٨-نافثول ٤- حامض السلفونيك
S pipe	انبوب بشكل حرف S
S tube	انبوبة بشكل حرف S
Sa Sm	سماريوم (عنصر)
Sabadilla seed	شجرة حب الساباديللا المكسيكية التي يستخرج منها دواء لعلاج الآم العصبية والتهاب المفاصل
Saccharase	سكري ، كلوكوز فركتوز سكروز
Saccharate	سكريات
Saccharin	سكرين ، مادة بيضاء مشتقة من الحلوين لها حلاوة تعادل ٣٠٠ ضعف حلاوة السكر العادي وتستعمل في الشاي اصحاب المرض السكري
Saccharo lactic acid	سكارو حامض اللبنيك
Saccharose	سكروز
Sacharic acid	حامض الساكاريك
Sacred bark	كاسكارا سكرادا، اللجاء المقدس
Sacrosine	مثيل امينو حامض الخليك
Safety apparatus	جهاز سلامة
Safety explosive	المفرقع المأمون
Safety glass	زجاج سلامة ، الزجاج السالم
Safety lamp	مصباح الامان
Safety margin	نطاق الامان
Safety mask	قناع الامان
Safety matches	الشخاط المأمون
Safety precautions	احتياطات الأمان
Safety regulation	انظمة الامان
Safety stop	ايقاف الامان
Safety switch	المفتاح الامين ، سويج الامان
Safety valve	صمام الامان
Saffron	زعفران
Saffron bitter	زعفران مر
Saffron substitute	المادة المعوضة او البديلة للزعفران والتي شبيه به
Saffron yellow	الزعفران الاصفر ، الزعفران الكاذب
Sag	تقوس للاسفل هبط من وسطه ارتخى مابين طرفيه
Salicyl alcohol	كحول سليسيل
Salicyl alcohol glucoside	كلوكو سايد الكحول السليسيل
Salicyl aldihyde	الديهايد السليسيل
Salicyl hydroxamic acid	حامض هيدروكزاميك السيليسيل
Salicyl sulphonic acid	حامض السلفونيك السيلسيلي
Salicyl yellow	الزارين الاصفر
Salicylate	سيليسيليت
Salicylic	هيدروكسي حامض البنزويك
Saline	ملحي مكان استخراج الملح

Salnarsan ثاني هيدروكسي ثاني ايمدو ارسينو بنزول

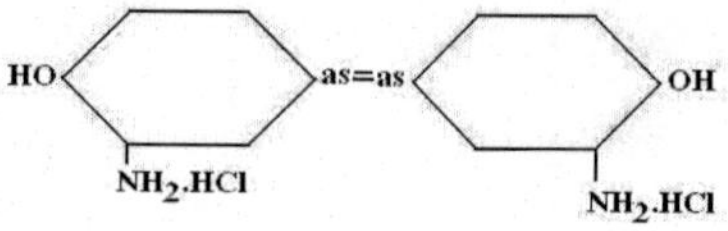

Salt الملح هو الناتج الكيمياوي من تعادل ايون السالب للحامض مع ايون الموجب

Salt acid حمض ملح

Salt alem broth ملح الحكمه – ثاني كلورو زئبق وكلوريدات امونيوم

Salt and water balance تعادل الملح والماء

Salt basic ملح قاعدي

Salt bath حمام ملحي

Salt bath furnace موقد للحمام الرملي

Salt cake سلفات الصوديوم الخام

Salt carolinum ملح كرلسباد

Salt clay طين ملحي

Salt communis ملح الطعام

Salt content محتويات ملحيه

Salt crust قشرة الملح

Salt deposites ترسبات ملحيه

Salt double ملح مزدوج

Salt efflorescent ملح فوار

Salt Epsom ملح افرنجي

Salt formation تكوين الملح

Salt free بدون ملح

Salt gland غدة ملحية في النبات

Salt lake بحيره ملحيه

Salt making عمل الملح

Salt normal ملح اعتيادي

Salt pulp لب الملح

Salt scraper مكشط الملح

Salt solution محلول الملح

Salt volatilis املاح كربونات النوشادر

Salt water الماء المالح

Salt water fish سمكة الماء المالح

Salt water soap صابون الماء المالح

Salt works معامل الملح

Salting out effect تأثير التمليح

Saltpeter نطرون . ملح البارود ،نترات البوتاسيوم ، الشورة

Saltpetre house بيت صناعة نترات البوتاسيوم

Salvarsan ثاني هيدروكسي ثاني اميدو ارسينو بنزول

Samarium سماريوم (عدد ذري ٦٢ ووزن ذري ١٥٠,٣٥ورمزه الكيمياويSm , Sa)

Samarium سماريوم (عنصر كيمياوي ورمزه الكيمياوي (Sm, Sa

Sample نموذج

Sample bottle بطل يحتوي نموذج

Sample specimen مادة نموذجية

sanatorium مصح ، مستشفى

Sand رمل

Sand bath حمام رملي

Sand depesite ترسب رملي

Sand glass زجاج رملي

Sand layer طبقة رمل

Sand mixer ماكنة مزج الرمل

Sandal wood خشب الصاندل

Sandal wood oil زيت خشب الصندل

Sandarac سندروس

Sandpaper ورق الصفرة
Sanitary مصح، محل الاستشفاء ، صحية
Santal oil دهن الصندل
Santonic acid حامض سانتونيك
Santonine سانتونين
Santorin سانتورين
Sapamin سابامين
Saponaria جذور لاعشاب صابونيه
Saponification التصبن (التصوبن) ، هو تحلل الاستر بالماء او البخار الى حامض او كحول وكذلك انقلابه بالكلى الكاوية الى املاح معدنية
Saponification number رقم التصبن
sapphire ياقوت ازرق
Sassafras شجرة يستخدم لحائها في صنع العطور والمطيبات ، دارسين
Sassafras oil زيت شجرة الساسافراس ، زيت الدارسين
Sassafras wood خشب الساسافراس (الدارسين)
Sassolite حامض البوريك
Saturate يشبع ،اشبع
Saturated مشبع ، الدال ١.على اذابة جسم صلب او غازي في سائل محلول حتى يكتفي ٢.على استنفاذالجزئ لكل مقتدرته على الاتحاد بعناصر اخرى
Saturated aliphatie hydrocarbons هيدروكاربونات اليفاتية مشبعة
Saturated compounds مركبات مشبعة
Saturated fatly acid احماض دهنية مشبعة
Saturated solution محلول مشبع
Saturated vapaur pressure ضغط بخاري مشبع
Saturation تشبع ،اشباع ،هوان يتحد الجسم غير المشبع بذرات عنصر او جزيئات مركب حتى يشبع ويستنفذ قدرته على الاتحاد بالاضافة
Saturation curve منحنى الاشباع
Saturation deficit نقص التشبع
Saturation degree درجة الاشباع
Saturation factor عامل الاشباع
Saturation point نقطة الاشباع
Saturation value قيمة الاشباع ، مستوى الاشباع
Saturn red اوكسيد الرصاص الاحمر
Saturnum رصاص كيمياوي
Sausage poisoning تسمم المقانق (اللحم) المجففه المبتله والمعلبه مثل الباسطرمه
Savin جونى بيرس سابينا
Savin oil دهن سافين
Sb الرمز الكيمياوي لعنصر الانتموني (معدن)
Sc الرمز الكيمياوي لعنصر السكانديوم (معدن)
Scale ميزان ، مرتبة ، يسلم ، مقياس رسم ، حراشف السمكة

Scale thermometer	محرار مدرج
Scamnonin	جلابين
Scamnony resin	راتنج سكاموني
Scamnony root	جذر سكاموني
Scandium	سكانديوم (عدد ذري ٢١ ووزن ذري ٤٤.٩٥٦ ورمزه الكيمياوي Sc)
Scandium hydroxide	هيدروكسيد السكانديوم
Scandium sulphate	كبريتات السكانديوم
Scarify	شطّب ، خدش
Scarlet berry	دولانوم
Scarlet dye	الصباغ الاحمر بلون القرمزي
Scarlet fever	الحمى القرمزيه
Scarlet red	قرمزي احمر
Scatter	شتت ، بعثر ، بدد
Scatter diagram	رسم بياني للتبعثر
Scent	رائحه
Scheels green	خضرة شبل ، زرنيخ النحاس
Schizogony	التوالد الانفصالي
Schlippers salt	ملح شلب
Schmidts test	تجربة شمت
School of industry	مدرسة الصناعة
Schotten Bauman Reaction	تفاعل سكوتن باومان
Schrodinger Oscillation Equation	معادلة ذبذبة شرودنكر
Schweinfurt green	خضرة شفاين فورت اسيتو زرنيخيت النحاس
Schweitzers reagent	كاشف شفزتر يستعمل في عمليات الحرير الصناعي يتكون من محلول الامونيا وهيدروكسيد النحاسيك الذائب به سيليلوز الذي يترسب ثانية باضافة قليل من الحامض لصناعة الحرير الصناعي
Science	علم : وهي المعلومات التي تحصل من دراسة تصرفات الطبيعة ، دراسة نظامية للمعرفة
Scientific	علمي
Scientist	عالم
Scion	غصن ، تطعيم ،عسلوج ، سليل ورد ، حب البطيخ
Score	علامة ، حز، درجة ، نال
Scrap iron	حديد خردة
Screen	فرز ، ستار ، حاجز، غربال شاشة السينما، عزل انتقائيا
Screen definition	تعريف الحاجز، مواصفات تعريفية للغربال
Screen lining	بطانة الحاجز
Screen picture	صورة على الشاشة
Screen process	عملية الغربلة او الفرز
Screening drum	وضع الحاجز على الطبل، طنبور الغربلة او الفرز
Screening effect	تأثير الحاجز ، تأثير الغربلة او الفرز
Screening fraction	نسبة الغربلة او الفرز
Screening material	مادة الغربلة او الفرز
Screening plant	ادوات الغربلة او التستر
Screening refuse	عزل النفايات
Screw	لولب بسمار برغي
Screw connection	اتصال لولبي
Screw joint	مفصل لولبي
Screw press	كابس لولبي
Screw pump	مضخة لولبية

Scum	رغوة ، زبدة، نزع الرغوه
Scum mixer	مازج الرغوة
Scum washing	غسيل الرغوة
Se	الرمز الكيمياوي لعنصر السيلينيوم
Sea lily	زنبقة البحر
Sea moss	طحالب البحر
Sea oak	بلوط البحر
Sea pine	صنوبر البحر
Sea salt	ملح البحر
Sea sickness	دوار البحر
Sea water	ماء البحر
Sealed	مختوم بمادة محكمة
Sealing wax	شمع الختم يختم بها
Search	يبحث، بحث
Seashore	ساحل البحر
Season	فصل
Seat	مقعد جلوس
Second	ثاني، ثانية
Second short period	الدورة القصيره الثانية
Secondary products	نواتج ثانوية
Secret	سر
Section	قسم ،جزء، قطع، قطاع ، قطع، فصل ، بتر، مقطع
Secure	مأمون ،مصون ،متين ،محكم
Sedative	مسكن
Sediment	راسب ،رسوب
Sedimentary	رسوبي ، راسبي
Sedimentation	ترسيب ،رسوب
Sedimentation basin	حوض الترسيب
Sedimentation potential	قوة الترسيب الكامنة
Sedimentation process	عملية الترسيب
Sedimentation tank	حوض الترسيب
Sedimentation test	اختبارالترسيب
Seed	بذره ، حبه
Segment	فلقه ، فص ، شظيه، قطعة
Segmental	منسوب الى القطعة
Segregation	تفلق ، انقسام، تمييز على اساس السلالة او العنصر
Seidlitz powder	مسحوق سدليس ،مسهل فوار
Selacholeic acid	حامض نيرنونيك
Selbite	سلبايت كاربونات الفضة
Seleacic acid	حمض الدهنيك
Seleacin	دهنين
Select	نخبة ، منتخب ، مختار ، انتخب ، اختار
Selection	انتخاب ،اختيار،انتقاء
Selective	انتخابي ، اختياري، انتقائي
Selenite	من سلفات الكالسيوم
Selenite	جبسم جبس
Selenium	معدن السيلينيوم (عدد ذري ٣٤ ووزن ذري ٧٨,٩٦ ورمزه الكيمياوي Se)
Selenium cuprum	سيلينيوم النحاس
Selenium dioxide	ثاني اوكسيد السيلينيوم
Selenium fluoride	فلوريد السيلينيوم
Selenium halides	هالوجين السيلينيوم
Selenium hydride	هيدروجين السيلينيوم
Selenium of silver	السيلينيوم الفضة
Selenium oxide	اوكسيد السيلينيوم

Selenium oxy bromide	اوكسي برومايد السيلينيوم
Selenium rectifier	مصفى السيلينيوم
Selenium tetrachloride	ثالث كلوريد السيلينيوم
Selenium trioxide	ثالث اوكسيد السيلينيوم
Selenyl bromide	برومايد السيلنيل
Self	نفس ، ذات ، ارتباط الامر بالذات
Self coloured	اللون الطبيعي
Self compatible	الانسجام الذاتي
Self incompatible	عدم الانسجام الذاتي
Self movement	الحركة الذاتية
Self pollination	التلقيح الذاتي
Self regulating	تنظيم النفس
Seltzer water	ماء الصودا ، ماء سلتزر
Semen	نطفة من ماء التذكير ، بذرة النبات
Semi carbazone	نصف كاربازون
Semi carbzide hydrochloride	امين يوريا
Semi− chemical	نصف كيمياوي
Semi− circle	نصف دائري
Semi− commercial	نصف تجاري
Semi- diesel engine	ماكنة نصف ديزل
Semi- enclosed	نصف مسدود
Semi- finished	نصف نهائي
Semi- industrial	نصف صناعي
Semi- micro	شبه دقيق، نصف مايكروي
Semi- open	نصف مفتوح
Semi- permeable	نصف نافذ ،شبه قابل للترشيح
Semi- permeable membrane	غشاء نصف نفاذ
Semi- polar	شبه قطبي
Semi- porcelain	نصف خزفي
Semi- steel	نصف فولاذي ، فولاذ للنصف
Semi- transparent	نصف شفاف
Semi- tropical	شبيه بالمنطقة الاستوائية او الحارة
Semi- valence	نصف التكافؤ
Seminal	نطفي ، منوي ، بزري
Senar montite	ثالث اوكسيد الانتيموني
Send	بعث ، ارسل
Seneca oil	بترول
Senecionin	سن كونين
Senega	جذر لنبات بولي كالاسنيكا ، يستخدم في صناعة عقار مقشع
Senega saponin	صابون السنيكا
Senna leaves	اوراق السنامكي وتكثر في الحجاز وتستخدم كعقار مسهل
Sense	حاسة ،احساس ، شعور ،ادراك، فهم
Sense organ	عضو الحس
Sensibility	حساسية ، شعور، دقة الاحساس
Sensible	حساس ، معقول ، سريع التأثر
Sensitive	حساس ، صفة تدل على سهولة التأثر بالعوارض الخارجية .
Sensitive balance	ميزان حساس (سريع التأثر)
Sensitivity	حساسية
Sensory	حسي ، مختص بالاحساس

Separate	منفصل ،متفرق
Separating agent	عامل الفصل
Separating burette	سحاحة الفصل ،وهي انبوبة مدرجة تنتهي بمقطر
Separating calorimeter	مقياس السعرة الحرارية الفاصل
Separating cylinder	اسطوانة الفصل او العزل
Separating drum	طنبور العزل او الفصل
Separating funnel	قمع ، يستعمل لفصل الرواسب عديمة الامتزاج
Separating line	خط الفصل
Separating liquid	سائل الفصل
Separating plant	ادوات الفصل
Separating sieve	منخل العازل
Separation	فصل ، انفصال، عزل
Separation effect	تأثير الانفصال
Separation layer	طبقة الانفصال
Separation liquid	سائل الانفصال
Separation of immiscible liquids	فصل سوائل غير ممتزجة
Separation process	عملية الانفصال
Sepsis	تسمم ، تعفن
Septisealent	سباعي التكافؤ
Sequence	سياق تتابع توال تسلسل
Seraphical	سيرافيمي ملائكي طاهر سام
Serial	متسلسل
Series	متسلسلة متتالية
Series characteristic	خواص متسلسلة ، المتسلسلة المميزة
Serine	٢ امينو ٣ حامض البروبيانيك
Serpentine	لولبي ،متلف كالحية . الانبوب المكثف الحلزوني في المقطر في عملية التقطير
Serrate	مسنن سناني منشاري مشرشر
Serum albumin	زلال مصل الدم
Serum therapy	العلاج بالمصل
Seruns	امصال
Service	خدمة منفعة فائدة معروف
Service diagnosis	خدمة تشخيص المرض
Sesame oil	زيت او دهن السمسم شيرج
Sesqui	اداة بصدر الكلمة تعني واحد ونصف، اتحاد ٣ ذرات من العنصر او الجذر مع اثنين من الاخر كما في Iron sequoxides Fe_2O_2
Sessile	لا عنقي ، متصل بالقاعدة مباشرة
Set	طقم ، مجموعة، مقدار الانحراف عن خط مستقيم ، شتلة نبات ، اعداد المسرح للتمثيل ، جماعة تربط بينها مصالح مشتركة ، جهاز ، يحدد ، يجبر العظم ، يلحن (قصيدة) ، ينضد (طباعيا)، يثبت شيئ في اطار معدني
Set of weights	طقم عيارات، طقم اوزان
Settling basin	حوض الترسيب
Settling of suspension	ترسيب المواد المتعلقة

Several	عدة ،جملة ، شتى ، متعدد
Severe condition	حالة شديدة او قاسية
Sewage	مياه المجاري
Sewage purification by filteration	تصفية مياه المجاري بالترشيح
Sewage removal	ازالة المياه القذرة
Sewage system	منظومة المجاري
Sewage water	مياه المجاري
Sewing machine oil	زيت ماكنة الخياطة
Sex	جنس ، صفة التذكير او التأنيث
Sex appeal	الميل الجنسي ،الجاذبية الجنسية
Sex chromosome	كروموزوم الجنس
Sex determination	تحديد الجنس
Sex gland	غدة جنسية
Sex hormone	هرمون جنسي
Sexivalent	سداسي التكافؤ
Sexual	جنسي
Sexual intercourse	جماع، مضاجعة ، نكاح
Sexual multiplication	التكاثر التزاوج
Sexual organs	اعضاء التناسل ،الاعضاء التناسلية
Sexual selection	الانتخاب الجنسي ،التزاوح
Sexual urge	الدافع الجنسي ، الشهوة الجنسية
Sexuality	جنسية ، صفة الجنس
Sexually	جنسيا ، تناسليا
Shade	ظل ، عزلة ، درجة اللون ، يظلل الرسم ، يتدرج من لون (ادنى) الى اخر
Shadow	خيال ، ظل ، شبح ، طيف، حزن ، كآبه
Shaft	عمود الدوران (شافت) ، مقبض ، سارية العلم
Shake	رج، هزه، رعشه، رجفة ، هو هز مادة او سائل بقصد المساعدة على اختلاط اجزائها ليتكون من ذلك مادة متجانسة قدر الامكان ، مصافحة ، فلق او صدوع في الارض او الخشب
Shaking apparatus	جهاز رجاج او هزاز
Shaking machine	ماكينة هزازه
Shaking movement	حركة اهتزازية
Shaking screen	الحاجز الرجاج ، الغربال الهزاز
Shaking sieve	منخل الرجاج او الهزاز
Shale	صخر صلصلي
Shale distillation	تقطير (نوع من الصخر الصلصلي)
Shale oil	نفط ، الزيت الحجري (يستخرج من صخر صلصلي)
Shale oil factory	معمل للزيت الحجري
Shale tar	قطران الزيت الحجري
Shallot	الكرات الاندلسي
Shape	شكل ،كيفيه، ،هيئة ، شكلّ ، صور
Sharp	قاطع، صارم ،مدبب ،حاد ،علامة الرفع في الموسيقى ، لاذع ، حريف الطعم ، أنيق ، فجأة
Shatter	حطم ، هشم ، كسر

Shattering power القوة المهشمة
Shave قشر ، حلق
Shaving soap صابون حلاقة
Sheet صفيحة ، لوحة
Sheet copper صفيحة نحاس
Sheet gelatin صفيحة جيلاتين
Sheet iron can صفيحة علبة حديد
Sheet lead صفيحة رصاص
Sheet metal صفيحة معدنية
Sheet metal box container حاوية صندوقية من صفيحة معدنية
Sheet steel صفيحة من الفولاذ
Sheet tin صفيحة قصدير
Shelf رف ، او جرف رملي، رف صخري
Shell قشرة ،محارة ،قنبلة ،ضرب بالقنابل
Shell gold محارة ذهبية
Shellac دملوك ، محلو اللك في الكحول
Shellac varnish طلاء بالدملوك
Sheradising رش الخارصين جلفنه
Sherry خمرة اسبانية الاصل
Shield درع ، ترس ، ستر الوقاية لبناء الانفاق ، حاجب زجاجي امام مقعد السائق
Shift حجة ، حيلة ، تحايل ،تبديل، تغيير
Shine لمع ، اضاء
Shining coal الفحم اللماع
Shining cobalt الكوبالت الابيض اللماع
Short قصير، ناقص ،مقتضب ، مختصر قليل ، غير كاف

Shortage نقص ،عجز ، كمية النقص او العجز
Shruff copper النحاس المتشقق ، المتفتت
Shumac tree wood خشب شجرة روهس
Siberian fir oil زيت شجرة التنوب (دهن الصنوبر)
Side chain سلسلة جانبية ، جذر اليفاتي او مجمزعة تتصل بحلقةالبنزين او مجموعة دائرية اخرى في الجزيئة لفرد عضوي مثلا مركب Toluene , $C_6H_5CH_3$ the methyl group CH_3 هي سلسلة جانبية متصلة بحلقة البنزين
Side chain theory نظرية السلسلة الجانبية
Side channel قناة جانبية
Side delivery تسليم جانبي
Side effect تاثير جانبي
Side inverted جهة معكوسة ،جهة مقلوبة
Side part قسم جانبي
Side projection نتوء جانبي ، منظر جانبي
Siderin yellow كرومات الحديديك
siderite سدريت ، كاربونات الحديد الطبيعي
Siecative الدهن المجفف
Sieve منخل ، غربال
Sieve analysis التحليل بالمنخل
Sieve bottom قعر المنخل
Sieve drum الطنبور المنخلي

Sieve test	فحص او الاختبار بالمنخل
Sieving residue	بقايا النخل
Sift	غربل ، نخل ، تفحص ، نقب
Sight	منظر ، مشهد ، رؤية
Sign	اشارة ، سمة ، علامة، رمز
Signal current	تيار الاشاره
Signal indication	يؤشر العلامة ، تأشير العلامة
Signal lamp	مصباح الاشارة
Signal light	ضوء الاشارة
Silanol	سيلانول
Silencer	كاتم الصوت
Silent	هادئ ، صامت
Silica	ثاني اوكسيد السيليكا
Silicane	مثيل السيليكا
Silicate	سليكات
Silicate chemistry	كيمياء مركبات السيليكات
Silicate ester	استر السيليكات
Silicate rocks	صخور السيليكات
Siliceous	فيه سيليكا، سيليكي
Silicium	سليكيوم (رمزه Si)
Silico – carbonate of zinc	كالامينا
Silico carbonate of lime	كالامينا
Silico floric acid	حامض الفلوريك السيليكو
Silico fluoride	فلوريد السيليكو
Silico manganese steel	فولاذ المنغنيز السيلكو
Silicol	سيليكول كحول من السيليكون
Silicon bromide	برومايد السيليكون
Silicon bronze	برونز السيليكون
Silicon carbide	كاربيد السيليكون
Silicon chloride	كلوريد السيليكون
Silicon compounds	مركبات السيليكون
Silicon diode	الدايود السيليكوني
Silicon dioxide	ثاني اوكسيد السيليكون
Silicon fluoride	فلوريد السيليكون
Silicon hydride	هايدرايد السيليكون
Silicon iron	حديد السيليكون
Silicon nitride	نترايد السيليكون
Silicon rubber	مطاط سيليكوني
Silicon steel	فولاذ السيليكون
Silicon tetrahydride	رابع هيدرايد السيليكون
Silicon, Silicone	مادة صناعية وهو مجموعة كبيرة من المتشابهات تحتوي في تركيبها سيلكون منتهي مع ذرة اوكسجين وجذور عضوية اخرى مرتبطة به
Silicone fluid	سائل سيليكوني
Silicone resin	راتنج سيليكوني
Silk	حرير
Silk– cotton tree	اية شجرة امريكية استوائية ذات اغصان مختلفة الشكل وفاكهة تحتوي على حبات مغطاة بمادة قطنية ، شجرة القطن
Silk industry	صناعة الحرير
Silk thread	خيوط حريرية
Siloxane	سيلوكزين ،مركب ذو سلسلة مستقيمة يحتوي سلكون ، كل ذرة مرتبطة باربع ذرات اوكسجين

Silphidies	سلفايدز
Silt	غرين، راسب طيني ، طين الابليز
Silty	غريني
Silver	فضة (العدد الذري ٤٧ والوزن الذري ١٠٧,٨٧٠ ورمزه الكيماويAg)
Silver alloy	سبيكة فضية
Silver amalgam	ملغم الفضة
Silver arsenite	زرنيخ الفضة
Silver bath	حوض فيه املاح الفضة ،لغسل افلام التصوير
Silver bearing	حامل فضي، بيرنك فضي
Silver bromide	برومايد الفضة
Silver bromide paper	ورق بروميد الفضة
Silver bronze	البرونز الابيض
Silver bronze powder	مسحوق برونز الفضة
Silver chloride	كلوريد الفضة
Silver coated mirror	مرأة مكسوة بالفضة
Silver coating	الاكساء بالفضة
Silver coin	عملة فضية
Silver coloured	بلون الفضة
Silver content	محتوى الفضة
Silver crucible	جفنه فضية
Silver cyanide	سيانيد الفضة
Silver diaminc chloride	كلوريد ثاني امين الفضة
Silver fir oil	دهن الصنوبر
Silver fluoride	فلوريد الفضة
Silver foundry	مسبك الفضة ، عمل الفضة
Silver fulminate	اوكسيد الامونياك الفضي
Silver pine oil	دهن الصنوبر الفضي
Silver plating	التصفيح بالفضة ، عمل صفائح الفضة
Silver plating liquid	سائل تصفيح الفضة
Silver preparation	تحضير الفضة
Silver proteinate	الفضة المطعمة بالبروتين
Silver refining	تصفية الفضة
Silver salt	ملح الفضة
Silver screen	حاجز فضي
Silver solder	بائع الفضة
Silver spun	منسوج الفضة
Silver steel	فولاذ فضي
Silver sub fluoride	تحت فلوريد الفضة
Silver sulphate	كبريتات الفضة
Silver sulphide	كبريتيد الفضة
Silver telluride	توليورايد الفضة
Silver thiocyanate	كبريت سيانيد الفضة
Silver voltameter	مقياس الكهربائية ،الحركية الفضي
Silver white	ابيض الفضة ، الفضة البيضاء
Silver wire	سلك فضي
Silvered mirror	مرأة مكسوة بالفضة ، مرأة فضية
Silvering liquid	سائل لعملية الاكساء بالفضة ، سائل فضي
Silversmith	صايغ الفضة
Silvery	مثل الفضة
Simple	بسيط ، مجرد، ساذج
Simplify	بسط جعل الامر بسيطا
Sinalbin	سنا البين
Sinalbin mustard oil	سنا البين دهن الخردل
Sinapic acid	حامض سنابيك
Sinapine	سنابين

Sinapis	نبات الخردل
Sinapsim	لزقة زيت الخردل
Sincoline	جولين
Single	مفرد ، واحد
Single bond	وصلة احادية ، آصرة احادية
Siphon	ممص سيفون
Siphon barometer	بارومتر مصاص، بارومتر سيفوني
Siphon pipe	انبوب ممص ، انبوب سيفون
Situation	موقع، مكان ، مركز ،منصب، حالة
Size	حجم قدر ، رتب، فرز بحسب الحجم ، مزيج من الغراء والنشأ يستخدم للصق
Size coloured	لون المادة الصمغية الغراء
Sizing agent	عامل اللصق باستخدام الغراء والنشأ
Sizing machine	ماكنة اللصق باستخدام الغراء والنشأ
Sizing oil	زيت اللصاق باستخدام الغراء والنشأ
Sizing preparation	تحضير مزيج الغراء والنشأ لغرض اللصق
Sizing rubber	المطاط اللاصق
Sizing, size	مزيج من الغرا والنشا يستعمل لاجل الصق
Skeleton	هيكل عظمي
Skew	مائل ، منحرف
Skilled	ماهر
Skillet	مقلاة ، طاوة

Skin	جلد ، قشرة، قشّر
Slab	لوحة ، بلاطة ، مرمره لعمل المراهم
Slag	اوساخ الفرن ، فضلات زجاجية تبقى في الفرن، خبث ، حثالة
Slag block	قطع الفضلات الزجاجية
Slag brick	طابوق الفضلات الزجاجية
Slag cement	سمنت فضلات الافران
Slag channel	قناة مجرى الفضلات من الافران
Slag furnace	فرن الفضلات
Slag lead	رصاص فضلات الافران
Slag sand	رمل الفضلات
Slag stone	حجر الفضلات
Slaked lime	جير مطفأ او كلس
Slate	الحجر الصفائحي، بلاط ، بلط
Slate black	الحجر الصفائحي الاسود
Slate blue	الحجر الصفائحي الازرق
Slate clay	طين الحجر الصفائحي
Slate coal	فحم الحجر الصفائحي
Slice	شريحة ،حزة ، شرّح
Slide	زلاقه ، مزلق ،زلق ، زلج، تزحلق
Slide contact	اتصال شريحة الميكروسكوب
Slide face	وجه شريحة الميكروسكوب
Slide valve	صمام مسند الشريحه
Sliding	منزلق
Sliding resistance	مقاومة الانزلاق
Sliding scale	ميزان انزلاقي
Sliding surface	سطح الانزلاق

Sliding valve	صمام الانزلاق
Sliding weight balance	ميزان او اوزان (عيارات) منزلق
Slime	وحل ، طين لزج ، مادة لزجة او دبقه او مخاطية
Slime current	سيل من الطين اللزج
Slime fermentation	تخمير المادة اللزجة او المخاطيه
Slime fungus	الطحالب اللزجة
Slime separator	عازل اللزوجة
Slimy	غروي او مخاطي او دبق او لزج، موحل
Slit burner	مصباح ذو شق طويل
Sliver	شظية ، فلقة ، خصلة صوف او قطن، شرّح قطعا
Sludge	وحل ،طين ، رواسب غرينيه، قطعة جليد طافيه
Sludge bottom	قعر الوحل
Sludge cake	اقراص من الوحل ، قطع الطين
Sludge draining	تصريف الاطيان، جريان الطين
Sludge liquor	سائل الرواسب الغرينيه او وسائل الاطيان
Sludge pump	مضخة الرواسب الغرينيه او الاوحال
Sludge thickening	تثخنات الرواسب الغرينيه او الاوحال
Sludge water	ماء الرواسب الغرينيه او الاوحال
Sludgy	غريني ، طيني كالطين
Slur	لطخة ، لطخة عار ، علامة الربط او قوس الاتصال الموسيقي ، لوّن
Small	صغير ، دقيق ، قليل ، طفيف
Small scale apparatus	اجهزة دقيقة
Smalt	الكوبالت الازرق
Smear	لطخة ، لوث ، دهن
Smell	رائحه ، حاسة الشم
Smelling	شم ، استنشاق
Smelt	صهر، سيح ، نوع من الاسماك البحرية
Smelting	سبك المعادن
Smelting furnace	فرن تصهير
Smelting house	مكان الصهر
Smelting plant	ادوات الصهر
Smelting point	نقطة الانصهار
Smelting point	نقطة التجميد ، وهي درجة الحرارة التي تتحول عندها المادة من الحالة الصلبة الى الحالة السائلة
Smelting work	عمل اذابة المعادن
Smoke	دخان، دخن
Smoke black	دخان اسود
Smoke burning	حرق مع الدخان
Smoke cartridge	دخان حرق الغضاريف
Smoke development	تطور الدخان
Smoke dilution	تخفيف الدخان
Smoke flue	تيارات الدخان
Smoke funnel	قمع دخاني
Smoke gas	غاز الدخان
Smoke producer	منتجين الدخان
Smoke screen	حاجز دخاني
Smoke stack	مدخنه
Smoke writing	كتابة مدخنه
Smokeless	بلا دخان، عديم الدخان

Smooth	املس ، ناعم، صقيل
Smoother	اداة الصقل ، منعم
Smoothing machine	ماكنة الصقل
Smoothing silk	الحرير المنعم
Smoothness	النعومه
Snake poison	سم الحية
Sncl2	كلوريد القصديروز
Sncl4	كلوريد القصديريك
Snell's law	قانون انكسار الاشعة المنسوب الى سنول
SNG	نترو كليسيرول المجمد
Soaked	منقوع في الماء، مُشّرب
Soaking tank	صهريج التنقيع
Soap	صابون
Soap bath	حمام صابوني
Soap boiler	مرجل (قزان) لصناعة الصابون
Soap bubble	فقاعات صابونية
Soap chips	شظفات صابونية
Soap flakes	رقائق صابونية
Soap mill	طاحونة صابون
Soap of zinc	صابون يحتوي زنك اوكسايد وكبريتات الزنك يستعمل مرهم او لزقه
Soap plaster	لزقة صابون
Soap shaving	صابون الحلاقة
Soap soda	صابون مصنوع من الصودا وزيت الزيتون
Soap solution	محلول صابون
Soap stone	حجر الاواني مايشبه التالك
Soap stone machine	ماكنة حجر التالك
Soap suppository	تحميلة (حبوب طولانية تحوي دواء صابوني تحمل بالشرج او المهبل للتداوي)
Soap tree	شجرة كيلايه صابوناريا
Soapbark, soapbark tree	شجرة في تشلي يستخدم من لحائها رغوة صابونية
Soapy flavour	نكهة الصابون
Socaloin	صبر
Society	جمعية، جماعة ، معشر
Soda	صودا
Soda – saltpeter (or saltpeter)	شوره الصودا
Soda cellulose	سليلوز الصودا
Soda crystals	بلورات الصودا
Soda extraction	استخراج الخلاصة بالصودا
Soda feldspar	فيلسبار الصودا ، صوان الصودا
Soda furnace	فرن الصودا
Soda glass	زجاج الصودا
Soda grease	شحم الصودا
Soda hye	هيدريت الصودا
Soda lake	لك الصودا صباغ قرمزي
Soda lime	جير الصودا (مزيج من الصودا الكاوية والجير المطفأ)
Soda lime feldspare	فيلسبار جير الصودا
Soda lime glass	زجاج جير الصودا
Soda mide	صودا امايد
Soda nitre	نترات الصودا شورة
Soda paper	ورق الصودا
Soda pulp	لب الصودا

Soda recovery	استرجاع الصودا
Soda residues	فضلات الصودا (في قدر عملية لبلان)
Soda salt	صوديوم كاربونيت
Soda sulphate of indigo	لبيخة النيل
Soda water glass	صوديوم سيليكيت
Sodammonium	صودا امونيوم
Sodium	صوديوم (عدد ذري ١١ ووزن ذري ٢٢,٩٨٩٨ ورمزه الكيمياوي Na)
Sodium acetate	خلات الصوديوم
Sodium acetrizoate	صوديوم استر زويت
Sodium acid sulphate	كبريتات الصوديوم الحامضي
Sodium alum	شب الصوديوم
Sodium aluminate	مشبب الصوديوم
Sodium aluminium sulphate	كبريتات الالمينيوم والصوديوم
Sodium amide	امايد الصوديوم
Sodium ammonium hydrogen phosphate	فوسفات الامونيا والصوديوم الحامضي
Sodium arseniate	زرنيخات الصوديوم
Sodium arsenilate	زرنيخليت الصوديوم
Sodium bicarbonate	بيكاربونات الصوديوم
Sodium bicarbonate	صوديوم بيكاربونات
Sodium bichromate	بيكروميت الصوديوم
Sodium biphosphate	ثاني فوسفيت الصوديوم
Sodium bisulphate	ثاني كبريتات الصوديوم
Sodium bisulphite	ثاني سلفايد الصوديوم
Sodium borate	بوريت الصوديوم

Sodium borosilicate	بورو سيليكيت الصوديوم
Sodium bromide	برومايد الصوديوم
Sodium cacodylate	كاكو ديليت الصوديوم
sodium carbolate	كاربونات الصوديوم
Sodium carbonate	كاربونيت الصوديوم
Sodium cellulose	سليلوز الصوديوم
Sodium cellulose xanthogenate	سليلوز كزانثو جينيت الصوديوم
Sodium chlorate	كلورات الصوديوم
Sodium chloride	ملح الطعام كلوريد الصوديوم
Sodium chloride lattice	بلورات ملح الطعام
Sodium chloro platinate	كلورو بلاتيت الصوديوم
Sodium chlorowate	كلورو يوريت الصوديوم
Sodium chromate	كروميت الصوديوم
Sodium cobalti nitrite	كوبالت نترايت الصوديوم
Sodium cooled	مبرد بالصوديوم
Sodium cyanamide	سياناميد الصوديوم
Sodium cyanide	سياناید الصوديوم
Sodium dichromate	ثاني كرومات الصوديوم
Sodium dimethyl arsonate	ثاني مثيل زرنيخات الصوديوم
Sodium dioxide	ثاني اوكسيد الصوديوم
Sodium dioxide	ثاني اوكسيد الصوديوم
Sodium discharg lamp	مصباح تفريغ الصوديوم
Sodium ethylate , sodium ethoxide	ايثيليت الصوديوم
Sodium fluoride	فلوريد الصوديوم
Sodium fluosilicate	فلورو سيليكيت الصوديوم
Sodium folate	فوليت الصوديوم
Sodium formate	فورميت الصوديوم
Sodium glutamate	كلوتاميت الصوديوم

Sodium glycol cholate	كليكو جوليت الصوديوم
Sodium graphite reactor	مفاعل كرافيت الصوديوم
Sodium hydno carpate	هيدنو كاربيت الصوديوم
Sodium hydrate	هايدريت الصوديوم
Sodium hydride	هايدرايد الصوديوم
Sodium hydro selenite	هيدرو سلينيت الصوديوم
Sodium hydro sulphide	هيدرو سلفايد الصوديوم
Sodium hydro sulphite	هيدرو سلفايت الصوديوم
Sodium hydrogen carbonate	كاربونات الصوديوم الحامض
Sodium hydrogen sulphate	كبريتات الصوديوم الحامض
Sodium hydroxide , sodium hydrate	هيدروكسيد الصوديوم ويستعمل في صناعة الصابون
Sodium hypochlorite	هايبو كلورايت الصوديوم
Sodium hyposulphite	هايبو سلفايت الصوديوم
Sodium indigotin disulfonate	ثنائي سلفونيت اندكوتين الصوديوم
Sodium iodate	ايوديت الصوديوم
Sodium iodide	ايودايد الصوديوم
Sodium lactate	لاكتيت الصوديوم
Sodium meta bisulphite	ميتا ثاني سلفايد الصوديوم
Sodium meta phosphate	ميتا فوسفيت الصوديوم
Sodium metal	معدن الصوديوم
Sodium methyl arsenate	مثيل زرنيخيت الصوديوم
Sodium mon iodo methane sulfonate	ميثين سلفونيت اول يوديد الصوديوم
Sodium morrhuate	مورهورات الصوديوم
Sodium nitrate	ملح بارود شيلي (نترات الصوديوم)
Sodium nitrite	نترايت الصوديوم
Sodium nitro benzene, azo salicylate	بنزين نترو الصوديوم، ساليكيلات آيزو
Sodium nitro prusside	نترو بروسايد الصوديوم
Sodium oxide	اوكسيد الصوديوم
Sodium paper	ورق الصوديوم
Sodium penta chlorophenate	خامس كلوروفينيت الصوديوم
Sodium per borate	بير بوريت الصوديوم
Sodium per iodate	بير ايوديت الصوديوم
Sodium peroxide	بيروكسايد الصوديوم
Sodium phenolate	فينوليت الصوديوم
Sodium phosphate	فوسفات الصوديوم
Sodium phosphide	فوسفايد الصوديوم
Sodium phosphoro tetra thioic	رابع كبريتيك فوسفور الصوديوم
Sodium pot . tartarate	بوتاسيوم تارتاريت الصوديوم
Sodium press	ضاغط الصوديوم
Sodium pyro bisulphite	بايرو ثاني سلفايد الصوديوم
Sodium pyro phosphate	بايرو فوسفيت الصوديوم
Sodium rhodanide	رودنايد الصوديوم
Sodium rhodizonate	روديزونيت الصوديوم
Sodium ricinoleate soricin	سورسين ريسينوليت الصوديوم
Sodium salicylate	سليسليت الصوديوم
Sodium santoninate	سانتونيت الصوديوم
Sodium sesqui carbonate	سسكوي كاربونيت الصوديوم

Sodium silicate	سيليكيت الصوديوم
Sodium silico fluoride	سيليكو فلورايد الصوديوم
Sodium soap	صابون الصوديوم
Sodium stannate	ستانيت الصوديوم
Sodium sulf hydrate	كبريت هيدروجين الصوديوم
Sodium sulphate	كبريتات الصوديوم (وتستعمل طبيا مسهل قوي)
Sodium sulphide	سلفايد الصوديوم
Sodium sulphite	سلفايت الصوديوم
Sodium sulpho oxylate	سلفو اوكزيليت الصوديوم
sodium super oxide	سوبر اوكسايد الصوديوم
Sodium tetra borate	رابع بوريت الصوديوم
Sodium tetra phenyl borate	رابع فنيل بوريت الصوديوم
Sodium thio cyanate	ثايو سيانيت الصوديوم
Sodium thio sulphate	ثايو كبريتات الصوديوم
Sodium touro cholate	تورو كولات الصوديوم
Sodium tungestenate	تونجستيت الصوديوم
Sodium vapour lamp	مصباح بخار الصوديوم
Soft	ناعم ، ملس ، رغو ، طري
Softening agent	عامل النعومة
Softening material	المادة النعمه
Softening point	درجة النعومة
Softner	الة الليونة او التنعيم
Softness	نعومة، ملاسة ، ليونه ، لطف
Soil	ارض ، تربة
Soil analysis	تحليل التربة
Soil flora	تربة نباتات مزهرة
Soil insect	حشرة التربة
Soil mechanics	ميكانيك التربة
Soil pipe	انبوب التربة
Soil solution	محلول التربة
Soil stabilization	ثبات التربة
Soil ventilation	تهوية التربة
Sol	محلول غروي
Solarium	مصح شمسي
Solder	قصدير لحام المعادن
Soldering	لحام بالقصدير
Soldering fluid	سائل اللحام
Soldering iron	حديد اللحام
Soldering joint	مفصل اللحام او وصلة اللحام
Soldering lamp	مصباح اللحام
Soldering paste	عجينة كلوريد الزنك للحام
Soldering stone	حجر الامونياك للحام
Soldidity , soldidness	صلابة ، جمود، صلودة
Soldification	تصلب
Soldification point	نقطة التصلب
Soldification range	مدى التصلب ، مستوى التصلب
Soldification zone	منطقة التصلب
Solid solubility	ذوبان المواد الصلبة
Solid solution	محلول المواد الصلبة
Solid state	الحالة الصلبة
Solidify	تصلب
Solids	مواد صلبة

Solubility	قلبلية الذوبان والانحلال ،وهو الحد الذي يتمكن بة المذاب ان يذوب في المحلول
Solubility curve	منحنى الذوبان
Solubility product	حاصل الاذابة
Soluble	قابل للذوبان
Solute	المادة الي تذوب في المحلول
solution	محلول ، هو ما ينتج من انتشار متجانس لدقائق مادتين او اكثر فيما بينها بحيث تكون خليط يتعذر فية التمييز بين دقائق المواد المخلوطة حتى بالمجهر الاعتيادي
Solution potassium iodo hydrargyrate	محلول يوديد البوتاسيوم الزئبقي
Solution pressure	ضغط المحلول
Solvated	غروي
Solvay soda	صودة صولفاي
Solvay's ammonia soda process	طريقة صولفي لتحضير كاربونات الصوديوم في الصناعة من مواد اولية رخيصة الثمن وذات مردود اقتصادي كبير
solvent	مذيب ،المحيط الذي تذاب به المادة ، قادر على الايفاء بكامل ديونه القانونية
Solvent action	فعالية المذيب
Solvent naphtha	مذيب النفطا
Solvhofen stone	حجر الليثيوم والكرافيت
Soot	سناج ، هباب، سخام ، يلوث بالسخام
Sorrel salt	رابع اوكزلات البوتاسيوم
Sort	كيفية ، منوال ، اسلوب، مجموعة ، طاقم ، مزاج ، يفرز
Sour	حامضي
Source	نبع ، ينبوع، مصدر
Souring	التحميض
Sourness	حموضة
Soya bean , Soja bean	فول الصويا ، حب السوجا
Sp	كحول ، سبيرتو (مختصر)
Space	فضاء ، فراغ
Span	شبر (شبر انكليزي يساوي ٩ أنجات) ، مقياس، فضاء ، امتداد ، المسافة بين دعاميتين جسر
Sparingly soluble	قليل الذوبان
Spark	شراره
Special	خصوصي ، مخصوصي، خاص
specific	نوعي ، خصوصي ، دقيق او مميز ، علاج نوعي، محدد
Specific gravity	الوزن النوعي
Specific heat	الحرارة النوعية (السعرات اللازمة لرفع حرارة غرام واحد من المادة درجة مئوية واحدة)
Specific heat of gasses	الحرارة النوعية للغازات

Specification	تعين ،تحديد ،تخصيص، مواصفة ، بند ، خاص ، وصف تحريري لاختراع لدى طلب براءة اختراع
Specification test	فحص التعين
Specificity	خصوصية
Specimen beet	بنجر نموذجي
Specimen book	كتاب نموذجي
Specimen glass	نموذج زجاج
Specimen jar	جرة للنماذج
Specimen tube	انبوبة للنماذج
Spectacles	نظارات
Spectra	طيف، خيال (جمع (Spectrum
Spectral	طيفي ، خيالي
Spectro chemical	كيمياء خييالي
Spectrograph	الة تصوير الطيف ، سبكتروغراف، المطياف الرسام
Spectrometer	مقياس الطيف
Spectrometry	قياس الطيف
Spectroscope	مطياف ، محلل الطيف ، المرقب الطيفي
Spectroscopy	علم التحليل الطيفي
Spectrum	طيف النور، انحلال النور الى الوانه الاصليه بانعكاسه على منشور، خيال
Spectrum analysis	التحليل الطيفي
Spectrum lamp	مصباح الطيف
Spectrum line	خط الطيف
Spectrum solar	الطيف الشمسي
Specular	مثل المرآة ذو سطح أملس ، ذو علاقة بالناظور العيني
Speed	سرعة ، درجة حساسية الفيلم للضوء ، يسرع
Speed limit	حدود السرعة
Speed ratio	نسبة السرعة
Speed recorder	مسجل السرعة
Speed reduction	تقليل السرعة
Spelter	معدن الخارصين ، زنك
Spend	يصرف ، ينفق ، يبدد (صيغة الحاضر)
Spent	انفق ، ينفق (صيغة الماضي)
Sperm	مني ، حجيره الذكر التي تحمل النسل
Sperm oil	زيت العنبر وهو زيت يستخرج من حوت العنبر
Sphere	كرة جسم ، كروي
Spherical	كروي
Sphingosine	سفنكوسين
Spice	توابل (مثل الفلفل والبهارات) ، طيب ، يتبل
Spice bush	شجرة البهارات
Spice mill	طاحونة التوابل
Spicular	شوكي
Spicule	شوكه
Spike oil	دهن اللافندر
Spindle	مغزل ، محور ، وشيعه، عمود دوران مغزلي الشكل ، يستطيل مستدقا
Spindle oil	دهن السبندال او المغزل
Spindle tree	شجرة السبندال او المغزل ويستخدم خشبها لصنع المغازل
Spiral	لولبي ، حلزوني

Spirit	كحول ، مسكر قوي ، حيوية ، خمرة، روح ، نفس ، حياة ، ينشط
Spirit blue	ازرق الجنشيان
Spirit lamp	مصباح كحولي
Spirit level	مستوى الكحول
Spirit varnish	طلاء كحولي
Spirit vinegar	خل كحولي
Spit	يبصق، بصاق ، رذاذ، ثلج خفيف ، مسعور ، العاب
Spittle	بصاق، ريق ، لعاب ، رضاب
Splash	رش ، رشة ، بقعة ، لطخة
Splash lubrication	رشة تزييت
Splinter	شظية
Split up	يتحلل، يشطر
Spoil	نهب ، سلب، افسد ، افرط في التدليل ، دلل، غنيمة
Sponge	اسفنجه ، اسفنج
Sponge cloth	ملابس اسفنجيه
Sponge like mass	كتلة شبه اسفنجة
Sponge rubber	مطاط اسفنجي
Spongy	اسفنجي (كثير المسام)
Spontaneous	ذاتي، تلقائي
Spontaneous combustion	الاحتراق الذاتي
Spontaneous generation	التوالد الذاتي
Spoon	ملعقة
Spoon deflagrating	ملعقة احتراق
Spot	لطخة ،نقطه ،موضع ،مكان ، فوري ، احتياطي ، مذاع بين برنامجين ، كلفة ، مأزق، يحدد بالضبط ، مقدار قليل
Spot analysis	تحلل البقع
Spot sugar	مقدار قليل من السكر
Spray	رش،رشاش ، رذاذ
Spray apparatus	جهاز الرش
Spray column	اسطوانة الرش او عمود الرش
Spray condenser	مكثف الرش
Spray deposit	الترسب من الرش
Spray diffuser	الة انتشار الرش
Spray injection apparatus	جهاز حقن الرش
Spray method	طريقة الرش
Spray nozzle	انف الرش
Spray painting	الصبغ بالرش
Sprayer	الة الرش
Spraying apparatus	جهاز الرش
Spraying machine	ماكنة الرش
Spraying nozzle	انف الرش
Spread	منتشر، مفروش ، اتساع، امتداد
Spreading factor	عامل الانتشار
Spreading oven	الفرن المسطح
Sprengel explosive	الفرقع السالم
Spring	السبرنك ، نابض ، نبع ، قفز
Spring resistance	مقاومة النابض (السبرنك)
Spring barley	شعير الربيع (تصنع منه الجعة)

Spring corn	حنطة الصيف
Spring pressure	ضغط السبرنك او النابض
Spring return mechanism	آلية ارتداد النابض
Spring salt	ملح الينبوع
Spring steel	سبرنك فولاذي
Spring time	فصل الربيع
Spring water	ماء الينبوع
Spring wheat	حنطة الربيع
Spring wire	سلك سبرنكي (نابضي)
Spring wood	خشب الربيع
Spring work	شغل الينابيع
Sprinkle	رذاذ ، رش ، طش
Sprinkler stopper	غطاء الة الرش
Sprinkling apparatus	جهاز الطش او الرش
Sprinkling nozzle	انف الراشوش
Sprinkling pipe	انبوب الرش
Spurious	زائف ، غير شرعي
Sputum	بصاق (الجمع Sputa)
Square	مربع ، تربيعه ، خانه رباعي ، تربيعي، متعادل
Squeeze	عصر ، كبس ، ضغط
Squeezing machine	مكانة العصر
Squill	نبات مثل البصل
Sr (strontium)	الرمز الكيمياوي لعنصر السترونثيوم
SST (step by step) test	فحص بالتدريج، فحص خطوة خطوة
St (streptomycin)	ستربتو مايسين دواء انتي بيوتيك مضاد للجراثيم التي تعطي نتيجة سالبة مع صبغة كرام
Stability	ثبات استقرار
Stability condition	حالة الثبات او الاستقرار

Stabilization	استقرارية ، تثبيت ، تقرير، توطيد
Stabilizers	مثبتات
Stabilizing agent	عامل التثبيت او الاستقرار
Stable	مستقر ، ثابت
Stage	درجة ، طبقة ، مرحلة ، طور
Staggered	تمايل ، تراجع ، يتمايل ، يتردد ، يذهل
Stagnate	ركد ، كسد ، استنقع الماء ، اسن
Stain	لطخه، بقعه، شائبه، وصمه، لطّخ، صبغة
Stain removal	ازالة البقع
Staining machine	ماكنة التلطيخ او الصبغة
Staining power	قوة صبغة البقع
Staining solution	محلول التلطيخ او الصبغة
Stainless	غير قابل للصدأ
Stalacmite	مخروط حجري كلسي قاعدته على سطح الارض
Stalactite	مخروط حجري كلسي ،قاعدته في سقف الكهف
Stall	مصطبة ، توقف عفويا
Stamp	طابع ، ختم ، بصمه ،علامة، داس برجله
Stamping	الختم ، ايقاع، البصمه، الدوس بالرجل
Stand	وقف ، موقف ، مركز، مقام قاعدة، ركيزه
Stand insulator	حامل العازل
Standard	معيار كل ما يقتنن به او يقاس عليه ، معياري

Standard condition	حالة قياسية (معلوم التركيز والضغط ودرجة الحرارة)
Standard solution	محلول عياري (قياسي) ،الذي يحتوي على مكافئ واحد من المادة مذابا في كل لتر من الماء المقطر
Standard temperature & pressure	درجة الحرارة والضغط القياسيين
Standardization	تقييس : ١.تحويل اي مستحضر الى مقدار معترف به فيما يخص الكيف والكم ٢.كشف القيمة الحقيقية لمعيار ما
Standby battery	بطارية احتياط
Stannets	ستنات قصديرات
Stannic	قصديريك
Stannite	هيدروكسيد الستانايت
Stannous	قصديروز
Staphisagria	دليفينيوم
Starch	نشا
Starch blue	النشا الازرق
Starch flour	طحين النشا
Starch granule	حبيبات النشا
Starch gum	صمغ النشا
Starch iodide paper	ورقة يوديد النشا
Starch paste	لزقة النشا
Starch plant	نبات النشا
Starch solution indicator	مؤشر محلول النشأ
Starch spirit	كحول يصنع من البطاطة
Starch sugar	سكر النشا
Start	شرع ، بدأ ، بداية ، رحيل، شروع
State	شأن ، حالة ، حال ، بيئة
Statement	تقرير ، بيان ، افادة ، تبليغ، تصريح
Station	محطة ، موقف ، مقر
Stationary	ساكن ، ثابت ، راسخ
Steady	راسخ ، ثابت ، مستقر، في حالة الاستمرارية
Steam	بخار ، بخاري ، انضج بالبخار، ينفث البخار
Steam accumulator	الجهاز البخاري ،لتحويل الطاقةالكيميائية وادحارها، مركم بخاري
Steam bath	حمام بخاري
Steam bubble	فقاقيع البخار
Steam chamber	غرفة البخار
Steam counter	عداد البخار
Steam distillation	تقطير بخاري
Steam gauge	ميزان ضغط البخار
Steam generation	توليد البخار
Steam indicator	مؤشر البخار
Steam jacketed	مغلف بالبخار
Steam jet	نفثة البخار
Steam liquid equilibrium	معادلة السائل البخاري
Steam oven	فرن بخاري
Steam press	مكبس ، بخاري ، مطبعه بخارية، ضاغطة بخارية
Steam pressure	ضغط البخار
Steam pressure pump	مكبس ضغط البخار
Steam pressure regulator	منظم ضغط البخار
Steam purple	صبغة النيل
Steam sterilizer	المعقمه البخارية
Steam tap	حنفية البخار
Steam valve	صمام البخار

Steam vulcanized بخار مكبرت ،اي فيه بخار الكبريت
Steaming apparatus جهاز انتاج البخار
Steaming pressing machine ماكنة ضغط البخار
Stearate ستيرات
Stearic acid حامض الدهنيك ، حامض الستريك
Stearin كليسيرل ثالث دهنيك الاستر، ستيرين
Stearin candle شمعة الستيرين
Stearodine كالسيوم ايدو دهنيت، ستيرودين
Stearolic acid حامض الستيروليك
Steatite حجر الصابون (نوع من الطلق الكبير الحجم يستخدم لغسل الاواني)
Steel ستيل ، الفولاذ الصلب
Steel and iron industry صناعة الحديد والفولاذ
Steel cylinder اسطوانة فولاذية
Steel furnace فرن فولاذي
Steel iron حديد فولاذي
Steel making عمل الفولاذ
Steel mill معمل فولاذ
Steel mill engineer مهندس معمل فولاذ
Steel plat صفيحة فولاذية
Steel rod قضيب فولاذي
Steel sample نموذج فولاذي
Steel shot عيار ناري فولاذي
Steel wire سلك فولاذي
Steel works شغل الفولاذ
Steelify يحول الى فولاذ
Steinbuhl yellow كرومات الباريوم ، مشتينابول الاصفر
Stenol كحوا ستيرل
Step خطوة ، مشيه، وقع الاقدام،طريقه
Step by step تدريجيا ، خطوة خطوة ، درجة درجة
Stercobilin بوروبلين
Stercorite املاح الفوسفوروس
Stereoisomerism مجازات فراغية ،عندما يتفق المركب في الوزن الجزيئي ونوع وعدد ذرات العناصر المكونة له ويختلف في ترتب ذراتها داخل الجزيئ لوجود ذرة او اكثر من الكربون غير المتماثلة ولذالك تؤثر هذه الموادعلى ضوء المستقطب
Sterilisation التعقيم ،عملية تؤدي الى ابادة البكتريا بواسطة الغليان او الترشيح لتعقيم المعدات والاجهزة البكتروبولوجيه
Sterilised milk لبن معقم ، حليب مبستر
Sterilize عقم او طهر بطريقة البسترة
Sterillising apparatus جهاز التعقيم
Sterol ستيرول
Sterozine سلفاديازين
Stibenite استيبنيت
Stibic انتيموني
Stibine هايدرايد الانتيموني
Stibium انتيموني (عدد ذري ٥١ وزن ذري ١٢١.٧٥ ورمزه الكيمياوي sb)

Stibmite	انتيموني البراق
Stibophen	ستيبوفين دواء
Stick	عصا ، قضيب ، عود، لصق ، أصر
Sticking plaster	لزقه
Sticking wax	شمع اللزق
Stictin	سر ترارين
Still	مقطر ، عنبيق
Stimulant	منبه منعش
Stimulation	انعاش تنبيه
Stink weed	داتوره ستراتونيوم
Stinking camomile	نوع من البابونج
Stir	يحّرك ، يثير
Stirrer	محرك ، مخوض ، مثير الالة المستخدمة في عملية تقليب السائل
Stirrer vessel	اناء التحريك
Stirring apparatus	جهاز التحريك
Stirring boiler	مرجل يتم فيه تقليب المواد
Stirring machine	ماكنة التحريك
Stock	ساق ،جذع ، زند، راسمال ، الخزين
Stock farming	المحاصيل المخزونة
Stock solution	المحلول المخزون
Stock wood	خشب مخزون
Stocks	فلقه خشبتان تشد بساق المذنبين
Stoichemistry	الكيمياء التي تبحث في اتحاد اوزارن الذرات وفي قوانين الاتحاد الكيمياوي
Stone	حجر ، حصاة
Stone alum	حجر الشب
Stone blue	حجر ازرق
Stone brimstone	كبريت عمودي او حجري
Stone china	الخزف المعتم
Stone crusher	كسارة الحجر
Stone earth	حجر الكلس
Stone powder	حجر مسحوق
Stone red	حجر احمر
Stone stopper	سداد حجري
Stone structure	تركيب حجري
Stool	كرسي معمل
Stop cock	حنفية
Stopper	سداد ، سدادة
Stoppered bottle	بطل مغطى بسداد
Stopping	وقوف ، سدادة
Stopping distance	مسافة الوقوف
Storage	خزن ، حفظ ، ادخار
Storage basin	حوض التخزين
Storage battery	البطاريه المدخره
Storage room	حجرة التخزين
Storage tank	صهريج التخزين
Storage vessel	وعاء التخزين
Storax oil	دهن الستوركس
Store	مخزن دكان
Store keeper	مأمور المخزن
Storox	علج حلو
Stovarsol	ستوفارسول
Stove	موقد صوبا مدفأة
Straight	مستقيم معتدل قويم
Strain	سلالة ، عرق ، نسب ، رشح، جهد ، اجهاد ، انفعال ، التواء ، ضغط على ، رشح
Strain theory	نظرية الاجهاد او الانفعال

Strainer	مصفاة اداة ذات ثقوب تستخدم لفصل جسم معلق في سائل
Strainer basket	السلة المصفية
Straining	تصفية
Straining apparatus	جهاز التصفية
Straining frame	قالب التصفية
Straining funnel	قمع التصفية
Straining screw	برغي التصفية
Strass	زجاج رصاصي لماع يستخدم في صناعة الاحجار الكريمة الصناعية، الالماس المزور
Stratification	تنضيد طبقة على طبقة
Straw cellulose	قش السليلوز
Straw coloured	لون القش
Straw hat	قبعة من القش
Straw paper	ورق القش
Straw press	كابس القش
Straw pulp	لب القش
Strawberry tree	شجرة تحمل حب كالعنب
Strawberry weevil	سوس التوت الفرنكي
Stray power	طاقة شاردة
Streak	خط بلون مغاير، عرق ، عرّق
Streaky	ذو خطوط ملونة او مغايرية
Stream	نهر ، جدول ، تيار
Stream line	اتجاه مقاومة الواء او الهواء للجسم المتحرك ، انسياب، خط الجريان
Streaming potential	الجهد السيّال ، التيار الذاتي الجريان الكامن
Strength	قوة
Strength of acids	قوة الاحماض
Strength test	اختبار المقاومة ، فحص القوة
Strength welding	قوة اللحيم
Strengthen	قوى ، شدد، ثبت
Stress	نبره ، شده ، اجهاد
Stretch	جهد ، طاقة ، امتداد ، امتد ، تمدد
Strew	نثر ، بذر ، اشاع
Striate	مخطط ، مقلم ، خطط
Strict	دقيق ، شديد التحفظ ، صارم
Stripping	هو ازالة الاصباغ من الثياب بالطرق الكيمياوية او ازالة بعض الاجزاء ذات درجة الغليان المنخفضة من مزيج ما كما في عمليات تقطير البترول الخام ، اقتلاع
Strong	قوي شديد
Strong acid	حامض قوي
Strong electro negative property	صفة كهربائية سالبة قوية
Strong electro positive property	صفة كهربائية موجبة قوية
Strong electrolyte	الكتروليت قوي ، المادة التي تتأين في الماء مائة بالمائة مكونة محلول
Strontium	سترونتيوم (عنصر عدد ذري ٣٨ وزن ذري ٨٧,٦٢ ورمزه الكيمياوي (Sr
Strontium carbonate	كاربونات الاسترونتيوم
Strontium chromate	كرومات الاسترونتيوم

Strontium hydride	هيدرايد الاسترونثيوم
Strontium hydroxide	هيدروكسيد الاسترونثيوم
Strontium nitrate	نترات السترونثيوم
Strontium oxide	اوكسيد السترونثيوم
Strontium sucrate	سكر السترونثيوم
Strontium sulphide	سلفايد السترونثيوم
Strontium yellow	السترونثيوم الاصفر
Strophanthidin	سترو فانثدين
Strophanthine ouabin	سترو فانثين اوبين
Structural	بنائي، تركيبي ، معماري
Structural formula	الصيغة البنائية لمركب ما وهي التي تبين العدد الحقيقي لذرات كل عنصر من الجزئ ، بالاضافة الى انها تشير الى التكافؤ الحقيقي لاي ذرة والى كيفية ارتباط الذرات مع بعضها داخل الجزيئ
Structure of the atom	تركيب الذرة
Structureless	بدون تركيب
Strychnine	ستركنين مادة مقوية للجسم توصف بشكل مجول وهو منبه للشهوة الجنسية
Strychnine nitrate	نترات الستركنين
Styrax	شجرة الاصطرك اي الميعه
Sub- barmonic	مقارب للانسجام
Sub- chromate of lead	تحت كرومات الرصاص
Sub- cutaneous	تحت الجلد
Sub- division	انقسام تجزئية الجزيئي ، قسمة المقسوم
Sub- group	مجموعات ثانوية
Sub- oxide	تحت طبقة الاوكسيد
Sub- silicate	تحت طبقة السيليكات
Sub- soil	طبقةالارض التحتانية عند قلب الارض بمحراث يغوص في الارض
Sub soil water	الماء تحت الارض، المياه الجوفيه
Sub surface	تحت السطح
Subaquatic	تحت سطح الماء ، غواص
Subject	مادة ، موضوع ، يتعرض
Sublimate	مادة مصعدة ، يتسامى ، مادة مسامية
Sublimation	تصعيد في الكيمياء تمجيد تسام في علم النفس
Sublimation	تسامي،تصعيد الاجسام التي تتحول من الحالة الصلبة الى الحالة الغازية دون ان تمر بحالة السيولة ودون ان يطرأعليها تحلل فتدعى بالمواد المتسامية وهذة الظاهرة تسمى بالتسامي او التصعيد بالكيمياء
Sublimation furnace	فرن التصعيد او التسامي
Submarine	تحت سطح البحر او نبات بحري يعيش تحت سطح الماء، غواصة

Substance مادة
Substance amphoterio مواد ذات تفاعلين مرة حامضية واخرى قاعدية
Substitute عوض ، بدل ، استعاض
Substituted group مجموعة معوضة ا ومستبدلة
Substitution تعويض ،عملية حلول ذرات الكلور حلولا تدريجيا بمحل ذرات الهيدروجين وتدعى بالتعويض ، استعاضة
Substitution method طريقة الاستعاضة
Substitutional استبدالي ، تعويضي
Subsulphate تحت طبقة الكبريتات
Succinamic acid حامض السكناميك
Succinate سوكو نيت
Succinic سوكو سنيك
Succinite amber سوكو نايت العنبر
Succinyl oxide اوكسيد السكونيل
Succinyl peroxide فوق اوكسيد السكونيل
Succinyle dichloride ثاني كلوريد السكونيل
Suck مص ، امتص
Sucker ماص ، ممص ، شفاطه، رضع
Sucking pump مكبس الامتصاص
Sucking valve صمام الامتصاص
Sucrose سكر القصب
Suction apparatus جهاز المص
Suction bottle بطل المص
Suction drain التصريف الشفطي ، تصريف السحب
Suction draught تيار السحب للهواء او للغازات
Suction filter المرشح الماص (او الشافط)
Suction filter press المضغاط للمرشح الماص (او الشافط)
Suction flask قارورة ماصة
Suction funnel قمع ماص
Suction gas غاز الشفط
Suction nozzle انف السحب او الشفط
Suction pipe انبوب الشفط او السحب
Suction plant ادوات الشفط او السحب
Suction power قوة السحب او الشفط
Suction pump المضخة الماصة او الشافطة ، مضخة السحب
Suction resistance مقاومة السحب او الشفط
Suction strength قوة السحب او الشفط
Suction tube انبوب السحب او الشفط
Suction valve صمام السحب او الشفط
Sudan III صبغة حمراء
Sudden فجائي باغت
Sudorific معرّق ، دواء معرق
Sugar سكر
Sugar alum سكر الشب
Sugar beet سكر البنجر او الشوندر
Sugar beet juice عصارة سكر الشوندر او البنجر
Sugar breaker مكسر السكر
Sugar candy سكر نبات ، سكر متبلور، سكر قند
Sugar cane قصب السكر
Sugar centrifugal machine ماكنة عزل السكر (بالقوة العمركزية)
Sugar– coated ملبس بالسكر ،ويستعمل للحبوب المغطاة بالسكر
Sugar crushing mill ماكنة سحق السكر
Sugar cube press كاصوصة المكعبات السكرية، جهاز تقطيع المكعبات السكرية

Sugar dye	كراميل صبغ سكري
Sugar factory	معمل السكر
Sugar house	مصنع سكر وبالاخص سكر الاسفندان
Sugar housework	شغل مصنع السكر
Sugar in urine	السكر في البول
Sugar industry	صناعة السكر
Sugar juice	عصارة السكر ، عصير السكر
Sugar like	مثل السكر ، كالسكر
Sugar lime	الجير السكري
Sugar loaf , cone of sugar	رغيف سكري او قمع سكري ، مخروط سكري
Sugar loaves	ارغفة سكرية (جمع كلمة رغيف) ، رؤوس سكرية ، مخاريط سكرية
Sugar man	شكرجي، العامل في صناعة او بيع السكر
Sugar maple	سكر الاسفندان
Sugar meter	مقياس السكر
Sugar mill	طاحونة السكر، معمل السكر
Sugar mould	قالب للسكر فورمة السكر
Sugar of lead	خلات الرصاص
Sugar of milk	سكر الحليب
Sugar plant	نبات السكر، معمل السكر
Sugar plantation	زرع نبات السكر
Sugar polarimeter	منظار النور المستقطب السكرى
Sugar powder	مسحوق السكر
Sugar saturation	التشبع بالسكر
Sugar soap	صابون السكر
Sugar storage bin	مخزن للسكر
Sugar strip	قطعة سكر مستطيلة
Sugar syrup	شيرة السكر ، شراب سكري
Sugar works	اشغال السكر ، معمل السكر
Sugar wort	سكر الكرنب او سكر الجعه وهو نبات يشبه العشبه
Sugary	سكري ، من السكر
Suit	مطلب ، قضية ، دعوى ، طلب اليد للزواج ، التماس، طقم ملابس
Suitability	ملائمة ، مناسبة ، موافقة
Suitable	ملائم ، مناسب ، موافق ، لائق
Sulfa	عقار عضوي مركب (عقار السلفار)
Sulfa cetamide	سلفا سيتاميد
Sulfa diazine	سلفا ديازين
Sulfa drug	عقاقير السلفا
Sulfa merazine	سلفا ميرازين
Sulfa methazine	سلفا ميثازين
Sulfa pyrazin	سلفا بايرزين
Sulfa pyrazine	سلفا برازين
Sulfa pyridine	سلفا بايريدن
Sulfa quanidine	سلفا كواندين
Sulfa thiozole	سلفا ثيازول
Sulfamic acid	حامض سلفاميك
Sulfanil acetamide (Albucid)	اسيتاميدات السلفانيل (البوسيد)
Sulfanil amide	سلفانيل امايد
Sulfanil amido pyrazine	سلفا اميدوبايرازين
Sulfanilic acid	حامض سلفابزليك
Sulfanilyl amino pyrimidine2-	سلفانيل امينو برمدين
Sulfate	سلفيت

Sulfide سلفايد
Sulfidine سلفدين
Sulfimide سلفيمايد
Sulfine compound مركبات السلفين
Sulfo cyanate سيانات السلفو
Sulfo phenicic acid حامض السلفوفينسيك
Sulfo quenil سلفو كوانيل
Sulfonal سلفونال
Sulph arsenious سلف زرنيخوز
Sulph hydrate of ammonia هيدرات الكبريت الامونياتي
Sulpha arsenic acid حامض السلف زرنيخيك
Sulpha compound مركبات السلفا
Sulphatase املاح السلفا
Sulphate كبريتات
Sulphate cellulose كبريتات السليلوز
Sulphate pulp لب الكبريت
Sulphate waste liquor سائل الفضلات الكبريتية
Sulphating , sulfation عمل الكبريت
Sulphethylic ethyl sulphuric acid اثيل حامض الكبريتيك
Sulphide سلفايد
Sulphide ores خامات السلفايد
Sulpho – oleine سلفو اولين
Sulpho acetate خلات الكبريت
Sulpho acetic acid حامض الخليك المكبرت
Sulpho acid حامض سلفو
Sulpho base قاعدة سلفو
Sulpho carbanilide كاربانيليد سلفو
Sulpho carbolic acid حامض الكاربوليك المكبرت
Sulpho cyanate , sulpho thio cyanate , sulpho cyanice acid سيانيت السلفو حامض سيانيك المكبرت
Sulpho cyanogen سيانوجين السلفو
Sulpho cynite سيانيد السلفو
Sulpho ethanoic acid حامض ايثين ويك المكبرت
Sulpho hydrometer مقياس الثقل النوعي للسلفو
Sulpho hydroxy acid حامض الهيدروكسيل المكبرت
Sulpho methane ميثين السلفو (الكبريتو)
Sulpho molybdate موليبديت السلفو (الكبريتو)
Sulpho naphthalic acid حامض سلفو نفثاليك
Sulpho naphthol نافثول السلفو
Sulpho oxide اوكسيد السلفو
Sulpho oxylate اوكزليت السلفو
Sulpho oxylic acid حامض سلفو اوكزليك ، حامض اوكزليك السلفو
Sulpho salicylic acid حامض السيلسليك المكبرت
Sulpho salt ملح السلفو
Sulpho vinic acid حامض سلفوفنيك السلفو
Sulpholysis تحلل الكبريت
Sulphon amide سلفو نمايد
Sulphon amide resin علج سلفو نمايد ، راتنج سلفوناميد
Sulphonal كحول كبريتي
Sulphonate سلفونيت
Sulphone سلفون
Sulphone ethyl methane اثيل ميثين السلفون
Sulphonic
Sulphonium compound مركبات السلفونيوم
Sulphophenic acid حامض سلفوفنيك
Sulphosol سلفوسول
Sulphunyl chloride كلوريد الكبرتيل

Sulphur	كبريت
Sulphur bacteria	باكتيريا كبريتية
Sulphur base	قاعدة كبريتية
Sulphur cement	سمنت كبريتي
Sulphur chloride	كلوريد الكبريت
Sulphur coal tar dye	اصباغ قطران كبريتيه
Sulphur coloured	لون الكبريت
Sulphur compounds	مركبات الكبريت
Sulphur determination	تحديد الكبريت
Sulphur dichloride	ثاني كلوريد الكبريت
Sulphur dihydride	ثاني هيدريد الكبريت
Sulphur dioxide	ثاني اوكسيد الكبريت
Sulphur dross	صدأ الكبريت او خبث الكبريت
Sulphur dyestuff	مادة صباغ الكبريتية
Sulphur halide	هالوجين الكبريت
Sulphur hydride	هايدروجين الكبريت
Sulphur iodide	ايوديد البكبريت
Sulphur lime solution	محلول الجير الحي المكبرت
Sulphur loaf	رغيف الكبريت
Sulphur match	شخاط الكبريت
Sulphur mono chloride	اول كلوريد الكبريت
Sulphur monoxide	اول اوكسيد الكبريت
Sulphur oxide	اوكسيد الكبريت
Sulphur peroxide	فوق اوكسيد الكبريت
Sulphur pick up	الكبريت الملتقط او عثر عليه
Sulphur pit	مقلع معدن الكبريت
Sulphur poly hydride	متعدد هايدريد الكبريت
Sulphur printing	الطباعة بالكبريت
Sulphur refinery	مصفى الكبريت
Sulphur salt	ملح الكبريت

Sulphur scum	رغوة الكبريت
Sulphur sesqui oxide	سي سي اوكسيد الكبريت
Sulphur solution	محلول الكبريت
Sulphur spring	ينبوع الكبريت، مياه كبريتية
Sulphur test	فحص الكبريت ، اختبار الكبريت
Sulphur tetraoxide	رابع اوكسيد الكبريت
Sulphur trioxide	ثالث اوكسيد الكبريت
Sulphur vapour	بخار الكبريت
Sulphur yellow	الكبريت الاصفر
Sulphured	مكبرت
Sulphureous	فيه كبريت
Sulphuret carbon disulphide	ثاني كبريتيد الكاربون CS_2
Sulphuretted hydrogen	الهيدروجين المكبرت ، وهو مركب غازي يتكون من اتحاد الايدروجين بالكبريت وله رائحة كريهة كرائحة البيض الفاسد
Sulphuric	كبريتيك
Sulphuric acid	روح الزاج ، حامض الكبريتيك ويستعمل في تحضير المفرقعات والحواض واملاح الكبريت
Sulphuring chamber	حجرة عمل الكبريت ، حجرة السلفرة
Sulphurisation	التشبع ببخار الكبريت
Sulphurise	شبع بالكبريت
Sulphurous	كبريتي
Sumach tree	شجرة السماق
Sumach tree wood	خشب شجرة السماق

Sumach wax	شمع السماق
Sumach, Sumae	سماق (مادة دابغة) ، شجرة السماق
Sumatra camphor	كافور سومطرا
Summary	خلاصة ، موجز ، مختصر ، مؤقت ، عاجل
Summer corn	حنطة الصيف
Summer wood	خشب الصيف
Summit	قمة ، ذروة ، اوج
Sump	بئر ، حوض الزيت (في السيارة)
Sump pan	وعاء حوض الزيت
Sun flower	زهرة عباد الشمس
Sun flower oil	زيت ورد عباد الشمس
Sun hemp	حشيشة الهند الشرقية (او الحشيشة اليابانية)
Sundries	نثريات ، متنوعات
Sunk	غاطس ، غطس
Suparenin	ابي فيرين
Super −	بددئه معناها فوق او اعلى اكثر
Super acidity	التشبع بالحامض
Super addition	الاضافة الفائقة
Super compressing engine	ماكنة الانضغتط الفائق
Super freezing process	عملية الانجماد الفائقة
Super phosphate	سماد مسحوق العظم المعالج بالحامض الفوسفوري
Super position	فوق الحالة ، تراكيب الاشكال
Super pressure	الضغط الفائق
Superficial	سطحي ، طفيف
Superfine	عال العال ، فاخر
Superfluid	مائع فائق
Supergas	الغاز الفائق
Superheat	حرارة التحميص
Superheating surface	سطح البخار او سطح حرارة التحميص
Superior	اعلى ، اسمى، الرئيس ، رئيسة دينية
Supernatant liquid	سائل طاف او عائم
Supernatural	فوق الطبيعة، خارق
Supernormal	فوق العادي
Supernumerary	زائد عن العدد المقرر
Superoxide , peroxide	فوق الاوكسيد، البروكساید
Supersalt	ملح الهيدروجين ، ملح فائق
Supersaturate	فوق التشبع، تشبع بكثرة
Supersaturation	فوق التشبع في الكيمياء ، التشبع الفائق
Supertension	توتر عالي جدا، التوتر الفائق او العالي
Supervisor	مراقب ، مسيطر
Supervisory	اشراف، مراقبة
Supplementary	اضافي ، ملحق، علاوة
Suppleness	لدونة ، ليونة ، طراوة
Supply	مؤن زاد احتياط
Supply network	منظومة ، نظام التجهيز، امدار او تجهيز
Supply protein	التجهيز بالبروتين
Support	اعانه معونه، اسناد ، اسند
Suppository	تحاميل لبوسة ،تلبيسة ، تحملية
Suppress	كبت ، اخمد ، قمع
Suppression	كبت ، اخماد، قمع
Surface	سطح وجه ، ظهر على سطح

Surface action	الفعل السطحي	Suspend	اوقف ، عطل ، اجل، علقّ ، توقف عن الدفع
Surface activity	فعالية سطحه	Suspended	معلق ، موقوف ، معطل
Surface brightness	لمعان سطحي	Suspended matter	المادة المتعلقة في السائل
Surface chemistry	كيمياء سطوح الاشياء	Suspense	انتظار ، توقف ، تردد ، حيرة ، قلق ، بلبلة
Surface concentration	التركيز السطحي	Suspension	تعلق:المحلول الذي تكون مادته المذابة كبيرة ولا تمر من ورق الترشيح وترسب بالتركيز ، محلول عالق
Surface coolers	مبردات سطحيه	Suspension method	طريقة التعلق
Surface crack	شقوق سطحيه	Suspensory	معلقّ متدلٍ
Surface energy	طاقة سطحية	Suspensory bandage	اللفاف المتدل
Surface fermentation	تخمر سطحي	Suspention spring	السبرنك المعلق، النابض المعلق
Surface grinding	سن السطح مثل حد السكاكين	Swab	مسحه، مسح بممسحه
Surface hardness	تصلب سطحي	Swamp	ارض غمقة ، مستنقع، ارحل ، اغرق ، غرق
Surface ignition	احتراق سطحي	Swamp fever	اصابة فقر الدم
Surface magnitisation	مغناطيسية سطحية	Swampy	مستنقعي موحل
Surface mirror	مرأة سطحية	Swarm cluster molecular	حزمة محتشدة جزيئية
Surface plane	مخطط السطح، مستوى سطحي	Swawp iron ore	مستنقعات خام الحديد
Surface pressure	ضغط سطحي	Sweat	عرق ، رشح
Surface refinement	تصفية سطحية	Sweep	كنس ، قشر، بجراف كبير ، جرف ، اكتسح ، حصد
Surface tension	التوتر السطحي ،القوة الداخلية التي تعمل على سطح السائل من جزاء جاذبية الجزيئات تحت السطح وهذة القوة تختلف من سائل الى اخر مثلا قوة جاذبية سطح الماء لاتقاس بتلك التي في المحلول ، التماسك السطحي	Sweet	حلو ، عذب ، لطيف
		Sweet curdine	ختاره حلوه مثل الروبه
		Sweeten	حلىّ بالسكر ، محلا بالسكر فيه حلا
Surface treatment	معاملة السطح، معالجة سطح المواد	Swing	تعلق ، تدلى ، ارجوحه، متحرك ، نرجح
Surinamine	اندرين	Swing pipe	انبوب متدلي
Susceptibility	قابلية التأثر		

Swing sieve	منخل متدلي
Swing trough	اناء متدلي
Swinging	التدلي ، التعلق
Swinging arm	الزراع المتأرجحة
Swingle	مضرب القنب او الكتان
Sylvan	مختص بالغابات
Sylvanite	كرافيت التاليريوم
Sylvic acid	حامض السلفيك
Sylvite	كلوريد البوتاسيوم
Symbol	رمز ، حرف او حروف تمثل اسم العنصر لذرة واحدة فيه وكميته تساوي وزنه الذري
Symbols for atoms	رموز الذرات
Symbols of balanced actions	رموز التفاعلات المتوازيه
Symbols of coionic bond	رموز للرابطة التساهمية الايونيه
Symbols of concentration	رموز التركيز
Symbols of equilibrium constraints	رموز لثوابت الاتزان
Symbols of nuclear reaction	رموز التفاعلات النووية
Symmetry	تناسق تناسب ترتيب
Sympathetic ink	الحبر المتشابه الاجزاء
Sympatol	طرطريت السمفرين
Symptoms	اعراض علامات
Synthesis	تركيب،تكوين مركبات باتحاد عناصر او مركبات بسيطة
Synthesis gas	غاز مكون كيمياويا
Synthetic	(مركب) صناعي
Syphilic	مصاب بالسفلس
Syphilis	سفلس مرض جلدي
Syphon	سيفون
Syringe	محقنه دوائية
Syrup	شيرة (تتكون من تسخين ٣٠% سكر مع ماء)
System asymmetric	المنظومة غير المتناسقة ، المجموعة ذات ثلاث محاور
System crystal	المنظومة البلورية
System plan	خطة لمنظومة

T

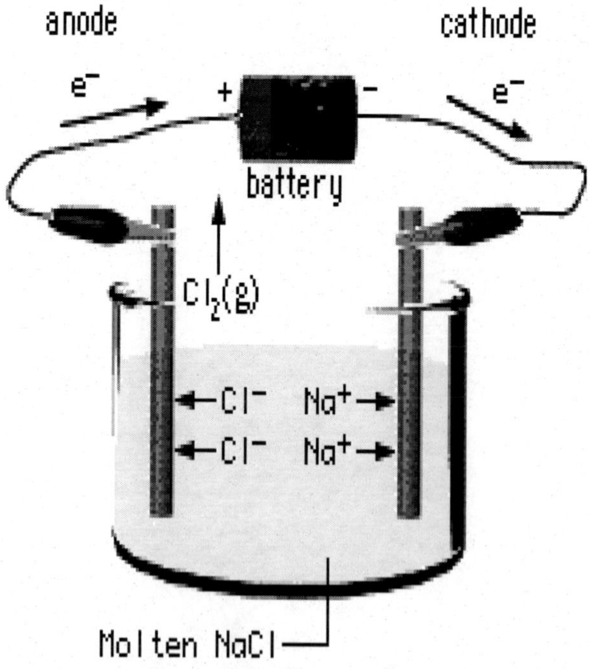

electrolytic cell

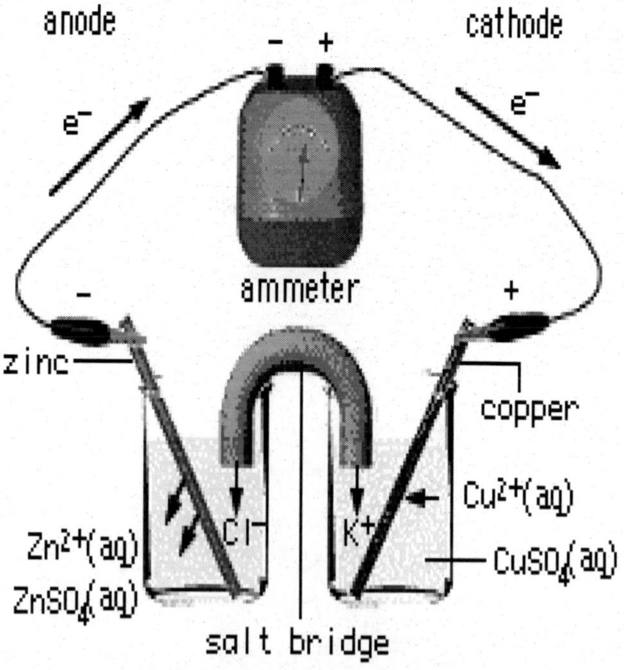

galvanic cell

T	الرمز الكيمياوي لعنصر التريتيوم
T.B.P curve (True Boiling Point)	منحني درجة الغليان الحقيقية
T.E.A (Tetra-Ethyl of Ammonia)	رابع ايثيل النشادر
T.E.L (Tetra- Ethyl Lead)	رابع اثيل الرصاص
T.F.E(TetraFlouride of Ethylene)	رابع فلوريد الايثيلين
T.N.A(Trinitro aniline)	ثالث نترو انيلين
T.N.B(Trinitro Benzene)	ثالث نترو بنزين
T.N.T	ثالث نترو تولوينو(من اهم المفرقعات الحربية)
T.O.C.P	ثالث اورثو كريسال فوسفيت
T.P.P(Triphenile phosphate)	ثالث فينايل الفوسفيت
T.S.(Test Solution)	محلول فحص
Ta	الرمز الكيمياوي لعنصر التانتالوم
Table	جدول او منضدة، لوحة ، بوب
Table potatoes	بطاطا الاكل
Table salt	ملح الطعام
Tablet	حبوب دوائية
Tablet compressing machine	ماكينة ضغط الحبوب (الطبية)
Tablet press	مكبس الحبوب (الدوائية)، ضاغطة الحبوب (الدوائية)
Tablet sugar	الحبوب الدوائية المغطاة بالسكر
Tabloid	قرص دواء ، مختصر مفيد ، محكم السبك
Tag	طرف معدني لشريط او حبل ، ذيل ، هدب ، الحق ، طرف
Tagged atom	ذرة طرفية
Tail	ذيل
Tail oil	سائل علجي
Take up	اخذ ، تناول ، استغرق
Taking	اخذ ، ضبط
Talc	الطلق
Talc earth	اوكسيد المنغنيزيا
Talcum	طلق
Talcum powder	مسحوق الطلق
Tallow	دهن ، شحم ،شحّم ، سّمى
Tallow oil	دهن تالو ، شحم ودك
Tallow pencil	قلم تالو ، قلم دهني
Tallow tree	شجرة السمن
Talomucic acid	حامض تالاريك
Talonic acid	حامض تالونيك
Taloric acid	حامض تولو ميوسيك
Tamarisk	نبات الطرفاء ، عبل
Tampucin	تاميسين
Tan	بقم (احمر يستعمل للدباغة)
Tan bark	لحاء البقم لحاء الصباغين
Tan cake	قرص البقم
Tan liquor	سائل البقم
Tanacetin	تانيستين
Tanacetum oil	زيت خلات التان
Tandem	تنظم واحدا خلف الاخر
Tangent line	خط التماس
Tangent plane	مخطط مماس الدائرة، سطح التماس
Tangent point	نقطة التماس

Tangential	مماسي ، ظلي
Tanin albuminate	البومينات التانين
Tanin formaldehyde	فورمالديهايد التانين
Tanin ointment	مرهم التامين (العفص)
Tank	دبابة حربية ، حوض ، صهريج
Tank waste in the Leblanc process	فضلات الحوض في عملية لبلان
Tannage	دباغة
Tannalbin	تانيت والبومين
Tannate	تنات ملح حامض التنيك او الربيغي
Tanner	دباغ الجلود
Tanner's sumac	مسحاق الدباغة
Tannery	مدبغة
Tannic acid	حامض الدبغيك (التانيك) (العفصيك)
Tannin of catechu	تانين نبات الكاتكو
Tanning	دباغة صناعة، دباغة الجلود
Tanning agent	عامل الدباغة
Tanning extract	عصارة التانين (الدباغ)، مستخلص الدباغة
Tanning liquor	سائل الدباغ
Tannoform	تانو فورم
Tansy oil	زيت حشيشة الدوو التي هي مادة مطيبة للطعام
Tantalate of iron & manganese	تانتينيت الحديد والمنغنيز
Tantalic acid un hydride	انهايدرايد حامض التانتاليك

Tantalum	الرمز الكيمياوي لعنصر تنتالوم (معدن عدد ذري ٧٣ وزن ذري ١٨٠.٩٤٨ ورمزه الكيمياوي ta)
Tantalum carbide	كاربيد التانتالوم
Tantalum lamp	مصباح التنتالوم
Tantalum penta chloride	خامس كلوريد التنتالوم
Tantalum penta oxide	خامس اوكسيد التنتالوم
Tantalum pot fluoride	بوتاسيوم فلورايد التنتالوم
Tap	حنفية ، صنبور ، نقرة خفيفة ، طقطقة ، ذكر الفلاووط، ، سدادة ، مكان التشعب او الوصلة ، كعب الحذاء
Tap water	ماء الحنفية
Taper	مستدق الطرف
Taper adapter	وصلة مخروطية او مستدقة الطرف
Taper sleeve	الكم المخروطي او المستدق الطرف
Tapering	استدقاء الطرف ، مسلوب
Tar	قطران ، اسم يطلق على مادة العضوية اللزجة التي تتكون من التقطير الاتلافي للخشب او الفحم او من تحلل المواد الضوية بالحرارة
Tar acid	حامض القطران
Tar asphalt	اسفلت القطران
Tar boiler	قزان القطران
Tar brush	فرشة القطران

Tar camphor	كافور القطران
Tar cleaning tube	انبوبة منظفة قطرانية
Tar coating	مغلف بالقطران
Tar coke	فحم كوك القطران
Tar collector	جامع القطران
Tar dehydrator	حاذف هيدروجين القطران
Tar distilling apparatus	جهاز تقطير القطران
Tar dyes	صباغات القطران
Tar extract	عصارة القطران
Tar fired furnace	فرن يشتعل بالقطران
Tar layer	طبقة القطران
Tar oil	زيت القطران (الكريزوت)
Tar paper	ورق القطران
Tar pit	حفرة القطران
Tar qualin	مشمع الوقاية
Tar roofing	تسقيف بالقطران
Tar sand	رمل القطران
Tar spraying	الرش بالقطران
Tar taremetic	بوتاسيوم انتموني ، تارتاريت
Tar vapoures	بخار القطران
Tar water	ماء ممزوج بالقطران
Tare	طرحة ، الوزن المطروح، الفارغ (في الوزن)
Tare balance	ميزان للوزن المطرح
Tarnish	عتّم اللون ، لوث ، لطخ
Tarragon oil	زيت طرخون ،هو نبات من نوع الشيح مفيد لداء السكر
Tarry	قطراني ، تأخر ، تمهل
Tart	حامض حرقف ، حامض حاد مزمز ، كعك محشو بالفاكهة
Tartar	ملح الطرطير صامور
Tartar deposit	ترسبات ملح الطرطر
Tartar emetic	بوتاسيوم انتموني تاتاريت
Tartar substitute	كبريتات الصوديوم الحامضية
Tartarate	طرطرات
Tartarlic acid	طرطريت غير مائي
Tartarzine	هيدرازين الاصفر
Tartronic acid	حامض تارترونيك
Taste	حاسة الذوق ،مذاق
Tasteless	عديم الذوق ، لاطعم له
Tasting	الذوق الطعم
Taurine	٢ امينوابثينو حامض السلفونيك
Taurocholic acid	حامض الحرارة
Tautomerism	مماثلة التركيب
TCP	فوسفات ثالث الكريسيل
Te	الرمز الكيمياوي لعنص التلريوم
Tea	شاي
Tea berry oil	زيت شاي الربيري
Tea oil	زيت الشاي
Tea plant	نبات الشاي
Tea pot	ابريق الشاي
Teal oil	دهن الراشي
Tear	دمعه ، دمع، عبره ، غرق
Tear gas	غاز مسيل الدموع
Tear gland	غدد الدموع
Tear resistance	مقاومة التشقق
Tear shape	شكل للتشقق

Teary	مدمع
Technetium	الرمز الكيمياوي لعنصر التكنيتم (عدد ذري ٤٣ وزن ذري ٩٩ ورمزه الكيمياوي TC)
Technic	معرفة او مهارة فنية، اصطلاح فني
Technical	فني (شخص او شيء مختص بصناعة او فن)
Technicolour system	منظومة الالوان
technology	علم الصنائع والفنون، تكنولوجيا
Techto chrysin	مثيل كرسين
Tee	وصلة او كوع بثلاث شعب (اي على شكل حرف T)
Tee iron	قضيب حديدي بثلاث شعب
TEG	ثالث اثيلين كلايكول
Telescope	تلسكوب ، منظار
Tellurium	الرمز الكيمياوي لعنصر التلريوم عنصر عدد ذري ٥٢ وزن ذري ١٢٧,٦٠ ورمزه الكيمياوي TE)
Tellurium dioxide	ثاني اوكسيد التلريوم
Tellurium trioxide	ثالث اوكسيد التلريوم
Telluro cyanate	سيانيت التلريوم
Tellurorate	تلريوريت
Tellurous	فيه تلريوم
Tellutide gold ore	خامات ذهب تيلوتا
TEM (Triethlene Melamine)	ثالث اثلين الميلامين

Temper	طبع، مزج ، سجيه، حدة ، لين ، خليط بنسب معلومة ، اصلح، سقر او علاج الفولاذ
Temper carbon	كاربون لعملية التليين
Temper hardening	التصلب بالزمن الطويل
Temperature	درجة الحرارة
Temperature absolute	درجة حرارة المطلقة
Temperature adjusting	تصحيح درجة الحرارة
Temperature balance	موازنة حرارية
Temperature coefficient	معامل درجة الحرارة
Temperature controller	ضابط درجة الحرارة
Temperature curve	منحنى درجة الحرارة
Temperature kindling	درجة حرارة الاشتعال
Temperature mean	متوسط درجة الحرارة
Temperature recorder	مسجل درجة الحرارة
Temperature regulator	منظم درجة الحرارة
Tempering flame furnace	فرن المزج الملتهب ، فرن اللهب لغرض تحسين المنتوج
Tempering furnace	فرن المزج لغرض تحسين المنتوج
Tempering oil	زيت المزج لتحسين المنتوج
temporary	موقت،وقتي
Temporary hardness	العسرة المؤقتة ، الصلابة المؤقتة
Tendency	ميل ،انعطاف ،اتجاه
Tender bark	لحاء ريان
Tenorite	اوكسيد النحاس
Tension	توتر قوة الشد

Tension crack	الشق نتيجة التوتر
Tension curve	منحنى التوتر
Tension force	قوة التوتر
Tension regulator	منظم التوتر
Tension theory	نظرية التوتر
Terbia	اوكسيد التربيوم
Terbium	الرمز الكيمياوي لعنصر التربيوم (عدد ذري ٦٥ ووزن ذري ١٥٨,٩٢١ ورمزه الكيمياوي Tb)
Terebanthine	تربين
Terebic acid	حامض التربيك
Term	نص ، كلمة ، اصطلاح، شرط ، دور دراسي
Terminal	طرف ، نهاية ، نهائي، مجمع (نقليات)
Terminology	علم المصطلحات الفنية
Termite	الارضه (نملة بيضاء)
Termolecular	ثلاثي الجزيئة
Terpene alcohol	كحول تربيني
Terpene hydro chloride	هيدرو كلوريد التربين
Terpinol	تربينول
Terra	ارض ، تراب ، طين
Terra – verte	نوع من الاصباغ مصنع من الكلوكوسايد من سلادونيت
Terramycin	ثيرامايسين دواء انتي بيوتيك لقتل الميكروبات في الجسم
Tertiary	ثلاثي ثالث من الدرجة الثالثة
Tertiary alcohol	الكحول الثلاثي
Tertiary calcium phosphate	فوسفات الكالسيوم الثلاثية
Tertiary cell wall	جدار الخلية الثلاثي
Tertiary colour	اللون الثالث
Tertiary layer	الطبقة الثالثة
Tertiary nitro compound	مركبات النترو الثلاثية
Tertiary system	منظومة ثلاثية
Tervalent	ثلاثي التكافؤ
Test	اختبار ،هو اسم الدال على العملية التي تجري على المادة للتحقيق من ذاتيتها او لاثبات وجود شوائب بها او للتحقق من مطابقتها للموافات الخاصة وقد تكون العمليات المستخدمة طبيعية او كيميائية
Test acid	حامض قياسي
Test balance	ميزان الفحص
Test bench	منضدة الفحص ، طاولة الفحص
Test card	كارت الفحص ، بطاقة الفحص
Test certificate	شهادة الفحص
Test condition	حالة الفحص
Test dy	فحص الجاف
Test error	خطأ الفحص
Test flame	لهب الفحص
Test glass	زجاج الفحص
Test mark	علامة الفحص
Test method	طريقة الفحص
Test paper	ورق الاختبار
Test portion	جزء من الفحص
Test reaction	تفاعل الاختبار

Test reading	قراءة الكاشف
Test specimen	نموذج الكاشف
Test tube	انبوبة اختبار
Test tube holder	ماسك انبوب اختبار
Test tube rack	ماسكة انابيب اختبار
Test tube stand	حامل انبوبة الاختبار
Test wet	الفحص الرطب
Testing apparatus	جهاز الفحص
Testing laboratory	مختبر الفحص
Testing machine	ماكنة الفحص
Testing oven for moisture	فحص الفرن من الرطوبة
Testosterone	تس توستيرون
Tetra valent	رباعي التكافؤ
Tetraborane	بورو بيوتين
Tetraboric acid	رابح حامض البوريك
Tetrabte	نترامين
Tetrachloride of gold	ثالث كلوريد الذهب
Tetrachloride of platinuim	رابع كلوريد البلاتينيوم
Tetrachloro ethylene	ثاني كلوريد الكابون
Tetrachloro methane	رابع كلوريد الكاربون
Tetradecyl alcohol	رابع ديكل الكحول
Tetraethyl ammonium bromide	رابع اثيل برومايد النشادر
Tetraethyl lead	رابع ايثيل الرصاص
Tetraethyl pyro phosphate	رابع ايثيل باير فوسفيت
Tetrafluoro ethane	رابع فلورو اثيلين
Tetragonol	نتراكونال
Tetrahedral atom	ذرة هرمية ، ذات اربع اسطح
Tetrahydric	رابع هايدريك
Tetrahydro benzene	رابع هيدرو بنزين
Tetrahydro furane	رابع هيدرو فيورين
Tetrahydroiso quinoline	رابع هيدرو ايسو كينولين
Tetrahydrone	رابع هيدرون
Tetrahydroxy diphenyl	رابع هيدروكسي ثاني فنيل
Tetralone	تترالون
Tetrinic acid	حامض التترنيك
Tetryl	نترامين
Textile industry	صناعة النسيج
Textile soap	صابون للنسيج
Th	الرمز الكيمياوي لعنصر الثوريوم
Th.E.m. (Tjallium Emission)	انبثاق الثاليوم
Thallium	الرمز الكيمياوي لعنصر الثاليوم (عنصر عدد ذري ٨١ وزن ذري ٢٠٤,٣٧ ورمزه الكيمياوي Th)
Thallium chloride	كلوريد الثاليوم
Thallium sesqui oxide	اوكسايد سي سي الثاليوم
Thallium sulphate	كبريتات الثاليوم
Thallous	خلات الثاليوم
Thenyl amine	امين الفينل
Theo phylline ethylene diamine	ثاني امين ايثيلين ثايو فيلين
Theobroma oil	زيت ثايبروما زبد الكاكاو
Theobromine	ثايو برومين
Theobromine sod . acetate	ثايوبرومين خلات الصوديوم
Theobromine sod . salicylate	ثايوبرومين سليسليت الصوديوم
Theocin	ثايو فيلين

Theory	نظرية ، رأي ، مذهب، وهي توضيحات عامة للمظاهر النسبية
Therapeutic	من العلاج ، علاجي
Thermal	حراري ، مختص بالحرارة
Thermal cracking	شق حراري
Thermal death point	درجة الحرارة القاتلة
Thermal dissociation	تفكك حراري
Thermal fatigue	الكلال الحراري ،الضعف الذي يطرأ على فلز او شابهه نتجة تعاقب التسخين او التبريد عدة مرات
Thermal fission	الانشطار الحراري ،هو انشطار نووي حادث بتأثر نيوترونات حراريه
Thermo barometer	بارومتر حراري
Thermo chemical calculations	الحسابات الكيمياوية الحرارية
Thermo chemical method	الطريقة الكيمياوية الحرارية
Thermo duric	مقاوم الحرارة
Thermo- philic	محب الحرارة
Thermo- plastic	البلاستك الحراري، اللدونة الحرارية
Thermochemical	كيمياء حرارية
Thermochemical equation	المعادلة الكيمياوية الحرارية
thermochemistry	الكيمياء الحرارية
Thermoelectricity	الكهربائية الحرارية
Thermometer	مقياس درجة الحرارة ، محرار

Thermometer bulb	بصلة او منتفخ لمقياس درجة الحرارة
Thermometer scale	ميزان مقياس درجة الحرارة
Thermometer stem	ساق لمقياس درجة الحرارة
Thermometric	محرار
Thermometry	علم قياس الحرارة
Thermostat	منظم الحرارة ، ثرموستات
Thiasine	اركو ثايونين
Thiazamide	سلفا ثيازول
Thick	كثيف سميك ثخين غليظ
Thin	رقيق خفيف قليل السمك
Thing	شى حاجة امر مسألة
Thio – ether	سلفو ايثر
Thio – ethyl alcohol	كحول سلفو اثيل
Thio – ethyl ether	ايثر سلفو ايثيل
Thio acet amide	آميد ثايوسيت
Thio acetate aldihyde	الديهايد خلات الكبريت
Thio acetic acid	حامض الخليك الكبريتي
Thio acid	حامض الكبريت
Thio alcohol	كحول الكبريت
Thio arsenic acid	حامض كبريتو الزرنيخيك
Thio barbituric acid	حامض كبريتو باربتيوريك
Thio benzyl alcohol	كحول ثايو بنزايل
Thio butyl alcohol	كحول ثايو بيتايل
Thio butyric acid	حامض ثايو البيوتريك
Thio carbamic acid	حامض ثايو الكارباميك
Thio carbamide	ثايو كارباميد
Thio carbanil	ثايو كاربانيل
Thio carbonic acid	حامض ثايو كاربونيك

Thio chrome	ثايو كروم
Thio cresol	ثايو كريزول
Thio cyanide	ثايو سيانيد
Thio cyanogen	سلفو سيانوجين
Thio diphenylamine	سلفو ثاني فنيل امين
Thio formamide	سلفو فورماميد
Thio furfuran	سلفو فورفوران
Thio glycerol	سلفو كليسيرين
Thio glycolic acid	سلفو حامض الكلايكوليك
Thio glycollate	سلفو كلايكوليت
Thio ketone	سلفو كيتون
Thio kol	سلفو كول
Thio lactic acid	حامض سلفو اللبنيك
Thio lutin	ثايولوتين
Thio malic acid	حامض ثايومالك
Thio nalide	امينو نافثاليد
Thio phenol	سلفو فينول
Thio phosphate	سلفو فوسفيت
Thio phospho nitrile	سلفو فوسفو نايترل
Thio phosphoric acid	سلفو حامض الفوسفوريك
Thio phthalide	ثايو فثاليد
Thio plast	ثايو بلاست
Thio salicylic acid	سلفو حامض السيليسيليك
Thio semi carbazide	سلفو سمي كاربازايد
Thio sulphate	سلفو كبريتات (ثيو كبريتات)
Thio sulphonic acid	ثايو حامض السلفونيك
Thio sulphuric acid	ثايو حامض الكبريتيك
Thio thal sodium	صوديوم ثيوفال
Thio urea	ثايو يوريا
Thio urea resin	راتنج الثايو يوريا
Thio vanic acid	ثايو حامض الفانيك
Thiol	سلفو الكحول
Thiolic acid	حامض ثايوليك
Thionic acid	حامض الكبريت العضوي
Thionin	بنفسجي لوثس
Thionin blue	ازرق الثايونين
Thionyl chloride	ثايونيل كلورايد
Thios tannic acid	سلفو حامض التانيك
Thiosalt	ملح كبريتي
Thiosin amine	ثايوسين امين
Thioxene	ثايوكسين
Thiozine	ثيازين
Thiozine dyes	صباغات ثيازين
Thiozol	ثيازول
Thiozol dyestuff	صباغات ثيازول
Thiozol sulfone	ثيازو سلفون
Third	ثالث
Thomas balsam	توماس بلسم بلسم تولو
Thor oxyl	فورمات الثوريوم
Thoria	اوكسيد الثوريوم
Thorium	ثوريوم (عنصر عدد ذري ٩٠ وزن ذري ٢٣٢,٠٣٨ ورمزه الكيمياوي Th)
Thorium chloride	كلوريد الثوريوم
Thorium emanation	انبثاق الثوريوم
Thorium formate	فورمات الثوريوم
Thorium nitrate	نترات الثوريوم
Thorium oxide	اوكسيد الثوريوم
Thorium tetra chloride	رابع كلوريد الثوريوم
Thorn apple	سترامونيوم (نبات مخدر)
Thorn house	بيت التجفيف

Thousand الف
Three valent ثلاثي التكافؤ
Threonine ثريونين
Throat يلعوم
Thrombin ثرومبين
Thuja ورق البنك الاصفر
Thulia اوكسيد الثوليوم
Thulium ثوليوم (عنصر عدد ذري ٦٩ ووزن ذري ١٦٨.٩٣٤ ورمزه الكيمياوي Tm)
Thulium oxide اوكسيد الثوليوم
Thyme شنان
Thyme camphor ثايمول
Thyme oil زيت الشنان ، زيت الزعتر
Thymidine ثايمدين
Thymine ثايمين

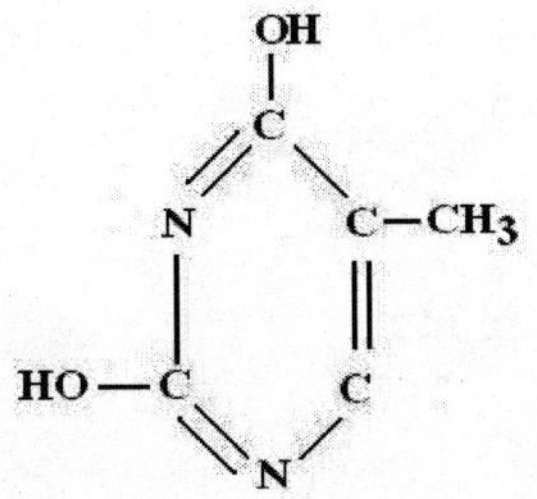

Thymo nucleic acid ثايم حامض النواة
Thymo quinone ثايمو كينون
Thymol ثايمول ٣- مثيل -٦ اسوبروبيل فينول
Thymol blue ثايمول الازرق
Thymol iodide يوديد الثايمول
Thymol phthalein فثالين الثايمول
Thymus gland ثايمس، الغدة الصغيرة
Thyratron ثايراترون
Thyro globulin ثايرو كلوبيولين
Thyroid gland الغدة الدرقية

Thyroidin ايرو ثايرين
Thyroxin ثيروكسين الجوهر الفعال في الغدة الدرقية
Ti تيتانيوم
TIBA ثالث يود حامض البنزويك
TIG welding لحيم التنكستون
Tight متماسك، محكم
Tiglic acid الفا مثيل حامض الكرونتونيك
Tile ore اوكسيد النحاس الاحمر الارضي
Time زمان ، وقت
Time- keeper ضابط الوقت ، حاسب الزمن
Time of diffusion زمان الانتشار
Timeliness موافقة ، مناسبة، ملائمة
Timely في وقته في حينه
Timepiece ساعة جدارية
Tin قصدير (عدد ذري ٥٠ ووزن ذري ١١٨,٦٩ ورمزه الكيمياوي Sn)، صفيحة ، نقود ، بيض بالنحاس ، طلس بالقصدير ، عبأ في علب
Tin alloy سبيكة قصديريه
Tin anlydride انلدهايد القصدير
Tin box صندوق من الصفح
Tin bronze البرونز القصديري
Tin chloride كلوريد القصدير
Tin coated مغطى بالقصدير
Tin crystal بلورات قصديرية
Tin dioxide ثاني اوكسيد القصدير
Tin disulphide ثاني سلفايد القصدير

Tin grain	حبيبات قصديرية
Tin metal box	صندوق حاوي المواد
Tin mine	منجم قصدير
Tin monooxide	اول اوكسيد القصدير
Tin monosulphide	اول سلفايد القصدير
Tin nitrochloride	نترو كلوريد القصدير
Tin nitrooxylene	ثالث نترو اوكزلين
Tin ore	خام القصدير
Tin oxide	اوكسيد القصدير
Tin plate	صفيحة من القصدير
Tin proto chloride	اول كلوريد القصدير
Tin proto oxide	اول اوكسيد القصدير
Tin proto sulphide	اول سلفايد القصدير
Tin putty	اوكسيد القصديريك، عجينة القصدير
Tin pyrites	احجار النار القصديرية ، كبريتوز القصدير
Tin spirit	محلول الخارصين وهو صبغ
Tin stone	حجر القصدير
Tin tetrachloride	رابع كلوريد الخارصين
Tin white cobalt	الكوبلت الرمادي
Tincture	صبغة ، وهي عصارة كحولة للاعشاب الطبيعية وتستعمل في الادوية ، خلاصة ، شرّب
Tinned copper	النحاس المطلي قصدير
Tint	لون خفيف ناصع
Tinware	اوان قصديرية
Tip	طرف ، رأس، بخشيش، سن، ايعاز ، تغطس ، وهب، أسّر له ، أمال
Tissue	نسيج حيواني، سلسلة ، سياق
Titanium	تيتانيوم (عدد ذري ٢٢ ووزن ذري ٤٧,٩٠ ورمزه الكيمياوي Ti)
Titanium ammonium oxalate	اوكزلات تيتانيوم النشادر
Titanium carbide	كاربيد التيتانيوم
Titanium dichloride	ثاني كلوريد التيتانيوم
Titanium dioxide	ثاني اوكسيد التيتانيوم
Titanium hydride	هايدرايد التيتانيوم
Titanium pot. Oxalate	اوكزلات البوتاسيوم التيتانيومي
Titanium potassium fluoride	فلوريد البوتاسيوم التيتانيومي
Titanium sesqui sulphate	سيسكوي كبريتات التيتانيوم
Titanium sponge	اسفنج التيتانيوم
Titanium sulphate	كبريتات التيتانيوم
Titanium tetrachloride	رابع كلوريد التيتانيوم
Titanium trichloride	ثالث كلوريد التيتانيوم
Titany pot. Oxalate	اوكزلات البوتاسيوم التيتانيومي
Titany sulphate	كبريتات التيتانيوم
Titany yellow	تيتانيوم الاصفر
Titanyl ammonium oxalate	اوكزلات تيتانيل النشادر
Titrable acidity	الحموضة المعايرة
Titrate	عيار قدر بالمعيار يقيس كمية الحامض بتفاعله مع القاعدة
Titrating	محلول المعايرة الصيدلانية
Titrating acid	الحامض المعاير او القياسي
Titrating apparatus	جهاز التسحيح او المعايرة الصيدلانية

Titrating curve	منحنى المعايرة الصيدلانية
Titrating solution	محلول المعايرة الصيدلانية
Titration	معايره،وهو قياس كمية الحامض بالقاعدة او القاعدة بالحامض بتفاعلها حسب المعادلة : حجم محلول الحامض × تركيزه العياري =حجم محلول القاعدة × تركيزها العياري
Titration flask	قارورة معيارية صيدلانية
Titrimetric analysis	التحليل الكمي بالحجوم
Tl	ثاليوم
Tm	ثوليوم
Tn	ثورون
Tobacco juice	عصارة التبغ
Tobacco roll	باسطون من التبغ ، رولات التبغ
Tobacco seed oil	زيت حبوب التبغ
Tobacco wood	خشب التبغ
Tolamine	كلورازين
Tolane	ثاني فنيل استيلين
Tolerance dose	الجرعة التي يمكن تحملها
Tolu aldehyde	فينايل خلات الالديهايد
Tolu balsam	بلسم تولو
Tolu safranine	زعفران التولو
Toluene	مثيل بنزين
Toluene sulfinic acid	تولوين حامض سلفنيك
Toluic acid	حامض تولويك
Toluidine	امينو تولوين
Toluidine blue	تولويدين الازرق
Toluol	تولول
Toluylene	تولوين
Tolyl acetate	خلات التوليل
Tolyl bromide	بروماید تولیل
Tolyl mercaptan	توليل مير كبتان
Tolylene red	الاحمر المعادل
Tomatidine	توماتدين
Tomato	طماطم بندوره
Tombac powder	مسحوق من النحاس والزنك للحلى الرخيصة
Tongs	ملقط
Tonic	مقوى ، دواء مقوي
Top	قمة ، ذروة ، طرف ، راس، رؤوس
Topaz	ياقوت اصفر، توباز
Topical	موضوعي ، محلي
Topinic acid	حامض توبينيك
Topochemistry	كيمياء الذروه
Torsion	برم ، فتل ، لوى ، التواء
Torsion balance	الميزان الالتوائي
Torsion meter	مقياس درجة الالتواء
Total	مجموع ، جملة
Total acidity	الحموضة الكاملة
Totaquine	كينين
Touch	حاسة اللمس ، لمس ، جس ، مس
Tower	برج ، شمخ ، علا
Toxic	سام
Toxic products	النواتج السامة
Toxicology	علم السموم
Toxilic acid	حامض الماليك، حامض التوكسيليك
Trace	قليل، بقية ، أثر ، اقتفى

Trace amount	كمية قليلة
Trace element	القطع الصغرى من العنصر
Tracer bullet	رصاصة يضنه يمكن رؤيته
Tracer chemistry	كيمياء القطع الصغيرة جدا من الحجارة والمعادن
Tracing	اقتفاء الاثر ، يتبع
Tracing fluid	سائل للكشف عن المسار
Train	سلسة قطار
Training bomb	قنبلة تدريبية
Transfer	نقل،تحويل
Transfer car	عربة النقل
Transfer conveyor	جهاز النقل او الايصال
Transfer picture	الصور المتحركه
Transfer port	ميناء النقل
Transference	نقل ، تحول، ترحيل
Transform	بدل الشكل او الهيئة
Transformation	استحالة تغيير قلب الشكل او الهيئة
Transformation point	نقطة التغيير
Transformation tempreture	درجة الحرارة المتغيرة
Transformer oil	دهن المحول
Transfusion	نقل الدم
Transilation motion	حركة انتقالية
Transition	انتقال
Transition elements	عناصر انتقالية
Transition metal	معدن الانتقال
Transition point	نقطة الانتقال
Transition point	نقطة التحول
Transition temperature	درجة حرارة التحول
Transitional elements	عناصر انتقالية
Translaminar effect	التأثير العميق
Translation	ترجمة ،نقل
Translucent	شبه شفاف نصف شفاف
Transmission	نقل،تحول ،انتقال
Transmutation	تحويل تبديل
Transmutation	تحويل
Transmutation apparent	تحويل ظاهري
Transparency	شفف شفافيه
Transparent	شفاف ،واضح،جلي
Transport	نول اجرة نقل
Transport vessel	اناء لاجرة النقل
Transportation plant	ادوات التحميل
Transverse	عرضي مستعرض
Trap	فخ مصيدة شرك
Travel	سباحة رحلة
Travelling resistance	مقاومة السفر
Travelling sickness	دوار السفر ، امراض السفر
Tray	صينية طبق
Treatment	معاملة،معالجة
Tree- gum	شجرة الصمغ
Tri	ثلاثة
Triacetin	ثالث خلات الكليسيرل
Triads	ثلاثيات
Trial	فحص ، اختبار، محاكمة، محاولة، تجريبي
Triamine	ثالث امين
Triammine salt	ملح ثالث امين
Triangle	مثلث
Triatomic	ثلاثي الذره
Triazo dyes	صباغات ترابوزو
Tribasic	ثلاثي القاعدة

Tribromo ethanol	ثالث برومو ميثانول
Tribromo nitro methane	ثالث برومو نترو ميثين
Tribromo phenol	ثالث برومو فينول
Tribromo phenol bismuth	ثالث برومو فينول بزموث
Tributyl amine	ثالث بيوتيل امين
Tributyl phosphate	ثالث بيوتيل فوسفيت
Tributyrin	ثالث بيوتيرين
Tricarballylic acid	ثالث حامض الكاربالبك
Tricarbimide	ثالث كاربمايد
Trichloride	ثالث كلوريد
Trichlorine nitride	ثالث كلورين النترايد
Trichloro acetaldehyde	ثالث كلورو خلات الالديهايد
Trichloro benzene	ثالث كلورو بنزين
Trichloro ethene	ثالث كلورو ايثين
Trichloro ethylene	ثالث كلورو ايثيلين
Trichloro ethyliden eimide	ثالث كلورو ايثلدين امايد
Trichloro methane	ثالث كلورو ميثين
Trichloro methyl chloro formate	ثالث كلورو مثيل كلورو فورميت
Trichloro nitro methane	ثالث كلورو نترو ميثين
Trichromic acid	حامض ثالث كروميك
Tricresyl phosphate	ثالث كريسيل فوسفيت
Tricyanic acid	حامض ثالث سيانيك
Triethyl amine	ثالث اثيل امين
Triethyl phosphate	ثالث اثيل الفوسفيت
Triethylene glycol	ثالث اثيل كلايكول
Triethylene melamine	ثالث اثيل ميلامين
Trifluor acetic acid	ثالث فلور حامض الخليك
Trifluoro chloro ethylene	ثالث فلور كلورو ايثيلين
Trifluoro methane	ثالث فلور ميثين
Trifoil	برسيم
Trifolium	حقل ابقار
Trigger	نابض ، محرك ، زناد ، طارق البندقية
Triglycerides	ثالث كليسيريد
Triglycol	ثالث كلايكول
Trigonometry	علم المثلثات
Trihalogen derivative	مشتقات ثالث هالوجين
Trihedron	شكل ثلاثي السطوح
Trihydric alcohol	كحول ثلاثي الهدروجين
Trihydroxy benzene	ثالث هيدروكسي البنزين
Trihydroxy benzoic acid	ثالث هيدروكسي حامض البنزويك
Triiodide	ثالث يوديد
Trilene	تريلين
Trim	لباس ، رداء، زينة، عرض السلع بصورة فنية في واجهة متجر ، توازن السفينة او الطائرة ، ما يحذف من شريط سينمائي
Trimethyl acetic acid	ثالث مثيل حامض الخليك
Trimethyl amine	ثالث مثيل امين
Trimethyl boron	ثالث مثيل البورون
Trimethyl carbinol	ثالث مثيل كاربينول
Trimethyl glycocoll	ثالث مثيل كلايكوكول
Trimethyl sulphonium	ثالث مثيل سلفونيوم
Trimethylene	ثالث ميثيلين
Trimethylene glycol	ثالث مثيلين كلايكول
Trinitrin	ثالث نترين
Trinitro aniline	ثالث نترو انيلين

Trinitro benzene	ثالث نترو بنزين
Trinitro fluorennone	ثالث نترو فلورنين
Trinitro glycerine	ثالث نترو كليسيرين
Trinitro oxylene	ثالث نترو اوكسيلين
Trinitro toluol	ثالث نترو تولول
Trinitrogen mono hydride	ثالث نتروجين اول هايدرايد
Triose	ثلاثي الكربون
Trioxide	ثالث اوكسايد
Triozene	ثلاثي الاوزون
Trip red	زعفران
Tripart	ثلاث هيئات ثلاث اشكال
Triphenyl	ثالث فنيل
Triphenyl carbinol	ثالث فنيل كاربينول
Triphenyl chloro methane	ثالث فنيل كلورو ميثين
Triphenyl methane	ثالث فنيل ميثين
Triphenyl methane rosaniline	ثالث فنيل ميثين روزانيلين
Triphenyl methanol	ثالث فنيل ميثانول
Triphenyl phosphate	ثالث فنيل فوسفيت
Triphenyl tetra zolium chloride	ثالث فنيل رابع كلوريد الزوليوم
Triphenylene	ثالث فينيلين
Triple salt	ملح ثلاثي
Triplet	ذو ثلاثة اقسام
Tripot. Phosphate	ثالث بوتاسيوم فوسفيت
Trisection	تثليث تقسم الى ثلاثة
Trisulfonic acid	ثالث حامض السلفونيك
Trithionic acid	ثالث حامض الثيونيك
Tritium	تريتيوم (رمزه الكيمياوي T)
Triton	تريتون
Triturate	يسحق المواد بالهاون، مسحوق
Trituration	يسحق المواد بالهلون ، مسحوق
Trivalent	ثلاثي التكافؤ
Trolu oil	مذيب النفط
Trona	نطرون
Tropa cocaine hydro chloride	هيدروكلوريد تروبا الكوكائين
Tropaic acid	حامض تروبيك
Tropane ester	ملح تروبين
Trouble	اضطراب ، كدر، ازعاج، مرض ، خلل
Trough conveyor	ناقل ميكانيكي مزود باوعية ، مقشط
Tru xilline	كوكامين
True	حق، حقيقي، صحيح
True solutions	المحاليل الحقيقية ، وهو محلول شفاف الذي لا يترسب عند التركيز ولا ينفصل المذيب بالترشيح ولكنها تسترجع بالتبخر ويسترجع المذيب بالتقطير
Try	تجربة ، يجرب
Trypa flavine	تريبا فلافين
Trypan blue	ازرق التريبان
Trypan red	احمر تريبان
Trypsin	تريبسين
TSP.(Trisodium phosphate)	ثالث صوديوم فوسفيت
TTE	ثالث فنايل رابع كلوريد الزوليوم
TTP	ثايمين ثالث فوسفيت

TU الرمز الكيمياوي للثوليوم
Tuamino heptane هيبتان توآمينو
Tube انبوب
Tube U انبوب بشكل حرف U
Tube delivery انبوب التوصيل
Tube holder ماسكة الانبوب
Tube Indian rubber انبوب من المطاط الهندي
Tube joint ربط او وصلة الى الانبوبة
Tube lamp مصباح انبوبي (نيون)
Tube test انبوبة اختبار
Tuber cuprose فورمات النحاسيك
Tuberose flower oil زيت زهرة تيوبروز
Tubing عمل الانابيب
Tublated flask قارورة انبوبية
Tubular انبوبي
Tubular cell حجيرة انبوبية
Tumbler قدح ماء، برميل دوار لتجفيف الملابس او صقل المعادن ، العامل الذي يشغل البرميل الدوار ، بهلوان
Tune انسجام، نغم ، مقطوعة موسيقية
Tung oil زيت يستخرج من بذر شجرة التانج
Tungsten تنكستين (عنصر عدد ذري ٧٤ ووزن ذري ١٨٣,٨٥ ورمزه الكيمياوي W)
Tungsten anlydride تنكستين غير مائي
Tungsten bronze برونس التونكستين
Tungsten carbide كاربيد التونكستين
Tungsten dioxide ثاني اوكسيد التونكستين
Tungsten filament الياف التونكستين
Tungsten lamp مصباح التونكستين
Tungsten less بدون تونكستين
Tungsten oxide اوكسيد التونكستين
Tungsten steel فولاذ التونكستين
Tungsten trioxide ثالث اوكسيد التونكستين
Tungsten white تونكستين الباريوم
Tungstic تونكستيني
Tur peth تحت كبريتات الزئبق
Turbid عكر ، كثف ، مضطرب
Turbidity التعكير ،العكر ، العكارة
Turkey blue ازرق تركي
Turkey corn كوريدالز
Turkey galls جوزة الطيب
Turkey red ادرينابول الاحمر، اللون الاحمر الزاهي ، قماش احمر زراره
Turmalin تورمالين
Turmeric كركم
Turmeric yellow كركم اصفر
Turn دور ، انقلاب حول، يدير ، يحرث ، يدور حول منعطف، ميل الى
Turn battery البطاريه الراجعه
Turn lamp مصباح دوار
Turnbul's blue زرقة برلين
Turner's yellow صفرة ترنر اكسى كلوريد الرصاص
Turning التفات ، رجوع ، عودة
Turning joint وصلة الرجوع
Turning point نقطة التحول
Turning valve صمام الرجوع
Turnip لفت شلغم

Turpentine	علج التربنتين
Turpentine alcohol	كحول التربنتين
Turpentine camphor	كافور التربنتين
Turpentine point	نقطة التربنتين
Turpentine varnish	تلميع بالتربنتين
Turpention oil	زيت التربنتيت
Turpethum resin	صمغ التربنتين
Turquoise	الفيروز ، اللون الفيروزي (ازرق مخضر)
Turtle shell carapace	ترس السلحفاة القربي او العظمي
Tussol	انتي بايرن ماندليت
Twice	مرتان ، دفعتان
Twin	توأمان ، توأمي ، مزدوج ، يزاوج ، تضع توأمين او كثر
Twin crystals	البلورة التوأمية او المزدوجة
Twist	لوى ، التوى، انحراف ، رقصة التويست
Twist joint	مفصل ملتوى، وصة ملتوية
Tylose	مثيل سليلوز
Tympanum	طبلة الاذن ، الاذن
(tympana, tympanums)	الوشطى ، طبلة
Tyndall cone	مخروط تندال
Type	نوع، جنس ، طراز ، نمط، رمز ، مثال ، نموذج، مجموعة حروف مطبعية
Type metal	معدن مثالي، سبيكة حروف الطباعة (الرصاص)
Type sample	نموذج طرازي
Tyramine	٤- هيدروكسي فنثايل امين
Tyrian purple	ثاني برومين النيل
Tyro thricin	تايرو ثرسين
Tyrode solution	محلول تايرود
Tyrosin	بارا هيدروكسي فينايل الانين
Tyrosine	تايروسين : بارا هيدروكسي فيناين الانين

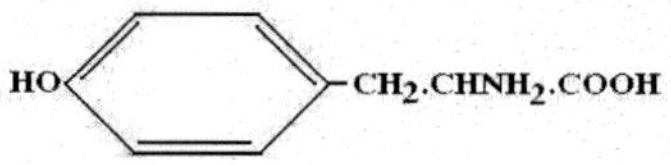

Tyrosyl	تايروسيل

U

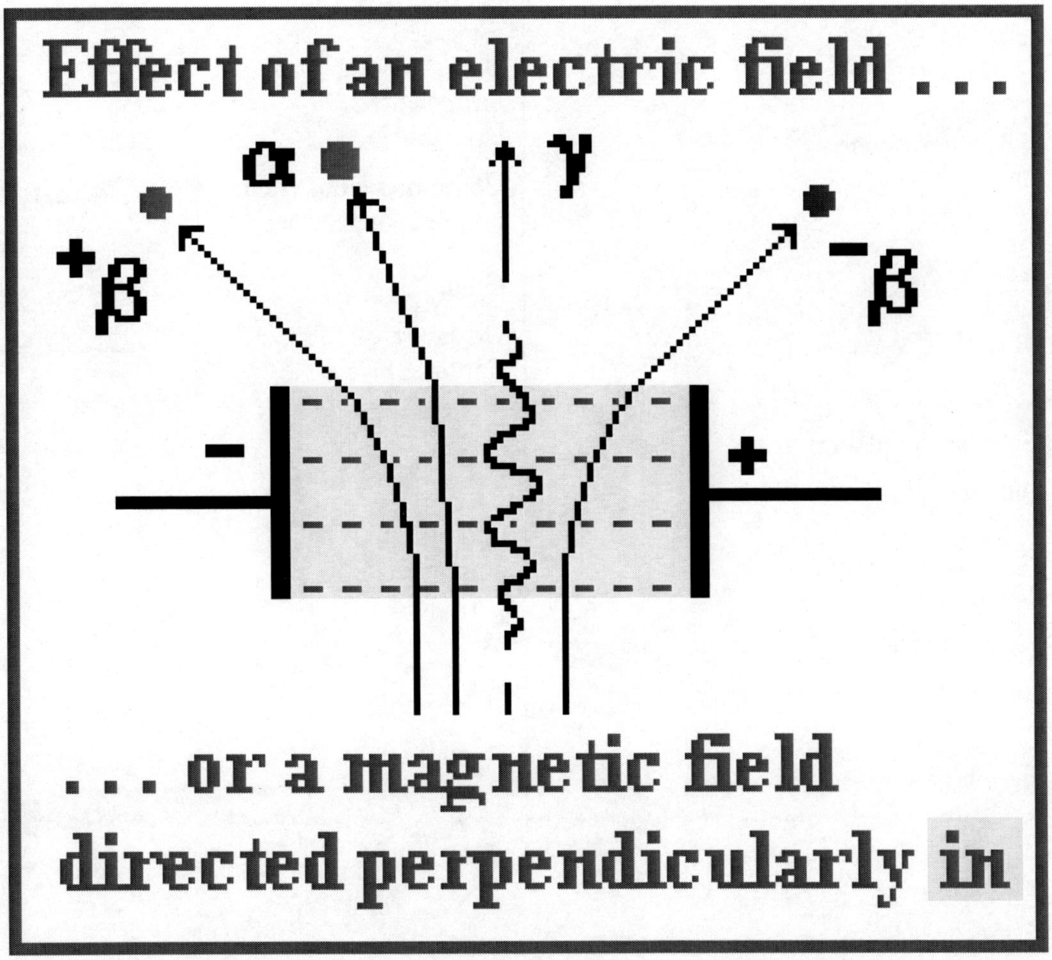

Effect of an electric field . . .
α
γ
+β
−β
−
+
. . . or a magnetic field
directed perpendicularly in

U الرمز الكيمياوي لعنصر اليورانيوم
U.F.(Urea Formaldahyde) فورمالديهايد اليوريا
UDPG (Urine Diphosphate Glucose) يوردين ثاني فوسفات الكلوكوز
Ullmanite لمعان نيكل الانتوموني
Ulmic acid حامض اولميك
Ultimate نهائي ، اخير ،أقصى، اساسي ، جوهري ، قمة
Ultra filter مرشح فائق ،رشح بصورة فائقة
Ultra marine حجر الازورد (لازوردي) حجر ازرق يوجد في مناجم النحاس، صبغ بلزورد ، موقع من وراء البحار
Ultra microscope المجهر الحساس ، والذي كشف دقائق لايكشفها المجهر العادي، مجهر فوقي
Ultra short wave موجة فوق القصيرة (اقل من ١٠ أمتار)
Ultra_violt radiation اشعة فوق البنفسجية
Ultracentrifuge جهاز الطارد المركزي فائق السرعة
Ultrafiltration الترشيح الفائق
Umbellic acid حامض انسيك

Umber صبغ بني مصفر ، بني مصفر
Un connected غير متصل
Un corrected غير صحيح
Un damaged غير متلوف
Un damped غير مرطب
Un decomposed غير متحلل او غير متفسخ
Un decylic acid حامض اندسايكليك
Un dissolved in suspense غير ذائب في التعلق
Un due toxiect سمية غير عادية ،توصف بها بعض المركبات الدوائية ذات خواص سامة
Un essential غير اساسي
Un esterified (non-esterified) غير ملحي
Un fermented (non-fermented) غير قابل للتخمير
Un geunt مرهم
Un homogenous (non-homogenous) غير مسبوك ، غير متجانس
Un hurt غير مؤذي
Un saturated (non-saturated) غير مشبع،صفة المحلول الذي يحتوي قدر من المذاب اقل من اللازم لتشبعه
Un saturated compound مركبات غير مشبعة
Un stable غيرمستقر ، متقلب، عاجز عن
Un storable غير قابل االتخزين
Unadulterated غير مزيف،غير مغشوش، خالص

Unapt غير موافق غير لائق
Unbalance عدم توازن ، يخل التوازن
Unbarking machine رنده، آلة لنزع اللحاء
Uncertain غير اكيد
Unchanged غير مبدل، غير متبدل
Unclean غير نظيف
Uncoated غير مغلف
Undefined غير معرف
Under deteminated غير محقق او غير محدود
Under growth شجيرات نامية تحت اشجار كبيرة ، الشعر الدقيق تحت الشعر الخارجي
Under saturate تحت الاشباع
Under take تعهد او تكفل
Underfeeding نقص في التغذية
Underground جوفي ، تحت الارض
Undress خلع ، عرى ، جرد من، تعرّى
Undulated motion حركة متموجة
Unequal غير متساوٍ، غير منتظم ، ظالم ، غير كفوء
Unfinished غير منجز ، غير مصقول
Unfit غير صالح او ملائم ، غير كفوء
Unhealthy غير صحي، محفوف بالمخاطر
Uni silicate وحيد السيليكيت
Unifilar suspension تعليق بخيط او سلك احادي
Uniform منتظم ، بدلة رسمية، نسق ، نمط
Unimolecular وحيد الجزيئ
Union اتحاد ، اقتران ، انضمام، وصلة
Union joint وصلة اتحاد
Unipolar وحيد القطب
Unisexual وحيد الجنس
Unit وحدة ، واحد ، مجموعة متكاملة
Unit charge وحدة الشحن
Unit fraction كسر جزيئي
Unit heat وحدة حرارية (سعره)
Unit measure وحدة القياس
Unit operation وحدة عملية جراحية
Unit process وحدة عملية
Unit weight الوزن النوعي
Univalent احادي التكافؤ
Unstable equibilerium اتزان غير مستقر
Uranium fission انشطار اليورانيوم ، (انطلاق ذرة اليورانيوم يحرر طاقة عظمى)
Utilization factor معامل الانتفاع بالشئ

V

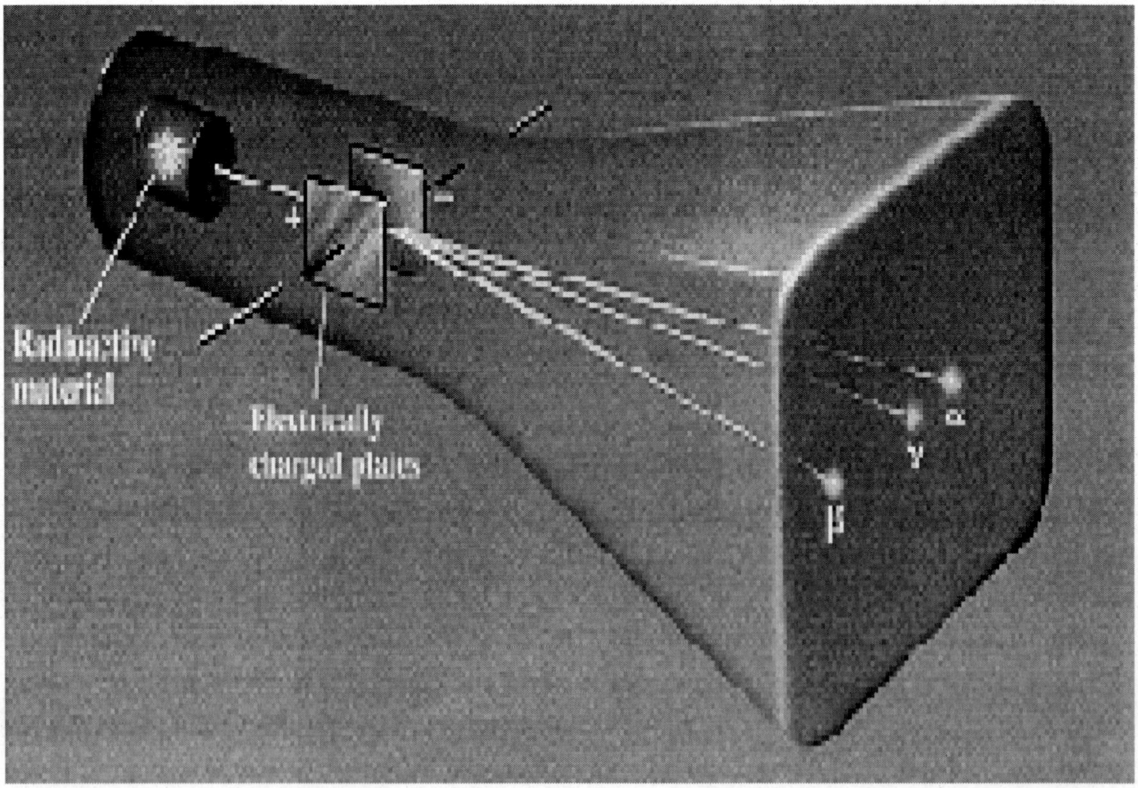

Vaccinate	لقح، طعم
Vaccination	تلقيح ، تطعيم
vacuum	فراغ (من اية مادة)
Vacuum distillation	التقطير في جو مفرغ
Vacuum drying apparatus	جهاز التجفيف في جو مفرغ
Vagina	مهبل ،غمد
Vague	غامض ،مبهم
valence	مكافئ ، ميل العناصر لتركيب مركبات جديدة . او هو العدد الذي يؤشر الشحنات على الايونات او عدد ازواج الاكترونات المشاركة من عنصر واحد واخر للاتصال بمركب
Valence number	عدد المكافئ
valency	تكافؤ
Valency bond	رابطة او اصرة التكافؤ، عدد اربطة العنصر ،بالعناصر الاخرى في المركب ويؤشر التكافؤ
Valency effect	تاثير التكافؤ
Valency electron	الكترون التكافؤ
valentinite	خامات الانتوموني
Valuation	تعيين ، تقدير القيمة او الثمن
value	ثمن، قيمة، قدر
Value of molecular energy	مستوى الطاقة الجزيئية
Value of molecular gas	مستوى ثبات الغاز الجزيئ
Valve	صمام فعل ميكانيكي ، مصراع الباب
Vanilla	نبات الفانيلا ، نبات عطري امريكي يدعى خروب
Vaporization	تبخر
Vapour	بخار
Vapour density	كثافة بخار
Vapour pressure	ضغط بخار
Vapour tension	توتر البخار
Variable	قابل للاختلاف،متغر
Varnishing machine	ماكنة التمليع
Vaseline	وازلين
Vegetable charcoal	الفحم النباتي ،الكربون الناتج من تفحم المواد النباتية والاشجار وغيرها
Vehicle	مركبة عربة ،السائل الذي يحمل الدواء ، وسيلة
velocity	سرعة
Velocity reaction	سرعة التفاعل ، رد الفعل عن السرعة
Verdigris	زنجار ، صدأ النحاس
Vessel	اناء ،وعاء
Vesuvian salt	كبريتات البوتاسيوم ،اركانيت
Vine	كرم العنب ، شراب العنب، عريشة ، نبات متعرش
vinegar	خل
Vinegar distillery	مقطر الخل
Vinegar mould	عفن الخل
Violet	زهرة او نبات البنفسج ، بنفسجي اللون
Violet oil	دهن متطاير

Viscosity	اللزوجة ،هي تماسك اجزاء المادة مع بعضها ببعض بحيث لا يتغير شكلها بسهولة كالقطران والغسل وغيرهما
Vital force	قوة حيوية
Vitamin	عامل غذائي اساسي،وهو مجموعة من المواد العضوية توجد في مختلف الاغذية التي هي ضرورية لتكوين الطعام الاعتيادي وعدم وجودها او قلتها في الطعام تسبب مختلف امراض العجز
Vitamin A	يقوي العيون،وان قلت هذا النوع في الطعام يسبب مرض الرمد الجاف
Vitamin B1	يقوي الاعصاب ،وان قلت هذا النوع في الطعام يسبب مرض البربري
Vitamin B12	فيتامين ب ١٢
Vitamin C	فيتامين سي
Vitamin D	ان هذا الفيتامين يستعمل ضد مرض السكر بوط وهو فيتامين ضد الكساح
Vitamin deficiency	نقص الفيتامين في الجسم
Vitamin E	وهو يستعمل ضد العقم ينشط الاجهزة التناسلية في كلا الجنسين
Vitamin H	فيتامين جلد الحيوان
Vitamin K	يتعمل لتخثر الدم
Vitamin oil	زيت الزاج ،حامض الكبريتيك
Vitamin white	زاج ابيض،كبريتات الزنك
Vitriol	زاج، كبريتات
volatile	متطاير
Volatile oil	زيت متطاير
Volatility	قابلية التطاير والتصعيد
Volume	حجم
Volumes atomic	احجام ذرية
Volumes critical	الاحجام الحرجة
Volumes law of gaseous	قانون الاحجام الغازية
Volumes specific	الاحجام النوعية
volumetric	حجمي ،القياس الحجمي
Volumetric analysis	التحليل الحجمي (القياسي)
Volumetric composition	التركيب الحجمي (القياسي)
Volumetric solution	محلول قياسي ،مقياس حجمه يستعمل لمعادلته بالحوامض

W

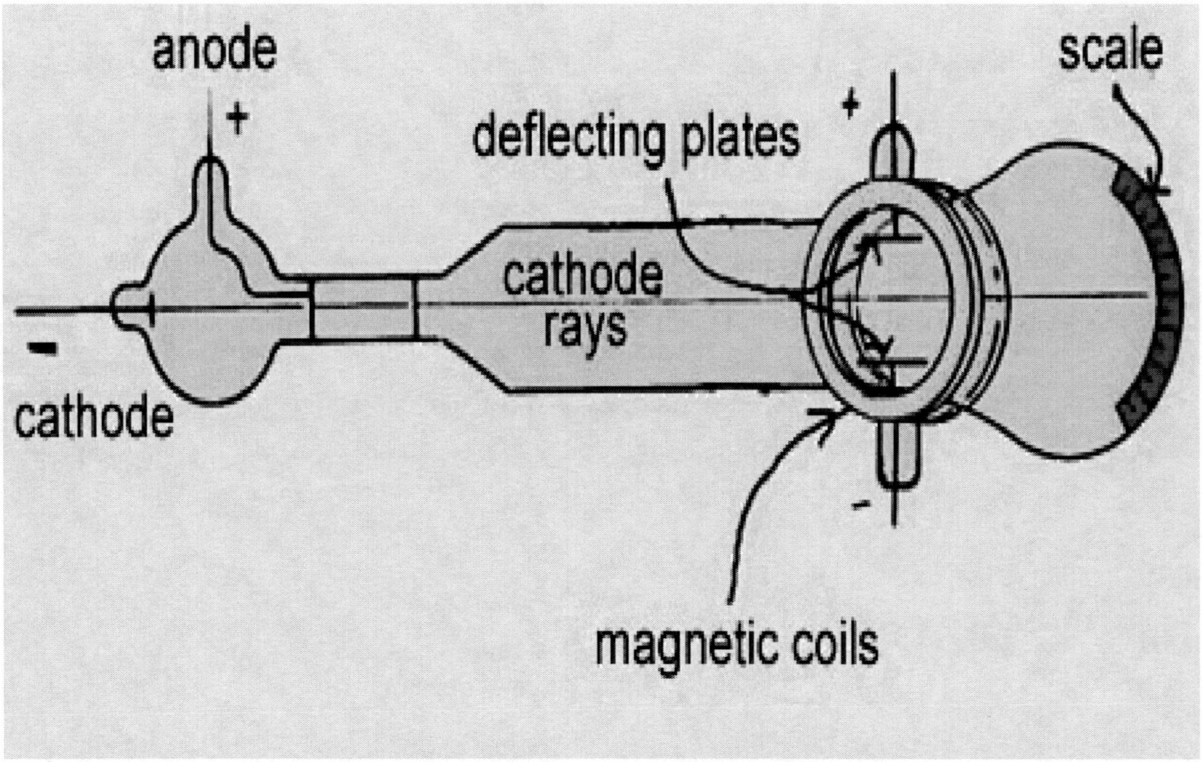
anode
+
scale
+
deflecting plates
cathode
rays
-
cathode
-
magnetic coils

Wagnerite فلوريد فوسفلت المغنيسيوم
Wandoo wood خشب الكالبتوس
War gas غاز الحروب
War industry الصناعة الحربية
War material industry صناعة مواد الحرب
War plant معمل ادوات الحرب
Washing soda صودا الغسيل
Waste cotton فضلات القطن
Watch glass زجاجة ساعه
water ماء
Water analysis تحليل الماء
Water bath حمام مائي
Water bath elecholytic dissociation التفكك الاكتروني لحمام مائي
Water calorimeter مقياس الحرارة المائي
Water mole cule جزيئ الماء
Water of crystallization ماء التبلور
Water proof لاينفذ منه الماء
Wave موجة ، تموج، تلويح ، لوح
Wax شمع، مركب عضوي ذو درجة ذوبان واطئة
Weak acid حامض ضعيف
Weak electrolyte الكتروليت ضعيف لمادة تتحلل الى حد قليل في محلول الماء
weighing وزن
Weighing bottles for liquids قارورات الوزن للسوائل
Weight وزن
Weld اللحيم بالنار ، تلين المعادن بالاحماء والطرق
Welding لحيم المعادن
Welding chlorine process عملية الحيم بالكلورين
Welding machine ماكنة لحام
Welding transformer ناقل اللحيم
Well بئر ، ينبوع، وعاء الجير في الدواة ، معافى ، جيد ، صوابا
Well salt ملح الينابيع
Wet رطب،مبتل
Wetter dynamite ديناميت المرطب
Wetter explosive الفرقع المبتل
White vitriol زاج ابيض، وهو الاسم القديم الكبريتات الخارصين
Willow صفصاف،اسم شجرة
Winchester قارورة سعة ٢٥٠٠ سي سي ذات غطاء بلوري وتستعمل لحفظ الادوية
Wind pollination تلقيح الازهار بالرياح
Wine شراب ، نبيذ ، خمره
Wine brandy شراب البراندي
Wire gauze شبكة معدنية
Witch hazel بندق الساحرة (نبات طبي)
Wood alcohol, wood spirit الكحول المثيلي ، الميثانول ، كحول الخشب
Wood ash رماد الخشب
Wood fat دهن الصوف
Wood naphta نفط الخشب، يطلق عادة على الكحول المثيلي الناتج عن التقطير الاتلافي للخشب
Wood pitch اسفلت الخشب
Wood sous حامض الخشب
Wood spirit, wood alcohol الكحول المثيلي ، الميثانول ، روح الخشب
Wood vinegar خل الخشب
Wrought iron الحديد المطاوع

X

متوسط النسب المئوية لتوزيع العناصر في القشرة الأرضية
٤٦,٦٠ ٪ اكسجين
٢٧,٧٢ ٪ سليكون
الومنيوم
حديد
عناصر أخرى
كالسيوم
صوديوم
مغنيزيوم
بوتاسيوم

X ray apparatus	جهاز اشعة رونتكن
X rays	الاشعة السينية
Xanthin	زانتين (المادة الصفراء في الازهار) وهي غير قابلة للذوبان
Xanthine	زانتين(مادة بيضاء مايكروبلورية آزونية تركيبها $C_5H_4N_4O_2$ متواجدة في الفضلات والانسجة والبول وفي بعض النباتات
Xanthiosite	زانيثوزايت نيكل وزرنيخ
Xanthoprotein reaction	تفاعل زانثوبروتين
Xylene xylol	زيلين ،مركب يتكون من ٣ هايدروكاربونات آيسويتريه زيتي القوام يحصل عليه بتقطير الحجر الفحم الحجري
Xylolite	مرمرة مراهم الزايلوليت
Xylose	زيلوز خشبوز ، مادة سكرية تستخرج من قشر الحنطة والذرة الصفراء ومن خشب الزان ومن نبات الطرفيل وغيرها

Y

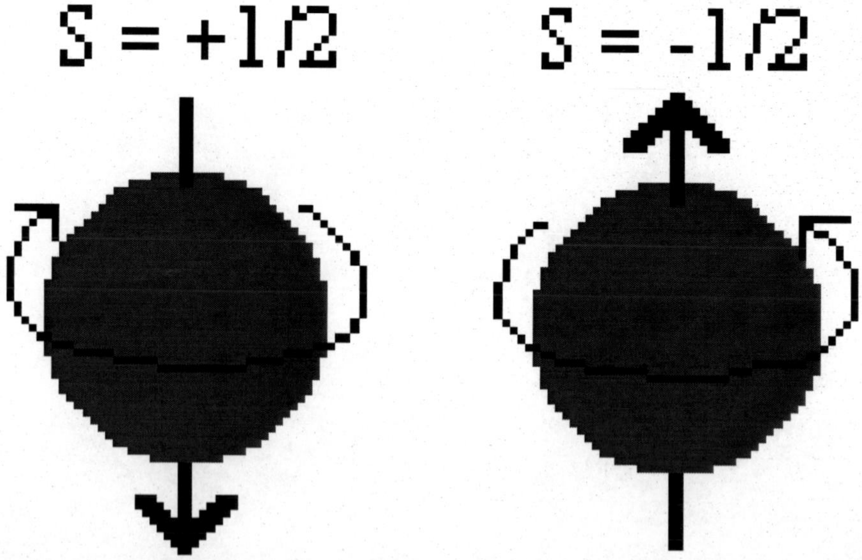

Yatren= chinofon powder yeast	خميرة ، خميرة البيرة ، خميرة الجعه
Yeast counting apparatus	جهاز لحساب الخميرة
Yeast extract	عصارة الخميرة
Yeast odour	رائحة الخميرة
Yeast saccharase	خميرة السكريريس
yield	محصول ،غلة التفاعل وهو المقدار الناتج عن عملية كيمياويه او صناعية بمقدرة بالنسبة لما يجب ان يكون الناتج نظريا
Ylang- ylang oil	دهنيالنك، دهن اصفر متطاير يحضر من تطاير ازهار شجرة خاصة في الفليبين زالملايو
Yohimbine	يوهمبين، دواء مقوي ومنبه للشهوة الجنسية

Z

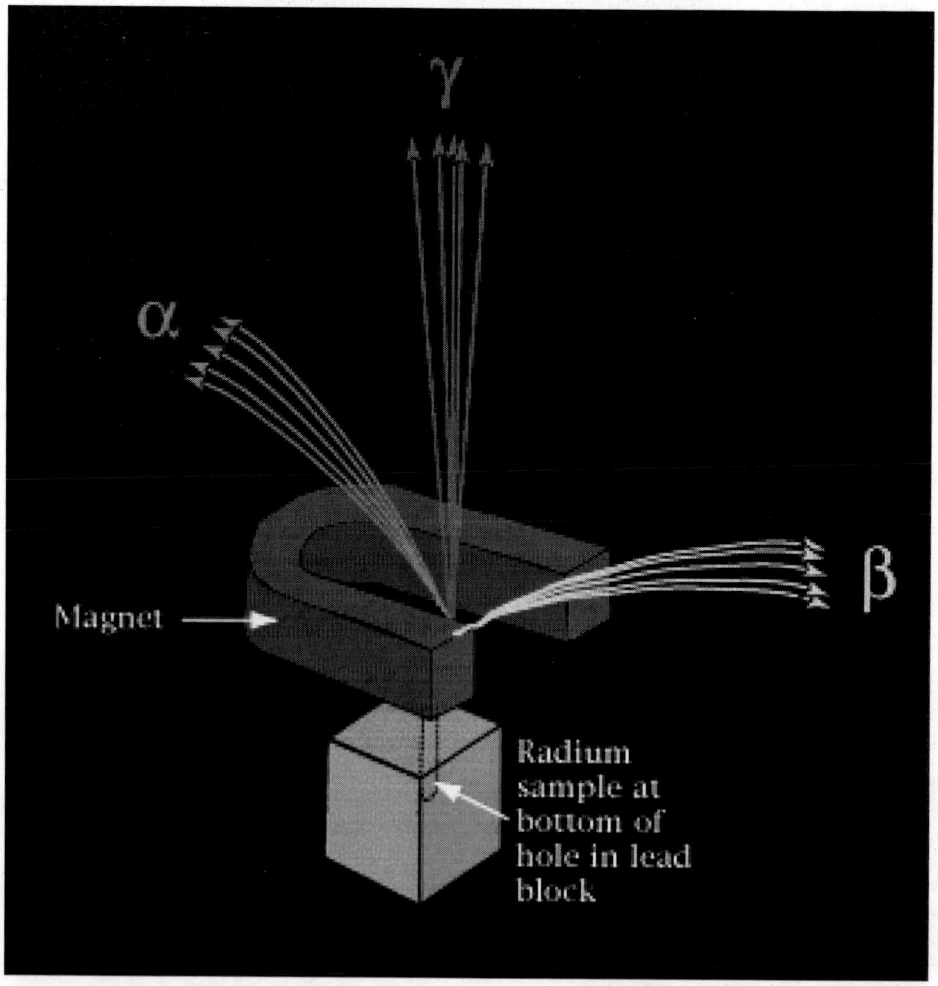

Zero group	مجموعة الصفر
Zero reading method	طريقة قراءة الصفر
Zero valent	تكافؤ الصفر
Zin kenite	زنكينايت ،سلفايدالرصاص والانتوموني ($PbSb_2S_4$)، له لمعان فولاذي
Zinc	زنك ، خارصين
Zinc blende, Blende sphalerite	بلند الخارصين ، سلفايد الخارصين المعدني
Zinc printing plate	صفيحة الطبع بالخارصين
Zinc roasting furnace	فرن تحميص الخارصين
Zinc vitriol	الزاج الابيض
Zincograph	الرسم بالزنك
ZMA (Zinc Meta assenite)	مختصر الزنك ميتا زرنيخيت
Zymogenosis	التولد الزيموغي ، تغير الزيموغ حتى يصير خمرة
Zymol	زيمول،ماركة تجارية الى دهن بذر الكتان المحسن تجاريا
Zymologic	خاص بمبحث التخمر
Zymology	علم الاختمار ، يبحث في الاختمار والتخمر
Zymosis	تخمر ، حضانة المرض المعدي
Zymotic disease	مرض خميري، (وبائي ومعدي)
Zymurgy	الكيمياء الاختمارية ،مبحث تجهيز المشروبات الروحية

معجم المصطلحات الكيماوية

تركيب بعض الكحولات

- A –

Absolute temperature	درجة الحرارة المطلقة هي الدرجة الحرارية لمادة ما الذي تكون فيه درجة الصفر =٢٧٣ تحت الصفر المئوي.
Absolute velocity of ions	سرعة الايونات المطلقة
Absolute zero	درجة الصفر المطلق وهي الدرجة التي تكون تحت الصفر.
Absorbent	ماص اي الجسم الصلب القابل لتغلغل سائل او غاز داخله
Absorption	امتصاص وهو مرور المواد الغذائية المائله من خلال بعض الاجسام
Accelerate the reaction	يُعجّل التفاعل ويُسرع به
Acceptor	مستقبل ، مُقتبل ، وهو وصف للذره او الجزيئ الذي يتقبل الالكترونات من ذرة او جزيئ لتكوين آصرة بينهما
Accumulation	التراكم وهو تجمع بعض الادوية في اجزاء الجسم المختلفة وذلك نتيجة لقلة افرازها بالنسبة لما يتعاطى منها كالزرنيخ والرصاص والديجيتال
Accumulator	مركم (او بطارية) وهو جهاز تحويل الطاقة الكهربائية الى طاقة كيمياوية وادخارها فيه .
Accuracy	ضبط ، دقة وهي الحالة المحكمة التي يمتنع فيها الخطأ
Accurate balance	ميزان دقيق او مضبوط وهو الميزان الذي تصح عليه الاوزان
Acetum cantharidis	خل الذبابة الاسبانية ويستعمل خارجيا للتمريخ والفرك لهياج الشهوة الجنسية
Acetyl	الأستيل وهو مجموعة حمض الخل استيل
Acetylization	ادخال جذر الاستيل في اي مركب عضوي ما
Acid	حامض وهو المركب الذي يعطي ايون الهيدروجين في المحلول
Acid base equilibrium	معادلة الحامض والقاعدة
Acid catalysis	عملية المساعدة في التفاعل من قبل ، حامض مساعد في التفاعل
Acid determination	تحديد كمية الحامض في المحلول او المزيج

- B -

Babbitt metal

معدن بابيت او المعدن الابيض وهو سبيكة من النحاس والانتيمون والقصدير مقاومة للاحتكاك ، التسمية نسبة الى المخترع الامريكي اسحاق بابيت (١٧٩٩-١٨٦٢)

Back reaction

التفاعل الرجوعي عندما تتحد المواد الناتجة من التفاعل تعود الى مركباتها الاصلية الكيمياوية .

Base

قاعدة ، المادة التي تتحلل في الماء فتعطي ايون هيدروكسيل وتتحد مع الحوامض تكون ملح .

Bauxite

بوكسايت معدن من اهم معادن الالمنيوم ومنه يستخلص فلز الالمنيوم في الصناعة وهو اكسيد الالمنيوم المائي ويغلب في تركيبه ان يمون خليطا من الدييور نسبة الى البوكس بفرنسا حيث تم الكشف عن هذا المعدن عام ١٨٤٧ .

Benzene , benzol

بنزين وهو هيدروكاربون حلقي ، شديد الاشتعال C_6H_6، يستخدم للانارة واذابة الدهون وصنع المذيبات ، يختلف عن البنزين (Benzine) المعروف ببنزين السيارات والطائرات الذي هو خليط من ايدروكاربونات سائلة غير ارومانية .

Benzene petroleum

بنزين بترولي مخلوط في مركبات ايدروكاربونية عضوية تستخلص من التقطير الجزئي للبترول الخام ويستعمل كمذيب او وقود

Benzine

كلوريد الجكسان الحلقي وهو مركب يحضر باضافة الكلور للبنزول في درجات الحرارة المعتادة في ضوء الشمس المباشر ويستعمل لتنظيف المنسوجات

Benzoic acid

حامض الصمغ الجاوي حامض البنزويك حامض الجاويك وهو حامض عضوي وهو عبارة عن مادة صلبة متبلورة ذات رائحة عطرية خفيفة ينصهر في درجة ١٢١ م ويمكن استخلاصه من الصمغ الجاوي وكان معروفا عند الكيميائيين العرب .

Betaine	بتينا ثالث مثيل كلايكول
Bimolecular reaction	تفاعل ثنائي الجزيئات
Binding agent	العامل المساعد على ربط العناصر الكيمياوية
Binding energy per particle	طاقة ربط الجزيئات مع بعضها
Black bone	فحم حيواني ، المادة الكربونية الناتجة عن تفحم العظام ويستخدم في ازالة الالوان وفي تكرير السكر .
Black powder	البارود الاسود ويتكون من ٧٥ % نترات البوتاسيوم و ١٥ % فحم نباتي و ١٠ % كبريت .
Blasting powder	مسحوق المفرقعات
Blaud's pill	حبوب بلاودز وهي مقوية لاحتوائها على الحديد .
Bleaching	القصر وهو ازالة اللون الطبيعي من الياف النسيج سواء اكانت من اصل نباتي او حيواني او صناعي ويطلق هذا المصطلح على ازالة اللون او تخفيفه من مواد طبيعية اخرى كالزيوت او العاج او عجينة الورق الخ.
Bleaching powder	المسحوق القاصر كالسيوم اوكسي كلورايد فعند اضافة حامض خفيف عليه يظهر الكلورين الذي يقصر الالبسة
Boiling point	درجة الغليان وهي الدرجة الحرارية التي يكون فيهاضغط بخار المادة مساويا الى ذلك الضغط الجوي المحيط به .
Bond	رباط وهو الذي يمسك العناصر معا في مركب ما .
Bond chemical	رباط كيمياوي قوة جذابة بين الذرات كافية للاتصال فينظم للعمل كوحدة .
Botulism	بوتيولزم نوع من تسمم الغذاء في المعلبات نتيجة تواجد بعض العصيات . ويمكن تلافي التسمم بالتسخين الى ١٠٠ درجة مئوية لفترة خمس دقائق فقط .
Branched chain compound	مركبات سلسلية متفرعة وهي مركبات سلسلية تفرعت سلسلتها الى شعبتين او اكثر .

Bridged system
تنظيم قنطري وهو مركب عضوي حلقي فيه ذرتين تكون عادة لحلقتين وتكون بشكل قنطرة

Buffer
مادة حاجزة : ١- كل مادة في سائل والتي تميل الى تقليل الاختلاف في تفاعل تركيز ايون الهيدروجين وتنتج باضافة حامض او قاعدة . ٢ - اي مادة تقلل او تمنع التفاعل الذي ينتجه العامل الكيمياوي المتداوى به اذا عولج به لوحده .

Buffer action
فعالية الحاجز لتقليل اختلاف ايون الهيدروجين في المحلول .

Buffer capacity
السعة الحجزية .

Buffer solution
المحلول الحاجز الذي يضاف اليه كمية معتدلة من حامض قوي او قاعدة بدون ان يسبب اي تبدل كبير في PH value للمحلول محلول بوفر .

- C -

Capillary attraction — الجاذبية الشعرية

Cacodyl group — مجموعة كاكوديل مجموعة عضوية زرنيخية احادية مكونة من ذرة زرنيخ متصلة بمجموعتي مثيل .

Calc-spar — كالسيت وهو معدن متبلور نقي من كاربونات الكالسيوم .

Carat — قيراط عيار الذهب : وحدة الـ ٢٤ بالوزن تستعمل في التعبير عن تركيب الذهب والسبائك العائدة له ، ولوزن الاحجار الكريمة

Carbonium ion — ايون الكاربونيوم وهو ايون عضوي مشحون ايجابيا مثلا ايون الكربون ويحتوي الكترون واحد اقل مما في الجذر الحر ويعمل موجبا في التفاعلات الكيمياوية بوجود ذرة الايون السالب .

Carboxyl group — مجموعة كربوكسيلية مجموعة احادية التكافؤ توجد متحدة مع الايدروجين او اي مجموعة عضوية لتكون احماضا عضوية.

Catalysis negative — حفاز سالب: مادة تقلل من سرعة التفاعل الكيمياوي

Catalyst — العامل المساعد المادة التي تزيد من سرعة التفاعل الكيمياوي بدون ان يؤثر التغيير عليها ، مثلا ثاني اوكسيد المنغنيز في تحضير الاوكسجين من كلورات البوتاسيوم .

Cathode — كاثود الصحيفة السالبة في الجهاز الكهربائي والتي عليها تؤخذ الالكترونات حيث يكون عليها الاختزال

Cation — "كات ايون" هو الايون الذي يحمل شحنه موجبه والذي يتجمع حول الكاثود (cathode)

Centigrade — مقياس الحرارة المئوي الذي فيه نقطة الانجماد هي الصفر ونقطة الغليان ١٠٠ م°

Chain	سلسلة :يستخدم هذا المصطلح في الكيمياء للدلالة على مركبات تتألف من عدد من الذرات كالكربون يتصل بعضها ببعض على هيئة سلسلة وقد تكون السلسلة مفتوحة .
Chain reaction	تفاعل سلسلي في الكيمياء النووية هو انفلاق نواة الذرة بضربها بنيوترون من مصدر خارجي وينتج منه: ١- انسحاق النواة فتكون عدة عناصر اخرى . ٢ - تشق النواة فترمي معدل ٢.٥ نيوترون الذي بدوره ينطلق الى نواة اخرى. ٣- تنطلق طاقة كبيرة موازنة الى كتلة الخلل في النواة .
Chalybite	كالي بيت معدن من معادن الحديد ويغلب ان يكون كربونات الحديدوز .
Chemical change	التبدل الكيمياوي هو التبدل الذي يحدث على خواص المادة الى درجة ان تتكون مادة جديدة
Chemical equilibrium	التوازن الكيمياوي هي الحالة التي عندها تبلغ سرعة التفاعلين المتعاكسين معدلا واحدا .
Chemical properties	الصفات الكيمياوية وهي قابلية المادة لان تتبدل الى مادة جديدة تختلف تماما عن الاولى
Chemistry	الكيمياء ، وهو فرع من العلم الذي يؤدي الى تركيب وتصرفات المادة.
Chlorination	َكلْوَرة تعقيم الماء بالكلور وذلك بفعل الاوكسجين الطري الناتج من تفاعل الكلور بالماء .
Closed chain compound	مركبات حلقية وهي مركبات عضوية تتحد ذراتها بعضها ببعض مكونة حلقة مسدودة مثل جزيئ البنزين العطري .
Co – enzyme	كو- انزيم (الانزيم التساهمي) : كثير من الانزيمات تحتاج مساعدة اضافية من مادة اخرى لكي تقوم بعملها بصورة فعالة وهذه المادة تسمى كو انزيم .

Colloidal solution	المحلول الغروي محلول ضبابي المظهر دقائقه متوسطة الحجم معلقة بين دقائق المحلول الحقيقي والدقائق العالقة لاتنفصل بالتركيد مثلا سائل الصمغ العربي .
Combustion	احتراق واكسدة مع اصدار حرارة وضوء لهب
Compound	مركب او مادة تحوي الاتحاد الكيمياوي مع العناصر، مختلط ، مشترك .
Contact process	طريقة التلامس : تستعمل لتحضير حامض الكبريتيك صناعيا .
Cordite	كورديت وهو ديناميت اي بارود عديم الدخان وهو مفرقع قوي يستعمل لحفر المناجم والانفاق وكذلك استعمل في الحرب العالمية الاولى اكسايت .
Cornelian	عقيق ملون.
Corundum	ياقوت حجر شديد الصلابة لحك الاحجار الكريمة اكسيد الالمنيوم البلوري .
Cosmic rays	الاشعة الكونية : وهي اشعة ذات تردد فائق وطاقة نفاذية عالية ناتجة ، كما يبدو، خارج الغلاف الارضي من تغيرات جذرية في الذرات الموجودة في الفضاء ، وهذه تصطدم بالارض متسببة ، الى حد ، الى تأيين جو الارض
Course of reaction	اتجاه التفاعل ، مسار التفاعل
Covalence	التكافؤ المزدوج وهو نوع من الارتباط الذي ينتج من مشاركة زوج من الالكترونات بين الذرات .
Critical temperature	الدرجة الحرجة وهي الدرجة التي بعدها لايستطيع الغاز ان يكون سائلا .
Crystal	بلورات وهي المادة الصلبة التي فيها اجزائه (سواء جزيئات ، ذرات ، ايونات) منظمة في ترتيب خاص.

Crystalloid	بلوراني (شبه بلوري) مصطلح قديم يطلق على المواد اللاغروانية التي تذوب في الماء مكونة محلولا تنفذ جزيئاته او ايوناته خلال غشاء شبه منفذ
Cupellation	تصفية الذهب والفضة بطريقة البوتقه .
Cyclic reaction	تفاعلات دورية او تفاعلات متتالية تنتهي بالعامل المساعد الى حالته الاصلية .

- D-

Deactivation	نزع الفعالية اذهاب النشاط الكيمياوي او الطبيعي لمادة ما
Deamination	ازالة مجموع الامين من مركب كيمياوي
Decantation	سكب وهو عزل الراسب عن ماء المحلول بنقل الماء الى اناء اخر وذلك بالسكب البطئ
Dechlorination	نزع الكلور هي العملية التي يتم بها نزع الكلور من المركب .
Decinormal solution	محلول عشر معياري هو المحلول الذي له ١٠/١ اي عشر القوة بالنسبة للمحلول القياسي
Decomposition	تحلل تعفن عمليات تكسير المادة الى قطعات صغيرة جدا
Dehydrating agent	نازع الماء وهو العامل الذي ينزع الماء .
Dehydration	نزع الماء او حذفه من المادة او المزيج بالتجفيف او التسخين او الامتصاص او التفاعل الكيمياوي او التكثيف لبخار الماء او قوة السنتريفيوج او الضغط الهيدرالاتك ولايستعمل هذا الاصطلاح لحذف الماء بالتبخير او الغليان ويستعمل في صناعة الاغذية .
Deliquescence	تميع تذويب وهو امتصاص الماء من الهواء من قبل المادة الى حد ان المادة تذوب في الماء الممتص .
Deoxidize	اختزال، ازالة الاكسدة
Deoxidizing agent	العامل المختزل، عامل مزيل للأكسدة
Deoxygenation	نزع الاوكسجين
Depillate	ازالة الشعر من الجلد كما في تهيئة الجلد للدباغة وذلك باستخدام مواد كيمياوية مثل كبريتيد الكالسيوم .
Depolarization	استقطابية النور وإزالة وهي عملية تعديل القطبية .
Desicant	عامل منشف لامتصاص الرطوبة من محيطه .

Desiccator
جفنه من الفخار وهي التي توضع فيها المادة التي يراد تجفيفها فتوضع فوق شبكة معدنية ذات ورق اسبستوس ثم توضع على النار لغرض تجفيفها .

Destructive distillation
التقطير الاتلافي

Detonation
انفجار وهو التفسخ السريع لمفرقع ما مصطحبا ضغط عال ودرجة حرارة عالية .

Detonator
كبسولة الديناميت

Developer
مطور مادة تستعمل في التصوير لتنتج صورة نهائية وذلك باختزال كيمياوي لمركبات الفضة الى معدن الفضة الذي يتأثر بعرضه الى الضوء .

Diaspore
داي سبور احد معادن الالمنيوم ويعتبر كيمياويا اكسيد الالمنيوم .

Diazo compound
مركب ديازو المركب الذي يحتوي على مجموعة ازو –N=N–

Diffusion
انتشار وهو قدرة الغازات على الانتشار في الغازات الاخرى والتمدد والانضغاط والتنافذ

Digestion
عملية الهضم وتتم بواسطة حامض الهيدروكلوريك في المعدة الذي ينتج من اتحاد الهيدروجين الموجب والناتج من تحليل الماء في الحجيرة مع الكلور السالب القادم من الدم والى الحجيرة ثم الى الاقنية الهضمية .

Dilation
قابلية التمدد والانبساط

Diluent
مادة التخفيف: مادة تستعمل لتقليل التركيز لمادة فعالة لتصل الى تأثير مفيد ومرغوب مثلا اضافة الرمل الى السمنت لصناعة الكونكري مما يحسنه ولايترك اي خسارة بالقوة .

Dilution
تخفيف المحاليل

Dimorphism
دايمورفزم ثاني التشكل البلوري صفة لبعض المواد التي لها شكلان بلوريان .

Diolefine	داي الوفين المركب الذي يحتوي على اثنين من الاربطه المضاعفه مثلا $H_2C=CH\text{-}CH=CH_2$
Dippel's oil	دهن العظام
Dispense	عمل الدواء اشتغل في اعداد الدواء وتصريفه
Displacement	ازاحة
Distillate	السائل المقطر المتكاثف المحصل من عماية التقطير .
Divalent	ثنائي التكافؤ
Dolomite	الدولوميت : كاربونات الكالسيوم والمغنيسيوم
Donor	مانح وصف للذرة او الجزيئ الذي يمنح ذرة اخرى او جزيئا اخر الكترونات لتكوين اصرة بينهما .
Double bond	رباط مزدوج عندما تكون حالة تكافؤ الاربطة غير مشبعة في مركب كيمياوي ما فالرباط الزائد يسمى المزدوج ويكون اكثر تفاعلا من المركبات المشبعة .
Drug	عقار وهو اصل الدواء
Drum mixer	طنبور المزج : طنبور ويستعمل لمزج مساحيق البارود الاسود وذلك لاخذ الحذر من انفجار المواد المفرقعة .
Drum stick	عصارة الطنبور وتكون في الكيمياء مغطاة بالجلد لغرض مزج المساحيق المفرقعة لعمل البارود الاسود .
Drying oil	زيت تجفيف وهو سائل عضوي عند استعماله يكون فلم رقيق مطاطي نسبيا يمتص الاوكسجين من الهواء فورا.
Dynamic equilibrium	اتزان ديناميكي : عملية تبادل الجزيئات بين السائل والبخار عند تسخين السائل وتستمر هذه الحالة ختى التوازن فيصبح عدد الجزيئات الهاربة من السائل تساوي الجزيئات العائدة له في اي لحظة ما .
Dynamite	ديناميت : مفرقع صناعي يشتعل بغطاء مطاطي ومحتوياته الاساسية المفرقعة هي نتروكليسيرين ، كما يوضع فيه نترات الامونيوم كمادة حساسة والحساسية المعتدلة هي الحرارة او الصدمة ويشتعل وينفجر كنتيجة للاتصال المباشر مع عامل مؤكسد قوي .

– E –

Efforescence	تزهر ازهار الاملاح وذلك عندما تتعرض الاجسام البلورية للجو او التسخين تفقد ماء تبلورها تدريجيا وتتفتت الى مسحوق يفقد شكله البلوري
Einstein's law of photo-chemical equivalence	قانون آنشتين للتكافؤ الكيمياوي الضوئي وهو قانون يربط العلاقة بين التفاعلات الكيمياوية بتأثير الطاقة الضوئية .
Eisen kiesel	حجر الصوان الحديدي
Electraurol	الذهب الغروي
Electricity	كهربائية وهي احدى الاشكال الاساسية للطاقة ويعبر عنها بالكهربائية الموجبة والسالبة وكلاهما يعتمد على الذرات فذرة الكهربائية السالبة تكون في الالكترون وذرة الكهربائية الموجبة تظهر في البروتون الذي في نواة الذرة كما ان هناك الكهربائية المترددة
Electro desiccation	حذف الماء من الانسجة باستعمال تيار خاص
Electro valence	متكافئ كهربيا نوع من الاتصال في روابط المركبات التي شحنتها معاكسة فتمسك الايونات معا بالتجاذب .
Electro-chemical equivalent	المكافئ الكيمياوي الكهربي وهو مقدار الفلز الذي يرسبه مرور كولوم واحد من الكهرباء في احد محاليل هذا الفلز .
Electro-chemical series	السلسلة الكهروكيمياوية وهو جدول لتنظيم المعادن بالنسبة الى قوتها في فقدان الايونات للاحلال محل الهيدروجين في التفاعل لغرض تحضير الهيدروجين
Electrode	الكترود: الصحيفة المعدنية التي تستعمل في الجهاز الكهربائي

Electrolysis
التحلل المائي : هو تحلل المادة المذابة في الكحلول وذلك بامرار تيار كهربائي خلال السائل .

Electrolyte
الالكتروليت : المادة المنحلة المادة التي عندما تذاب في الماء توصل تيارا كهربائيا او المادة التي تحلل بتيار كهربائي

Electrolytic solution pressure
الضغط الالكتروني للمحلول ، وهو الجهد الناشئ من وضع قضيب من الفلز في سائل الكتروني .

Electron
الكترون وهو احد محتويات الذرة التي تحتوي على شحنة سالبة وليس له اي وزن من الناحية الكيمياوية

Electronic structure of benzene
التركيب الالكتروني للبنزول ، والذي يحدد فيه توزيع ٣٠ الكترونا ٢٤ منها حول ذرات الكاربون وستة حول ذرات الهيدروجين في نواة البنزول .

Electrum
الكتروم سبيكة من الذهب والفضة بلون باهت .

Element
عنصر : مادة ، جوهر وهو ابسط شكل في المادة ويحتوي على ذرات جميعها من نفس العدد الذري .

Empirical formula
صيغة تجريبية تبين العدد النسبي لذرات العناصر الداخلة في الجزيئ

Energy
طاقة وهي قابلية الشغل ولذا نجد ان جميع التبدلات اما ربح طاقة او خسارة طاقة .

Enzyme
الانزيم وهي مادة عضوية تحدث اختمار كيمياوي وتعمل كعامل مساعد في التفاعلات العضوية وتتكون كنتيجة لفعالية الحجيرات كما يحدث في عمل الخميرة .

Epoxide

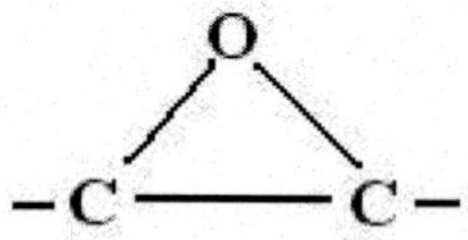

"اب اوكسايد" مركب عضوي يحتوي على مجموعة فعالة ناتجة من اتحاد ذرة الاوكسجين مع ذرات اخرى اعتياديا تكون الكاربون .

Equation, Chemical

معادلة كيمياوية وهي تعبر عن مختصر الحالة للتفاعل الكيمياوي مستعملا رموز المواد الداخلة في التفاعل والناتجة منه .

Equilibrium

توازن تعادل في حالة التفاعل الكيمياوي التي تتقدم بها عمليتين واحدة بعكس اتجاه الاخرى على نفس المستوى.

Equilibrium – law of mass action

الاتزان وقانون فعل الكتلة

Equilibrium constant

التوازن الثابت كل تفاعل كيمياوي يوجد دائما في حالة من التوازن الكيمياوي في درجة حرارة وضغط معلومين بين تركيز المواد المتفاعلة وتركيز المواد الناتجة .

Equilibrium mixture

مزيج متوازن مزيج يحتوي على مواد في نسب جزيئية متساوية اي بالنسبة الى وزنهم الجزيئي مثلا سكر القصب يتحلل في الماء الى جزيئه من الكلوكوز وجزيئة فركتوز وهذا يكون مزيج متساوي الجزيئات من الاثنين الاخيرة .

Equivalent

توازن: تكافئ كمية من المادة تساوي في الوزن الى وزنها المكافئ

Equivalent weight

الوزن المكافئ لعنصر : الوزن الذي يتحد مع او يتفاعل مع او يحل محل وزن ذري واحد للهيدروجين او نصف وزن ذري واحد للاوكسجين وهو ٨ غرام اما الوزن المكافئ للحامض ، فهو الوزن الذي يحتوي وزن ذري واحد للهيدروجين الحامض ، وذلك اي الهيدروجين الذي يتفاعل خلال اختزال الحامض مع القاعدة واما الوزن المكافئ للقاعدة او لمادة اخرى يعرف في طريقة مشابهه.

Ester	استر : الملح الناتج من الحامض العضوي وكحول مثيل خلات الاثيل .
Esterification	استرة : عملية تكوين الملح العضوي .
Eudiometer	اديومتر وهو انبوب زجاجي مدرج يستعمل لقياس تبدل حجوم الغازات في التفاعل الكيمياوي
Eutectic point	نقطة التصلب
Eutectic reaction	تفاعل تصلبي : تفاعل متعاكس يتحول فيه المحلول السائل الى كتلة صلبة من البلورات عند درجة حرارة ثابتة هي نقطة التصلب .
Excess	زيادة كمية من المواد المتفاعلة اكثر من المقرر النظري لذلك التفاعل .
Explosion	انفجار : وهو ظهور الغازات بصورة فجائية وسريعة تحت ضغط عال في سعة محددة وتسبب من منبع طاقة خارجية ، او داخليا من تفاعل كيمياوي ينتج احجام كبيرة من الغازات وقد يحدث الانفجار عند عدم ضبط التفاعل النووي .
Explosion reaction	التفاعل الانفجاري ويكون مصطحبا بالحرارة والنار ثم الغازات كما انه يحتاج الى حافز ليسبب الفرقعه .
Explosive	مواد انفجار وتفرقع وهي المواد التي تتبدل كيمياويا مع انتاج غاز وذلك عندما تضرب او تحمى بالحرارة فالغاز يكون ذو ضغط كبير .
Explosive high	مفرقع عالي مركب كيمياوي يحتوي النتروجين ويشتعل بنتيجة الرجة او الحرارة مثلا الديناميت الذي بدل بمفرقع يحتوي نترات الامونيوم .

Explosive high deflagration	متفجرات لهبية متفجرات تنفجر بسرعة فتحرق ذراتها ذاتيا باتصالها باللهب او شرارة او تسبب الاحتكاك مثلا البارود الاسود .
Explosive imitiating	مفرقع حساس مفرقع مع غطاء مطاطي يحتوي "ازاد الرصاص" واستليد الفضة وهو حساس للهب والحرارة .
Explosives permissible	متفجرات مسموح بها المتفجرات المجهزة من مكتب المناجم لاستعمالها في مناجم الفحم وهي ديناميت متطور.
Extinction coefficient	معامل الانطفاء .

- F -

Fahrenheit

مقياس الحرارة الفهرنهايت ميزان حراري الذي فيه درجة الانجماد للماء تساوي ٣٢ ودرجة مئوية غليان الماء ٢١٢م° .

Farmer's dynamite

مفرقع الفلاح وهو مفرقع يتكون من ٣٩.٥ % نترو كليسيرين مع الجيلاتين و ٧٥% من ازوتات القطن ممزوجة مع نترات الصوديوم و ١٦.٥ من وود ميل الجاف وقليلا من كاربونات المغنيسيوم .

Fatty acid

حامض شحمي وهو حامض عضوي كاربوكسيلي مشتق من او محتوي دهن او شحم سواء حيواني او خضروي وتتألف من مجموعة الكاربوكسيل متحدة مع سلسلة ايدروكاربونية .

Felspar, Feldspar

فيلدسبار او فيلدوسبار : ويطلق على عدة معادن متبلورة من سيليكات الالمينيوم وغيرها ذات لون واضح وهي كثيرة في الصخور البركانية كالحجر القمري .

Fermentation

اختمار، تخمر وهي ان الخميرة تستمر بالقيام باعمالها الحيوية في مكان خالٍ تماما من الاوكسجين ، فالكلوكوز بمفعول الخميرة يعطي جزيئتين كحول اثيلي وجزيئتين ثاني اوكسيد الكاربون .

Filtrate

المرشح السائل المحصل بعد عملية الترشيح .

Filtration

عملية الترشيح : عملية فصل الراسب من السائل في المخاليط وذلك بامرارها خلال ورق الترشيح او مادة مزرفة اخرى مشابه .

Fire clay

صلصال ، نوع من الطين .

Fission

انفلاق ، انشطار :تجزء نواة ذرة ثقيلة تحت تأْثير تفرقع جسيمات ويصحبها اشعاع الكهارب وانبعاث الطاقة .

Fission nuclear

انفلاق نووي ينتج من افلات نواة لذرة ما بقذف نيوترون من منبع خارجي ويسمى التفاعل المتسلسل (chain reaction) .

Flash point

درجة الومض او البريق وهي اقل درجة حرارة يمكن عندها اشعال بخار مادة اذا اتصلت بشعلة مع توفر الهواء .

Flux

فلوكس مادة تساعد في ذوبان المواد الاخرى وبخاصة المعادن بصورة سريعة .

Formula

صيغة: تؤشر تركيب المادة الكيمياوية برموز فكل رمز يرمز لوجود عنصر ما واما الاعداد فتؤشر الى كمية الذرات الموجودة .

Formula chemical

الصيغة الكيمياوية باستعمال الرموز لاظهار المركب الكيمياوي كتابةً وهي اقسام: ١- يبين نوع الذرات ٢- يبين العدد الحقيقي للذرات ونوعها ٣- يبين وضع الذرة بالنسبة الى الاربطة الكيمياوية ٤- يبين النوع التدريجي للمركبات العضوية ٥- يبين تعويض الاربطة بالنقاط .

Formula weight

الصيغة الوزنية : مجموع الوزن الذري لكل الذرات الموجودة في وزن جزيئي واحد من تلك المادة فوزن الهيدروجين الذري =١ والاوكسجين =١٦ فوزن الماء الفورملي = ١٨

Founding

السباكة : عملية تسييل المعادن والشوائب بصهرها وصبها .

Fractional crystallization	التبلور الجزيئي طريقة تستعمل لفصل مركبين بعضهما عن بعض لاختلاف درجة ذوبانهما في الماء او اي مذيب اخر .
Fractional distillation	التقطير التجزيئي ويستعمل في تصفية البترول . فعندما يتحول البترول الى الحالة الغازية يدفع في عمود التقطير التجزيئي حيث يتكثف النفط الاسود في الاسفل ثم زيت المكائن بينما يتجمع في وسط الجهاز النفط الابيض اما في القسم العلوي فتتكاثف الابخرة لتكوين البنزين .
Freezing point	درجة الانجماد الدرجة التي بها تتقلب السوائل الى مادة صلبة.
Fulminating gold	الذهب المتفرقع .
Fused	مائع

- G –

Gamma rays

اشعة كاما وهي تنبثق من الراديوم وفيها امواج ضوئية وذبذبة عالية وفيها طاقة عظيمة نافذة الى مسافات بعيدة .

Garnet

البجادي – البنفش حجر كريم يشبه الياقوت احمر اللون تعلوه بنفسجية فيه خاصية الكهرباء في جذب التبن وهو صوانات الالمنيوم ويسمى البنفش والمغنيسيوم .

Gelatin explosive

مفرقع جيلاتيني يحتوي نترو كليسيرين ونترو سليلوز والناتج يكون مادة جيلاتينية وهي اقل حساسية للاحتكاك والهزه من الديناميت .

Glucosazone

كلوكوسازون وهو من نواتج تفاعل الكلوكوز والفينايل هايدرازين ، ويستعمل هذا التفاعل لتحديد نوع السكر في المحلول وذلك عند زيادة الفينايل هيدرازين واستمرار الاكسدة ينتج الاوسازون .

Glyceryl trinitrate

ثالث نترات الكليسيرين يتكون من اضافة الكليسيرين الى حامض النتريك وحامض الكبريتيك ويكون مفرقع قوي فعند مزجه مع طين دايتومي تتكون عندها محتويات الديناميت وهي من محتويات البارود العديم الدخان .

Gravimetric analysis

التحليل الكمي والوزني .

Gravitometer

ميزان الثقل النوعي للغازات .

Group

مجموعة: تطلق في الكيمياء ، على عدد من الذرات التي تتحرك في التفاعلات الكيمياوية دون انفصام بينهما فكأنما هي ذرة واحدة مثال ذلك مجموعة الايدروكسيل ومجموعة الكايل C_2H_5

Group displacement law	قانون احلال العناصر محل المجموعات .
Group reaction	تفاعل المجموعة
Gun powder	البارود الاسود ويتكون من مزيج من نترات البوتاسيوم (٧٥ غرام) وفحم نباتي (١٥ غرام) وكبريت (١٠ غرام) وتسحق على انفراد ثم تمزج في طنبور تخصصي مضاد للانفجار لدى المزج .

- H –

Heavy chemical industry	صناعات كيمياوية ثقيلة صناعات كيمياوية بكميات كبيرة وتكون اساسا للصناعات الاخرى مثل صناعة الحديد الصلب وغيرها .
Hemp	نبات القنب : حشيش قنب هندي وتوجد هذه الاعشاب في كلكتا ومدراس والبنغال وشرق الهند، الخ .
Heterocyclic	المركب الحلقي الذي يحتوي في حلقته ذرة واحدة او اكثر من عدة اصناف غير ذرة الكاربون مثلا ثايوفين
Hydrogen bomb	القنبلة الهيدروجينية وهي القنبلة الناتجة عن عملية ضم نوى خفيفة الى بعضها لتكوين نوى اثقل تؤدي الى تحرير طاقة هائلة جدا .
Hydrogenation	هدرجة : عملية اتحاد الهيدروجين بمادة ما كاضافة الهيدروجين الى الزيوت باستخدام النيكل كعامل مساعد للتجميد .
Hydrolysis	التحلل المائي : هو تفاعل بين ايونات الملح وايونات الماء مكونه محلول اما ان يكون قاعدي او حامضي
Hydrozones	الهايدروزونات تتكون من تفاعل السكر مع "الفينايل هايدرازين" وحيثما يتكون فينايل هايدرازون يتفاعل بزيادة من الفينايل هايدرازين لتكوين اوسازون .
Hygroscopic	مسترطب صفة المادة القابلة على امتصاص الرطوبة من الهواء .
Hypothesis	فرضية ، الاستنتاج الذكائي لطبيعة الظواهر الطبيعية

- I -

Immuno-chemistry	كيمياء المناعة : فرع من الكيمياء يبحث في الانتجين والاجسام المضادة والقواعد الكيمياوية للمناعة ومقاومة الامراض .
Inclusion complex	تضمين (انكلوشن) معقد اتحاد جزيئتين بدون رباط فنجد ان الجزيئة لمركب ما قد لكت مع بلورة اخرى
Indestructibility of matter	عدم فناء المادة
Induction	استنتاج، استطراد: طريقة باكون الاستنتاجية لايجاد الحقائق العلمية بالملاحظة المعتنى بها ثم البحث والتنقيب عن هذه الحقيقة .
Inert	خامل : صيغة العنصر الذي يمتلك ميل قليل جدا للتفاعل الكيمياوي .
Inhibitor	مادة صادة او مانعة للتفاعل الكيمياوي
Intermediate compound	مركب وسيط وهو مركب متوسط كما في التفاعلات الكيمياوية المتتابعة .
Inversion	عملية العكس : مثلا عند اضافة انزايم انفيرتيس الى محلول حامض مخفف فالتحلل يكون سريع الى كلوكوز وفركتوز اللذان هما متعاكسان فواحد دورته يمينيه والاخر دورته يسارية .
Ion	ايون ذرة مشحونة او ذرة تحتاج الى شحنة كهربائية لتنتج ربح او خسران الكترونات .
Ionization	التأين اطلاق الايونات او التحليل الى ايونات بوجود التيار الكهربائي .
Iron pyrites	حجر النار الحديدي، كبريتوز الحديد الطبيعي .

Irreversible reaction	تفاعل في اتجاه واحد وغير متعاكس .
Isomers	مواد متشابهة في التراكيب ومختلفة في الخواص الطبيعية والكيمياوية
Isomerism	التشابه في التراكيب والاختلاف في الخواص الطبيعية والكيمياوية، مثلا حامض الخليك ومثيل فورميت .
Isotopes	النظائر في الفيزياء النووية :هي ذرات لعنصر لها نفس الخواص الكيمياوية وتحتل نفس الموقع في الجدول الدوري ولكنها تختلف في الوزن الذري وفي تحولها الاشعاعي.

- J-

Jaafer Al- Sadik	الامام جعفر الصادق وهو عالم كيمياوي وهو استاذ جابر بن حيان في الكيمياء . وقد ذكره جابر في كتاباته قائلا " هكذا علمني مولاي " ويقصد بمولاه الامام جعفر الصادق .
Jasmin oil	روح او عطر الياسمين
Jasper	جاسبير حجر سلكي متبلور احمر اصفر او بني او اسود صالح للزينه يسمى اليشب او اليصب او اليشف او حجر الزينة .
Jelly petroleum	دهن معدني يستخرج من النفط ويستعمل في طب الحيوان وفي صنع العطور .
Joining element	العناصر الرابطة .
Justification	تبرير ، تأييد ، تزكية، تسويغ

- K -

Kainite	كاينيت وهو ملح مزدوج مكون من كبريتات المغنيسيوم وكلور البوتاسيوم .
Kindling point	درجة الاتقاد : هي الدرجة الحرارية التي لابد ان يصل اليها الجسم حتى يتقد وتسمى درجة حرارة الاتقاد .
Kings yellow	الذهب
Kipp's apparatus	جهاز كب لتحضير كبريتيد الهيدروجين
Kjeldahl nitrogen process	طريقة كالدال لتحضير النتروجين

- L -

Label	رقعة (ورقة) تلصق على البطل ويكتب عليها نوع المحتويات.
Labile	قلق ، غير ثابت ، صفة الاجسام القليلة الاستقرار، خاصة عند الحرارة، مثل بعض البروتينات والفيتامينات
Lampblack	سناج ، هباب المصباح ، سخام المصباح
Lanoline	دهن الصوف المائي ، الانولين
Lapsis – lazuli	لازورد : حجر ازرق نفيس
Lard	دهن الخنزير
Lauryl	المجموعة العضوية المشتقة من حامض اللوريك .
Law	قانون يرتب الاشياء الطبيعية بصورة نظامية .
Lead chamber process	طريقة الغرف الرصاصية لتحضير حامض الكبريتيك صناعيا.
Lignite	الفحم الطري اللغنايت القابل للاحتراق يحتوي على ٧٥% من الكاربون ، وهو وسط بين النباتات المتحجرة المستعملة كوقود والفحم الزنتي ، وقد تظهر عليه عروق الخشب
Lime	الجير ، اكسيد الكالسيوم، مادة بيضاء ،تحضر بتسخين الجير الحراري من قمائن خاصة لدرجة حرارة مرتفعة واذا اضيف اليها الماء تحول الى ايدروكسيد الكالسيوم وهو الجير المطفأ ويستعمل ملاطا .

Limonite

ليمونيت هو اوكسيد الحديد الطبيعي المهدرت ، لونه لون الصدأ او الغراء الاصفر .

Liquation

اذابة ، صهر هي فصل فلزين ممزوجين تختلف قابلية انصهارهما وذلك بواسطة التسخين .

Liquefaction of gases

اسالة الغازات : الاسالة عملية التحويل الى الحالة السائلة وتطلق عادة على عملية تحويل الغازات الى سوائل .

Litharge

اوكسيد الرصاص الاصفر وهو اول اوكسيد الرصاص وهو مسحوق اصفر ينصهر عند درجة ٨٨٨ م° ويستخدم في صناعة الزجاج والفخار وكمادة ملونة .

- M –

Madder, Madder root	النوّه : نبات اصفر الزهر للاصباغ الحمراء ، عروق الصباغين .
Magnesite	مغنيزيت : اسم علمي لزبد البحر .
Malachite green	مالاخايت الاخضر حجر اخضر لماع يستعمله الصاغه وهو كاربونات النحاس الاخضر .
Manganites	المانكنايت وهو اسم جنس الاملاح المشتقة من اكسيد حامض المنغنيز .
Manometer	مانوميتر : جهاز يستخدم لقياس ضغط الغازات والابخرة وضغط السوائل الموجودة في حيز مقفل .
Marble	رخام هو كربونات الكالسيوم المتبلور الموجودة في الطبيعة والتي يمكن صقل سطحها بسهولة ، وهو يوجد على عدة اشكال.
Marcasit	مركزيت (كبريتوز طبيعي): اصل الكلمة عربي (مر قشيطه) وهو ثاني كبريت الحديد الطبيعي اصفر اللون يستعمله الصاغه .
Mass number	عدد الكتلة هو العدد الدال على وزن ذرة من عنصر فهو في حالة الكلور مثلا يكون العدد الكتلي لنظائره ٣٥ ، ٣٧ ، ٣٩ .
Mass spectrometry	التحليل الطيفي للكتلة طريقة للتحليل خلال فراغ اولا وخلال مساعدة حقل كهربائي مغناطيسي قوي ، وهذا يؤثر على عزل الايونات حسب كتلتها بمختلف الكثافات، فالايونات الثقيلة تظهر بقوس اوسع من الخفيفة ثم تجمع الايونات بمحل مناسب وتحدد على قواعد كتلها .

Matter

مادة: كل شيء يشغل حيز في الفراغ وله وزن .

Membrane diffusion

انتشار غشائي خلال حاجز هو انتقال ذرات المذاب من المحلول الاقل تركيزا الى المحلول الاكثر تركيزا مارا خلال حاجز نصف نفاذ الذي يسمح لنوع من الجزيئات ويمنع القسم الاخر .

Mendeleev's table periodic system of elements

قائمة مندليف للتصنيف الدوري : صنّف مندليف العناصر باعتماده على التكافؤ، واقترح بأن خواص العناصر تتغير دوريا وفق تغير اوزانها الذرية ، ثم عّدل الجدول فاتضح بأنه وفقا للتصنيف الدوري الخواص تتغير وفقا للاعداد الذرية .

Meta stable equilibrium

اتزان شبه مستقر هي حالة اتزان مؤقتة سرعان ماتتحول الى حالة الاستقرار بالتحريك او التقليب او باضافة جسم غريب (على نحو ما يشاهد في المحاليل فوق المشبعة).

Metabolism

الايض ، التمثيل : وهي مجموعة التحويلات الطارئة على خلية حية بسبب المواد الموجودة فيها .

Metal

معدن : العنصر الذي يعطي الكترون بسهولة ليكون ايون موجب موصلا للكهربائية .

Metalloid

شبه الفلز عناصر لها خواص الفلزات واللافلزات ، كالزرنيخ والانتيمون والتليريوم

Mica

البلق حجارة شفافة كالزجاج ، وهي مجموعة من السيليكات المعدنية التي تتبلور بشكل تونوكلينكي (اتحاد متوازي الانحدار) سرعان ما تتحول الى طبقات رقيقة جدا او مطاطة نوعا ما .

Mixture	مزيج اتحاد مواد تمسك مع بعضها بالوسائل الفيزياوية وليس بالوسائل الكيمياوية .
Molar concentration, Molal concentration	التركيز الجزيئي او عدد المولات (الجزيئات الغرامية) من المادة مذابة في اللتر من المحلول .
Mole	كمية من المادة تساوي بالوزن الى وزنها الجزيئي، جزئى غلاتمي .
Molecular formula	الصيغة الكيمياوية الجزيئية .
Molecular weight	الوزن الجزيئي: وزن جزيئة مادة مقارنةً بوزن ذرة اوكسجين تزن ١٦ وحدة .
Molecule	جزيئة: اصغر جزء من المركب لها القابلية على الاحتفاظ بخواص المركب .
Mordants	مثبتات مواد تعالج الياف النسيج فتكسبها ميلا للاتحاد بالصبغة او تتحد مع الصبغة اتحادا كيمياويا فتزيد من ثباتها في الماء والغسل وغيرها .
Mosaic	فسيفساء ، فسيفسائي .
Mother liquor	السائل الام: السائل المتخلف في بعض العمليات المختلفة مثل سائل التبلور.
Mustard gas	غاز الخردل ، $(ClCH_2CH_2)_2S_2$

- N –

N/2 solution	محلول نصف عياري وهو محلول قياسي يحتوي اللتر منه على نصف الوزن المكافئ للمادة الذائبة .
Napalm	قنبلة النابالم وهي عبارة عن بنزين مثخن بمادة صابونية مكونة من حامض النخليك وحامض النقينيك
Naphta	النفثا وهو مزيج من الهيدروكاربونات القابلة للاشتعال يحصل عليها بتقطير زيت البترول الخام او قطران الفحم الحجري وتنحصر درجة غليانها بين ١٥ و ١٥٠ م°، ويستخدم وقودا للمركبات ، وفي صناعة الاصباغ والمذيبات .
Naple's yellow	صفر نابل انتيمونات الرصاص
Neutral	متعادل ، محايد ، على الحياد، (اي كيمياويا حذف الحامضية والقلوية من المحلول ، مثلا تفاعل الحامض والقاعدة لتكوين ملح وماء).
Neutralization	تعادل ، حذف الحامضية والقلوية من المحلول (مثلا تفاعل الحامض والقاعدة لتكوين ملح وماء) .
Neutron	نيوترون (المحايد) هو الجسم المتعادل الشحنة الذي يدخل في تركيب نواة ذرة الهيدروجين وكتلته تساوي تقريبا كتلة ذرة الايدروجين .
Nitrification	نترته : المزج او المعالجة بالنترات .
Nitro−aromatic compound	المركبات النتروجينية العطرية وتستعمل كمفرقعات في الوقت الحاضر .

Nitro-cellulose	نترو سليلوز او السبسبوز المنترت او نترو قطن او قطن البارود وهو صلب مثل القطن المندوف او سائل عديم اللون او نصف صلب يحتوي ١٠% - ١٤% نتروجين مكونا مفرقعا عاليا ، فعند معاملته بحامض الكبريتيك والنتريك بتركيز ودرجة حرارة خاصة وزمن تفاعل نحصل على مختلف المركبات الكيمياوية .
Nitrometer	نترومتر مقياس الازوت : جهاز يحتوي انبوبة طويلة كانبوبة السحاحة مدرج بالسنتمترات ويستخدم في قياس حجوم النتروجين الناتج من تفاعل كيمياوي .
Nobel	نوبل عنصر ليس فعال بل ضعيف نسبيا .
Non-drying oil	عدم جفاف الزيت صفة للزيت الذي لايتجمد بتعرضه للهواء .
Non- metallic	غير معدني : صفة العناصر التي بسهولة تحصل على الكترونات لتكوين ايون سالب ، وهي عديمة التوصيل للكهربائية .
Normal salts	املاح عادية
Normal solution	محلول عياري (عادي ، نظامي ، مكافئ) هو المحلول الذي يحتوي اللتر منه على الوزن المكافئ الغرامي (بالغرامات) للمادة المذابة .
Nuclear change	تغير نووي
Nuclear reactions	تفاعلات نووية
Nuclean fission (chain reaction)	انشطار نووي (متسلسل) : وجد انه عند قصف نوى بعض العناصر المشعة بالنيوترونات فانها تنشطر الى شطرين متساويين بالاضافة الى عدد قليل من النيوكليونات .

Nucleus	نواة الذرة: الجزء المركزي من الذرة وهي موجبة الشحنة الكهربائية بنفس مقدار الشحنة السالبة للالكترونات
Number of compounds	عدد المركبات هو اقل عدد من انواع الجزيئات يمكن ان تعبر كميا عن تركيب اي طور من النظام .
Number of phases	عدد الاطوار : عدد الحالات المتجانسة في نظام غير متجانس: ويقال على سبيل المثال للنظام الذي يجمع بين الثلج والماء والبخار .
Number saponification	الرقم التصبني وهو عدد المليغرامات من ايدروكسيد البوتاسيوم اللازمة لتصبن غرام واحد من دهن او زيت

- O –

Occulation	احتباس : وهي ظاهرة امتصاص الاجسام الصلبة للغازات مثل امتصاص البلاديوم للهيدروجين .
Ochre	المغره: مسحوق اوكسيد الحديد ويوجد في الطبيعة مختلطا بالطفل وقد يكون اصفر او احمر او بنيا ويستعمل في اعمال الطلاء .
Octahedron	مثمن السطوح : جسم تحدده ثمانية سطوح
Octane number	عدد الاوكتين او درجة الاكتين الاكتين هو الهيدروكاربون المشبع الموجود في جوهر البترول .
Oenanthylic acid	حامض اونانتيلي حامض دهني احادي القاعدة زيتي القوام له رائحه كريهة ينصهر عند درجة ١٠ م° ويغلي عند درجة ٢٢٣ م° لايذوب في الماء ويذوب في الكحول والايثر والكلوروفورم
Optical isomerism	ايسوميريه ضوئية حالة تتشابه فيها مادتان في الخواص الطبيعية والكيمياوية وتختلفان في تأثير محاليلها في الضوء المستقطب فتميل احداهما مستوى الاقطاب الى اليمين والاخرى الى اليسار .
Ortho	اورثو : تستعمل في الكيمياء العضوية لتؤشر محل احلال المجموعة او الجذر الذي يحل محل الهيدروجين في حلقة البنزين .
Osazones	اوسازون : عند تفاعل الكلوكوز مع زيادة من الفينايل هيدرازين ينتج هيدروزون الذي بدوره يتفاعل مع الفينايل هيدرازين فيكون اوسازون ويستعمل هذا التفاعل للتمييز بين انواع السكريات .

Osmic acid

حامض اوزميك هو رابع اكسيد الازميوم وتستعمل محاليله للتلوين عند الفحص المجهري .

Ossification

تعظم : التحول الى عظم

Oxidation

اكسدة : عملية خسران الالكترونات من مادة ما ، وربح في العدد المكافئ ، مثلا الاتحاد بالاوكسجين .

Oxidation reduction equation

تفاعلات التأكسد والاختزال .

- P –

Paired electrons

الكترونات تساهمية : زوج من الالكترونات تكون رابطة لاقطبية بين ذرتين ويساهم فيها الكترون من كل ذرة ، مثل الرابطة بين ذرتين من الهيدروجين لتكوين جزئ .

Pall's method

طريقة بال هي : طريقة اختزال باستخدام غاز الهيدروجين بوجود البلاديوم كعامل محفز .

Palladic

بلاديك صفة لمركبات البلاديوم ، رباعية التكافؤ ، مثل ثاني اوكسيد البلاديوم .

Palmquist apparatus

جهاز بالمكوست جهاز صغير سهل الحمل يستعمل لتقدير كمية ثاني اوكسيد الكاربون في الجو .

Palmitic acid

حامض النخيليك او حامض البلمتيك حامض عضوي دهني يوجد في الزيوت والدهون كزيت النخيل ، ينصهر عند درجة ٦٢ درجة ، وهو من الحوامض المستعملة في تحضير قنبلة النابالم .

Pantachromatic or panchromatic

بانكروماتيكي او بانتاكروماتيكي :صفة للمادة الملونة الحساسة للضوء تركيبها واحد وتوجد في طورين يختلفان لونا، مثل كبريتيد الانتيمون واول اوكسيد الرصاص (الليثارج الماسيكوت).

Para

بارا ، سابقه توصل بالاسم الكيمياوي للدلالة على مشتقات البنزين الاحلاليه في الوضعين الاول والرابع، مثل بارا كلورو بنزين .

Parabituminous

بارابتيوميني: احدى صور الفحم الحجري .

Paralyser (catalytic poison)

مُشل: مادة توقف تفاعلا كيمياويا نتيجة تسميمها العامل الحافز.

Parchment paper	رق الغزال : ورق سليلوزي نقي غير مجهز يعامل بحامض الكبريتيك المركز البارد لفترة قصيرة جدا ثم يغسل ويستعمل في بعض العمليات الكيمياوية والطبيعية التي يستخدم فيها رق الغزال .
Parting	استخلاص عملية فصل الفضة من الذهب باستعمال حامض النتريك .
Parting acid	احماض الاستخلاص وهي الاحماض المستعملة في عملية الاستخلاص ، مثل حامض النتريك .
Partition law	قانون التوزيع القانون الذي ينظم عملية توزيع مادة او ايونات بين وسطين سائلين لايذوب احدهما في الاخر .
Pasteurised milk	الحليب المبستر هو الحليب المسخن الى درجة ٦٠ م° ثم يبرد فجأة .
Pastille	مصيص دواء يصنع على شكل حبات تستعمل للمص
Pelargonic acid	حامض بلاركونيك وهو عضوي دهني ينتج من اكسدة حامض الاوليك يذوب في الماء والكحول والايثر .
Pellet	حبة الدواء الدواء الذي يتناول عن طريق الاستحلاب ببطء .
Penicillin	بنسلين: مادة عضوية تستخلص من بعض الطحالب وتستعمل كمضاد لبعض انواع البكتيريا .
Peptide linkage	رابطة البيبتايد وهي التي تربط المركبات الببتايدية برابطة الامايد مع حذف الماء .
Perchlorate explosive	فوق الكلورات المتفرقعة وهو ملح بير كلوريك وهو من حوامض الكلور التي تحوي اكثر ما يمكن من الاوكسجين .

Perchloric acid	حامض فوق الكلوريك مركب يتكون من مزج محلول ثالث اوكسيد الكروم مع فوق اكسيد الايدروجين ويستخلص محلول الايثر فيتكون الايثر باللون الازرق القاتم نتيجة لوجود هذا الحامض .
Permanganic acid	حامض فوق المنجنيك حامض غير عضوي لم يحضر نقيا بعد ويحضر بغلي محلول من كبريتات او نترات المنجنيز مع برمنغنات الصوديوم او فوق منجنات الباريوم بحامض كبريتيك مخفف، ثم تبخير المحلول تحت ضغط وهو من العوامل المؤكسدة .
Periodic classification	التصنيف الدوري : ويعتمد على تصنيف العناصر على اساس العدد الذري والتركيب الذري للعناصر ، حيث وجد بان خواص العناصر الكيمياوية والفيزياوية تختلف بالنسبة الى وزنها الذري
Permanganate Potassium	برمنكنات البوتاسيوم وهي بلورات بنفسجية اللون تستعمل كمعقم بنسبة ١ الى ٥٠٠٠ او واحد الى ١٠٠٠٠ قسم من الماء ويستعمل لتعقيم الفواكه والاقدام وغيرها .
Permeability	الاختراق او خاصية النفوذ او قابلية التطرق او التخلل .
Petroleum	نفط خليط من مركبات هيدروكربونية عديدة غازية وسائلة وصلبة من ذوات السلسلة المفتوحة المشبعة وقسم قليل منها من ذوات السلسلة المغلقة .
PH value	القيمة الحمضية: لمحلول مائي وهو العدد الموصوف لحموضته او قاعديته فالمحلول المختزل او المتعادل تكون القيمة الحمضية له سبعة ، فاذا كانت هذه القيمة اقل من سبعة كان المحلول حامضي . واذا كانت اكثر من سبعة فالمحلول قاعدي وذلك الى حوالي ١٤

Phenomenon, (phenomena)	ظاهرة ، خاصية الحالة الطبيعية للمادة .
Photo synthesis	عمليةالتركيب الضوئي في النباتات .
Physical change	التبدل الفيزياوي هو تبدل خواص المادة بدون تبديل المادة نفسها .
Physical properties	الخواص الفيزياوية: وهي خواص المادة كما هي عليها .
curic	وحدة قياسية لقياس كمية الراديوم المنبعثة ، وتكون هذه الكمية من الراديوم المنبعث من غرام من عنصر الراديوم. والاسم نسبة الى مدام ماري كوري
Pill	حبة تباع في الصيدليات وهي مستحضر طبي بشكل كروي او بيضوي صغير ، للبلع .
Pipette	باصة انبوبة من الزجاج مفتوحة الطرفين ومدرجة وكثيرا ماتكون مفتوحة من الوسط تستخدم في نقل حجم معين من سائل من وعاء اخر .
Pitch	زفت مادة سوداء صلبة تسيلها السخونة تتخلف من تقطير المواد القطرانية .
Pointer of balance	لسان ميزان هو عمود من المعدن يثبت على وسط العاتق يتحرك معه ويستدل به على توازن الكفتين .
Polar	قطبي مختص بالقطبين .
Polymerization	عملية التجميع : ففيها يبدأ بجزيئات خفيفة للحصول على جزيئات اثقل مثلا نبدأ بهيدروكاربونات مشبعة مثل البروتين والبيوتان ثم نسخن الى درجة ٢٠٠ م° وتحت ضغط معين فتتحد فيه جزيئتان او اكثر من نفس المادة بعضها مع بعض لتكون مركبا اخر قد يمكن تحويله الى المادة الاصلية .

Polypeptide	بولي ببتايد (متعدد الببتايد) صنف المركبات الذي يحتوي وحدة الحامض كيمياويا مرتبطة مع رابطة الامايد مع حذف الماء .
Porphyrin	بورفيرين: مركب عضوي يحتوي في تركيبه الاساس اربعة حلقات متصلة بمجموعة الميثين ، مثلا هيموكلوبين وكلورفيل.
Precipitate	راسب : مادة صلبة تتكون في اسفل المحاليل.
Product	ناتج المادة التي تنتج من التفاعل الكيمياوي .
Protein	بروتين : المواد العضوية آزوتية ذات جزيئات كبرى تكون مع الماء محايل غروية وهي الجواهر التي تميز مادة الحياة . وتوجد في البيض واللبن والجبن ، الخ.
Proton	بروتون : احد محتويات الذرة الذي يحتوي على شحنة كهربائية موجبة ولها وزن ١ مقارنة الى ذرة اوكسجين تزن ١٦ وحدة .
Ptyalin	البتيلين هو دياستاز الريق الذي يحيل النشأ المطبوخ الى مالتوز .
Pyrite	بايرايت حجر النار : وهو كبريتوز الحديد الطبيعي او النحاس يعطي بلورات ذات اشعاعات ذهبية .
Pyrogen	بايروجين هي كل مادة تسبب ارتفاعا في درجة حرارة الجسم.

- Q –

Qualitative analysis	التحليل الوصفي
Quantitative analysis	التحليل الكمي
Quantity titration	معايرة كمية
Quart	مقياس انكليزي لحجم السوائل ويساوي ربع غالون .
Quassia	كواسيا: المادة الفعالة المرة في خشب الكواشيا الجمايكي وهي على هيئة بلورات عديمة اللون وتنصهر في درجة ٢١٠ م° وتستعمل كمقوي ودواء ضد الدودة الخيطية في الاطفال.
Quenching of iron	اخماد الحديد عملية تبريد الحديد بغمره في الزيت او الماء لقسيته
iron reduction	اختزال الحديد
Quinquevalent	خماسي التكافؤ
Quintessence	خلاصة ، جوهر ، زبدة ، مثال ، عنوان

-R-

Red heamatite	الهيماتيت الاحمر وهو اشهر خامات الحديد (اوكسيد الحديد الخام) .
Radical	جذر ، شق ، اساس ، مجموعة من الذرات ذات وجود جماعي تنتقل في اثناء التفاعلات الكيمياوية كمجموعة وليس لها وجود استقلالي ثابت خارج المركبات الكيمياوية .
Radioactivity	اشعاع انكسار نواة الذرة فتشع منها اشعة الفا ، بيتا ، كاما .
Radiochemistry	الكيمياء الاشعاعية .
Rayon	رايون الالياف الصناعية المحضرة من السليلوز لتمييزها عن الحرير الطبيعي .
Recrystallization	اعادة التبلور
Reactant	مواد متفاعلة المواد التي تتفاعل فيما بينها في التفاعل الكيمياوي .
Reaction	تفاعل ، تبدل كيمياوي
Reaction control	السيطرة على التفاعل
Reagent	كاشف وهو مادة مذابة في الماء تُصب على المحاليل الاخرى لمعرفة وجود العناصر .
Realgar	ريلكار خام كبريتيد الزرنيخ ، وهج الغاز
Rectifying apparatus	جهاز التصفية
Reducing agent	عامل مختزل مادة سهلة التأكسد تفقد الكترونات التكافؤ بسهولة .

Reduction	اختزال : وهو ربح الالكترون للمادة او نقصان في العدد المكافئ كالاتحاد مع الهيدروجين
Reduction intensity	شدة الاختزال ، حدة الاختزال
Regina purple	الانيلين البنفسجي
Reinsch test	اختبار رانيش ويستخدم في الكشف عن بعض المعادن السامة ، خاصة الزرنيخ .
Replacement	احلال ، استبدال ذرة او مجموعة بذرة او مجموعة اخرى مثل احلال الكلور محل الهيدروجين في غاز الميثان لتكوين مركبات احلاليه اخرى .
Research	البحوث المباشرة للتركيبات الطبيعية التي تتطلب الفهم العميق لطبيعة وتصرفات او تطورات النواتج الجديدة .
Research chemistry	البحث الكيمياوي
Residual affinity	الالفه الفضلة هو الجزء المتبقي من قابلية مادة للاتحاد بمادة اخرى .
Resin	راتنج: مجموعة من مواد غير متبلورة قابلة للالتهاب وتكون غالبا من اصل نباتي ويذوب عادة في الكحول وهو ينتج من بلمرة التربينات .
Respirator	كمامه جهاز يوضع على الفم والانف يمنع ذرات الغبار والغازات السامة من النفاذ الى الجهاز التنفسي
Return flow tube	انبوبة ارجاع الفائض ويستعمل لجمع ما يفيض من السائل عن القدر المطلوب .
Reversible reaction	التفاعل التعاكسي

Rhodocrosite	رودو كروسيت : حجر وردي يحتوي بالاساس على بروتو كربونات المنغنيز الطبيعي $MnCO_2$.
Ribonucleic acid	ريبو حامض النوويك اصطلاح الى مجموعة طبيعية متشابهة التركيب تحتوي على سلسلة طويلة تنتهي بالفوسفيت مع ادينين ، كوانين ، سايتوزين .
Roasting	تحميص اشعال المركب في الهواء حتى يعطي طبقة من الاوكسيد .
Rochelle salt	ملح روشيل صوديوم بوتاسيوم تارتاريت وهو مسهل خفيف
Rohodonite	رودونايت سلكات المنغنيز الطبيعي .
Ruthenium	الروثينيوم الاحمر اوكسي كلوريد الروثينيوم الامونياتي .

- S –

Saccharin	السكرين ، مادة بيضاء مشتقة من الحلوين لهل حلاوة تعادل ٣٠٠ ضعف حلاوة السكر العادي ويستعمله لحلاوة الشاي اصحاب المرض السكري .
Salt	ملح المركب الذي يتأين ويعطي في المحلول اما هيدروجين او هيدروكسيل ايون .
Saltpetre, Saltpeter	ملح الشورة وهو نترات البوتاسيوم ويستعمل في صناعة البارود الاسود .
Sand bath	حمام رملي وعاء معدني يوضع فيه كمية من الرمل ويسخن بمصباح او غيره .
Saponify	تصبن تحويل الاستيارات كالدهون ونحوها بواسطة القلويات لتكوين الصابون والكليسيرين او مايعادلهما .
Saturation	تشبع : اتحاد الجسم غير المشبع بذرات عنصر او جزيئات مركب حتى يشبع ويستنفذ قدرته على الاتحاد بالاضافة .
Saturn red	ساتورن الاحمر اوكسيد الرصاص الاحمر .
Sausage poisoning	التسمم باللحم المجفف المتبل او المعلب مثل الباسطرمة
Scarlet dye	الصباغ القرمزي .
Science	علم ، المعلومات التي تحصل من دراسة الظواهر الطبيعة باسلوب نظامي منسق .
Separating funnel	قمع فاصل: قمع يستعمل لفصل الرواسب عديمة الامتزاج .

Siloxane
سيلوكزان: مركب ذو سلسلة مستقيمة‌يحتوي سليكون كل ذرة منه مرتبطة باربعة ذرات اوكسجين .

Sinapsim
لزقة لخردل والزيت

Soap suppository
تحميلة (حبوب طولانية) فيها دواء وصابون يتم ادخالها بالشرج او المهبل .

Soldification point
نقطة التجمد هي درجة الحرارة التي تتحول عندها المادة من الحالة السائلة الى الحالة الصلبة .

Solubility
ذوبان هو قابلية ذوبان مادة في اخرى وهو الحد الذي يتمكن المذاب ان يذوب فيه المحلول .

Solute
المادة التي تذاب في المحلول .

Solution
هو ماينتج من انتشار متجانس لدقائق مادتين او اكثر فيما بينهما بحيث يتكون خليط يتعذر فيه التمييز بين دقائق المواد المخلوطة حتى بالمجهر الاعتيادي .

Solvent
المحيط التي تذاب به المادة .

Sorrel salt
رابع اوكزلات البوتاسيوم ، ملح الحّماض

Spontneous combustion
الاحتراق الذاتي

Sprengel explosive
المفرقع السالم

Stable
كيمياويا مستقر او ثابت نسبيا ، كيمياويا صعب التحليل

Standard condition
حالة قياسية محلول معلوم التركيز بدقة تامة .

Standard solution
المحلول القياسي الذي يحتوي على مكافئ غرامي واحد من المادة مذابا في كل لتر من الماء المقطر .

Standardization	تقييس ١- تحويل اي مستحضر الى مقدار معترف به فيما يخص الكيف والكم ٢- كشف القيمة الحقيقية بالنسبة لمعيار ما.
Steam accumulator	مركم بخاري الجهاز البخاري لتحويل الطاقة الكهربائية الى طاقة كيمياوية وادخارها .
Steatite	حجر الصابون وهو كتلة ضخمة من الطلق لتنظيف الاواني
Steinbuhl yellow	شتاينبول الاصفر كرومات الباريوم .
Stereo isomerism	مجازاة فراغية صفة لبعض المركبات التي تتفق في الوزن الجزيئي ونوع عدد ذرات العناصر المكونة منها وتختلف في ترتيب ذراتها داخل الجزيئ لوجود ذرة او اكثر من الكاربون غير المتماثلة ولذلك تؤثر هذه المواد على الضوء المستقطب .
Sterilisation	تعقيم : عملية تؤدي الى ابادة البكتيريا وغيرها من الكائنات الدقيقة الحية او التخلص منها بواسطة الغليان او الترشيح او غير ذلك لتعقيم المعدات والاجهزة البكتريولوجية .
Stoi-chemistry	كيمياء التراكيب القسم من الكيمياء الذي يبحث في تراكيب المادة وليس في خواصها .
Stripping	الاقتلاع او التنصل (مصطلح في الفيزياء النووية) هو ازالة بعض الاصباغ او كلها من القماش او غيره بالطرق الكيمياوية او الطبيعية ، او ازالة بعض الاجزاء ذات درجة الغليان المنخفضة من مزيج ما (كما هو الحال في عمليات تقطير البترول الخام).
Strong electrolyte	الكتروليت قوي المادة التي تتأين في الماء مئة بالمئة مكونة محلول .

Structural formula	الصيغة البنائية لمركب هي الصيغة التي تبين العدد الحقيقي لذرات كل عنصر في الجزئ بالاضافة الى انها تشير الى التكافؤ الحقيقي لاية ذرة والى كيفية ارتباط الذرات مع بعضها داخل الجزئ .
Sublimation	التساوي او التصعيد التحول من الحالة الصلبة الى الحالة الغازية دون ان تمر بحالة السيولة ودون ان يطرأ عليها تحلل فتدعى بالمواد المتسامية : وهذه الظاهرة تسمى بالتسامي او التصعيد بالكيمياء .
Substance	مادة قسم محدود من المادة .
Substitution	تعويض عملية حلول ذرات الكلور حلولا تدريجيا محل ذرات الهيدروجين وتدعى بالتعويض .
Sugar coated	ملبس بالسكر : وصف الحبوب الدوائية عندما تغطى تماما بطبقة من السكر لاخفاء ما بها من طعم قد يكون غير مقبول او لحفظها من المؤثرات الخارجية او للغرضين .
Sulphuretted hydrogen	الهيدروجين المكبرت وهو مركب غازي ينتج من اتحاد الايدروجين بالكبريت وله رائحة كريهة كرائحة البيض الفاسد.
Supersaturation	فوق التشبع في الكيمياء
Surface tension	التوتر السطحي: القوة الداخلة التي تعمل على سطح السائل من جراء جاذبية الجزيئات تحت السطح وهذه القوة تختلف من سائل الى اخر مثلا قوة جاذبية سطح الماء لاتقاس بتلك التي في الكحول .
Suspension	العالق : المحلول الذي تكون مادته المذابة كبيرة ولاتمر من ورق الترشيح وترسب بالتركيز .

Symbol	رمز حرف او حروف تمثل اسم العنصر لذرة واحدة منه وكميته تساوي وزنه الذري .
Synthesis	تركيب تكوين مركبات باتحاد عناصر او مركبات بسيطة .

- T –

T.N.T	ثالث نترو تلوين وهو مفرقع من اهم المفرقعات الحربية الحديثة.
Tallow	شحم ، شحّم
Temporary Hardness	العسرة الوقتية
Theory	النظرية : المبادئ العامة او المجردة لمجموعة من الحقائق، توضيحات عامة للمظاهر النسبية .
Thermal fatigue	الكلال الحراري الضعف الذي يطرأ على فلز او ما شابه نتيجة تعاقب التسخين والتبريد عدة مرات .
Thermal fission	الانشطار الحراري هو انشطار نووي حادث بتأْثير نيوترونات حرارية .
Titration	المعايرة الصيدلانية او التسحيح وهو حجم محلول الحامض * تركيزه العياري = حجم محلول القاعدة * تركيزها العياري .
True solutions	المحليل الحقيقية : هو المحلول الشفاف الذي لايترسب عند التركيد ولاينفصل المذيب بالترشيح ولكنها تسترجع بالتبخير ويسترجع المذيب بالتقطير .

- U –

Ultra microscope	المجهر الفائق الحساسية هو المجهر الذي يكشف دقائق لايكشفها المجهر العادي .
Undue toxicity	سّمية غير عادية توصف بها بعض مركبات دوائية ذات خواص سامة .
Unsaturable	غير قابل للتشبع .
Unsaturated	غير مشبع صفة المحلول الذي يحتوي على قدر من المذاب اقل من اللازم لتشبعه .
Unstable equilibrium	اتزان غير مستقر .
Uranium fission	انطلاق اليورانيوم انطلاق ذرة اليورانيوم محررا طاقة عظمى
Utilization factor	عامل الانتفاع بالشئ .

- V –

Vacuum distillation	التقطير في جو مفرغ .
Vacuum drying apparatus	جهاز التجفيف في جو مفرغ .
Valence	تكافؤ ميل العناصر لتركيب مركبات ، عدد يؤشر الشحنات على الايونات او عدد ازواج الالكترونات المشاركة من عنصر واخر للاتصال في مركب .
Valence number	عدد المكافئ
Valency	تكافؤ
Valency bond	رباط التكافؤ عدد اربطة العناصر بالعناصر الاخرى في المركب ويؤشر التكافؤ .
Valeric acid	حامض فلريك هو حامض دهني له عدة نظائر ويوجد في جذر الناردين وهو جنس نبات يستخرج من جذره عطر ويوجد منه انواع مثل ناردين الجزائر الذي يعرف هناك برأس الحجلة
Value of molecular energy	قيمة الطاقة الجزيئية .
Vapour	بخار مادة في حالة غازية درجتها الحرارية تحت الدرجة الحرجة .
Velocity of reaction	سرعة التفاعل
Verdigris	صدأ النحاس ، زنجار
Vesuvian salt	كبريتات البوتاسيوم اركانيت
Vickers hardness	صلابة الماس الهرمي .

Vitamin	فيتامين عامل غذائي اساسي وهي مجموعة من المواد العضوية توجد في مختلف الاغذية التي هي ضرورية لتكوين الطعام الاعتيادي وعدم وجودها او قلتها في الطعام تسبب مختلف امراض العجز .
Volatile	متطاير :يكوّن غاز بسهولة
Volumetric analysis	التحليل الحجمي .
Volumetric flask	قارورة حجمية سعتها لترا واحدا .
Volumetric solution	محلول قياسي : محلول مقاس حجمه يستعمل لمعادلته بالحامض .

-W-

Wagnerite	فلوريد فوسفات المغنيسيوم .
Watch glass	زجاجة ساعة قطعة مستديرة مقعرة من الزجاج توزن او توضع فيها المواد الكيمياوية .
Water	ماء مركب يحتوي على جزء واحد اوكسجين وجزيئتين هيدروجين .
Wax	شمع مركب او مزيج عضوي ذو درجة ذوبان واطئة
Weak electrolyte	الكتروليت ضعيف المادة التي تتحلل الى حد قليل في محلول الماء .
Welter explosive	المفرقع المرطب .
Winter green oil	دهن البتولا .

- X–

X ray apparatus	جهاز اشعة رونتكن ، جهاز الاشعة السينية .
Xanthin	زانثين المادة الصفراء في الازهار .
Xanthine	زانثين المادة البيضاء في مصل الدم والعضلات .
Xanthisoite	زانثوزايت نيكل وزرنيخ .
Xylene xylol	زيلول مركب زيتي القوام يحصل عليه بتقطير الفحم الحجري
Xylose	زيلوز خشبوز مادة سكرية تستخرج من قشر الحنطة والذره الصفراء ومن خشب الزان ومن نبات الطرفيل وغيرها .

- Y –

Yarmor
يارمور ماركة تجارية لدهن الصنوبر

Yield
غلة التفاعل هو المقدار الناتج عن عملية كيمياوية او صناعية مقدرة بالنسبة لما يجب ان يكون الناتج نظريا .

Ylang- ylang oil, ilang- ilang oil
يالنك يالنك دهن اصفر متطاير يحضر من تقطير ازهار خاصة لشجرة في الفليبين وماليزيا وتتميز برائحة زكية .

Yohimbine
يوهمبين دواء وهو دواء منبه للرغبه الجنسية .

- Z -

Zeo	زو ماركة تجارية لسلسلة من هيدروز السيليكا
Zeolite	زوليت: هيدريت طبيعي للالمنيوم او الصوديوم او الكالسيوم ، ويتواجد في تجاويف الحمم البركانية
Zero valent	تكافؤ الصفر
Zinkenite	زنكينايت سلفايد الرصاص والانتيموني
ZMA	مختصر للزنك مينا زرنيخيت .
Zymogenosis	التولد الزيموغي تغير الزيموغ حتى يصير خمره .
Zymol	زيمول ماركة تجارية الى دهن بذر الكتان المحسن تجاريا .
Zymologic	خاص بمبحث التخمر .
Zymology	علم الاختمار مبحث الاختمار او التخمر .
Zymosis	تخمير .
Zymotic disease	مرض خميري وبائي او معد .
Zymurgy	الكيمياء الاختمارية مبحث تخمير المشروبات الكحولية

كشاف

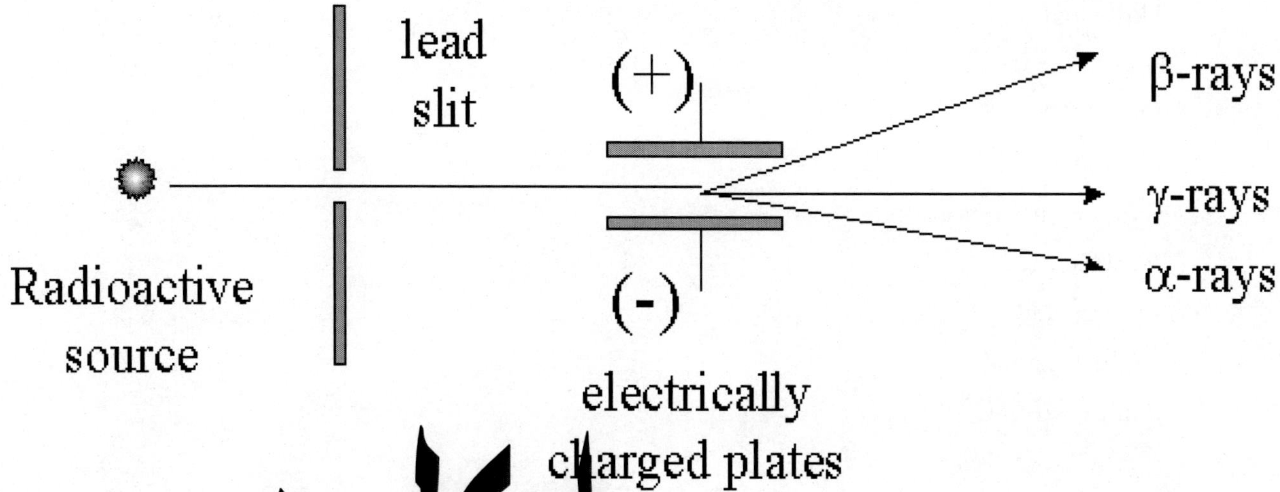

عربي - انكليزي

- أ -

X Rays	اشعة X ، الاشعة السينية
Epoxide	ايبوكسايد
Alabandite	اباندیت
Pure gold	ابريز (ذهب خالص صافي)
Course of reaction	اتجاه التفاعل (مسار التفاعل)
Equilibrium	اتزان
Dynamic equilibrium	اتزان ديناميكي
Unstable equilibrium	اتزان شبه مستقر
Metastable equilibrium	اتزان مستقر
Univalent	احادي التكافؤ
Mononuclear	احاديي النواة
Occlusion	احتباس (انحباس ، انسداد، اطباق الاسنان)
Combustion	احتراق
Spontneous combustion	احتراق ذاتي
Replacement	احلال
Parting acid	احماض،استخلاص
Ruthenium red	احمر الروثنيوم
Saturn red	احمر ساتورن
Examination Test	اختبار
Permeability	اختراق
Reduction or Deoxidation	اختزال
Malachite green	اخضر مالخايت
Liquation	اذابة
Deactivation	اذهاب النشاط
Displacement	ازاحة (احلال)
Adsorption Displacement	ازاحة الالتصاق (الامتزار)
Depillate	ازالة الشعر
Optical Isomerism	ازميرزم ضوئية (ايسوميرية)
Nitrogen	آزوت (النتروجين)
Isomerism	ازوميرزم (الايسوميرية)
Liquefaction	اسالة الغازات
Asbestos	اسبستوس (الاسبست : مادة غير قابلة للاحتراق وغير موصلة للحرارة ومقاومة كيمياويا)

Emulsification	استحلاب
Education	استخلاص ،استخراج
Ester	استر (الاستر : ملح عضوي ، باستبدال هايدروجين الحامض بجذر هايدروكاربوني)
Esterification	الاسترة
Radiumization	استعمال الراديوم
Depolarization	استقطابية النور (ازالة استقطابية النور)
Acetylization	الاستلة
Hypothesis	استنتاج (فرضية)
Acetyl	استيل
Asphalt	اسفلت
Radioactisity	اشعاع
Artificial Radio activity	اشعاع اصطناعي
Gamma rays	اشعة كاما
Cosmic rays	اشعة كوزميك (اشعة كونية)
Quenching of iron	اطفاء الحديد (عملية تبريد الحديد بغمره في الزيت او الماء لغرض تقسيته)
Recrystallization	اعادة التبلور
Dispensing	اعد الدواء
Metabolism	افعال حيوية (الايض)
Opium	افيون
Oxidation	اكسدة (تأكسد)
Residual Affinity	الالفة الفضلة
Amatol	اماتول
Absorption	امتصاص (امتزاز)
Normal salt	املاح عاديه
Amorphous	امورفوس (غير متبلور)
ion	ايون
Test tube	انبوب اختبار
Alembic	انبيق
Retort	انبيق
Diffusion	انتشار
Membrance diffusion	انتشار خلال حاجز
Enzyme	انزيم
Thermal fission	انشطار حراري

Fission	انشطار
Nuclear fission	انشطار نووي
Uranium	انطلاق اليورانيوم
Detonation , Explosive	انفجار
Acid Anlydrides	انهيدررات الاحماض
Anode	أنود (المصعد : القطب الموجب في)
Ortho	اورثو (مستقيم)
Osazones	اوسازون
Ether	ايثر
Sulphureted Hydrogen	ايدروجين مكبرت
Ion	ايون
Carbonium ion	ايون كاربونيم
Allotropy	الوتروبي (التأصيل : وجود مادة وخاصة عنصر بشكلين مختلفين او اكثر)
Electrode	اليكترود(قطب)
Weak electrolyte	اليكتروليت ضعيف
Strong electrolyte	اليكتروليت قوي
Electrum	اليكتروم (سبيكة طبيعية من الذهب والفضة بلون اصفر باهت)
Electron	اليكترون
Paired electrolyte	اليكترونات مزدوجة

- ب -

بادكزايت (البوكسايت : مادة متواجدة لهيدروسيدات الالمينيوم الحديدية $Al_2O_32H_2O$)	Bauxite
بارود اسود	Black-powder
بارود البنادق	Gun-powder
بترول	Petroleum
بحث كيمياوي	Chemical research
بخار	Vapour
بدل ،بديل	Substitute
برشام الادوية (ختم لتذليل ، رسم ، او كلام على غلاف)	Cachet
برمنكنات	Permanganate
بروتون (نواة الذرة للنظير الخفيف للهيدروجين ، وتمثل الجزء الرئيسي للكتلة الذرية وهي ذرات وحدة واحدة من الشحنات الكهربائية الموجبة ويعتقد بانها المكون الرئيسي لعدد من العناصر)	Proton
بروتين	Protein
بزموث	Bismuth
بلاتين (الذهب الابيض)	Platinum
بلاديك (نسبة الى عنصر الباليديوم)	Palladic
بلصوراني (شبه بلوري)	Crystalloid
بلق	Mica
بلورات	Crystals
بنج (مخدر) كلوروفورم	Chloroform
بنزين	Benzene
بنزين بترول	Benzene petroleum
بنسلين	Penicillin
بهار توابل	Spice
بودره	Toilet powder
بورق (مادة بلورية تستخدم للتعقيم والتنظيف وتسريع اذابة المعادن وهي بورات الصوديوم القلوية $Na_2B_4O_7$)	Borax
بوفر	Buffer
بحث	Research

. ت .

Ionization	تأين
Physical change	تبدل فيزياوي
Chemical change	تبديل كيمياوي
Gold dust	تبر الذهب
Fractional crystallization	تبلور جزيئ
Polymerization	تجمع ،عملية البلمرة
Acid determination	تحديد الحموضه
Electrolysis	تحلل
Analysis	تحليل
Mass spectrometry	تحليل الايونات
Quantitative Analysis	تحليل كمي
Qualitative Analysis	تحليل نوعي
Acidification	تحميض
Dilution	تخفيف
Fermentation	تخمير
Ore	تراب ،معدن
Accumulation	تراكم
Synthesis	تركيب
Electronic structure of benzene	تركيب الكتروني للبنزين
Photo synthesis	تركيب ضوئي
Antagonistic structure	تركيب مضاد (هيكلية مضاده)
Concentration	تركيز
Efflorescence	تزهر
Titration	تسحيح (معايرة صيدلانية)
Sausage poisoning	تسسم المعلبات
Alcoholism	تسمم كحولي (الادمان على الكحول)
Saturation	تشبع
Saponification	تصبن
Sublimation	تصعيد (تسامي)
Cupellation	تصفية الذهب والمعادن النفيسة الاخرى باخضاعها لحرارة عالية في بوتقه
Periodic classification	تصيف دوري
Neutralization	تعادل

Decomposition	تعفن (تحلل)
Sterilization	تعقيم
Suspension	تعلق (عالق)
Substitution	تعويض
Nuclear change	تغيرنووي
Cider	تفاح ، شراب التفاح
Addition reaction	تفاعل اضافي (بالاضافة)
Oxidation reaction	تفاعل الاكسدة
Group reaction	تفاعل المجموعة
Explosion reaction	تفاعل انفجاري
Eutectic reaction	تفاعل تصلبي
Bimolecular reaction	تفاعل ثنائي الجزيئات
Chain reaction	تفاعل سلسلي
Back reaction	تفاعل عائد او رجوعي
Reversible reaction	تفاعل عكسي
Balance reaction	تفاعل متوازن
Nuclear reaction	تفاعل نووي
Cyclic reaction	تفاعلات دورية
Distillation	تقطير
Destructive Distillation	تقطير اتلافي
Vaccum distillation	تقطير بالفراغ
Standardization	تقييس
Valency	تكافؤ
Zero valent	تكافؤ الصفر
Co – valence	تكافؤ تساهمي
Dilation	تمدد انبساط
Adiabatic expansion	تمدد معزول (التمدد الحاصل بدون فقدان او كسب حراري)
Stripping	تنصل او الاقتلاع
Equivalent	توازن تكافئ
Chemical equilibrium	توازن كيمياوي
Surface tension	توتر السطحي
Zinc	توتيه ، زنك ، الخارصين
Isomerism	تشابه
To spice	تبّل

- ث -

Trinitrotoluen	ثالث نترات التلوين
Trinitro-glycerine	ثالث نترات الكليسيرين
Specific gravity	ثقل النوعي
Ice	ثلج
Divalent	ثنائي التكافؤ
Equilibrium constant	ثابت التوازن

- ج -

Capillary attraction	جاذبيه شعرية
Ammunition	جبخانه (عتاد)
Gypsum	جبس
Radical	جذر
Experiment	جرب (يقوم بتجربة ، تجربة)
Dose	جرعة دوئية
Activated molecules	جزيئات منشطة
Crucible	جفنه
Vaccum drying apparatus	جهاز التجفيف بالفراغ
Rectifying Apparatus	جهاز التصفية
Kip-Apparatus	جهاز كب
Lime	جير

- ح -

Standard condition	حالات قياسية ، ظروف قياسية
Acid	حامض
Acidic	حامضي
Benzoic acid	حامض الصمغ
Palmitic acid	حامض النخيليك
Osmic acid	حامض اوزميك
Oenantylic acid	حامض اونا نتيلي
Pelargonic acid	حامض بالاركونيك
Fatty acid	حامض شحمي

Acid catalysis	حامض مساعد (عملية المساعدة الكيمياوية بفعل الحامض)
Calamine	حجر التوتيا (كربونات الخارصين)
Iron pyrites	حجر النار
Lunar caustic	حجر جهنم، حجر الكي
Electro desiccation	حذف الماء من الانسجة كهربائيا (التجفيف)
Catalysis negative	حفاز سالب (العامل المساعد السالب)
Pasteurise milk	حليب معقم
Sand bath	حمام رملي

- خ -

Poppy	خشخاش
Vinegar	خل
Acetum cantharidis	خل الذبابة الاسبانية
Wine	خمر
Physical properties	خواص فيزياوئية
Chemical properties	خواص كيمياوية

- د -

Diolefine	داي الوفين (هيدروكسيد الالمينيوم $HAlO_2$)
Diaspore	داي سبور
Dimorphism	داي مورفيزم ، التبلور الثنائي لنفس المركب الكيمياوي بشكلين مختلفين او الفرق الثنائي لنفس النوع الحيواني او نفس الشجرة من حيث الشكل او اللون او الهيكلية
Tanning	دباغة الجلود
Freezing point	درجة الانجماد
Critical temperature	درجة الحرارة الحرجة
Absolute Temperature	درجة الحرارة المطلقة
Absolute zero	درجة الصفر المطلقة
Boiling point	درجة الغليان
Kindling point	درجة الاتقاد
Flash point	درجة الومض

Winter green oil	دهن البتولا (زيت البتول)
Lard	دهن الخنزير (شحم الخنزير)
Lanoline	دهن الصوف (زيت الصوف)
Dippelis	دهن العظام (زيت العظام)
Jasmin oil	دهن الياسمين (زيت الياسمين)
Medicine	دواء
Dolomite	دولومايت (كاربونات الكالسيوم والمغنيسيوم)
Dynamite	ديناميت

- ذ -

Atom	ذره
Gold	ذهب
Kings yellow	ذهب
Electraurol	ذهب غروي

- ر -

Resin	راتنج
Precipitate	راسب
Active deposite	راسب منشط
Bond	رباط
Valence bond	رباط التكافؤ
Chemical bond	رباط كيمياوي
Quinquevalent	خماسي التكافؤ
Marble	رخام
Lead	رصاص
Parchement paper	رق الغزال
Number of saponification	رقم تصبني
To compose	ركب الدواء
Symbol	رمز
Rayon	ريون (الحرير الصناعي)

- ز -

Xanthiosite	زاتوسايت
Xanthin	زانتين
Watch glass	زجاج الساعة (قطعة مستديرة توزن او توضع فيها المواد الكيمياوية)
Arsenic	زرنيخ
Pitch	زفت
Verdigris	زنجارة ، صدأ
Ginger	زنجفيل
Excess	زيادة ، فائض
Mercury	زيبق
Drying oil	زيت التجفيف
Olive oil	زيت الزيتون
Xylose	زيلوز
Xylol	زيلول
Zymol	زيمول

- س -

Distillate	سائل مقطر
Vehicle	سائل يحمل الدواء (الحامل السائلي للدواء)
Founding	سباكة
Alloy	سبيكة
Amalgam	سبيكة زئبق ، ملغم
Unduc toxicity	سحبة غير عادية (سمية غير لازمة)
Absolute velocity of ions	سرعة الايوات المطلقة
Velocity of reaction	سرعة التفاعل
Buffer capacity	سعة الحجزية
Decantatation	سكب (عزل الراسب عن ماء المحلول بنقل الماء الى اناء اخر وذلك بالسكب البطيئ)
Chain	سلسلة
Electrochemical Series	سلسلة كهروكيمياويه

- ش -

Metalloid	شبه المعدن
Alkaloid	شبه قلوي
Isomer	شبيه
Tallow	شحم
Reduction intensity	شدة الاختزال
Wax	شمع
Saltpeter	شوره (ملح البارود ، نترات البوتاسيوم ويستعمل في صناعة البارود الاسود)

- ص -

Verdigris	صدأ النحاس
Chemical properties	صفات كيماوية
Vickers hardness	صلابة الماس
Fireclay	صلصال
Heavy chemical industry	صناعات كيماويه ثقيلة
Soda	صودا
Sodium	صوديموم
Chemist Druggist	صيدلي
Pharmacy	صيدلية
Chemistshop , drugstore	صيدلية
Empirical formula	صيغة تجريبية
Pharmacy drugstore	صيدلية

- ط -

Energy	طاقة
Binding energy	طاقة الربط
Drum mixer	طنبور الخبط او الخلط
Contact process	طريقة التلامس
Lead chamber process	طريقة الغرف الرصاصية

- ض -

Accuracy	ضبط ، دقة
Inert	ضعيف، خامل
Electronic pressure of solution	ضغط الكتروني للمحلول

- ع -

catalyst	عامل مساعد
Binding agent	عامل الربط
reducing agent	عامل مختزل
deoxidizing agent	عامل ازالة الاوكسجين
oxidizing agent	عامل مؤكسد
Desicant	عامل مجفف
Atomic number	عدد ذري
Mass number	ععد كتلي
acid number	عدد حمضي
valence number	عدد مكافئ
Indestructibility of matter	عدم فناء المادة
Permanent hardness	عسرة دائمية
Temporary hardness	عسرة مواقتة
Drum stick	عصاة طنبور المزج
Chrelian	عميق احمر
Drug	عقار (دواء)
Alembic	عنبيق
Joining element	عناصر رابطة
Acylating agent	عوامل اسيلية
Addition poly	عملية تجمع لاضافي
Dispense	عمل الدواء
Digestion	عملية الهضم

- غ -

Glycerine	غلبسيرين
Mustard gas	غاز الخردل
Un-saturable	غير قابل للتشبع

Un-saturated	غير مشبع
Non-metal	غير معدني

- ف -

Activated charcoal	فحم خشبي منشط
Black bone	فحم حيواني
Alarm fuse	فتيل المفرقعات
Explosion	فرقعه
Phosphate	فسفات
Phosphor	فوسفور
Activity	فعالية
Activator	فعال ، منشط
Buffer action	فعالية بوفر، فعالية الحاجز
Fahrenheit	فهرنهايت
Allotropic formula	فورميلا آلوتروبيكيه (صيغة آلوتروبيكية ، صيغة تأصلية (حالة وجود مادة – وبخاصة عنصر – بشكلين مختلفين او اكثر .
Molicular formula	فورميلا جزيئية (صيغة جزئية)
Flux	فلوكس (مادة تساعد في ذوبان المواد ، وبخاصة المعادن ، بصورة سريعة)
Feldspar	فيلد سبار او فيلسبار (مجموعة من المعادن من سيليكات الالمينيوم وغيرها ، ذات لون واضح ، وهي كثيرة في الصخور البركانية كالحجر القمري)
Vitamin	فيتامين
Mosaic	فسيفساء

- ق -

Mendelevis table	قائمة مندليف
Astringent	قابضة (دواء)
Base	قاعدة
Tin	قصدير
To distil	قطر
Separating funnel	قمع للعزل
Bomb shell	قنبلة
Napalm bomb	قنبلة النابالم
Atomic bomb	قنبلة ذرية

Volumetric flask	فارورة قياسية يسعة لتر واحد
Hydrogen bomb	قنبلة هيدروجينية
Carat	قيراط
Acid value	قيمة الحموضة

- ك -

Cation	كات ايون
Cathode	كاثود (الهابط)
Calcspar	كالي سبار (بلورات سداسية من كاربونات الكالسيوم $CaCo_3$ ، وبهذا يتميز عن الارغونايت . وهي تضم المرمر والطباشير وحجر الكلس (الحجر الجيري)).
Chalylite	كالي ليث
Reagent	كاشف
Calcium	كالسيوم
Carbon	كاربون
Detonator	كبسولة الديناميت
Chlorination	كلورة
Alcohol denatured	كحول دينيجر ، كحول غير صالح للشرب وصالح للاغراض الصناعية بسبب بعض الاضافات اليه .
Glucosazone	كلوكوسارون
Cordite	كورديت (بارود قوي عديم الدخان يستخدم لحفر المناجم
Co-Enzyme	كور-انزيم(انزيم مزدوج)
Respirator	كمامة
Kainite	كاينيت
Alcohol- meter	مقياس الكحول
Thermal fatigue	كلال حراري
Chemistry	كيمياء
Chemist	كيمياوي
Zymurgy	كيمياءاختماريه
Stoichemistry	كيمياء التراكيب
Immuno chemistry	كيمياء المناعة
Radio chemistry	كيمياء الاشعاع
Chemist	كيمياوي (صيدلي)

- ل -

Anhydrous	لامائي
Soldering	لحيم المعادن
Sinapsim	لزقة زيت الخردل
Limonite	لمونيت (احد خامات الحديد ، اوكسيد الحديديك)
Pionter of balance	لسان الميزان (مؤشر القبان)
Soldering	لحيم المعادن
Per particalis	لكل جزيئة

- م -

Aqua	ماء
Lixivium	ماء الشنان
Aqua-regia	ماء الملك ، خليط من حامض الهيدروكلوريك والنتريك
Fused	مائع
Absorbent	ماص
Pipette	ماصة ، انبوبة شفاطة
Madder	مادر (الفوّه)
Manometer	مانومتر، جهاز يستخدم لقياس ضغوط الغازات والابخرة والسوائل في حيز مقفل
Aliphatic compound	مركبات اليفاتيكيه، مركبات شحمية
Aromatic compound	مركبات عطرية
group	مجموعة
Steam accumulator	مركم بخاري
Antibiotic	مضاد حيوي
Equation	معادلة
Metal	معدن
Activity coefficient	معامل النشاط
Extinetion coefficient	معامل الانطفاء
Acceptor	مستقبل
Bleaching powder	مسحوق القاصر
Hygroscopic	مسترطب، له خاصية امتصاص الماء من الهواء
Value of molecular energy	مستوى الطاقة الجزيئية (قيمة الطاقة الجزيئية)
Farmers dynamet	مفرقع الفلاح
Sprengel explosive	مفرقم سالم
Water explosive	مفرقع مرطب

Centigrade	مقياس حراري مئوي
Electro- chemical Equivalent	مكافي كيمياوي كهربي
Salt	ملح
Developer	مطور (محلول تحميض الصور الفوتوغرافية)
Gelatin explosive	مفرقع جيلاتيني
Gravitometer	ميزان الثقل النوعي للغازات
Reactant	مواد متفاعل
Adaptor	موجه (جهاز موائمة)
Accurate balance	ميزان دقيق
Substance	مادة
Inhibitor	مانع
Donor	مانح
Electrolyte	مادة منحلة، الكترولايت
Electrovalence	متكافئ كهربائيا
Addition polymer	متجمع اضافي، بوليمر بالاضافة
Octahedron	مثمن السطوح
Mordants	مثبتات
Neutral	محايد
True solution	محلول حقيقي
Normal solution	محلول عياري
N\2 normal	محلول نص عياري
Desinormal solution	محلول عشر عياري
Diluent	مخفف
Ultramicroscope	مجهر حساس ، مجهر دقيق
Cacodyl group	مجموعة كالوديل
Steroeoisomerism	مجازات فراغية
Carboxyl group	مجموعة كاربوكسيليه
Compound	مركب
Diozo compound	مركب دايوزو
Closed chain compound	مركبات حلقية، مركبات سلسلة مغلقة
Branched chain compound	مركبات سلسلية متفرعة
Filtrate	مرشح
Marcasite	مركزيت (ثاني سلفايد الحديد FeS_2)
Mixture	مزيج
Alloy	مزيج معدني (سبيكة)

Equilibrium mixture	مزيج متوازن
Mole	مول (جزئ غرامي ، كمية من المادة تساوي بالوزن الى وزنها الجزيئي)
Fulminating powder	مسحوف شديد الانفجار ، وبخاصة مسحوق املاح حامض الفولمينيك
Explosives	مفرقعات

- ن -

Dehydrating agent	نازع الماء
Nitrification	نترتة
Nitrocellulose	نتروسيليلوز
Dechlornation	نزع الكلور
Deactivateion	نزع الفعالية
Isotopes	نظائر
Antiphlogistic theory	نظرية الافلوجستيه (مضاد او مسكن للالتهاب)
Eutectic point	نقطة التصلد
Petroleum	نفط
Wood naphta	نفط الخشب
Nucleus	نواة
Neutron	نيوثرون
Soldification point	نقطة التجمد

- هـ -

Halogen	هالوجين
Hydrozones	هايدرازون
Hydrogenation	هدرجة

- و -

Equivalent	وزن مكافئ
Molecular	وزن جزيئ
Atomic weight	وزن ذري
Catalyst	وسيط كيمياوي ، عامل مساعد
Chemiluminescence	وميض كيمياوي
Formula weight	صيغة الوزن

Desicator	وعاء للتجفيف

- ي -

Corundum	ياقوت (حجر شديد الصلابة لحك الاحجار الكريمة ، وهو اكسيد الالمينيوم البلوري)
To ferment	يختمر
Accelerate the reaction	يسرع التفاعل
Yield	يسلم ، يخضع
Assay	يعاير (يفحص المعادن ويقيمها بواسطة حكها)
Ossification	يعظم
Yohimbine	يوهمبين

جدول بالعناصر الكيمياوية

Element	Symbol	Atomic number	Atomic Weight	العنصر
Actinium	Ac	89	277	اكتينيوم
Aluminum	Al	13	26.9815	المينيوم
Americium	Am	95	243	امريكيوم
Antimony(Stibium)	Sb	51	121.75	انتيمون (ستبيوم)
Argon	A	18	39.948	ارغون
Arsenic	As	33	74.9216	زرنيخ
Astatine	At	85	210	استاتين
Barium	Ba	56	137.34	باريوم
Berkelium	Bk	97	247	بركليوم
Beryllium(Glucinium)	Be	4	9.0122	برليوم
Bismuth	Bi	83	208.980	بزموث
Boron	B	5	10.811	بورون
Bromine	Br	35	79.909	بروم
Cadmium	Cd	48	112.40	كادميوم
Calcium	Ca	20	40.08	كالسيوم
Californium	Cf	98	249	كاليفورينوم
Carbon	C	6	12.01115	كربون
Cassiopeium(Luticium)	Cp	71		كاسوبيوم
Cerium	Ce	58	140.12	سريوم
Chlorine	Cl	17	35.453	كلور
Chromium	Cr	24	51.996	كروم
Cobalt	Co	27	58.9332	كوبلت
Columbium=Niobium	Cb	41		كولمبيوم
Copper(Cuprum)	Cu	29	63.54	نحاس
Curium	Cm	96	246	كوريوم
Dysprosium	Dy	66	162.50	ديسبرسيوم
Einsteinium	Es	99	254	انيشتينوم
Erbium	Er	68	167.26	اربيوم
Europuim	Eu	63	151.96	هيروبيوم
Fermium	Fm	100	253	فرميوم

Fluorine	F	9	18.9984	فلور
Francium	Fr	87	223	فرنسيوم
Gadolinium	Gd	64	157.25	كدولينيوم
Gallium	Ga	31	69.72	كاليوم
Germanium(Glucinium)	Ge	32	72.59	جرمنيوم
Gold (Auram)	Au	79	196.967	ذهب
Hafnium	Hf	72	178.49	هفنيوم
Helium	He	2	4.0026	هيليوم
Holmium	Ho	67	164.930	هلميوم
Hydrogen	H	1	1.0079	هيدروجين
Illinium (Promethium)	I I	61		الينيوم
Indium	Jn	49	114.82	انديوم
Iodine	I	53	126.9044	يود
Iridium	Ir	77	192.2	اريديوم
Iron	Fr	26	55.847	حديد
Krypton	Kr	36	83.80	كريبتون
Lanthanuim	La	57	138.91	لنثانوم
Lead (Plumbum)	Pb	82	207.19	رصاص
Lithium	Li	3	6.939	ليثيوم
Lutecium	Lu	71	174.97	لوتسيوم
Magnesium	Mg	12	24.312	مغنيسيوم
Manganese (Marurium)	Mn	25	54.9380	منغنيز
Mendelevium	Md	101	256	مندلفيوم
Mercury(Hydrargyrum)	Hg	80	200.59	زئبق
Molybdenum	Mo	42	95.94	موليبدنوم
Neodymium	Nd	60	144.24	نيودميوم
Neon	Ne	10	20.183	نيون
Neptunium	Np	93	237	نبتونيوم
Nickel	Ni	28	58.71	نيكل
Niobium(Columbium)	Nb	41	92.906	نيوبيوم
Nitrogen	N	7	14.0067	نتروجين (آزوت)
Nobelium	No	102	253	نوبليوم
Osmium	Os	76	190.2	ازميوم
Oxygen	O	8	15.9994	اوكسجين

Palladium	Pd	46	106.4	بلديوم
Phosphorus	P	15	30.9738	فسفور
Platinum	Pt	78	195.09	بلاتين
Plutonium	Pu	94	242	بلوتونيوم
Polonium(Radium F)	Po	84	210	بولونيوم
Potassium (Kaluim)	K	19	39.102	بوتاسيوم
Praseodymium	Pr	59	140.907	براسوديميوم
Promethium	Pm	61	147	بروميثيوم
Protoactinium	Pa	91	231	بروتكتنيوم
Radium	Ra	88	226	راديوم
Radon (Niton: Nt)	Rn	86	222	رادون
Rhenium	Re	75	186.2	رنيوم
Rhodium	Rh	45	102.905	روديوم
Robidium	Rb	37	85.47	روبيديوم
Ruthenium	Ru	44	101.07	روثنيوم
Samarium	Sm	62	150.35	ساماريوم
Scandium	Sc	21	44.956	سكانديوم
Selenium	Se	34	78.96	سلنيوم
Silicon	Si	14	28.066	سليكون
Silver(Argentum)	Ag	47	107.870	فضة
Sodium(Natrium)	Na	11	22.9898	صوديوم
Strontium	Sr	38	87.62	استرنشيوم
Sulphur	S	16	32.064	كبريت
Tantalum	Ta	73	180.948	تنتالم
Technetium(Masurium)	Tc	43	99	تكتنيوم
Tellurium	Te	52	127.60	تيلوريوم
Terbium	Tb	65	158.921	تربيوم
Thallium	Tl	81	204.37	ثاليوم
Thorium	Th	90	232.038	ثوريوم
Tin	Sn	50	118.69	قصدير
Titanium	Ti	22	47.90	تيتانيوم
Tungsten(Wolframium)	W	74	183.85	تنجستن (ولفرام)
Uranium	U	92	238.03	يورانيوم
Vanadium	V	23	50.942	فانديوم

Xenon	Xe	54	131.30	زينون
Ytterbium	Yb	70	173.04	يتريبوم
Yttrium	Yt	39	88.905	يتريوم
Zinc	Zn	30	65.37	خارصين (زنك)
Zirconium	Zr	40	91.22	زركونيوم

الجدول الدوري ومجموعات العناصر ا إلى ١٤ أ

العناصر الانتقالية

1s	H ١ هيدروجين ١,٠٠٨																			He ٢ هيليوم ٤,٠
2s	Li ٣ ليثيوم ٦,٩٤	Be ٤ بريليوم ٩,٠١													2p	B ٥ بورون ١٠,٨	C ٦ كربون ١٢,٠١	N ٧ نيتروجين ١٤,٠١	O ٨ أكسجين ١٦,٠٠	F ٩ فلور ١٩,٠	Ne ١٠ نيون ٢٠,٢
3s	Na ١١ صوديوم ٢٣,٠	Mg ١٢ مغنيسيوم ٢٤,٣													3p	Al ١٣ ألومنيوم ٢٦,٩٨	Si ١٤ سليكون ٢٨,١	P ١٥ فوسفور ٣١,٠	S ١٦ كبريت ٣٢,١	Cl ١٧ كلور ٣٥,٥	Ar ١٨ ارجون ٣٩,٩٥
4s	K ١٩ بوتاسيوم ٣٩,١	Ca ٢٠ كالسيوم ٤٠,١	3d	Sc ٢١ سكانديوم ٤٥,٠٠	Ti ٢٢ تيتانيوم ٤٧,٩	V ٢٣ ڤانديوم ٥٠,٩	Cr ٢٤ كروم ٥٢,٠	Mn ٢٥ منغنيز ٥٤,٩	Fe ٢٦ حديد ٥٥,٨	Co ٢٧ كوبالت ٥٨,٩	Ni ٢٨ نيكل ٥٨,٧	Cu ٢٩ نحاس ٦٣,٥	Zn ٣٠ خارصين ٦٥,٤	4p	Ga ٣١ جاليوم ٦٩,٧	Ge ٣٢ جرمانيوم ٧٢,٦	As ٣٣ زرنيخ ٧٤,٩٢	Se ٣٤ سيلينيوم ٧٩,٠	Br ٣٥ بروم ٧٩,٩	Kr ٣٦ كريبتون ٨٣,٨
5s	Rb ٣٧ روبيديوم ٨٥,٥	Sr ٣٨ سترونشيوم ٨٧,٦	4d	Y ٣٩ يتريوم ٨٨,٩	Zr ٤٠ زركونيوم ٩١,٢	Nb ٤١ نيوبيوم ٩٢,٩	Mo ٤٢ موليبدن ٩٥,٩	Tc ٤٣ تكنيتيوم (٩٩)	Ru ٤٤ روثينيوم ١٠١,١	Rh ٤٥ روديوم ١٠٢,٩	Pd ٤٦ بلاديوم ١٠٦,٤	Ag ٤٧ فضة ١٠٧,٩	Cd ٤٨ كادميوم ١١٢,٤	5p	In ٤٩ إنديوم ١١٤,٨	Sn ٥٠ قصدير ١١٨,٧	Sb ٥١ انتيمون ١٢١,٧٥	Te ٥٢ تيلوريوم ١٢٧,٦	I ٥٣ يود ١٢٦,٩	Xe ٥٤ زينون ١٣١,٣
6s	Cs ٥٥ سيزيوم ١٣٢,٩	Ba ٥٦ باريوم ١٣٧,٣٤	5d	La ٥٧ لانثانوم ١٣٨,٩	Hf ٧٢ هفنيوم ١٧٨,٥	Ta ٧٣ تانتالم ١٨٠,٩	W ٧٤ تنجستن ١٨٣,٩	Re ٧٥ رينيوم ١٨٦,٢	Os ٧٦ اوزميوم ١٩٠,٢	Ir ٧٧ إريديوم ١٩٢,٢	Pt ٧٨ بلاتين ١٩٥,١	Au ٧٩ ذهب ١٩٧,٠	Hg ٨٠ زئبق ٢٠٠,٦	6p	Tl ٨١ ثاليوم ٢٠٤,٤	Pb ٨٢ رصاص ٢٠٧,٢	Bi ٨٣ بزموث ٢٠٩,٠	Po ٨٤ بولونيوم (٢١٠)	At ٨٥ استاتين (٢١٠)	Rn ٨٦ رادون (٢٢٢)
7s	Fr ٨٧ فرانسيوم (٢٢٣)	Ra ٨٨ راديوم (٢٢٦)	6d	Ac ٨٩ اكتينيوم (٢٢٧)																

4f	سلسلة اللانثانيدات	Ce ٥٨ سيريوم ١٤٠,١	Pr ٥٩ براسيوديميوم ١٤٠,٩	Nd ٦٠ نيوديميوم ١٤٤,٢	Pm ٦١ بروميثيوم (١٤٧)	Sm ٦٢ ساماريوم ١٥٠,٤	Eu ٦٣ يوروبيوم ١٥٢,٠	Gd ٦٤ جادولينيوم ١٥٧,٣	Tb ٦٥ تربيوم ١٥٨,٩	Dy ٦٦ دسبروزيوم ١٦٢,٥	Ho ٦٧ هولميوم ١٦٤,٩	Er ٦٨ إربيوم ١٦٧,٣	Tm ٦٩ توليوم ١٦٨,٩	Yb ٧٠ يتربيوم ١٧٣,٠	Lu ٧١ لوتيتيوم ١٧٥,٠
5f	سلسلة الاكتينيدات	Th ٩٠ ثوريوم ٢٣٢,٠	Pa ٩١ بروتكتينيوم (٢٣١)	U ٩٢ يورانيوم ٢٣٨,٠	Np ٩٣ نبتونيوم (٢٣٧)	Pu ٩٤ بلوتونيوم (٢٤٢)	Am ٩٥ امريكيوم (٢٤٣)	Cm ٩٦ كوريوم (٢٤٧)	Bk ٩٧ بركليوم (٢٤٩)	Cf ٩٨ كالفورنيوم (٢٥١)	Es ٩٩ أينشتانيوم (٢٥٤)	Fm ١٠٠ فرميوم (٢٥٣)	Md ١٠١ مندليفيوم (٢٥٦)	No ١٠٢ نوبليوم (٢٥٣)	Lw ١٠٣ لورنسيوم (٢٥٧)

الأرقام بين قوسين تشير الى عدد كتلة النظير الأكثر استقراراً من العناصر المشعة

Aziz Ameen Abdul Kareem Born in the locality Sababeg Ala'al in Baghdad in 1926 from a family known to science and scientists (they were called at that time a family Sebzy Ali) has been known as Aziz Ameen Khayat proportion to the profession of sewing his father.
Professor Aziz studied in schools Ja'fari and learning, and in 1945 graduated from the Faculty of Pharmacy and Chemistry - University of Baghdad - In 1947 began broadcasting conversations that relate to medicine and public health in radio in Baghdad. Worked as a pharmacist in several government clinics, and in 1954 worked as a pharmacist in a Baghdad jail hospital. In 1976, he founded Warehouse Pharmaceuticals "Ameer warehouse for Pharmaceuticals."
A professor Aziz have several books like "activity of the individual economic", "explosive", "marriage great," "Medicine domestic and herbs," "Message in diabetes", "on the table the Press," "Spinning poets Baghdad in modern Turkish" and others. The God Livelihood sons (Ameer, Abbas, Hani, Osama, Bidoor and Kayser). He died in 2006.

Hani Aziz Ameen

Dr. Hani Aziz Ameen , Birth date 1971 in Baghdad- Iraq, has Ph.D. in Mechanical Engineering – Applied Mechanics – from the University of Technology –Iraq in 1998. He has more than 50 published papers and he is an expert in the ANSYS software and finite element analysis.
Working in several universities and colleges (Technology University- AlNahreen University- Tikrit University – Technical College AlMusaib). And now he is Asst. Professor in the Technical College – Baghdad / Dies and Tools Engineering Department.
Author of books : AutoCAD software, Strength of Materials, Aircraft Material and Processes , ANSYS Programming and the final job he did, author in his father Aziz's Dictionary.
E-mail: haniazizameen@yahoo.com

About the Editor

He had born in Baghdad city in July 1, 1946. His high school was literary section in 1966. He found job in African British Co. (Store tires keeper).

In1969, he graduated from Institute of Financial & Commercial Science. He found new job in "Iraqi Board of Trade" as cost price for merchandise. His resignation as Auditor from Offices' Government jobs in Sep 1980.

He worked with Charter Accountant as book keeper "Mr. Sabeeh J. Al-Tahan".

In 1990, he game to USA because his opinion in the life is Democrat and believer in Adam Smith speech "Let me go, let me work", also he believed in one GOD and the dream coming true.

He graduated 1n 1998 from Fresno City College in Construction Science. He worked as Assistance Teachers to help the students in home works in same college until 2004 when he finished the English 1A for writing.

Mr. Khayat , he enjoy in Writings as Author. He wrote;

1- The Mathematical theory Behind the Backgammon.2005

2- The War on Iraq.2006

3-Rosemary's Basket.2008

4- Khayat's Dictionary for Accounting and Trade.2012

The final job he did, As such as, he was editor in his brother Aziz's Dictionary.2013.

سفرة سياحية قام بها المؤلف عزيز أمين مع والده الى سوريا لزيارةالسيدة زينب (ع) والأصطياف في مصايف الزبداني وبيروت .والده هو :الحاج أمين عبد الكريم حسين سبزي علي البغدادي (1888- 1969) ويلقب بحجي أمين خياط لمهنته الأساسية، أما عصرا كان يزاول مهنة التجبير الفني مجانا لوجه الله تعالى وله من الأولاد المرحوم الصيدلي عزيزأمين مؤلف هذا القاموس و المرحوم صادق أمين (خريج تجارة) والسيدعبد الرزاق أمين (خريج دورة تربوية لأعداد المعلمين- خريج كلية للرياضيات في فريزنو) والسيدعلاء أمين (خريج معهد العلوم المالية والتجارية - وخريج كلية علوم البناء في فريزنو) وهو الناظروالمحرر لهذا القاموس ومصمم غلافه الفني لكونه مؤلف وناشر في الولايات المتحدة حاليا.

Made in United States
North Haven, CT
04 November 2026

21719571R00209